2010 年国家社科基金项目——中国古代家训与个体品德培育问题研究（项目编号：10XZX009）成果

古代家训培育个体品德探微

——以《颜氏家训》为例

符得团 马建欣 著

中国社会科学出版社

图书在版编目（CIP）数据

古代家训培育个体品德探微：以《颜氏家训》为例／符得团，
马建欣著．—北京：中国社会科学出版社，2012.5
ISBN 978-7-5161-0623-5

Ⅰ. ①古…　Ⅱ. ①符…②马…　Ⅲ. ①颜氏家训—研究
②品德教育—研究—中国—古代　Ⅳ. ①B823.1②D691.9

中国版本图书馆 CIP 数据核字（2012）第 048264 号

出 版 人　赵剑英
责任编辑　冯春凤
责任校对　刘晓红
责任印制　王炳图

出　　版　中国社会科学出版社
社　　址　北京鼓楼西大街甲 158 号（邮编 100720）
网　　址　http：//www.csspw.cn
　　　　　中文域名：中国社科网　010-64070619
发 行 部　010-84083685
门 市 部　010-84029450
经　　销　新华书店及其他书店

印　　刷　北京君升印刷有限公司
装　　订　廊坊市广阳区广增装订厂
版　　次　2012 年 5 月第 1 版
印　　次　2012 年 5 月第 1 次印刷

开　　本　710×1000　1/16
印　　张　22.5
插　　页　2
字　　数　379 千字
定　　价　35.00 元

目　录

导　论

一　选题缘由

　　思想政治教育是特定的社会或社会群体、社会机构用一定的思想政治观念和道德行为规范，对其成员有目的、有计划、有组织地施加教育和影响，使社会个体形成符合该特定社会所期望和要求的思想品德的一种教育实践活动。在这一社会实践活动方面，我国古代确实成功地建立了一套相对完整有效的个体道德品质培育机制，对两千多年来中国社会的发展和伦理道德建设发挥了至关重要的作用。打开这一育人灰箱，了解在如此漫长的历史长河中，中国古代社会是以什么为个体品德培育目标的？厘清其针对个体成员的思想政治教育是基于怎样的文化载体、通过哪些途径、凭借何种手段、采取什么方式方法实现着个体品德培育目标等理论与实践问题，为现代思想政治教育工作提供有益的启示，意义十分重大。

　　思想政治教育学原理认为，个体品德培育是社会普遍的道德原则和价值体系内化为个体道德品质的过程，是一个以精神传播和精神再生产为活动内容的价值生成过程。要解析这一个体道德品质化育的社会活动过程，除了首先要回答和解决古代个体思想家们所提出的具有普适性、共同性的道德原则和价值观念是怎样上升为社会普遍的道德原则与价值观念，从而成为指导个体道德品质培育的理论基础和普遍价值原则这样一个前提性问题外，重点在于解析和弄清这些社会普遍的道德原则与价值观念是如何从一般到个别的这一逻辑下降过程，亦即解决和回答好个体品德培育是如何将特定社会普遍的德育价值目标具体化、个体化，从而内化为受教个体的道德品质并最终塑造出理想人格的。

纵观中国古代社会的个体品德培育史，在个体品德培育这一复杂的教育实践活动中，社会普遍通行的正式制度和非正式制度①都发挥了重要的作用，但作为没有被古代官方正式教育系统纳入、却对个体品德培育具有直接影响和渗透作用的非正式制度，其发挥的作用甚至远远超过了正式制度。其中，以家训为代表的家庭教育在将社会一般的个体品德培育道德规范具体化、生动化、生活化、形象化、个体化，从而培育个体品德和塑造德性人格方面，确实表现出独特的意义和价值，起到了比官方教育（正式制度）更直接有效、更深刻长久的作用，虽然其中包含着许多封建性糟粕，但其促使社会普遍价值原则和文化精神具体化、生活化来培育个体品德的路径和方式，对当今社会的思想政治教育工作确有借鉴价值。

我国目前正处于社会转型时期，市场经济的浪潮冲击着社会生活的方方面面，物欲膨胀致使市场失范，价值多元引发道德失衡，通式教育造成德育失灵。家庭关系和家庭结构正在发生着重大变革，在家庭教育领域更是问题重重。面对现代社会多元价值观背景下道德建设所出现的诸多问题，随着近些年中国传统文化热的逐渐升温，对传统伦理道德的追寻思考和对家训这一优质德育资源的挖掘活动悄然兴起，许多学者开始关注和投身于思考解决这些历史与现实问题实践。其中由西北师范大学陈晓龙教授领队主持的研究项目"中国古代个体品德培育机制研究——基于非正式制度的分析"，就获得了 2008 年国家社会科学基金项目立项资助。该项目将研究的视阈限定在非正式制度领域，研究的前提性史实在于中国古代个体道德品质的培育过程中，除了官方正式制度作为载体和途径发挥了重要作用之外，非正式制度如家训、民间教育机构②、民间

---

① 正式（教育）制度是相对于非正式（教育）制度而言的，正式制度是指由政府（官方）以某种明确的形式确定下来，借助于官方行政力量组织实施并通过层级监督以保证德育活动施为的强制性规范模式，而非正式制度是指人们在长期的社会生产与交往活动中，逐步自发形成并得到大家普遍认可与遵从的一系列非官方非正式非强制性道德教育模式的总和，它主要借助于家庭教育、乡规民约、道德楷模和各种仪式等民间形式来传递道德信条，使人们的个体品德得到培育。

② 在中国古代，民间教育机构主要指私学，而私学的主要形式包括私塾、家学和书院三种形式。

规约①、民间道德楷模②、民间仪式③等作为载体和途径更显重要，其作用事实上远远超过了正式制度的作用。有望通过研究，回答和解决个体思想家们所提出的具有普遍性、共同性的道德原则和价值观念怎样上升为社会普遍的道德原则与价值观念，同时这种社会普遍的道德原则和价值观念又是怎样通过非正式制度渗透到社会的各个层面、社会生活的各个方面，并内化为个体的道德品质与行为准则这样一个理论和实践问题。课题参与者符得团等人围绕探索民间规约作为载体和途径在中国古代个体道德品质培育过程中的作用，选择以家训这一民间规约的典型范式为代表，以"中国古代家训与个体品德培育问题研究"为研究视阈，申报并获得 2010 年国家社会科学基金项目立项资助；同时以"古代家训在个体品德培育中的作用研究——以《颜氏家训》为例"研究和撰写博士论文。企望通过课题研究和论文工作，弘扬中华传统文化，明确家训在古代个体道德品质培育中的作用，探究和解析家训采取什么样的文化载体、通过哪些途径、凭借何种

---

　　①　民间规约是中国古代社会普遍价值体系在民间的具体表现和实现形式，中国古代民间规约的典型代表主要有家训、乡约、族规等，这些民间规约大多以成文、半成文，甚至不成文的形态出现，但在对个体道德品质的培育和渗透方面，却具有直接而积极的作用和意义。作为没有被古代官方正统教育系统纳入的，但对个体人格及道德品质培育具有积极影响和渗透作用的一种民间教育形式，民间规约事实上经过上千年历史传统的承传和接续，早已默默地上升为可以有效塑造个体道德品性的非正式教育制度。而且，作为民间规约内容的乡约、族规、家训等历经挖掘和完善，已经成为古代宗法世系传统下的塑造个体人格和道德品性的典范性力量，有些已经成为经典的传世文本，如《颜氏家训》等，在各朝历史上不断被纳入官方教育体制当中。

　　②　中国古代社会的民间道德楷模主要有乡绅、士绅。他们之所以可以称之为道德楷模，是因为他们在接受道德教育的主动性和对道德标准的适用和理解方面，比起其他生存个体更鲜明、更具代表性，也更具影响力。其中，乡绅本身就是民间产生的，是活的德育教材；士绅大多具有接受过官方正规教育的背景，在他们身上事实上承载着中国传统教育制度对他们进行塑造后沉积下来的良好品质和人格魅力，他们一旦卸任归乡，就已经不以官方正统代表的身份展示其已有的道德言行和精神品格了，而是以民间道德楷模或代表的姿态出现在特定的生存地域当中，成为人们学习的德行榜样。乡绅、士绅之成为道德楷模，一方面表现在他们常常以积极而庄重的形象出现在公众面前，以其身上凝聚着的特殊履历和德行演示而受到周围群体的尊重和仿效，另一方面在于他们身上散发着相对完善的精神气质和道德力量，在无时不有的那种来自普通群众方面的效仿和尊重中得到内敛强化。

　　③　中国古代民间仪式主要包括祭祀、婚、丧、嫁、娶、迎生、成人、迁居、庙会，等等。受经济和文化水平的限制，民间仪式内容十分博杂、丰富，仪式活动举结频繁，而且规模固成，不轻易变更，仪式举行的过程性、规范性、参与性及稳定性都极强。这些民间仪式的存在和举行，往往不是官方直接兴举的结果，相反政府官员也常常得以非政府官员身份参与这些民间仪式，可见其影响力之大、渗透力之强。

手段、以什么样的活动方式展开，从而成功地培育了古代个体品德等一些理论和实践问题，为当今个体品德培育乃至整个社会主义精神文明建设提供有益的启示。

二　研究意义

（一）理论意义。个体品德培育是社会普遍的道德原则和价值体系内化为个体道德品质的过程，是一个以精神传播和精神再生产为活动内容的价值生成过程。在这一过程中，我国古代成功地建立了一套相对完整有效的个体道德品质培育机制，对两千多年来中国社会的思想道德建设和人格修养发挥着至关重要的作用。其中作为没有被古代官方正式教育系统纳入、却对个体品德培育具有直接影响和渗透作用的一种教育范式——家训，就通过将一般的社会价值原则和道德规范具体化、生活化、生动化、形象化、个体化而完成对个体品德的培育，而且这种民间德育形式经过千年的历史传承和接续，事实上已经潜移默化地上升为可以有效塑造个体道德品质的非正式教育制度，成为古代宗法世系制度下通过家庭德育塑造个体人格和道德品性的规范性力量，其作用甚至远远超过了正式制度。有些家训历史地成为经典的传世文本（如《颜氏家训》），不断被纳入官方教育体制当中。回答和解决好古代个体思想家们所提出的具有普遍性、共同性的道德规范和价值原则是怎样通过家训渗透到社会的各个层面和社会生活的各个方面？何以最终内化为个体的道德品质和行为准则的？这是一个十分重要的学理问题。

（二）现实意义。任何理论和思想的价值，都必须以回答和解决人类所面临的时代问题为标准。家训文化的价值，不仅表现在其内涵丰富的教人认识世界和认识自我的中国传统文化精髓，还在于其现实性地将传统文化渡向民间，从而成功培育出个体道德品质的现代启示。众所周知，重家教和端蒙养是中华民族的优良传统，家训之所以能够起到比官方教育更简单直接和更深刻有效的作用，一是因为中国先民所有的生命个体进入生存世界以后，就天然地处居于这样一个受家训直接熏陶的生活世界当中，在其生命个体进入官学意义上的启蒙教育之前，家训就已经作为接受蒙学教育的奠基性工作，渗到了自己对于自然、生命、历史和社会等相关的人生观、价值观、世界观的前期认识和理解当中。尤其对于古代那些没有资格和能力进入官方教育系统当中接受正统教化的个体，家训实际上就成为他们终其一生用以理解和打开外部世界的观念标本，而家训独立承担德育角色所起到的直接性影响和渗透作用，在某种意义上也就直接塑造出了个体的精神观念和道德品格。二是这些家训具有很强的家族性、具体性、实践性和持续性，始终以血缘亲情为纽带，紧密联系人们的生产生活实际，能够根据个体的生存处境和精神追求，适时调整教育内容和施教方法，其内容往往直接具体，表达也平易缜密，易于突破官学教育体制下存在的空洞而玄虚的抽象说教形式；表现在教育形式上，追求言行合一，坚持以贴近生活的默契直接对个体的言行产生感染，对于受教个体是否道德达标的评价衡量方面，能直接从其个体的一言一行当中迅速透视出来，因而对其言行失范的矫正往往更为及时便捷。三是家训具有自上而下实施和发动的权威性，个体的视听言动不仅受到家训规条的直接规定，而且受到其他个体的比照和监督，这种软性的道德衡量，实际上更能在平时的非公共性习作状态下塑造个体良好的生活言行和道德品性。当前，我们进行社会主义核心价值体系建设，改进和加强思想政治教育，实质就是要做好公民个体品德的培育。如何将社会主义核心价值观念内化为个体的道德品质，消除社会上出现的道德失范，是非、善恶与美丑不分，拜金主义、享乐主义、极端个人主义滋长，见利忘义、损公肥私行为以及欺诈与不讲诚信、以权谋私与腐化堕落等不良社会现象，是一个必须解决的现实课题。弘扬中华传统文化，珍视家庭德育和伦理文化宝库中极具特色的中国传统家训，探究家训如何将一般的社会价值原则和道德规范具体化、生活化和个体化，以及家训是以什么样的活动方式展开从而有效培育古代个体品德的，为当今公民道德建设乃至整个社会主义精神文明建设提供有益的借鉴，既有历史价值，又具现实意义。

三　国内外研究现状述评

研究中国古代家训与个体品德培育问题，全面了解相关研究成果，梳理和把握已有研究文献，是前提和基础。针对本研究提出的上述问题，为了掌握学术界目前的研究现状，我们查阅了"超新电子图书"、"中国期刊全文数据库"、"中国博士学位论文全文数据库"、"中国优秀硕士学位论文全文数据库"，认真拜读了《论语》、《孟子》、《中庸》、《大学》、

《荀子》、《颜氏家训》、《袁氏世范》、《郑氏规范》、《人的自由和真善美》、《社会契约论》等经典著作，阅读了《中国家训史》、《中国家训史论稿》、《儒家教育伦理研究》、《先秦儒家道德世界》、《名臣名儒家训》、《曾国藩家训》等专著，泛读了《尚书》、《礼记》、《春秋繁露》、《成人与成圣》、《于丹〈论语〉感悟》、《中国的家法族规》、《帝王将相家训》、《中国习惯法研究》等著作，涉及上述问题的著述和研究确实不少，但将二者联系起来并以家训对古代个体品德培育作用发挥为视阈进行专门研究的还不多见，以史为鉴、契合当代的研究更少。

（一）国外研究简况。在国外，除受中国传统文化影响较深的日本、朝鲜、韩国以及东南亚一些国家重视家训传承，注意保留和发扬家训传统以提携子孙成长成人外，西方绝大部分国家由于教育体制和价值观念的差异，虽然在教育终极至善的共同前提条件下也讲家庭教育和父母对子女成长成人的规范要求，但与我国历来重视和一贯强化家训的优良传统与家教实践相去甚远。特别是西方的大多数国家，由于人们的终极信仰是上帝，不论是孩子还是成人，也不论身处哪个家庭，人人一律平等，都是上帝的孩子，因而终极至善的教育实践抑制个体培养目标的私人属性，突出个体教育目标在个人、家庭、国家三位一体方面的共有属性，对个体的教育普遍选择以理性教育为主要内容的国家或社会教育范式，旨在培养具有理性精神和宗教信仰的自由公民。正是基于这种柏拉图提出的人性结构理论指导，西方国家的家庭教育目的多元化特征十分明显，虽然所有的家长都表示对子女很关心，但西方国家的家长在教育中特别注意子女独立生存能力的养成，尊重子女的意愿，鼓励子女自我选择，加上主流意识形态的排斥与冲突，因而围绕中国古代家训对个体品德培育进行的研究尚未见到。中国港台及海外学者对中国家训的研究，主要集中在日本和中国台湾地区学者身上，研究涉及的面比较狭窄，除了少量研究中国古代家族发展或乡村状况而简略述及家训（家庭教育）活动之外，成果主要集中在中国传统女训的通论研究方面，如山崎纯一的《关于唐代两部女训书（女论语）、（女孝经）的基础研究》和《曹大姑（女诫）与撰者班昭——东汉时代诫女之成立与发展》等。① 但是研究尚显薄弱，研究的视角比较单一，研究的理论也需要深入。

---

① 邓小南主编：《唐宋女性与社会》（上册），上海辞书出版社 2003 年版，第 137 页。

　　（二）我国古代的著述及研究简况。重家教和端蒙养是中华民族的优良传统，因而家训著述十分繁多。在我国古代家庭道德教育的实施过程中，家训一直占有十分重要的地位，主要表现为父母对子孙、家长对家人、族长对族人的训示教诲，另外也包括兄弟姊妹间的诫勉及夫妻间的嘱告，它是用以规范家人行为、处理家庭事务的一种准则，是中国传统宗法社会的一种重要文化现象。在一定意义上讲，作为保证人类生存与发展的原始家训（族内教育）是同人类的产生与发展相同步的，只是其训育的范围和涉及面相对宽泛，且大多限于口头传授的形式。后来，小邦周灭亡大邦殷的历史变故，给西周统治者以诸多的经验教训。其中，最主要的一条就是统治者统治天下不能单靠天命而要依靠德行，"皇天无亲，唯德是辅。民心无常，唯惠是怀。"要享有天命，做到长治久安，就要以德配天，要讲德行，对王嗣要进行德训。与此相适应，许多贵族也以前人的国破、家亡和身丧为鉴，加强了对子弟的"臣德"教育，也开始了迄今为止有文字记载的家庭（家族）德训活动。在这方面，周公的贡献最大，开启了帝王将相与仕宦家训的先河。然而，严格地讲，作为全面系统并有重大影响的家训则是在独尊儒术之后出现的，其中，最有影响的家训范本，当属北齐颜之推的《颜氏家训》。此后，各种家训便相继出现，如唐代李世民的《帝范》；宋代司马光的《家范》、袁采的《袁氏世范》；元末明初郑文融的《郑氏规范》；明代仁孝文皇后的《内训》；清代朱柏庐的《朱子治家格言》、康熙皇帝的《庭训格言》、陈宏谋的《五种遗规》等，都是各个朝代的家训代表作。距今最近的曾国藩《家书》（《家训》），则是整个中国中古时期继《颜氏家训》以来我国仕宦家训的成熟之作，也是中国传统家训史上带有新时代特征的又一座丰碑。

　　中国传统家训之所以如此绵延不绝，这与我国的传统文化和社会实际紧密相关。孔子在《论语》中，孟子、荀子等儒家先哲在其著述中设计的人生理想和仁治社会蓝图，成为几千年薪火相传的中国文化及道德教育的终极目标，不同于西方的理想国以哲学家为统治者、以意志坚定者保卫国家、以欲望追求者为民众，国家如同守法的个人一样；儒家思想设计的理想社会则以圣人君子为元首，国家的构成不以人群分类为结构，而是以家庭的结构关系来构建。"夫有人民而后有夫妇，有夫妇而后有父子，有父子而后有兄弟；一家之亲由三而已矣。自兹以往，至于九族，皆本于三亲焉，故于人伦为重者也。"① ——儒家文化中的国家既是国又是家，国是家的放大形态，家是国的微缩形式。首先，在中国传统的宗法社会中，家国同构，国是家的放大和延伸，家是国的具体表现形式，在家事亲与在国事君是一致的，反映在社会生活与家庭伦理中必然是国有国法，家有家规。其次，对每个个体而言，家庭生活一般都将伴其终生，家庭作为整个社会的重要组成部分和基本单位，它担负着协调家庭成员之间的关系、确定家庭成员各自的伦理义务，并承担着把以血缘为纽带的自然人教化为以伦理关系为经纬的社会人的重要责任。最后，在家庭（家族）内部，除了训育子孙成人外，家训实为管理家庭内部事务，调和家庭内部矛盾的准则，保证着家庭和家族在宗法社会中能够兴旺发达、生生不息。与此相适应，我国古代的家训文献与家训实践一样精深宏富，源远流长。

家训常见的异称包括家令、家诫（戒）、家教、家法、家规、家订、家范、家政、家约、家仪、家语、劝言、杂议、世范、族规、药言、遗训、庭训、女诫、女训等；家训的表现形式既有书面家训，也有口头家训。这些家训，有的写成家信，有的留为遗训，有的编作故事，有的著为专书。家训的作者既有帝王将相，也有平民百姓，有社会贤达、政府官吏，也有名人学士、地主乡绅和能工巧匠，不论其社会地位、政治态度、宗教信仰和贫富差别如何，中国古代先民们同样重视家庭教育，大多积极制作家训来教诲子弟，使家训成为传播中国传统文化的一条重要途径。很多人做家训，"正欲其浅而易知，简而易能，故语多朴直。使愚夫赤子，皆晓然无疑。"② 因而很多家训通俗易懂，家喻户晓，深受社会各界群众欢迎，在民众中广泛流传，成为古代个体品德培育和社会教化的教科书。反观历史，传统家训作为个体道德品质培育机制中的民间教育范式，在我国古代个体道德品质的培育过程中发挥了极为重要的作用，对家训的制订或对祖训的修订完善历代不绝。但是，我们的先民们对他们世代遵奉的家训就其个体品德培育过程中的作用机理却鲜有进行过专门研究的，因循旧制、照着做得很好，但言明就里、讲清道理的很少，所能查找到的研究文献较少。

（三）我国近现代研究简况。通过超新电子图书库，可以收集到涉及

---

① 《颜氏家训》卷1《兄弟》。

② 庞尚鹏：《庞氏家训》，上海古籍出版社1985年版，第1页。

家训的著作有 84 部，除徐少锦、陈延斌著《中国家训史》，朱明勋著《中国家训史论稿》和王长金著《传统家训思想通论》研究了中国传统家训产生和发展的社会条件、历史渊源和思想体系外，其余著述基本上都集中在对单篇或多篇传统家训的注释、解读或汇编等普适推广介绍方面，专门研究我国传统家训在古代个体品德培育中的作用等相关问题的专著尚未找到。综合研究个体道德品质培育的专著也未见到，其他有关德育方面的著作则主要集中在对个体品质内容的梳理、社会道德与个人道德的关系辨析、个体价值体系的建构、个人道德品质的修养完善以及个人成长价值目标的实现等一般德育原理的研究，没有以古代家训对个体品德培育作用发挥为视阈进行专门研究。

有关学术论文的研究，我们通过查阅包括"中国期刊全文数据库"、"中国博士学位论文全文数据库"、"中国优秀硕士学位论文全文数据库"在内的中国人文与社科学术文献网络出版总库，其中涉及家训并含有个体品德、个体道德的文献有 339 篇，立论观点和著述思想相对比较丰富。

第一，传统家训思想研究。家训是祖先留给我们的一种丰厚的德育文化遗产，它集中记载了古代思想家们在家庭道德教育问题上的思想成果和实践经验。吉林师范大学中国思想史研究所的付林在《论传统家训的德教思想》一文中，提出传统家训思想博大精深，所蕴涵的思想十分丰富，其核心内容是以儒家的"修齐治平"为指导思想，以儒家的"崇忠孝"为最高道德准则的伦理教育思想。家训文化的这种德教思想是通过家族的血缘亲情关系，从内部加强了家族共同体的凝聚力和亲和力，进而促进了家庭和睦和社会稳定。[①] 曲阜师范大学经法学院的段文阁在《古代家训中的家庭德育思想初探》一文中提出，家训是古代的一种家庭伦理教科书，其中包含着非常丰富的家庭道德教育思想。古代家训中以德为"本"、以德为"富"、以德为"要"的家庭德育定位，以及倡导早期德育，强调道德化育的家庭德育思想，对于当前的独生子女家庭德育具有积极意义。[②] 戴素芳通过《论传统家训伦理教育的实践理念与当下价值》，指出传统家训伦理道德教育实践理念涉及伦理道德教育的基本原则、主要措施及重要

---

① 付林：《论传统家训的德教思想》，《吉林师范大学学报》（人文社会科学版）2005 年第 6 期。

② 段文阁：《古代家训中的家庭德育思想初探》，《齐鲁学刊》2003 年第 4 期。

方法，它从言行、情理、教养等多个方面运思，强调伦理道德教育过程中的主客统一、知行统一、共性与个性的统一、早教与渐进性的统一，这些伦理教育理念是我国传统家训中最有特色的内容之一。在当今社会，传统家训中的优良伦理教育实践理念对于推进德育的社会主义现代化，具有重要的现实意义和实践价值。① 这些思想对启发我们做好当今的子女教育，纠正眼下家庭教育存在的偏误，清理那些不适应现代家庭教育的异质因素，为构建和确立与社会主义现代化建设相适应的现代家庭伦理教育提供科学可行的路径，意义重大。

第二，经典家训个案研究。相对于整个家训文化研究而言，学界对经典家训个案的研究比较多，最为集中的当属对《颜氏家训》这一家训经典的研究，相关论文就有 195 篇之多。这些著述围绕《颜氏家训》内含的训家思想，分别就该书关于教子与兄弟情谊、后娶与治家、士大夫风操与慕贤交友、勉学与涉务省事、止足与养生，以及书证、音辞、杂艺等的德育思想和文学价值进行了较为详尽的研究，指出《颜氏家训》作为现存最早的家训专著，体例完备，内容广博，影响深远。该书以儒家思想为主导，除了教育子孙如何处世为人外，还反映了南北朝时期广阔的社会生活，也反映了当时社会士人的普遍心态，对于研究南北朝时期的宗教、文化、教育、语言、风俗、历史等都有一定的参考价值。其他家训经典诸如对《温公家范》、《袁氏世范》的研究也有助于我们了解古代家庭伦理的基本精神和家庭伦理的特质，发掘其中超越时空的具有普遍性和恒久价值的精华内容，对我们今天进行社会主义和谐家庭伦理建设，解决现实家庭伦理问题，化解家庭、社会矛盾等都有一定的积极作用。

第三，中国传统家庭教育研究。中华民族素以重视家教闻名于世，有关中国传统家庭教育方面的研究较多，涉及家庭教育的方方面面。由于重教化是中国传统家庭伦理的一大特征，教则外现于灌输，注重言语传授；化则注重潜移默化，讲求对人的习染和熏陶，主要用于道德培养。所以，重视家庭环境对人的品德形成所具有的熏陶渐染作用，可以说是中国传统家庭教育的一大特色。孟母三迁的故事对此最有说服力："孟子三岁丧父，母有贤德，挟其子以居。始舍近墓，孟子之少也，嬉戏为墓间事，踊跃筑埋。孟母曰：'此非所以居子也！'乃去。舍近市，嬉戏为商贾事。

---

① 戴素芳：《论传统家训伦理教育的实践理念与当下价值》，《学术界》2007 年第 2 期。

母曰："又非所以居子也。"遂徙舍学宫旁，其嬉戏乃设俎豆，揖让进退。母曰：'此真可以居子矣！'遂居之。"① 同样，颜之推在其《颜氏家训》中指出："人在少年，神情未定，所与款狎，熏渍陶染，言笑举对，无心于学，潜移暗化，自然似之……是以与善人居，如入芝兰之室，久而自芳也；与恶人居，如入鲍鱼之肆，久而自臭也。"② 荀子也认为人的品德和人格与人所处的外部环境有极大的关系，因此他提出"注措习俗，所以化性也"③。所谓注措，即是指人所从事的行业；所谓习俗，即是指人的生活和工作环境。这两方面都是人的外部环境。因此荀子的名言是："蓬生麻中，不扶而直；白沙在涅，与之俱黑。兰槐之根是为芷，其渐之，君子不近，庶人不服；其质非不美也，所渐者然也。故君子居必择乡，游必就士，所以防邪僻而近中正也。"④ 墨子也认为人的本性如"素丝"，"染于苍则苍，染于黄则黄，所入者变，其色亦变"。他说："非独染丝也，国亦有染。"又说："非独国有染，士亦有染。"⑤ 尽管在中国古代也有"物必先腐，而后虫生；人必自侮，而后人侮"以及"出淤泥而不染，濯清涟而不妖"⑥ 等观点，但重视环境的影响作用则是大多数思想家的观点。武汉大学博士刘烨通过现代思想政治教育过程研究，提出我国古代的孔子、孟子、荀子等思想家均认为在人的思想道德品质的形成过程中，家庭环境对人的品德形成具有熏陶渐染作用，孔子曾认为：与善人居，如入芝兰之室，久而不闻其香，则与之化矣；与恶人居，如入鲍鱼之肆，久而不闻其臭，亦与之化矣。⑦ 河北大学范喜茹通过其硕士学位论文《两汉家庭教育研究》，指出在我国两汉时期的家庭生活中，家庭成员之间有目的、有意识地增进人的知识技能，影响人的思想品德，发展人的智力和体力的活动，主要表现为父母或其他年长者对儿孙辈进行的教育和影响。两汉家庭教育的方法有家庭环境的熏陶，有身教示范、榜样影响和遇事则诲、因机而教的结合，还存在杖笞怒喝的粗暴教育方式。两汉的家庭结

---

①　《历代兴衰演义》第 9 回《简王后至灵王时生孔子》。

②　《颜氏家训》卷 2《慕贤》。

③　《荀子·儒效》。

④　《荀子·劝学》。

⑤　《墨子·所染》。

⑥　周敦颐：《爱莲说》。

⑦　刘烨：《现代思想政治教育过程研究》，武汉大学博士学位论文，2004 年 10 月。

构、家庭关系以及家庭文化直接影响家庭教育的实施及其效果。两汉家庭教育在总结前人经验的基础上有了进一步的发展，为其后一千多年中国传统社会的家庭教育奠定了基础，初步建立起中国传统社会家庭教育的框架，并成为中国传统社会家庭教育的蓝本，具有深远的文化影响。①

　　第四，中外家训和德育比较研究。面对新世纪，中西方都在认真思考和研究培养跨世纪人才的问题，中西方都认为应该把道德教育放在全部教育的首位。因此，进行中西道德教育比较是为了更好地揭示西方道德教育的发展规律，吸取其经验教训，以便进行借鉴，从而改进和完善我国的道德教育。武汉大学政治与公共管理学院黄钊的《德育的创新与发展应当从中外德育比较研究中吸取营养》，认为当前搞好中外德育比较研究意义十分重大。一是可以"从异中求同"，推进"洋为中用"，丰富与深化我国德育理论；二是可以"从同中求异"，保持中华民族特色，维护社会主义德育的基本原则；三是可以放眼全球、通观全局、把握时代脉搏，看准社会发展方向，作出正确德育抉择。② 当然，中西在道德教育实施的方法、手段和途径方面存在着一些相同或相近之处，而在教育思想及道德教育实践方面存在显著差异。这种差异通过各自的学术阐扬和实践活动，已成为中西社会风尚和民族精神的重要组成部分。③ 首都师范大学路红显在其硕士学位论文《中日当代道德教育比较》中，提出中日当代道德教育的相同点包括：①注重政治性的道德教育；②注重义务性的道德教育；③注重集体主义的道德教育；④注重对传统道德的批判与继承。中日当代道德教育的不同点包括：①中国重义务教育，日本重义务和权利并重，②中国重道德理想教育，日本重道德素质培养，③中国重阶级道德教育，日本重社会公德教育，④中国重家庭道德教育，日本重职业道德教育。④ 通过对中外德育进行比较研究，批判地吸收和借鉴国外德育的一些成功做法与经验，对开阔我们的视野、进一步加强和改进我国思想政治教育工作，具有重要的理论和实践意义。

　　第五，关于道德教育研究。一方面，重视对中国传统道德教育研究，

---

　　① 范喜茹：《两汉家庭教育研究》，河北大学硕士学位论文，2006 年 7 月。

　　② 黄钊：《德育的创新与发展应当从中外德育比较研究中吸取营养》，《思想政治教育》2010 年第 3 期。

　　③ 柳建营、姜越等：《中西德育比较及其启示》，《北京教育》2010 年第 4 期。

　　④ 路红显：《中日当代道德教育比较》，首都师范大学硕士学位论文，2001 年 7 月。

关于"古代道德教育"研究的相关论文有 14 篇，主要涉及古代道德教育
的内容、原则、方法①以及对现代道德教育的启示②；河南省委党校孙玉
杰教授在《河南大学学报》（社会科学版）1999 年 6 期发表的《中国古
代伦理道德教育机制初探》一文，论述了古代道德的基本原则的形成、
内容和主要阵地等问题，对学校、社会、家庭在道德教育过程中综合功能
发挥的问题有所涉及③。注重个体品德培育或个体道德修养，是中华传统
文化的根本所在，也是中国古代个体品德培育机制的特色。源远流长的五
千年文化是中华民族最宝贵的精神财富。作为母体的传统文化，至今依然
是中华民族最深厚的生存根基和民族振兴的基础，也是当代中国科技发
展、文明进步不可轻易放弃的根本。中国近代著名的启蒙思想家、教育家
梁启超提出，"为什么要教育？为的是人性可以受教育"④，"盖自天降生
民，则既莫不与之以仁义礼智之性矣。然其气质之禀或不能齐，是以不能
皆有以知其性之所有而全之也。一有聪明睿智能尽其性者出于其间，则天
必命之以为亿兆之君师，使之治而教之，以复其性"⑤。这是朱熹注疏
《大学》章句的序言中提出的施教缘由解说，也是古代中国人普遍认同的
道德教育理念。按照这一理念，每个人的德性为天地阴阳五行化生所固
有，无论是性善还是性恶，也无论是性无善无恶，人人都具备成人道德所
需的一切要素，只要人们诚心地接受教育并反身纳求，便都可以成就德
性，故而为仁由己。这一博大精深、内涵丰富的道德教育思想，自汉代儒
术独尊以来始终保持着生机，对中国传统道德教育的研究也始终是学界的
关注热点。另一方面，积极推进一般道德教育研究。可以见到的有关
"道德教育"研究相关著作 99 部、论文 8148 篇。我们发现这些研究主要
集中在对社会普遍性、群体性的道德培育问题探索。关于"个体道德教
育"的研究只有相关论文 25 篇，主要涉及劳动者职业道德教育、青少年

---

①　孟旭：《中国古代道德教育的途径和方法评述》，《山西大学师范学院学报》1998 年第 2
期。

②　陈浩凯：《中国古代道德教育的特色及其启示》，《湖南社会科学》2001 年第 2 期。

③　孙玉杰：《中国古代伦理道德教育机制初探》，《河南大学学报》（社会科学版）1999 年
第 6 期。

④　梁启超：《儒家哲学》，江苏文艺出版社 2007 年版，第 188 页。

⑤　《四书章句集注·大学章句序》。

道德教育、学生道德教育①以及道德教育的个性化发展问题②；关于"道德教育机制"研究有相关论文 43 篇，主要涉及社会群体、学生、干部在市场经济③、网络、社会心理等背景下的道德教育文化机制、激励机制、长效机制、创新机制等问题④，认为道德教育的制度设计，以及道德教育的成功与否，主要取决于学校、集团和社会等官方思想政治教育主渠道作用的发挥。然而，在中国古代个体道德品质的培育过程中，除了正式制度作为载体和途径起了重要的作用之外，非正式制度如家训等作为载体和途径发挥着更为重要的作用，其作用甚至远远超过了正式制度的作用。弘扬中华传统文化，通过探究古代家训是如何将一般的社会价值原则和道德规范具体化、生活化与个体化，从而有效培育了古代个体的思想品德，为当今公民道德建设乃至整个社会主义精神文明建设提供有益的借鉴，是我们将研究视阈确定为古代家训何以对个体品德培育发挥作用而进行专门研究的立意所在。

四　相关问题的界定

（一）与家训相关的问题。家训是家长或家族长辈对子孙后辈立身处世、持家治业的教诲，它包含着丰富深刻的人生哲理及中国人固有的尊德崇礼、孝亲友爱的可贵精神。家训作为我国传统文化的重要组成部分，内容非常广泛，一般涉及励志、劝学、处世、慈孝、婚恋等诸多方面，精深宏富，弥足珍贵。无论是鸿篇巨制、片纸短章，抑或口传心授、临终遗言，都已经成为家庭教育的思想结晶，成为人们整齐门风、理家教子、提撕子孙的治家良策，是古代个体为人处己、轨物范世的箴规宝鉴；不论是上古、中古家训，还是近古家训，虽然内容涉及面很宽，但最为突出而且一以贯之的一条主线却是修身，家训的道德教化功能显见，家训也因而成为名副其实的个体品德培育教科书，在我国古代历史上流传最广、影响最深，成为中国古代家庭个体品德培育活动最鲜明的写照。

---

①　刘慧、朱小蔓等：《多元社会中学校道德教育关注学生个体的生命世界》，《教育研究》2001 年第 9 期。

②　张雅琴：《思想道德教育与个体认知发展》，《湖北社会科学》2006 年第 3 期。

③　刘明辉：《建立与市场经济相适应的道德教育机制》，《科学社会主义》2006 年第 5 期。

④　魏则胜、李萍等：《道德教育的文化机制》，《教育研究》2007 年第 6 期。

　　1. 家训的产生与发展。家训是随着家庭的产生而出现的一种重要的教育形式，它以家庭的存在为前提和基础。"古者未有君臣上下之别，未有夫妇妃匹之合，兽处杂居，不媒不娶。"① 远古时期的人类没有完全从动物界分化出来，说明我国古代先民在群居杂处时并无家庭，当然也无家训，"昔太古尝无君矣，无亲戚兄弟夫妻男女之别，无上下长幼之道，无进退揖让之礼，无衣服履带宫室积蓄之便，无器械舟车城郭险阻之备。"② 由于社会劳动采取采集果蔬的方式，所以生产能力很低，"人但知其母，而不知其父。"这种母系氏族只不过是一个家庭雏形，在这种雏形家庭中，自然地存续着幼小子女跟随母亲学习和接受传统习俗、掌握简单生产劳动的教育，但还不能将其归结为完全意义上的家训。我国具有相对独立和完整意义的家庭是父权制家庭，这种父权制家庭产生于黄帝时期，那时开始有了"君臣上下之义，父子兄弟之礼，夫妇匹配之合"③。从此有了正式的家庭教育。这种家庭教育同当时的社会制度有着密切的联系，其中源远流长的中国传统家训，正是在帝位禅让制度中初现端倪的④，因为家庭本来是"一切社会之中最古老的而又唯一自然的社会"⑤，将皇权传位于谁，用一个什么样的选择标准确定继位者，是上古时期禅让制的关键与核心，也是帝王们用心训导培养接班人的目标指向。根据《史记·五帝本纪》记载："黄帝崩，葬桥山。其孙昌意之子高阳立，是为帝颛顼也。"⑥ 选立高阳，因其"静渊以有谋，疏通而知事，养材以任地，载时以象天，依鬼神以制义，治气以教化，洁诚以祭祀……颛顼崩，而玄嚣之孙高辛立，是为帝喾。帝喾高辛者，黄帝之曾孙也。"⑦ 传位于高辛，是因为他能"普施利物，不于其身。聪以知远，明以察微，顺天之义，知民之急。仁而威，惠而信，修身而天下服。取地之财而节用之，抚教万民

---

　　① 《管子·君臣》。
　　② 《吕氏春秋·侍君》。
　　③ 徐少锦、陈延斌：《中国家训史》，陕西人民出版社 2003 年版，第 44—45 页。
　　④ 颜师古注《汉》中之"夫妻之际，王事纲纪，安危之机，圣王所致慎也。昔舜饬正二女，以崇至德；楚庄忍绝丹姬，以成伯功"所引"昔舜饬正二女，以崇至德"典故时，颜师古注曰："《虞书·尧典》云'釐降二女于妫汭，嫔于虞'。谓尧以二女妻舜，观其治家，欲使治国，而舜谨敕正躬以待二女，其德益崇，遂受尧禅也。"见《汉书卷八五·列传第五五·谷永》。
　　⑤ 〔法〕卢梭：《社会契约论》，何兆武译，商务印书馆 2003 年版，第 5 页。
　　⑥ 《史记》卷 1《本纪》卷 1《五帝》。
　　⑦ 同上。

而利诲之，历日月而迎送之，明鬼神而敬事之。其色郁郁，其德嶷嶷。日月所照，风雨所至，莫不从服。"① 可见，所谓的禅让，实际上就是在位的皇帝或皇族在本家族人员中选择那些德行高尚并经过考验的杰出后代来继承帝位，而不是简单的代际相承。接下来，"帝喾崩，而（长子）挚代立。帝挚立，不善，崩，而弟放勋立，是为帝尧。"② 不传不善之兄而选立弟，是因"其仁如天，其知如神。就之如日，望之如云。富而不骄，贵而不舒。黄收纯衣，彤车乘白马，能明驯德，以亲九族。九族既睦，便章百姓。百姓昭明，合和万国"。③ 而当尧考虑传位大事时，对其子丹朱的态度却是"吁！顽凶，不用"。而对举荐于贵戚及疏远隐匿者虞舜，则曰："吾其试哉。"接着便将他的两个女儿嫁给舜，观察他怎样治家；又派九个儿子与他共处，考察他怎样处世。"乃使舜慎和五典，五典能从。乃遍入百官，百官时序。宾于四门，四门穆穆。诸侯远方宾客绵敬。尧使舜入山林川泽，暴风雷雨，舜行不迷。尧以为圣，召舜曰：'女谋事至而言可绩，三年矣。女登帝位。"④ 不论从黄帝传位其孙的慎重选择，还是尧对舜的深度考察，不仅对外昭示着圣王治理天下所要具备的德行，也反映出上古时期贵族社会家庭中长辈对子孙辈的期望、教诫与栽培。在这里，《史记》的著者更多的不是从君臣上下关系和德治传世的角度记述史实，而从氏族或家族内部选人育人的角度分析，以能够"抚教万民而利诲之"、"能明驯德，以亲九族"等德行修养和治世能力为传位标准，不就是最切实有效的家训吗？

随着"夏传子，家天下"，家国一体，家训实为国教，使家训植根于家庭这一自然沃土，成长于国教这一人为的社会环境之中，这便为家训的发扬光大和对古代个体品德培育作用的发挥创造了极好的条件。小邦周灭亡大邦殷的历史变故，给西周统治者以诸多的经验教训。其中，最主要的一条就是统治天下不能单靠天命之"郁穆不已"，而要依靠德行之"假以溢我"。"皇天无亲，唯德是辅。民心无常，唯惠是怀。"要享有天命，做到长治久安，就要以德配天，要讲德行，对王嗣要进行德训。为此，许多

---

①　《史记》卷1《本纪》卷1《五帝》。

②　同上。

③　同上。

④　同上，"女"通"汝"。

贵族也以前人的国破、家亡、身丧为鉴，加强了对子弟的"臣德"教育。在这方面，周公的贡献最大，开启了帝王将相与仕宦家训的先河。自刘邦《手敕太子书》开始，经汉武帝"罢黜百家，独尊儒术"，在全国范围内尊孔读经，成为不可阻挡的潮流。用儒家纲常名教训导子弟修齐治平、孝悌力田、忠君报国、清正严慎、宽仁恤民、谦谨勤劳、节俭和顺，制作家训范家教子、进德修身，纠正或防范他们可能存在的骄奢淫逸等不良倾向，便蔚然成风。在宋以前，个人撰写家训只是少数有知识、有身份、有地位的世家大族之事，庶民百姓因为门第或迫于生计而无缘制作专门的家训，其训家教子大多以口头形式进行。自宋以降，我国传统的文献家训逐渐走出了由个别少数人和少数家庭垄断的时代，即由贵族家训时代转向了社会家训时代。这一时期大量族规的出现，推动了家训和家训文化的社会化，因为家族制定家训（族规）往往具有超越人的身份与地位，超越核心家庭控制而多点成面的社会普及性，所以传统家训一时间在全社会得以普及开来。

　　我国古代历史上如此众多的家训，有的写成家信，有的留为遗命，有的编作故事，有的著为专书，有的存于口头，有的做成碑刻，还有的制成铭文。内容非常丰富，涉及面很宽。其作者，有社会贤哲、政府官吏，有名人学士、能工巧匠。不论其社会地位、政治态度、宗教信仰、贫富程度如何，上至帝王将相，下至平民百姓，都常以家训来教诲子弟，这正是乡土中国的突出特色。不少家训（如《朱子家训》）读起来琅琅上口，语句通俗易懂，因而家喻户晓，在民众中广泛流传，成为社会教化的普世教科书。家训对于每个个体的道德教化作用，真可谓刻骨铭心，"我铭父母之教于灵台，与生俱生，与死俱死，而不忘者也。天高地下，日照月临，有违家训，雷其殛之！"[1] 这种誓言符咒，传达着人们对家训的认同与尊崇，也体现着家训教诫作用的深刻与持久。从个体品德培育的角度看，虽然许多家训反映了不同类型家庭应该具有的不同文化色彩，但无一例外地都反映着祖辈对后人在价值取向、道德观念、文化认同等方面教诫的共同要求，这也是家训深受社会各界民众普遍欢迎、获得历朝历代统治者奖掖而为人们传诵不绝的根本原因。

　　2. 家训的内涵。学界对家训的不同界定。对于"家训"的含义，由

---

①　《郑思肖集·中兴集》卷2。

于理论研究的深度不够，至今尚未形成统一的认识。《辞海》里对家训的定义是："①父母对子女的训导。《后汉书·边让传》：'髫龀凤孤，不尽家训。'②父祖为子孙写的训导之辞。如北齐颜之推撰有《颜氏家训》。"①《辞源》里这样定义："家训言居家之道，以垂训子孙者。颜之推撰家训二十篇。"②《中华百科全书》这样定义："家训，本治家立身之言，用以垂训子孙者也。《后汉书·边让传》：'髫龄凤孤，不尽家训。'正谓此也。"③ 段玉裁《说文解字注》中对"家"这样注释："'家'，象形会意字，从'宀'从'豕'。内像屋之形，屋下养豕。其内谓之家，引申之天子诸侯曰国，大夫曰家。"对于"训"则是这样注释的："训，说教也。说教者，说释而教之，必顺其理，引申之凡顺皆曰训。"④ 由此可见，自古以来对家训及其丰富内涵的理解就是不完全一致的，而且似乎侧重于一家之内父母对子女的训导之言与规范之行。目前，由于学界对家训的研究还不是很多，观点还比较分散，对家训的理解和认识也是见仁见智，对家训的含义有各种各样的注释和界定，如霍松林在《中华家训经典》序言里提出："中国古代进行家教的各种文字记录，包括散文、诗歌、格言等，通常称为家训，它是古人向后代传播修身治家、为人处世道理的最基本的方法，也是我国古代长期延续下来的家长教育儿女的最基本的形式。"⑤ 1994 年 6 月 13 日《光明日报》刊发张艳国的理论文章认为，"传统家训，是指在中国传统社会里形成和繁盛起来的关于治家教子的训诫，是以一定社会时代占主导地位的文化内容作为教育内涵的一种家庭教育形式。就其内容而言，是用宗法专制社会的礼法制度、伦理道德规范、行为准则指导人们处理家庭关系，教育子女成长的训诫；就其表现形式而言，主要是训诫者与被训诫者的对话（包括书面的东西）。根据中国传统家训所表达的内容，可将它们归结为家庭、家政、修身养性、勉学几大门类。家庭和家政讲的是处理家庭关系；修身养性和勉学讲的是教育子女成

① 辞书编辑委员会：《辞海》（1999 年版缩印珍藏版），上海人民出版社 2000 年版，第 1236 页。

② 辞源编辑委员会：《辞源》，商务印书馆 1964 年版，第 1068 页。

③ 张其：《中华百科全书》（台湾），台北：中国文化大学、中华学术院编行 1982 年版，第 411 页。

④ （清）段玉裁：《说文解字注》，上海古籍出版社 1981 年版，第 337、91 页。

⑤ 翟博：《中华家训经典》，海南出版社 2002 年版，第 1—2 页。

长的问题。"① 陈延斌、徐少锦认为，"家训主要是指父母对子孙、家长对家人、族长对族人的直接训示、亲自教诲，也包括兄长对弟妹的劝勉，夫妻之间的嘱托，后辈贤达者对长辈、弟对兄的建议与要求。它属于家庭或家族内部的教育，随着家庭的产生而出现的一种教育形式，它随着家庭的发展而不断丰富、完善。其教育除了包含一般的社会要求之外，还带上了家庭、家族的独特内容，并在世世代代延续、演进的过程中，不断沉淀下来，累积起来，形成了各具特色的家训、家约、家风，家规、家法、家范、家诫、家劝、户规、族规、族谕、庄规、条规、宗约、祠约、公约等等。其主要内容除了养生健身训导外，可分为以下十六个方面：孝亲敬长，睦亲齐家；治家谨严，勤劳节俭；糟糠不弃，寡妇可嫁；贵名节，重家声；勤政谦敬，安国恤民；清廉自守，勿贪勿奢；抵御外侮，维护统一；依法完粮纳税，严禁乱砍林木；立志清远，励志勉学；习业农商，治生自立；崇尚科技，贬拒迷信；审择交游，近善远佞；宽厚谦恭，谨言慎行；和待乡邻，善视仆隶；救难济贫，助人为乐；洁身自好，力戒恶习"②。谢宝耿认为，家训"主要指父祖对子孙、家长对家人、族长对族人的训示、教诲，也包括兄姐对弟妹的告诫，夫妻之间的嘱托，以及后辈贤达对长辈、弟妹对兄姐的希望、要求。其文字记录包括家书、家教、家规、家法、家诫、家范、家风、家订、家礼、家道和遗训等多种形式；其文学体裁有书信、散文、诗词、格言、座右铭等。家训所涉及的内容十分广泛，诸如讲修养、谈立志、话人生、言德行、剖处世、说治学、论人才、评风物、述文学、诲尊师、教理财、议从政等等"③。

3. 家训的作用范围。对于古代家训的适用范围，按照陈延斌、徐少锦合作完成的《中国家训史》研究结果，"中国古代的家训萌芽于五帝时代，产生于西周，成型于两汉，成熟于隋唐，繁荣于宋元，明清达到鼎盛并由盛转衰"④。而且在宋以前，封建统治者包括最高统治者皇帝，作家训族训往往只限于对皇属、部族的教诫，其他寻常百姓的家训，虽然数量很多，但大多以《颜氏家训》等经典为范本而追求正统，一般拒斥世俗。

① 张艳国：《中国传统家训的文化功能及其特点》，《光明日报》1994 年 6 月 13 日。
② 徐少锦、陈延斌：《中国家训史》，陕西人民出版社 2003 年版，第 2—9 页。
③ 谢宝耿：《中国家训精华》，上海社会科学院出版社 1997 年版，第 1 页。
④ 徐少锦、陈延斌：《中国家训史》，陕西人民出版社 2003 年版，第 2 页。

宋代以降，家训的训导劝化范围逐渐超出家庭，进而发展成为族规，再推延普世化为乡约。一方面，封建统治者的家训内容更加重视对有关治理天下的社会问题的编写，如唐太宗的《戒皇叔》、金世宗的《诫太子》、明仁孝皇后的《内训》等，其中以清世宗委任蒋廷锡编著的《家范典》为最，家训内容涉及面最宽。另一方面，社会上一般的官僚士大夫们也逐步重视起撰写具有训俗价值的家训，如宋人袁采的《袁氏世范》、元代郑太和的《郑氏规范》等均是作者在地方任官吏期间为正人伦、厚风俗而制作的俗训家训。这些家训范本的出现和推广不仅使我国传统文献家训超出了个体贵族家庭的垄断走向普及，而且以一种特殊的方式促进了家训文化的发展。

4. 家训与族规。家训的作用范围超出核心家庭而用于规范同姓家族，家训便历史地演变为族规。族规是同姓家族为了维护本宗族的生存和发展所制定的公约，性质相当于我国古代宗法制度下的家族法规，它是用宗族组织的强制力来约束本家族成员，以家族为单元并借助于家族力量教育族众，旨在建立家族血缘关系的尊卑伦序，维护家族内部长期和平共处、聚族而居的习惯性、自律性秩序，对于我国古代个体成长为符合封建宗法制度要求的"人"，意义十分重大。所以，族规作为家族对其成员进行教化的"传世宝典"，一方面是随着社会发展和家庭人口数量增加、家庭规模增大，由传统家训演变而来；另一方面是对国法的家族化。族规的这一显著特点主要表现在：第一，族规的制定是家庭发展的结果。人类学和历史学研究表明，父权制家庭的产生使家庭成员身份和关系得以确定，当家庭成员的数量和辈份关系增加到一定限量时，分家便成必然。这些新分离组成的家庭，有的迁居新地独立生活，有的新家分而不离，以核心家庭为中心异居分处、聚族共居，在同一地区演化为宗族。从《尚书》有三十多处提到"王家"、"邦家"和"大夫之家"等说法看，我国先秦时期就已经有了宗族，与此相适应，族规也应当形成了。第二，制定族规是管理族人的现实需要。如果说家族是家庭的发展和族人兴旺的结果，那么家族实际上还是一种松散的大家庭，那些以孝悌原则和血缘关系构建起来的我国古代家庭，一般都是包含有两代以上血亲关系的生活共同体，与西方国家只有父母—子女两代血缘关系构成的家庭相比，我国传统的家庭就是家族，更何况是合族共居的大家族。因此，族规的制定不是为了"治国、平天下"，而是为了使子孙们能世世代代"修身、齐家"，从而不至于在艰难的世道中沉沦甚至灭绝，并能在维持香火的基础上兴盛发达，光耀祖宗。① 这说明族规制定的目的更趋实际，更加关注族人的生命和生活现实，与每个族众个体的成长发展休戚相关。第三，制定族规是为了"收族"。汉王朝建立以来相对稳定的社会秩序和相对宽松的儒教环境，给宗族的强大和族规的发展注入了活力，出现了"连栋数百，膏田满野，奴婢千群，徒附万计"的大户，形成了"或百室合户，或千丁共籍"的局面。② 在家族人口众多、辈分与血缘关系已疏的情况下，要管理这样一个超级大户，没有规矩和权威是不可能的；加之有大批的佃农、奴仆和异姓百姓依附加入，不遵守家规、犯上作乱、不服从家长命令的行为时有发生，制定族规实为"收族"。第四，族规是对国法的家族化。同宗族的发展延续得到统治阶级的认可乃至获得褒掖一样，族规的存续是与当时的国法基本相适应的，有的族规还是通过了地方政府官吏的审核后颁行的。其实，族规在治理宗族、惩罚过错等方面所具有的组织结构和发挥作用的方式，与国法十分类似。宗祠是拘问审理和照章处罚的场所，宗长（宗子、族长、族正）就是法官，族众是陪审员和旁听群众，族规是成文或不成文的规条，合乎情理与秩然宗族是裁判和执行的目的。中国古代政体，决定了皇权止于县，在官府缺失或不能有效地控制地方的历史条件下，古代族规是对国法的家族化。因此，家训的制作意图、训导目标、作用范围、教化方式等与原初意义上的要求均发生了根本的转变，由立意训诫子弟，发展为立意训俗。如南宋地方官吏袁采于南宋淳熙五年（公元 1178 年）任乐清县令时制作的《袁氏世范》这部家训，在书成之时便取名为《俗训》，明确表达了该书"厚人伦而美习俗"的宗旨。后来，袁采请他的同窗好友、权通判隆兴军府事刘镇为该家训作序时，刘镇在序言中谈到袁采的这部《俗训》，"其言精确而详尽，其意则敦厚而委屈，习而行之，诚可以为孝悌、为忠恕、为善良而有士君子之行矣"③。他认为这部家训不仅可以施之于袁采当时任职的乐清一县，而且可以"远诸四海"；不仅可以行之一时，而且可以"垂诸后世"、"兼善天下"，成为"世之范模"，因而建议更名为《袁氏世范》。

---

① 费成康主编：《中国的家法族规》，上海社会科学院出版社 1998 年版，第 205 页。
② 房玄龄等：《晋书》卷 127，中华书局 1974 年版，第 3161 页。
③ 《刘镇丛书集成初编》第 974 册，《袁氏世范序》，中华书局 1985 年版，第 1 页。

5. 家训与乡约。从《袁氏世范》等家训既可以用来范家，也可以用来范世，并在后来得到世人的广泛传播与接受的历史事实，可以清楚地看到，如果说因为家训作用的范围扩展而自然成为族规，那么原初范家教子意义上的家训进一步推延，还现实地普世化为乡规民约。由于"我国聚族而居的传统，往往一村一乡就是一个家族，这样地域关系便转化成了血缘关系，乡约也就有了家范的意义"①。乡约即乡规民约，是我国古代先民为了实现人与人之间能够"德业相劝，过失相规，礼俗相交，患难相恤"② 这样的社会和治世理想，由乡民自主自发地制订出来，用以处理众人生活中面临的诸如教育、治安和礼俗等问题的行为规范。与家训和族规偏重教诫训化不同，乡约是通过乡民受约、自约和互约来维护社会秩序，用儒家礼教"化民成俗"，以保障约众的共同生活和共同进步的。所以，乡约是乡民自治的一种体现，也是人们在长期的生产生活实践中自然形成并世代相传的民间道德规范，它比国家法律所建立的秩序更得民心、更贴近生活、更符合当地的风俗习惯，是中国传统价值原则具体化、生活化的表现形式之一。如明代最著名的思想家、哲学家、文学家和军事家王阳明推广传布的《南赣乡约》开篇即指出："昔人有言，蓬蒿生麻中，不扶而直；白沙在泥，不染而黑。展俗之善恶，岂不由积习使然哉"；"故今特为乡约，以协和尔民。自今凡尔等同约之民，皆宜孝尔父母，敬尔兄长，教训尔子孙，和顺尔乡里。死丧相助，患难相恤，善相劝勉，恶相告诫，息讼罢争，讲信修睦。务为良善之民，共成仁厚之俗"③ 简短数语，充分表明乡约制定的目的，是为了"移风易俗"，优化社会风尚，并进而使民众个体的道德素质得到提高，个体品德得到培育。

6. 家训的定义。中国传统文化精深宏富的思想内涵和智慧豁达的人生理念，激励着理论界越来越多的人把目光投向了家训，对家训的专门研究日渐增多，对家训内涵的阐释和外延的界定也不断深化。综合以上所述观点可知，学界所揭示出的家训的相关含义主要有：①家训是一家之内父母对子女的训导；②家训是家族内部父祖辈对子孙辈自上而下的训导；③家训不仅是家庭或家族内部尊长辈对卑幼辈的训导，还是家庭或家族内部尊

---

① 徐梓：《家范志》，上海人民出版社 1998 年版，第 276 页。
② 吕大钧：《蓝田吕氏乡约》，光绪甲辰武昌吕氏刊刻，新悔庵校刊本。
③ 牛铭实：《中国历代乡约》，中国社会出版社 2005 年版，第 3 页。

长卑幼辈之间以及同辈之间的相互训勉；④家训是家法族规；⑤家训是一种乡规民约。由此可见，家训的内涵的确比较丰富，可作狭义和广义的区分与理解。对家训狭义的理解，认为家训是家庭或家族内部父祖辈对子孙辈、兄辈对弟辈以及夫辈对妻辈、家长对奴婢教育怎样为人处世的言论，以及现实的训示和教诫活动。其中，最狭义的理解认为家训即是指我国古代的传统家训著作，主要记载一个家庭或家族内部长辈对晚辈的训示、教诫或一家一族内部的有关家法族规等的文字载体，如早在秦汉时期就已有的《太公家教》、马援的《诫长子严教书》、诸葛亮的《诫子书》和杜预的《家训》等言简意赅的训世著作。这些家训著述作为传统家训的典型代表，它们如一颗颗璀璨的明珠，映射出先人对于良好思想道德风尚的弘扬。① 这些家训文献虽然后来流传很广，但作者制作家训的初衷却是出于规范自己家庭的目的，而不是范世。如《颜氏家训·序致篇》明言：

　　　　吾家风教，素为整密。昔在龆龀，便蒙诱诲；每从两兄，晓夕温清。规行矩步，安辞定色，锵锵翼翼，若朝严君焉。赐以优言，问所好尚，励短引长，莫不恳笃。年始九岁，便丁茶蓼，家涂离散，百口索然。慈兄鞠养，苦辛备至；有仁无威，导示不切。虽读礼传，微爱属文，颇为凡人之所陶染，肆欲轻言，不修边幅。年十八九，少知砥砺，习若自然，卒难洗荡。二十已后，大过稀焉；每常心共口敌，性与情竞，夜觉晓非，今悔昨失，自怜无教，以至于斯。追思平昔之指，铭肌镂骨，非徒古书之诫，经目过耳也。故留此二十篇，以为汝曹后车耳。②

从广义的角度来看，家训的内容虽然以规制家庭伦理为主，适于在家庭或家族内部普遍流传，对其成员的人身塑造和家庭伦理的规范起到明显的作用，然而有些家训诸如《袁氏世范》，"岂唯可以施之乐清，达诸四海可也；岂唯可以行之一时，垂之后世可也"③。如果说家训随着分家合居而发展成为族规，是老百姓自发而为的结果，那么将家训推延扩展、越出家

①　任国征：《古代文言家训在今天的意义》，参见中国网，http://www.china.com.cn/。
②　《颜氏家训》卷1《序致》。
③　《刘镇丛书集成初编》第974册，《袁氏世范序》，中华书局1985年版，第1页。

族范围而成为乡规民约，在很大程度上是那些胸怀天下的士大夫们借助于官府力量传布的结果。

综上所述，在前人研究的基础之上，笔者试着对"家训"下这样的定义，以就教于方家：家训是某一家庭、家族或聚族而居的同姓村落中父祖辈对子孙辈、兄辈对弟辈、夫辈对妻辈、尊长辈对卑幼辈所进行的训示、教诫，以及同辈、不同辈之间的相互训勉；其存续形式包括口头家训（不成文家训）和书面家训（成文家训）两种形式；其文献形态具有广义和狭义两种含义，文化载体有家训专著、书信、散文、诗词、格言、座右铭、规条等等；其制作范本既可以是施教者自己制定的，也可以是取材于祖上的遗言和家法族规、俗训或乡约等文献中的相关条规；其作用或者具有教化劝谕性，或者具有惩戒约束性，或者两者兼具；其名称选取各具特色，主要有家训、族规、家规、家法、家范、家诫、家劝、家风、家道、家约、户规、族谕、庄规、条规、宗式、宗范、庭训、祠仪、乡约、劝言等等；其教诫内容涉及人生的方方面面，包括讲修养、谈立志、话人生、言德行、剖处世、说治学、论人才、评风物、述文学、诲尊师、教理财、议从政等等；家训实际上还是传统家谱的重要组成部分，它对传统宗族教育起了很大的作用，在古代皇权止于县的政治制度下，尤其在国家不安定和国法不明确之际，家训通过齐家教子建立维系着民间道德伦序，实际上还发挥了稳定基层民间社会秩序的作用。

7. 家训研究范例选取。基于探究古代家训何以对个体品德培育发挥作用的这样一个理论与实践问题，在本书的撰写过程中，笔者就是以上述的家训背景作为理论基础的。但考虑到篇幅有限，以及研究对象的典型性要求，书中虽然述及许多家训，但主要的参照范例是选择了《颜氏家训》。这样安排，决定缘由有三：

一是《颜氏家训》为中国家训之祖，被誉为"篇篇药石，言言龟鉴"。该家训专书以儒家教育思想为主导，以夹叙夹议的形式，全面阐述立身治家和成人之道，内容丰富，体例详备，历来为世人所公认，是我国古代封建社会流传最广、影响最深的家训之一。

二是《颜氏家训》成书于北齐，是中国古代产生较早，训家思想较为成熟而系统的一部家训名著，作者颜之推与儒学创始人孔子、孟子、荀子生活的时代相去不远，家训中贯穿的原儒思想血脉正统。

三是该书立论平实，语言通俗易懂，便于分析理解。在此援引四川省

颜子文化研究会副会长、当代诗人苍山牧云为第十一届世界颜氏文化联谊
大会暨国学传承与东亚经济学术论坛（该会于 2010 年 10 月 10 日在成都
召开，与会颜氏代表有 600 余人）所作的序言，也许更能说明笔者的意
图："夫儒学者，千秋之国典；儒家者，宗法之纯臣；家训者，修德之师
范①。今礼乐失其修，操守失其贞，市场失其范，道德失其衡。而吾人乃
感召于颜公，雅会于天府，补时之弊，良有益也！"② 同时，考虑到研究
对象的典型性特征，书中考察家训时主要集中在狭义的内涵层面上，而对
广义的家训及其作用发挥相对较少述及。

（二）与个体品德培育相关的问题。

①个体品德的含义。按照《现代汉语词典》的解释，品德是品质道
德。③ 无论是道德品质还是品质道德，品德这一道德范畴都突出强调人所
具有的德性之品质，所以往往与品格、品质、品性、德性等通称，是社会
普遍价值和道德规范在个体身上的内在和外显。有关个体品德的含义，学
界的理解比较丰富，首先，中国人朴素地认为，"天生蒸民，有物有则。
民之秉夷，好是懿德"④。作为天地化生之才，人之为人的根本在于有德，
人的本质不在于单个个体无差别的生物性，而在于其所内在的社会道德特
性。因之，人第一要做的就是"习以成性"或"化性起伪"，通过存养扩
充人之天然善性或改良人的蒙蔽天性而养成优良道德品质。其次，正是因
为人生而有德，作为实践主体，每个人在依据普遍的社会准则和道德规范
行动时，对社会、对他人以及对周围事物便自然表现出稳定的善性心理倾
向，其行为方式往往惯常地显示着"人类为了幸福、为了兴旺发达、生
活美好所需要的特性品质"⑤。这是一种遵从人所处居的社会和文化规则，
经由主体理性思考和判断，最终得到的决定个体何以做出恰当行为时的道
德心理。最后，品德不只体现在个体始终做出正确的行动，而且表现在个

---

① 本句为笔者所加。

② 现代诗人苍山牧云：2010 年 10 月 9 日于成都题第十一届世界颜氏文化联谊大会诗。苍
山牧云，现代诗人和当代后儒学奠基人。原名潘成稷，字泓西，号九州。现为中国民主同盟四川
省青年委员会副主任，为新诗路世界华文联盟发起人之一。

③ 中国社会科学院语言研究所词典编辑室：《现代汉语词典》，商务印书馆 1996 年版，第
976 页。

④ 《毛诗·大雅》。

⑤ 高国希：《论个人品德》，《探索与争鸣》2009 年第 2 期。

体能够正确地认识自我及外部世界，是有德性的人理解和反映外部关系的一面镜子。换句话说，个体品德不仅反映在主体稳定践履社会规范的行为方式上，而且表现在主体道德内化（道德实践）后形成的"足乎己无待于外"之人格修养上。因此，个体品德是一个人所具有的品质道德的简称，是指个体一贯遵守社会道德规范行动以及与其行为相一致所表现出来的稳定心理倾向，是个体一以贯之的道德行为需要与为满足这种需要而固有的稳定行为方式的统一体。

②个体品德与道德的关系。"道德"一词由来已久，早在两千多年以前，我国古代的先哲们在其论著中就提出并阐述了"道德"这个文化命题。具体来说，"道"是中国古代哲学的重要范畴，一般用以说明世界的本原、本质和规律，有时既指人所当行之路，有时也表示事物运动变化的规律。其中，老子所说的"道"，是宇宙的本原和普遍规律，老子主张"道者，万物之奥。"① 并提出"道可道，非常道也，名可名，非常名也"②。关于道德，老子指出："道生之，德畜之，物形之，势成之。是以万物莫不尊道而贵德。"③ 孔子所说的"道"，是"中庸之道"，是一种成贤成圣的修己处世良方。"圣贤之道则是一以贯之……圣贤之学，则须说深造之以道，欲其自得。"④ 所以孔子曰："吾道一以贯之。"因为忠恕违道不远，圣人教人各因其才，而吾道一以贯之。佛家所说的"道"，是"中道"，是不堕极端。而"德"则是人们对"道"认识之后的主观反映，当然是"足乎己无待于外之谓德"⑤，识道成德就表现为主体按照它的规则，得当地处理人与人、人与物和人与社会之间关系的自觉实践。由此可见，个体品德是衡量一个人德行的价值标准，按照中国传统道德文化理念，不愿意坚持、履行高尚操行的人，他根本就不是一个好人。一个人的品德如何，往往与其是否和善亲切、谦虚诚恳、热情宽容和诚实守信等品质直接相关。而道德是一种特殊的社会价值标准，是人们以善恶评价的方式，依靠社会舆论、传统文化、生活习俗和人们的内心信念来调节人与人之间、个人与集团、个人与社会之间关系的行为规范。道德的突出特征

---

① 《老子·德经》。

② 《通玄真经》卷1《道原》。

③ 《老子·德经》。

④ 王夫之：《读四书大全说》卷9《孟子·离娄上篇》。

⑤ 《藏书·行业儒臣论》。

表现在主体对自己身边的人总是充满善意，对他人和社会总是有利。

个体品德与道德之间既有区别又有联系。二者的区别在于，个体品德与道德是两个不同维度的主观认识范畴，存在着明显的差异性。一方面，二者的属性不同，道德属于社会意识形态，一提道德便是社会道德，其产生、发展与变化主要受制于整个社会的发展规律；品德属于个体意识形态，一提品德主要系指个体品德，它的形成虽然也是社会规范及其践履要求在人脑中的反映，但品德的形成与发展除了受社会条件制约之外，主要受制于个体心理和认识发展程度的影响，因此品德往往随着个体的存亡与成长而发生、发展以至消亡。另一方面，道德反映着整个社会的公共利益和价值追求，因而社会道德的规范范围、涉及的实践内容相对全面和完整，而品德一般主要体现着个体利益和行为趋向，决定了个体品德的规范范围及所诉求的利益和内容只是社会道德的一个部分。二者的联系在于，个体品德与道德二者关系密不可分，互为前提与条件。首先，个体品德是社会道德的重要组成部分，社会道德是个体品德的集中反映，二者是部分与整体的关系；其次，个体品德的内容来源于社会道德，个体品德总是在既定的社会道德影响下形成和发展的，离开了社会道德就没有个体品德而言；而社会道德又是通过个体品德的形成而存在和外显的，因为一般性的社会道德总是以鲜活的个体品德存在为前提和基础，诸多个体品德理性综合的结果才可能构造成社会道德的全部精神内涵。最后，个体品德与社会道德都共同受制于特定社会的发展条件，随社会的不断进步而发展变化。

③如何培育个体品德。"培育"最初是一个生物学概念，意指培养幼小生物，使其发育成长。将这一理念引入心理学或教育学等社会科学领域，借指使人的某种情感得到发展或对人的某些素质进行培养教育。如邓小平同志指出："毛泽东思想培育了我们整整一代人"[①]，就是培养、教育人的意思。

按照中国传统哲学理念，人之德性内在，故而培育个体品德的重点不在于将道德原则和道德规范作为知识向人传授，一个人遍读经典和熟悉所有道德规范并不意味着他就可以成为德性人格。相反，个体品德的修养需要借助于道德实践的力量，才能达到儒家提出的"知者不惑，仁者不忧，

---

①　中共中央文献编辑委员会：《邓小平文选（1975—1982年）》，人民出版社1983年版，第138页。

勇者不惧"① 的至高境界。所以，中国古代传统德育，主张立足于宏观品德修养，找到了通过一以贯之的道德践履，"习以成性"或"化性起伪"的个体品德培育之路。西方文化将品德归结为人的心理活动范畴，品德及其培育是社会心理学研究的主要对象，认为个体品德是由多种心理成分共同构成的一个复杂整体。其中的主要心理成分或共同内涵基本上可以归纳为道德认识、道德情感、道德意志和道德行为。在个体品德培育方面，坚持在微观剖析的基础上实施分层、分阶段诱导化育的个体品德培育之路，如古希腊的教育就分为德行教育和技能教育，古希腊的哲学还把"践行德性"和追求"快乐"结合起来，使德性现实地造福于有德之行动者，教育人们特别是教育孩子选择从事好的行为，追求善的生活，这样人们就会更倾向于"很好地行动"，通过反复和强化这些善行，便能自然地培养出一个人良好的德性与高贵的性情。由此可见，不论是中国的道德理性，还是西方的思辨理性，关于人的终极价值均共同指向人的善性发挥，注重通过人本身的生命与生活实践培育每个人良好的品德。因此，说道德实际上具体表现为一种行为方式，还不如说道德就是生活的一种实践智慧，是人所当为之善性实践活动的真实反映，而不是言行规范系统的汇集或总和，它以稳定的行为倾向和对现实世界理性的把握为统一体，具有明显而强烈的践履性。故而当樊迟"问崇德、修慝、辩惑"于孔子时，子曰："善哉问！先事后得，非崇德与？攻其恶，无攻人之恶，非修慝与？一朝之忿，忘其身，以及其亲，非惑与？"② 人的本质力量就在于首先要付诸善意的实践，然后收获善性心得，如此往复不就是提高了自己的品德吗？诚所谓"为所当为而不计其功，则德日积而不自知矣；专于治己而不责人，则己之恶无所匿矣；知一朝之忿为甚微，而祸及其亲为甚大，则有以辩惑而惩其忿矣。"③ 两千多年前的圣哲——孔子分明是早已觉察到，个体品德培育其实就是人们在生活实践中通过不断的道德践履而养成惯常心理倾向的功夫所在。与此同时，按照融合中西的现代心理学理论，个体品德培育其实是一个包含知、情、意、行四个主要方面的德行修养建构过程。所谓"知"，是善性之知，指主体对一般品德知识的学习和把握。既

---

① 《论语》卷5《子罕第九》。
② 《论语》卷6《颜渊第十二》。
③ 《四书章句集注·论语集注》卷6《先进第十一》。

然培育个体品德是发展人的善性，是推动人类文明特别是精神文明发展的重要内容，那么我们通常所讲的道德认知就侧重于对道德行为规范及其社会意义的认识。一个人只有通过学习和掌握社会道德规范及其所体现的普遍价值原则，在自己的主观领域基于感知而形成一定的道德认识，为个体品德培育的后续道德情感与道德意志的形成创设发端，进而为主体遵从一定社会道德规范做出恰当的道德行为创造前提和基础。所谓"情"，即道德情感，系指一个人品性情感的培养。道德情感是实践主体的道德追求是否得到实现以及由此所引发的一种主观内心体验，具体表现为一个人在心理上所产生的对某种道德义务（道德规范）的爱憎好恶等情感体验。因为道德或品德情感是人们按照一定社会的价值原则和道德规范去评判周围的人和事时自然产生的一种情愫，它对个体品德的形成和发展起着催生作用，是主体强化道德认识、坚定道德信念、磨炼道德意志的内在动力，也是基于这种道德性情从事道德行为的推动力量。所谓"意"，即道德意志和修德自制力，个体品德的培育绝不能一蹴而就，关键在于主体对修德实践的坚守。个体品德培育是一个人自觉地调节德性行为，克服可能存在的困难，力争实现既定道德追求目标的心理过程。在这一过程中，道德意志具体表现在人们惯常地践履道德规范时自觉克服困难和排除一切影响因素的意志力或定力。因为顽强的道德意志是促使人的品德行为一以贯之的精神力量，只有在顽强道德意志的控制下，一个人的道德行为才能呈现出恒常不变的特性。所谓"行"，即道德行为，是个体品德培育之德行外显与修养践履。道德行为不仅表现为主体在一定道德意识支配之下所采取的各种行动，而且表现为实践主体通过内敛消化德行认知而转识成智①、转识

① 关于认识论之转识成智说，西北师范大学陈晓龙教授提出，在认识论上，冯契不同意金岳霖用"划界"的方式，将认识论仅仅局限于知识的理论，而主张认识论也应研究关于智慧的学说，讨论"元学如何可能"和"理想人格如何培养"等具体真理的问题。注重于把握性与天道的智慧学说，注重于理想人格的培养，这无疑是中国传统哲学的特色。在此前提下强调广义认识论要以实践唯物主义辩证法为基础，转识成智而走语言意义内在逻辑思维和外在求真务实的统一之路。（见陈晓龙《转识成智——冯契对时代问题的哲学沉思》，《哲学研究》1999年第2期）华南师范大学博士郭颖提出，道德教育要突破长期以来知性德育的做法，从传授道德知识转向培养道德智慧，实际上也就是要寻求人生的智慧，以把握形而上的人生意义。道德教育提升道德智慧、实现"转识成智"，要扎根于现实生活，在真实的生活中体验、理解生活。同时，重视受教育者幸福生活能力的养成。（见郭颖《论道德教育的"转识成智"》，《教育评论》（福州）2008年第5期）

成德。因为人的德行本来就表现为实践主体的生活智慧，道德行为一方面是人们在一定的品德认识、品德情感和品德意志的支配下，在实践活动中稳定遵从既定价值原则和道德规范的实际行为方式；另一方面道德行为作为实现道德诉求的手段，是实践主体业已形成的道德认识和其他道德心理成分的外在形态和现实表现。所以，道德行为是个体品德的客观内容与外部表现，当道德行为在不断的社会实践中积淀为道德习惯时，就外化和表现为一个人的品德。

个体品德知、情、意、行这四个心理构成要素之间相互制约、相互联系，四者必须协调一致，才能在培养教育的基础上通过个体的社会实践活动形成品德。其中，道德认识是品德的基础，它对道德行为具有导向意义，是行为实践的坐标和指南；道德认识是道德情感产生的缘由，而且个体对事物或行为的认识不同，往往会产生各不相同的情感；道德情感是个体从事道德行为的内在驱动力，当道德认识和道德情感成为推动个体做出道德行为的内部动力，并经由道德意志的控制和坚守，主体出于实践追求的道德动机便促动着道德行为的发生。换言之，只有从知开始，经过情、意化生的道德动机调控，将社会普遍的道德规范内化为个体的行动指南，积淀为个体的道德信念，才是个体道德品质形成的心理机制，也是个体品德培育和德性人格塑造的必由之路。

五　研究方法暨技术路线

（一）研究的技术路线或基本思路。个体道德品质的培育过程实质上是社会普遍的价值观（一般）内化为个体道德品质（个别）的过程，从一般到个别就是一般原则具体化、个体化、生动化、形象化、丰富化的过程，在这一过程中家训毋庸置疑起了极为重要的作用，分析家训是如何将一般的社会价值原则和道德规范具体化、生活化和个体化，以及家训是以什么样的活动方式展开，从而培育古代个体品德的，为当今公民道德建设乃至整个社会主义精神文明建设提供有益的借鉴，是我们研究的基本思想理路。因此本题研究的思路和理论推演关系如下图所示。

（二）研究方法。①文献法。对中国古代传统家训与个体道德品质培育问题的研究，主要依赖于对已有文献资料的占有和分析，就是要在占有大量丰富的家训经典和古代家庭教育理论与资料的基础上，寻找典型家训

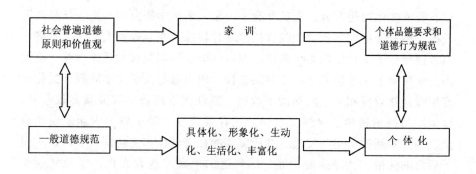

中国古代家训与个体品德培育关系图

文本资料和典型个案，通过对这些典型文本资料和典型个案的深入分析，探究古代社会普遍的价值观是如何通过家训而具体化、生动化、形象化，以及传统家训是如何运行、受教个体是如何遵守并参与家训活动从而使个体道德品质得以培育、德性人格得到塑造的。因此，文献法是最基本的研究方法。

②历史与逻辑相一致的方法。传统家训文献是丰富而繁杂的，对这些丰富而繁多的资料去粗取精、去伪存真，从个别中抽象出一般，总结出家训在中国古代个体品德培育过程中的运行规律和历史经验，必须坚持历史与逻辑相一致的方法。将家训理论和家庭德育实践等个别文化现象，逻辑地置于历史进程中去分析，力求发现传统道德理论和家训实践背后的德育本质，使理论与现实相结合，这实际上也是一种符合逻辑的动态历史过程分析方法。

③田野调查与问卷法。为了探寻以《颜氏家训》为代表的传统家训的历史流变、《颜氏家训》在当今社会的遗韵，以及找寻古代家训在当今社会的存在形式和作用方式，感受古代家训文化对现代人的影响以及现代社会对传统家训的发展与应用等情况，我们先后深入颜氏后人相对集中的山东省曲阜市、临沂市、济南市，安徽黄山市（古代徽州）以及江苏省南京市、四川省成都市等地，选取具有典型代表性的颜氏家族成员诸如复圣公颜回第 79 代嫡长孙、当今颜氏宗主颜秉刚等，对他们进行访谈，考察他们及其家庭成员的基本生活状况、了解他们接受传统家训的影响情况，以及他们对祖先遗训的认识和感悟，并与当地相关高校和研究机构的专家学者展开座谈。在调研过程中，我们接触了许多颜氏后裔及颜氏文

化、儒家文化的研究者，先后拜会了山东大学儒学研究中心副主任颜炳罡教授、山东师范大学教育学院教授徐继存教授、曲阜师范大学中文系骆承烈教授和孔子文化学院骆明教授、曲阜中医学院副院长颜廷淦教授、临沂师范学院颜子文化研究中心于联凯教授、四川师范大学文学院颜子文化研究所颜其礼教授和文学院秦彦士教授、浙江大学经济学院颜景海教授等，就国学与科学精神、《颜氏家训》的存续流变、颜子思想内涵及现代意义、颜氏家族的历史与发展、颜氏家族的社会地位和文化影响、历代对颜子后裔的优裕、孔颜乐处论题、儒释道的根底与地方文化，以及《颜氏家训》与中国语言发展等问题进行了广泛交流。结合报刊、网络等其他大众媒介，我们感受到了现代家训的表现与未来走势。另外，著者还实地考察了儒家文化集大成者孔子及其弟子颜回的故居（山东曲阜孔府、孔庙、孔林和颜府、颜庙、颜林），深入颜杲卿、颜真卿兄弟后裔所在地山东省临沂市孝悌里进行田野访谈，参加了 2010 年 10 月在四川成都召开的第十一届世界颜氏宗亲大会，向参会人员发放了传统家庭道德教育调查问卷，听到了许多有关颜子及其家族后人的家教和成长故事，尤其是对颜氏家族的历史演变、《颜氏家训》在当今的教育作用及意义有了更深刻的了解，感受到了以《颜氏家训》为代表的传统家训文化在千年历史发展中对于个体品德培育的重要地位和作用。

第一章 古代个体品德培育的价值目标及实现理路

中国传统文化是中华民族在几千年的历史发展中所形成的人本主义民族文化。它是与中国古代自给自足的自然农业经济相适应，以儒家个体品德培育或德性人格塑造的思想为核心，无数古圣先贤立足现实生活与道德践履，精于对自然、人生、社会的思索与总结而致力于"为天地立心、为生民立命、为往圣继绝学、为万世开太平"①，在儒释道三教争鸣融合的基础上积淀而成的中国传统人生智慧。它不像世界上其他文明那样关注自然或关注来世，而是始终关注现世生活，重视人自身的塑造和人格的完善，因而以孔子为代表的中国古代教育家在培养什么样的人和怎样培养人的问题上，有着卓有建树的论述，设计出了内涵丰富的"内圣外王"个体品德培育价值目标，为古代家训培育个体品德确定了方向。弘扬中国传统文化，批判地吸收传统个体品德培育价值目标体系中有利于当今个体思想品德培育方面的精华部分，成为每个中国人义不容辞的责任。

其实，儒家"内圣外王"的个体品德培育价值目标和理想不单单是一个道德称谓，它所指称的具有高尚德性的主体（个体）就是理想人格。其中，内圣代表着个体所具有的极高道德修养，外王则对应着个体治国平天下的实践功业，"修己以安百姓"的个体品德培育理想道出了"内圣外王"的真谛。而内在修养与外在事功的一致与和谐，是孔子理想人格的最高层面。② 但是，中国古代的思想家们却不常使

---

① 《张载集·张子语录·语录中》。

② 朱义禄：《儒家理想人格与中国文化》，复旦大学出版社2006年版，第18页。

用"人格"①范畴来表述这一主体，而往往用"道德"、"品性"、"境界"或"道"、"气"、"心"等极具东方文化特质的语词来揭示其人格的内涵，这是由产生于自然农业经济社会、服务于封建宗法制度的原始儒家文化性质所决定的，"人之所以为人，被当做人一样来尊重，并不是因为他具有人的外表，而是因为他具有人的内心和外在行为表现，而这些东西都是文化的产物。不了解人所处的文化，就不了解人的存在本身"②。与原始儒学"内圣外王"个体品德培育理想的提出和形成相适应，中国古代社会是一个以"人的依赖关系"为特征的自然经济社会，从自然发生的脐带关系即氏族的纽带，演变为家长制、宗法制，后来进一步形成等级制，都是"人的依赖关系"。在这种社会形态中，人的生产能力（包括物质的和精神的），只是在狭窄的范围内、孤立的地点上发展的。③与之相适应，受封建统治阶级利益驱使，中国的传统文化总是为统治阶级服务的，故而中国的传统文化存在着不同于西方同期先哲们的运思习惯，中国古代先贤一开始就注重考究经验或感性背后的根本原因，缺乏关注自然和主体对象之所以然的知识理性传统，因而在农业经济周而复始的漫长简单生产再生产过程中，通过不断的摸索与积累，历史地养成了中国人习惯于重复实践和体认经验的思维习惯，形成了人们更加注重直觉体会和个人感悟的经验理性。这种根植于自然经济之上的农耕文化，经过脱离开农业劳作但依然受制于"人的依赖关系"约束的知识分子提炼和升华，就顺理成章地变为社会士人"学而优则仕"和"助人君顺阴阳、明教化"④的经世致用之学。其立论主旨表现在认识世界和认识自我的理性运思方面，更多地关注现实与人生，轻视来世，拒绝宗教，注重追问与讨论"人之所以为人"和如何"成人"的德行之知，始终围绕着个体品德培育及其

---

① 在中国传统文化语境中，对人格的界定和描述主要集中于人的道德素质，而且我们平常在讨论人格的时候，更多是特指人的道德修养。所以，杨适归纳出我国理论界主要从三个方面理解和使用人格：第一，在伦理学范围内，人格通常被理解为道德人格，指人的道德品质，相当于"人的品格"；第二，在教育学家、心理学家眼里，人格和个性是等同的，指人的心理面貌、个性心理特征的总和，接近于"人的性格"；第三，在法学中，人格是一种权利，表示法律给予保障的与法律主体不可分离的权利，相当于"人的资格"。（杨适等：《改革、市场与主体性》，北京师范大学出版社1995年版，第166页）

② 石中英：《教育哲学》，北京师范大学出版社2007年版，第69页。

③ 冯契：《人的自由和真善美》，华东师范大学出版社1996年版，第101页。

④ 《汉书·艺文志》。

人格修养而展开讨论；在社会政治理想的设计和人际关系的处理方面，力图通过帮助封建统治者恢复周礼，在短期内实现"小康"目标的基础上，通过对民众的道德化育和圣君贤相的德治，最后建立和谐"大同"理想社会。为了实现这一远大理想，以孔子为代表的儒家匠心独具，设计出了一套完整的价值体系，用以教化民众修己成德，指导人们生产生活，它以仁义为最高指导原则，以周礼为基本的价值标准和道德规范，坚持中庸之道，以社会和谐为治世目标，最终落实在圣君贤相的降世及现实理想人格的塑造上。

第一节　中国传统文化的德育本质

中国的传统文化是以儒家思想为核心，兼具儒释道三教汇通的文化格局，两千多年来，它以其博大精深铸就了中国传统社会的宏伟殿堂，又以其经世致用的文化精神与人们的社会生活发生着密切的关系。"德，国家之基也。"[①] 中国人最深刻了解、最精心培育、最致力完善的东西就是道德，儒家主张育人和自我修养的目标是内圣外王，旨在通过格物→致知→诚意→正心和修身→齐家→治国→平天下，追求天下大同的理想世界，因此也决定了中国传统文化的德育本质。

一　中国传统文化是人本主义文化，个体品德培育是其人文教化的核心

文化是人们对自然、人生和社会的认识与把握，中国传统文化鲜明的人本主义特色突出地表现在它始终围绕着人和人生而展开运思：通过天人之辩为中国先民确立了天人合一的自然主义宇宙观，通过群己之辩确立了家国一体的集体主义原则，通过义利之辩确立了重义轻利的义利原则，通过人生践履悟出了中庸之道。"这种人生智慧的真谛，是使人们在任何境遇下都能够顺世"[②]，它为人们建立了一个富有弹性的安身立命基地，进退相济，刚柔并用，得意入仕时依儒家，失意遁隐时据道家，绝望出世时皈依佛家，于是乎中国人在任何境域下都能够找到安身

---

① 《左传·闵公二年》。
② 樊浩：《伦理精神的价值生态》，中国社会科学出版社 2001 年版，第 208 页。

立命的根据，而不会迷失人生的方向。面对一个人何以修养人格的问题，中国人深知，"玉不琢，不成器，人不学，不知道。是故古之王者，建国君民，教学为先"①。《白虎通义》解释为："教者，效也。上为之，下效之，民有质朴，不教而成。"② 因而每一个中国人从出生时起，就天然地处在这样一种个体品德培育教化的文化背景之中，该时该地的文化氛围中普遍流行的世界观、人生观、价值观，以及当时的社会生产方式和与之相应的社会生活方式都在时刻熏陶感染着他，进而影响人的思想认识、思维方式、价值标准和行为取向。与古代社会的经济条件和政治制度相适应，中国传统文化的生命力就表现在人文教化方面始终以个体品德培育为中心而展开，在个体品德培育理念中虽然存在复性与成性说的差别，但都承认"人皆可以为尧舜"、"涂之人可以为禹"，即人人都可以通过教育而成有德之"人"；在个体品德培育渠道上虽然认为人性存在性善、性恶、性无善无恶和性有善有恶等认识差别，但我国古代的思想家大都主张通过学习、教育和修身来培养人；在个体品德培育目标设计方面虽然存在着唯心论和唯物论的差别，甚至还有墨家对理想人格设计的不同③，但最终以君子和圣人为人格理想的"内圣外王"育人目标是趋于一致的。

二　中国传统文化是道德文化，人之为人的根本在于有德

在人类文明发展的历史长河中，相对于曾经盛极全球的古埃及、古印度、古罗马等其他三大古国文明，中国传统文化作为文化主体，是唯一在世界上历经数千年存续和发展而保留至今的。究其原因，始终以传统文化为立国之基并保持传统文化的道德教育本色，是根本所在。"德，国家之基也"，道德是中国人的精神和灵魂，中国人的整个心灵始终被它所占据和统治着。这不仅是自然农业经济条件下人们"安土敦乎仁"的精神外露，也是众多古圣先贤洞明世事与练达人情的文化结晶，其中传统儒学的

---

①　《礼记·学记》。

②　《白虎通义》卷7《三教》。

③　墨子学孔子之术后，对儒家学说进行了批判和改造而自成一家，并在战国时成为与儒家相抗衡的"世之显学"。墨家设计的理想人格崇侠尚武，讲究侠肝义胆，所以"墨子之门多勇士"（见陆贾《新语·思务》），故而为"墨子服役百八十人，皆可使赴火蹈刃，死不旋踵"（见《淮南子·泰族训》）。

代表"孔子抱圣人之心，彷徨乎道德之城，逍遥乎无形之乡。倚天理，观人情，明终始，知得失，故兴仁义，厌势利，以持养之。于是周室微，王道绝，诸侯力政，强劫弱，众暴寡，百姓靡安，莫之纪纲，礼仪废坏，人伦不理，于是孔子自东自西，自南自北，匍匐救之"①。先哲们这种建构礼乐制度和道德范式的努力，为人们提供了时代所需的文化营养，这一道德理性便很快经由文字、戏剧、谚语等媒介力量的传导，逐步蔓延穿透到士庶民众以至社会最下层的农夫，使它成为了一种道德文化。按照这一文化理念审视我们人类自身时，中国的圣哲先贤便从浑一繁杂的生命现象中洞见出一个异质的理性主体之存在，认识到人不仅是单纯的无差别的自然生物体，人其实还正是由德性所能表现的心性生命存在，人的本质不在于单个个体无差别的生物规定性，还在于其所内在的社会道德特性。诚所谓"天生蒸民，有物有则。民之秉夷，好是懿德"②。一代宗师蔡元培雄辩地指出："人之所以异于禽兽者，以其有德性耳。当为而为之之谓德，为诸德之源；而使吾人以行德为乐者之谓德性。"③ 所以《礼记·大学》中说，"有德此有人，有人此有土，有土此有财，有财此有用。德者本也，财者末也。"④ 孟子提出"恻隐之心，仁也；羞恶之心，义也；恭敬之心，礼也；是非之心，智也。仁义礼智，非由外铄我也，我固有之也。"⑤ 故此中国人朴素地认为，德或德性是人之为人的本质和人作为社会活动主体的内在规定性，人之为人，在于有德。否则，"无恻隐之心，非人也；无羞恶之心，非人也；无辞让之心，非人也；无是非之心，非人也。"⑥ 说明正是因为人有德或有德性，才拥有了人的本质和获得了做人的资格，这样的人也才能够作为社会的道德存在体而存活于世。

三　中国是世界上最重视道德教育的国家之一，传统个体品德培育的关键在于道德教化

同西方国家个体品德培育的标准在于培养人的理智德性不同，中国传

---

① 《韩诗外传》卷5。
② 《毛诗·大雅》。
③ 蔡元培：《中国伦理学史》，商务印书馆1999年版，第134页。
④ 《礼记·大学》"此"通"才"。
⑤ 《孟子》卷11《告子章句上》。
⑥ 《孟子》卷3《公孙丑章句上》。

统的个体品德培育标准在于培养人的伦理德性。如果说培养人的基础在于个体教化，而个体教化在于修己立身和德化育人，那么教育就必须以个体品德培育为主要内容，而不是以知识和技能传授为主。从教化人的角度看，"德者，得其性也"①。人之德性就是得从"天命"而来的善性，所以《礼记》有言："天命之谓性，率性之谓道，修道之谓教。"② 教就是因人循其天命善性之所当行者而品节诱导，以存养扩充人的德性或善性，故个体品德培育的关键在于德性化育。"先王见教之可以化民也，是故先之以博爱，而民莫遗其亲；陈之于德义，而民兴行；先之以敬让，而民不争；导之以礼乐，而民和睦；示之以好恶，而民知禁。"③ 所以，中国古代教育家的化身孔子针对人性的弱点提出："口欲味，心欲佚，教之以仁；心欲兵，身恶劳，教之以恭；好辩论而畏惧，教之以勇；目好色，耳好声，教之以义。"④ 可见传统教育的内容大多是防邪禁佚、调和心智的个体品德培育道德教化。在这种教育理念支配下，中国古代的"大学，孔氏之遗书，而初学入德之门也。"⑤ 此德门乃"仲尼祖述尧舜，宪章文武；上律天时，下袭水土。辟如天地之无不持载，无不覆帱，辟如四时之错行，如日月之代明。万物并育而不相害，道并行而不相悖，小德川流，大德敦化，此天地之所以为大也。"⑥ 千年以来，中国无数先哲就是以"天之生斯民也，使先知觉后知，使先觉觉后觉。予，天民之先觉者也，予将以此道觉此民也"⑦ 的认识和胸怀，继承孔子儒者风范，弘扬圣人为师之道，"学而不厌，诲人不倦"，"君子之德风，小人之德草。草上之风，必偃。"⑧ 此德风吹拂的结果自然是中国古代的民众向善。另外，道德是一个社会的深层次文化现象，在家国一体的古代中国，广博宏大的中华传统文化，还以家庭的伦理道德为根基，正如孔子所说："其为人也孝悌，而好犯上者鲜矣，不好犯上而好作乱者，未之有也。"⑨ 因

① 郭象：《皇侃论语义疏引》，上海古籍出版社 1993 年版，第 214 页。
② 《礼记·中庸》。
③ 《孝经·三才章第七》。
④ 《韩诗外传》卷 2。
⑤ 《四书章句集注·大学章句序》。
⑥ 《礼记·中庸》。
⑦ 《孟子》卷 10《万章章句下》。
⑧ 《论语》卷 6《颜渊第十二》。
⑨ 《论语》卷 1《学而第一》。

为在中国人看来，"忠臣以事其君，孝子以事其亲，其本一也。上则顺于鬼神，外则顺于君长，内则以孝于亲，如此之谓备"。① 充分说明按照传统家庭伦理教育训练而成的个体，必然也在国家和社会大众中能够得到普遍认可和接纳，这一理念无疑是对古代家庭教育和家训德育活动最有力的支持。

总之，中国传统文化是道德文化，在道德教育中突出和强调个体品德培育，一直是中华民族千年因袭的优良传统，"文明古国"和"礼仪之邦"的赞誉，正是世人对我国源远流长的道德文化特别是包括家训在内的道德教育的最高褒奖。

第二节　古代个体品德培育的价值目标

儒家文化是中国传统文化的主脉，塑造"内圣外王"德性人格是其个体品德培育的理想价值目标，儒学的宗旨，就是以人格修养为首义，大学之道首先在于"明明德"。在这样的理想昭示下，古往今来，一代代中国人就是在人生实践中塑造人格，在塑造人格中探索人生，从而演绎出华夏民族光辉的历史，也提炼出了内涵丰富而充满活力的人生修养境界——"内圣外王"。值得指出的是，儒家教育思想和德育伦理不管过去得到过什么样的褒贬评价，但它实际所发挥的作用和影响却经久不衰，有些甚至焕发出历久弥新的普遍价值，其内圣外王的个体品德培育价值目标，曾经激励着一代又一代的中国人怀着"天将降大任于斯人也"的历史使命感，秉持格致诚正和修齐治平的学思治世理路，"苦其心志，劳其筋骨，饿其体肤，空乏其身，行拂乱其所为，所以动心忍性，曾益其所不能"②，而努力成就自己并教化世人。

首先，中国传统的教育理念，深信人性具备个体品德培育所要求的一切要素和可能。传统道德修养理论能够征服人心，是个体道德修养实践有效的精神支撑。中国近代著名的启蒙思想家、教育家梁启超提出，"为什么要教育？为的是人性可以受教育"③，因为"盖自天降生民，则

①　《礼记·祭统》。
②　《孟子》卷12《告子章句下》。
③　梁启超：《儒家哲学》，江苏文艺出版社2007年版，第188页。

既莫不与之以仁义礼智之性矣。然其气质之禀或不能齐，是以不能皆有以知其性之所有而全之也。一有聪明睿智能尽其性者出于其间，则天必命之以为亿兆之君师，使之治而教之，以复其性。"① 这是朱熹在注疏《大学》章句的序言中提出的施教缘由解说，也是古代中国人普遍认同的教育理念。按照这一传统理念，每个人的德性为天地阴阳五行化生所固有，无论是性善还是性恶，也无论是性无善无恶，人人都具备个体品德培育所需的一切要素，只要人们能够诚心诚意地接受教育并反身纳求，便都可以成就德性，故而为仁由已。难怪当年"子（即孔子——引者注）适卫，冉有仆。子曰：'庶矣哉！'冉有曰：'既庶矣，又何加焉？'曰：'富之。'曰：'既富矣，又何加焉？'曰：'教之。'"② 因为庶而不富，则民生不遂，故须勤治理而薄赋敛以富之；然富而不教，则民近于禽兽，故必立学明礼以教之。

其次，实现"内圣外王"的个体品德培育目标，其通途自然是修德学道。中国传统文化认为，人是一个社会道德的存在体，内具四善端而成的个体必须通过修身学道，才能使诸德处于和谐的状态之中。而欲修其身，希望通过"性"和"心"的统一知事、知人、知天道，就必先正其心、诚其意，"自诚明，谓之性；自明诚，谓之教。诚则明矣，明则诚矣。唯天下至诚为能尽其性，能尽其性，则能尽人之性。能尽人之性，则能尽物之性，能尽物之性，则可以赞天地之化育。可以赞天地之化育，则可以与天地参矣。"③ 因而，诚意正心可以使"主体融入客体，或者客体融入主体，坚持根本统一，泯除一切显著差别，从而达到个人与宇宙不二的状态。"④ 这种人生修养境界的表现，就是思想言行无不合乎人先天具备的道德规范，是人之天赋善性的淋漓发挥，既不过之也无不及，如此视听言动不是出于勉强，而是自然而然，完全符合"中庸"的处世原则。所以"古之欲明明德于天下者，先治其国；欲治其国者，先齐其家；欲齐其家者，先修其身；欲修其身者，先正其心；欲正其心者，先诚其意；欲诚其意者，先致其知；致知在格物。物格而后知至，知至而后意诚，意

---

① 《四书章句集注·大学章句序》。
② 《论语》卷7《子路第十三》。
③ 《礼记·中庸》。
④ 金岳霖：《金岳霖学术文化随笔》，中国青年出版社2000年版，第13页。

诚而后心正，心正而后身修，身修而后家齐，家齐而后国治，国治而后天下平。自天子以至于庶人，一是皆以修身为本。"① 这是《礼记·大学》为中国人设计的理想人生蓝图，是无数古圣先贤立足自己的道德实践，通过对中国传统人生的思索与总结而得出的个体品德培育金律，也是中国古代个体成长和修身成德的目标指向。修身，就是修身养性，修身洁行，修德学道，由于中国古代的社会完全以伦常之道来维系，正如梁漱溟先生所说的中国社会是"伦理本位，职业殊途"，其表现在客观社会结构与制度方面全都受制于亲亲尊尊而来的五伦，特别是在社会底层，众多不能在政治上自立而成为有个性的个体，他们只能以个人姿态向上通透而理想地成为圣贤人格，从而成为一个伦常领域的道德存在。这就意味着一个人只要以个体姿态诚意正心、反身内求，通过不断地自觉向上通透，就能成长为一个社会伦常领域的道德存在，所以儒家非常重视以个体品德培育为主要内容的修身与教化。那些知事明理的士大夫们之所以能够率先制作家训，教诫子孙修德学道，分明是看到了个体品德培育的这一育人金律，才应时而为和顺势而动的。

最后，修身功夫所至，便是成圣之时。隆德盛礼，治教修明历来是国家化民成俗之策，也是学者修己治事之方，对于德之不修，学之不讲，闻义不能徙，不善不能改的社会状况，历来为古代先哲所担忧，也出现了很多"先天下之忧而忧，后天下之乐而乐"② 的时代英雄。因而传统的个体品德培育过程，一方面坚持以个人为本位，修身养性，积善成德，除了自觉接受外在的教化和影响即自觉接受道德他律外，还时时恭省内求，即便是在自己独处之时也要严以自律，"戒慎乎其所不睹，恐惧乎其所不闻。莫见乎隐，莫显乎微，故君子慎其独也"③。明清学者王夫之注此命题曰："中庸言慎独，为存养之君子言也。唯欲正其心，而后人所不及知之地，己固有以知善而知恶。唯戒慎恐惧于不睹不闻，而后隐者知其见，微者知其显……中庸云'莫见乎隐，莫显乎微'，谓君子之自知也。此言十目十手，亦言诚意者之自知其意。如一物于此，十目视之而无所遁，十手指之而无所匿，其为理为欲，显见在中，纤毫

---

① 《礼记·大学》。
② （北宋）范仲淹：《岳阳楼记》。
③ 《礼记·中庸》。

不昧，正可以施慎之之功。"① 足见慎独对于修身的境界与要求之高。② 如此修身功夫所至，便是成贤成圣之时，此时其"言思可道，行思可乐，德义可尊，做事可法，容止可观，进退可度，以临其民。是以其民畏而爱之，则而象之。"③ 另一方面，坚持由近及远，推己及人，修身现于世而泽加于民，努力践行圣人之道。这是因为仁、义、礼、智统一的君子或圣人理想人格的形成，意味着圣王德治的理想国，因而在中国传统文化的个体品德培育理念中，个体品德培育不仅意味着个体通过学习、教育和修养塑造出理想人格，还在于"己欲立而立人，己欲达而达人"，在于圣人治世而天下平。如传说中三皇五帝的治国理想便是"教以爱，使以忠，敬长老，亲亲而尊尊，不夺民时，使民不过岁三日，民家给人足，无怨望忿怒之患、强弱之难，无谗贼妒疾之人，民修德而美好，被发衔哺而游，不慕富贵，耻恶不犯。"④ 其治理天下的王道也是指向德治目标的，因为"仁者为圣，贵次，力次，美次，射御次，古之治天下者必圣人。"⑤ "故君子尊德性而道问学，致广大而尽精微，极高明而道中庸。温故而知新，敦厚以崇礼。是故居上不骄，为下不悖，国有道其言足以兴，国无道其默足以容。"⑥ 因此，个体品德培育不仅在于个体求真求善求美，还在于积善成德以实现修齐治平的普世德治理想，这就是"内圣外王"的要旨。

总之，个体品德培育作为将社会普遍的道德原则和价值体系内化为个

---

① 王夫之：《读四书大全说》卷 2《中庸》。

② 在家国同构的中国古代社会，皇帝享有无上的绝对权力，但中国传统文化对其修身养性的理想化要求也是至高无上的，汉初大儒董仲舒在《春秋繁露》中就系统提出并详尽论述了圣王的标准和修为："君人者，国之元，发言动作，万物之枢机，枢机之发，荣辱之端也，失之豪厘，驷不及追。故为人君者，谨本详始，敬小慎微，志如死灰，形如委衣，安精养神，寂寞无为，休形无见影，掩声无出响，虚心下士，观来察往，谋于众贤，考求众人，得其心，遍见其情，察其好恶，以参忠佞，考其往行，验之于今，计其蓄积，受于先贤，释其仇怨，视其所争，差其党族，所依为臬，据位治人，用何为名，累日积久，何功不成？可以内参外，可以小见大，必知其实，是谓开阃。君人者，国之本也，夫为国，其化莫大于崇本，崇本则君化若神，不崇本则君无以兼人，无以兼人，虽峻刑重诛，而民不从，是所谓驱国而弃之者也，患庸甚焉！"

③ 《孝经·圣治章第九》。

④ 《春秋繁露》卷 4《王道第六》。

⑤ 《大戴礼记·诰志第七十一》。

⑥ 《四书章句集注·中庸章句序》。

体道德品质的实践过程，是受教个体在正确认知普遍道德原则和价值体系的基础上，通过自觉遵守社会道德规范而行动，来培养与其行为相一致所应具有的稳定心理，从而将个体一以贯之的道德行为需要与为满足这种需要而固有的稳定行为方式统一起来的结果。在这个以精神传播和精神再生产为活动内容的德性人格生成过程中，个体品德培育不仅在于个体始终以中庸之道持守仁义之道遵从道德规范，主动接受教育并自觉反身内求，还在于积善成德的同时积极践履修齐治平的普世德治理想，最终塑造出"内圣外王"的理想人格。

第三节　古代个体品德培育价值目标的文化内涵

文化是人类生活的样法，要了解和把握古代个体品德培育的价值目标，离不开对古代德性人格及其德行实践的理性考查。按照现代社会心理学的观点，人格是一个以个体的存在[1]为基础，以智能和非智能因素形成的人生观、价值观和世界观等指导个体行为和实践的综合反映系统。人格一方面是指人的性格、气质、能力等综合特征，另一方面表现为个人的道德品质，它意味着特定个体的思维与行动的善性倾向和模式，反映着其先天的禀赋与后天的修养，体现着个体的心理及思维性状。"在我国传统文化的心理结构中，人格主要是一个伦理道德范畴。有道德即有人格，缺德就没有人格，德高望重者则人格高尚。"[2] 所以，一个伪君子、市侩、卖国贼，是丧失了人格的人。[3] 当然，儒家提出的"内圣外王"理想人格是相对于现实人格而言的，与所有理想都是现实可能性的主观反映一样，理想人格也极具现实的可能性，而非虚妄的臆想。在传统宗法制社会条件下，以儒学为主流的文化环境和封建社会政治制度相一致，人们出于如何培育个体品德的现实需要，便人为地将社会公共利益、公共需求的理想和期望集中于某一个既定的楷模或代表身上，经由文化媒介的综合提炼与传

---

① 社会心理学认为，人格作为实践主体，每一个个体有一个以自我意识为内容的主体，俗称"小我"；每一个群体也有一个以群体意识为内容的主体，俗称"大我"。但着力于德性人格塑造的儒家文化，往往偏重于对圣人、君子、贤人等"小我"这种个体人格的讨论与培养。

② 肖川：《主体性道德人格教育刍议》，《现代教育论丛》1998 年第 2 期。

③ 冯契：《人的自由和真善美》，华东师范大学出版社 1996 年版，第 9 页。

播，便自然地升华为理想人格。当然，作为精神依存的血肉之躯，人格是理想的承担者，作为一种"成人"的蓝图和道德范型，理想是人格的主观体现。同时，与所有理想具有层次性、实现理想的社会实践及其成果有阶段性一样，人们对人格理想的设计与追求、个体成就理想人格的实践及其提升高度同样具有层次性和阶段性。所以，中国古代先贤提出的理想人格诸如圣人、君子、贤人、成人、醇儒、豪杰、大人、大丈夫等，不仅表明理想人格具有的层次性特征，反映出理想人格具有的差异性，而且意味着成就理想人格的个体品德培育之路和与之相应的价值原则是何其丰富，从而激励着无数的志士仁人，在恪守各种道德规范的个体品德培育中实践着求真、向善、爱美的人生，努力提升自己的人格水平。由此可见，中国古代先贤不弃不离和孜孜以求的理想人格，在历史的实现过程当中，无一例外都表现为践行社会道德规范的自觉言行，如果说个体的理想人格得到了实现，那是由于他不折不扣地遵循和实践着仁义礼智和忠孝节义等体现当时社会群体根本利益的道德规范。于是乎，实现了"大德不逾矩"理想人格的个体，其中正不偏的规范化形象就积淀固化为古代社会的道德楷模，进而变为道德的化身。与此相适应，不论其独善其身还是兼济天下，其视听言动无不中节道德规范。"圣人之所谓道者，不离乎日用之间也。故夫子之平日，一动一静，门人皆审视而详记之。……于圣人之容色言动，无不谨书而备录之，以贻后世。今读其书，即其事，宛然如圣人之在目也。虽然，圣人岂拘拘而为之者哉？盖盛德之至，动容周旋，自中乎礼耳。学者欲潜心于圣人，宜于此求焉"。① 说明塑造理想人格的关键当在践行道德规范，而体悟和归结出古代个体品德培育价值目标就是"为天地立心、为生民立命、为往圣继绝学"，一部《论语》对中国人的深远影响②，难道不正是孔子理想人格的实践魅力所在吗？

---

　　① 《四书章句集注·论语集注》卷5《子罕第九》。

　　② 中国古人常以"半部《论语》治天下"形容《论语》的微言大义，"半部论语治天下"之典故出自宋代罗大经《鹤林玉露》卷7：宋初宰相赵普，人言所读仅限《论语》而已。宋太宗赵光义因此求证于赵普，赵普回答说："臣平生所知，诚不出此，昔以其半辅太祖（赵匡胤）定天下，今欲以其半辅陛下致太平。"其实，"半部《论语》治天下"之"半部"还隐指"半部《论语》"即周易三坟五典八索九丘之"玄武之语"，因为具有玄武大道的智慧便能治理天下，所以"半部《论语》治天下"的含义是非常深刻的。

以孔子为代表的古代教育家，围绕培养什么样的人和怎样培养人的问题，为中国人设计的"内圣外王"个体品德培育价值目标自成文化体系。它是一个人自觉遵从社会道德规范而行动的需要与为满足这种需要而稳定践履德行的统一体，这一理想人格的内涵被实践主体主观认识和把握的结果，表现在文化形态方面就是用以描述和界定主体德行的道德范畴①（道德规范）体系。作为与西方哲学、印度哲学并立的世界三大哲学体系之一，中国哲学在长期的历史发展过程中，形成了一套独特的道德范畴体系。然而，在中国古代，"范畴"两个字是没有被作为一个统一的词汇来使用的，但对于范畴的探究以及用范畴指称或表示某一特定事物方面，中国古代先哲们其实早就以不同的方式，对许多基本的哲学范畴进行了梳理和阐释，如先秦时期的"名"②，宋明及以后的"字"，都是对范畴的中国化称谓，并就此留下了一些重要著述，如东汉许慎的《说文解字》、南宋陈淳的《北溪字义》、清代戴震的《孟子字义疏证》等。同时，由于中西文化的根本差异，表现在中国传统文化首先把握人的现实生命，而西方文化首先把握自然世界，因而作为人类认识和掌握自然与社会现象之描述概念，忠、孝、仁、义和真假、善恶、美丑等成为中国传统文化中的重要道德范畴；物质、意识、数量、质量和时间、空间、状态等成为西方人的思维中对客观事物本质的概括和反映。按照中国传统文化理念，人之为人的根本在于有德，"求则得之，舍则失之"。而中国传统文化赋予了人这个社会道德存在太多太高的品德要求，如果说人是一个综合的社会存在体，那么其丰富多样的德

---

① 范畴是一种哲学思维和认识的辅助工具，是人为创造和定义出来并加以组织化的概念和术语，以给学术或科学提供思维和认识分类的技术样式，为进行学术讨论和交流限定框架和主题。在人类学术发展史上，亚里士多德的范畴论第一次提出了哲学范畴的分类系统，它有利于哲学家去确定和考虑哲学的研究对象究竟是什么。对于范畴在认识和思维中的作用，列宁曾形象地指出："范畴是区分过程中的一些小阶段，即认识世界过程中的一些小阶段，是帮助我们认识和掌握自然（包括社会和人类自身）现象之网的网上纽结。"（见《列宁选集》第2版，第38卷，人民出版社1995年版，第46页）可见，范畴是经过无数次实践证明，经过内化和积淀而成的人类思维成果的高级形态中具有高度概括性的基本概念，一个范畴就是某一事物可被称谓和定义但不能被还原成其他类的任何一个对象。

② 据《春秋繁露》卷17《天地之行第七十八》所载："名者，所以别物也，亲者重，疏者轻，尊者文，卑者质，近者详，远者略，文辞不隐情，明情不遗文，人心从之而不逆，古今通贯而不乱，名之义也。"

性决定着人的复杂性，参差不齐的道德水平反映着人们所内含和拥有的道德的层次性。其中，以仁、义、礼、智、信等为主的个人道德，以孝、悌、和、勤、俭等为主的家庭美德，以忠、恕、恭、惠、耻等为主的社会公德，这些耳熟能详的道德规范，无疑是古代个体品德培育道德规范家族中最有代表性的三类，也是以《颜氏家训》为代表的古代家训最关注和常训教的重点所在。这些可被称谓、定义和描述，但不能被还原成其他类的某个既定对象，就具体表现为一个个富有个体品德培育价值内涵的道德范畴。换言之，这些道德范畴就是可被文化描述、可用概念界定的用以反映人之为人的某一道德规定性，它丰富的内在本质规定着人的德性和人格，也是一切塑造理想人格的德育活动特别是家训实践的理论前提和目标指向。

综上所述，个体品德培育实际是一个复杂的系统工程，与"中国的价值体系是以血缘宗法制度作为自己的社会基础，以忠、孝、仁、义为核心的伦理纲常为价值观念，以皇权、圣贤、经典、科举等四位一体机构为价值载体的一套价值体系"① 相适应，传统个体品德培育价值目标的文化内涵总体上讲是一套完整的道德范畴体系。如果说道德教育的功用是教人如何做人，那么，道德范畴就是通过文化提炼出来用以约束人的言行、规范人的德性，最终塑造出人的理想人格的规范系统。因此，从文化的角度健全道德规范体系，为人们完美的人生提供言行标准，是个体品德培育和德性塑造的前提，也是中国道德文化的突出特色。我国古代最早的典籍之一《尚书》，就记述了皋陶回答禹王提问而设计人之言行九德："亦行有九德，亦言其人有德。……宽而栗，柔而立，愿而恭，乱而敬，扰而毅，直而温，简而廉，刚而塞，强而义。"② 《春秋左氏传》明确记载着春秋时期做人的"六顺六逆"之德："贱妨贵、少凌长、远间亲、新间旧、小加大、淫破义，所谓六逆也；君义、臣行、父慈、子孝、兄爱、弟敬，所谓六顺也。"③ 《管子》提出，"德有六兴，

---

① 欧阳彬：《论近代中国传统价值体系的解体及其影响》，《长沙大学学报》2004 年第 3 期。

② 《尚书·皋陶谟》。

③ 《春秋左氏传·隐公》。

义有七体，礼有八经。"① 书中提出的德目广泛而实际，涉及修德、治政和为人处世等非常广泛的道德领域。以孔子为代表的儒家伦理思想的主旨，更是以仁为核心，通过规定家庭、邻里、社会、国家中各成员之间关系的不同道德规范，在礼的制度约束即正名的约束下，用中庸之道实现全社会包括各个等级、各行各业都可以达到的和谐与"大同"，即实现所谓国泰民安的小康世界。② 尤其是在论述和倡导中华民族实现"修身、齐家、治国、平天下"的人生理想方面，中国古代先哲们提出了许多规范人格修养的道德范畴，仅一部《论语》就提出了仁、义、礼、智、信、勇、忠、孝、悌、宽、恕、惠、敏、温、良、恭、敬、谨、让、友、爱、正、聪、勤、俭、节、和、谦、善、耻等道德规范，汉代大学士贾谊更是对中国古代道德规范进行了集中和归纳，他通过《新书》提出了近60条修养人格的道术，并予以精辟而深刻的阐释：

> 亲爱利子谓之慈，反慈为嚚。子爱利亲谓之孝，反孝为孽。爱利
> 出中谓之忠，反忠为悖。心省恤人谓之惠，反惠为困。兄敬爱弟谓之
> 友，反友为虐。弟敬爱兄谓之悌，反悌为傲。接遇慎容谓之恭，反恭

---

① 《管子·五辅第十》所提德目广泛而实际："德有六兴，义有七体，礼有八经，法有五务，权有三度，所谓六兴者何？曰：辟田畴，利坛宅。修树艺，劝士民，勉稼穑，修墙屋，此谓厚其生。发伏利，输滞积修道途，便关市，慎将宿，此谓输之以财。导水潦，利陂沟，决潴渚，溃泥滞，通郁闭，慎津梁，此谓遗之以利，薄征敛，轻征赋，弛刑罚，赦罪戾，宥小过，此谓宽其政。养长老，慈幼孤，恤鳏寡，问疾病，吊祸丧，此谓匡其急。衣冻寒。食饥渴，匡贫窭，振罢露，资乏绝，此谓振其穷。凡此六者，德之兴也。六者既布，则民之所欲，无不得矣。夫民必得其所欲，然后听上，听上，然后政可善为也，故曰德不可不兴也。曰：民知德矣，而未知义，然后明行以导之义，义有七体，七体者何？曰：孝悌慈惠，以养亲戚。恭敬忠信，以事君上。中正比宜，以行礼节。整齐撙诎，以辟刑僇。纤啬省用，以备饥馑。敦蒙纯固，以备祸乱。和协辑睦，以备寇戎。凡此七者，义之体也。夫民必知义然后中正，中正然后和调，和调乃能处安，处安然后动威，动威乃可以战胜而守固，故曰义不可不行也。曰：民知义矣，而未知礼，然后饰八经以导之礼。所谓八经者何？曰：上下有义，贵贱有分，长幼有等，贫富有度，凡此八者，礼之经也。故上下无义则乱，贵贱无分则争，长幼无等则悖，贫富无度则失。上下乱，贵贱争，长幼悖，贫富失，而国不乱者，未之尝闻也。是故圣王伤此八礼，以导其民；八者各得其义，则为人君者，中正而无私。为人臣者，忠信而不党。为人父者，慈惠以教。为人子者，孝悌以肃。为人兄者，宽裕以诲。为人弟者，比顺以敬。为人夫者，敦蒙以固。为人妻者，劝勉以贞。夫然则下不悖上，臣不杀君，贱不逾贵，少不凌长，远不嫌亲，新不嫌旧，小不加大，淫不破义，凡此八者，礼之经也。夫人必知礼然后恭敬，恭敬然后尊让，尊让然后少长贵贱不相逾越，少长贵贱不相逾越，故乱不生而患不作，故曰礼不可不谨也。"

② 匡亚明：《孔子传》，南京大学出版社1990年版，第214页。

为媒。接遇肃正谓之敬，反敬为嫚。言行抱一谓之贞，反贞为伪。期果言当谓之信，反信为慢。衷理不辟谓之端，反端为跛。据当不倾谓之平，反平为险。行善决衷谓之清，反清为浊。辞利刻谦谓之廉，反廉为贪。兼覆无私谓之公，反公为私。方直不曲谓之正，反正为邪。以人自观谓之度，反度为妄。以己量人谓之恕，反恕为荒。恻隐怜人谓之慈，反慈为忍。厚志隐行谓之洁，反洁为汏。施行得理谓之德，反德为怨。放理洁静谓之行，反行为污。功遂自却谓之退，反退为伐。厚人自薄谓之让，反让为冒。心兼爱人谓之仁，反仁为戾。行充其宜谓之义，反义为懵。刚柔得适谓之和，反和为乖。合得密周谓之调，反调为戾。优贤不逮谓之宽，反宽为厄。包众容易谓之裕，反裕为褊。欣熏可安谓之煴，反煴为鸷。安柔不苛谓之良，反良为啮。缘法循理谓之轨，反轨为易。袭常缘道谓之道，反道为辟。广较自敛谓之俭，反俭为侈。费弗过适谓之节，反节为靡。僶勉就善谓之慎，反慎为怠。思恶勿道谓之戒，反戒为傲。深知祸福谓之知，反知为愚。亟见窕察谓之慧，反慧为童。动有文体谓之礼，反礼为滥。容服有义谓之仪，反仪为诡。行归而过谓之顺，反顺为逆。动静摄次谓之比，反比为错。容志审道谓之偭，反偭为野。辞令就得谓之雅，反雅为陋。论物明辩谓之辩，反辩为讷。纤微皆审谓之察，反察为旄。诚动可畏谓之威，反威为涸。临制不犯谓之严，反严为软。仁义修立谓之任，反任为欺。伏义诚必谓之节，反节为罢。持节不恐谓之勇，反勇为怯。信理遂惔谓之敢，反敢为掩。志操精果谓之诚，反诚为殆。克行遂节谓之必，反必为怛。凡此品也，善之体也，所谓道也。

故守道者谓之士，乐道者谓之君子，知道者谓之明，行道者谓之贤。且明且贤，此谓圣人。①

因此，中华传统道德范畴确实精深广大，德目繁多，按照中国传统文化的要求，教育和培养一个拥有良好品德的人，其实是一项非常宏大的系统工程，② 但我们的先辈在利用家训培养个体品德和完善个体人格方面，

---

① 《新书》卷8《道术》。

② 中国传统文化无处不在强调人的德性养成，无处不在反映对个体应有品德和完善人格的追求与设计，如（汉）贾谊在其《新书》中，对品善之体即有德个体做了详尽的描述："亲爱利

为我们积累了丰厚的实践经验，需要我们认真地批判和继承。为便于在家训德育范式中讨论，笔者将其简单归纳为个人道德、家庭美德和社会公德三类，选取一些与家训和家教密切相关的重要道德范畴加以讨论，以显见中国传统个体品德培育价值目标。

第四节　古代个体品德培育价值目标的实现理路

儒家确立的"内圣外王"传统个体品德培育价值目标，经过儒释道百家争鸣和论证推衍，其关涉个体品德培育的价值原则和道德规范已然自成体系，活脱而深刻地反映着人格完善的价值指向和最终理想境界。其中，天人之辩为天命仁心之人经过德育自在而自为设定了逻辑起点；群己之辩为"内圣外王"理想人格的塑造确定了"修己以安人"的现实途径；围绕人的自由全面发展辨明了个体品德培育同社会道德规范的关系；而要最终实现"内圣外王"的人格理想，"一是皆以修身为本"，通过主体对道德规范的认知和内化，从而将个体自觉遵从社会道德规范而行动的需要与为满足这种需要而稳定的德行践履统一起来。因为修己成圣以追求理想人格的内化过程，就是能够自觉认知和从事道德实践的能动主体通过内敛消化一切伦理道德诱导元素，不断将预期的人格理想化为现实的努力；换言之，以大德不逾矩的德行实践（外化）道德规范以彰显社会价值原则，就是将人格理想转化成了现实的人格。

一　儒家的天人之辨[①]，为德性人格的塑造开启了逻辑起点

中国传统文化与强调人类征服和改造自然的西方理性文化不同，中国传统文化更偏向对人自身的认识与发现，其理性运思不是朝着"自然向

（接上页）子谓之慈，反慈为嚚。子爱利亲谓之孝，反孝为孽。爱利出中谓之忠，反忠为悖。心省恤人谓之惠，反惠为困。兄敬爱弟谓之友，反友为虐。弟敬爱兄谓之悌，反悌为傲。……故守道者谓之士，乐道者谓之君子，知道者谓之明，行道者谓之贤。且明且贤，此谓圣人。"由此观之，即便是做一个守道之士，其品善之标准即如上述周备，何况圣贤乎！

　　① 中国传统的天人之辨思想集中体现在儒道两家的哲学体系中。其中，"天"、"人"是其思想中的两个基本范畴。在中国传统文化中，这两个范畴虽然有着多重含义，但在一般意义上讲，"天"的含义可以归结为两种：一是自然之天，一是神灵之天。"人"的含义主要指作为自然状态中的一个物种，当然也有强调人的主观能动性的，如庄子指出"牛马四足，是谓天；落马首，穿牛鼻，是谓人"（《庄子·秋水》），但更多的是强调人的心性和道德。

人的生成"方向展开，而是表现为一种力图使人适应外部环境，从而实现人与人、人与自然等外部环境和谐相处的人文主义倾向。按照中国传统文化的这一理念，在人、自然、社会三位一体的构造系统中，人所内在的伦理道德规范便取得了主导地位，成为人、自然和社会的共同法则。所以，中国先贤认识世界和观察人类自身，最早是从明辨天人关系开始的，由此也成为了中国人最基本的思维方式和逻辑起点。"这个代表中国古代哲学主要基调的思想，是一个非常伟大的、含义异常深远的思想"。① 它以"奇迹般深刻的直觉思维"，思考人的根本性问题，体现了人类最高的原始生态智慧，是"最丰富和无所不包的哲学"。② 其中"天人合一"的思想不仅揭示了自然、社会和人三者浑然一体的宇宙观，更为重要的是为人们取法天地之德以修身成人成圣创立了极为具体极为本原的身心根基。首先，人之有德，天命之性。与《礼记》中说的"天命之谓性"相一致，中国先民们认为人与天不是一种主体与对象的关系，而是一种部分与整体的关系，人们对于二者的认识也处在一种扭曲与原貌的关系中。"天德施，地德化，人德义。天气上，地气下，人气在其间。春生夏长，百物以兴，秋杀冬收，百物以藏。故莫精于气，莫富于地，莫神于天，天地之精所以生物者，莫贵于人。人受命乎天也，故超然有以倚；物疾莫能为仁义，唯人独能为仁义。"③ 在儒家来看，天地人三才同出于五行之气，而且天还是道德观念和仁义等价值原则的本原，人的心中天然地具有遵从天道原则（自然法则）践行仁义之良能。所以，"人之本于天，天亦人之曾祖父也，此人之所以乃上类天也。人之形体，化天数而成；人之血气，化天志而仁；人之德行，化天理而义；人之好恶，化天之暖清；人之喜怒，化天之寒暑；人之受命，化天之四时；人生有喜怒哀乐之答，春秋冬夏之类也。"④ 虽然人生天地间，但人毕竟自有其人道原则，需要以人为本建立起道德规范下的社会秩序，使"人生有喜怒哀乐之答"。其次，人之守德，天性使然。《礼记》有言："天命之谓性，率性之谓道"，所谓率性，就是循天理，人能够遵守道德规范，是其本然的秉性。顾炎武通过其

---

① 季羡林：《"天人合一"新解》，《传统文化与现代化》1993 年第 2 期。
② ［法］阿尔伯特·施韦兹（Albert Schweitzer, 1875—1965）：《敬畏生命》，陈泽环译，上海社会科学院出版社 1992 年版，第 137 页。
③ 《春秋繁露》卷 13《人副天数第五十六》。
④ 《春秋繁露》卷 11《为人者天第四十一》。

《日知录》说明天命是如何给人以德性，并自然给人以守德之义：

> 维天之命郁穆不已，其在于人日用而不知，莫非命也。故诗书之训有曰，顾谍天之明命。又曰永言配命，自求多福。又曰若生子罔不在厥初生，自贻哲命。又曰惟克天德，自作元命配享在下。而刘康公之言曰，民受天地之中以生，所谓命也。是以有动作礼义威仪之则，以定命也。彼其之子，邦之司直，而以为舍命不渝，乃如之人，怀昏之也。而以为不知命，然则子之孝臣之忠夫之贞妇之信，此天之所命而人受之为性者也。故曰天命之谓性。①

这一化天道为人道的德性修养思想，为德性人格的塑造开启了逻辑起点。而且这种将天这一原本是主体认识和实践的对象进行人格神化的结果，必然导致人的畏天则天心理，而且正是由于上苍给人以德且郁穆不已，始终强化和昭示着人们自觉遵守道德规范，努力提升自己的人格以享天命。再次，人而修己，以德配天。小邦周灭大邦殷的王朝更替，是周武文王利用"皇天无亲，唯德是辅"②的天命观，发动民众革命而一举推翻了殷纣政权，而且紧接着以其得出的殷王朝覆亡的经验教育子民并宣扬"惟不敬厥德，乃早坠厥命"③的天命宿论，强调人君必须修德来"以德辅天"，因为人唯有能够通过自己的德行修养实现天人感应，这便是古代王者教训化民所由兴者也。"盖自天降生民，则既莫不与之以仁义礼智之性矣。然其气质之禀或不能齐，是以不能皆有以知其性之所有而全之也。一有聪明睿智能尽其性者出于其间，则天必命之以为亿兆之君师，使之治而教之，以复其性。此伏羲、神农、黄帝、尧、舜，所以继天立极，而司徒之职、典乐之官所由设也。"④ 说明人类或受先天禀赋的制约，或由于后天受到追求各种名利等欲望的蒙蔽，不能自觉发现并实践自己心中本已固有的德性，克服这一诟病最为有效的途径便是通过修身加以祛除，以达到一种自觉践履道德规范的人格境界，保证主体一切视听言动均"由仁义行，而

---

① 《日知录》卷9《致知》。
② 《尚书·蔡仲之命》。
③ 《尚书·召诰》。
④ 《四书章句集注·大学章句序》。

非行仁义"，这便是圣人孔子"大德不逾矩"修身轨迹的真实写照，所以，"子曰：吾十有五而志于学，三十而立，四十而不惑，五十而知天命，六十而耳顺，七十而从心所欲，不逾矩。"① 最后，积善成德，天人合一。传统儒家思想在文化实践中不断走向成熟，天人之辩的理论发展到荀子那里，也在提出"明于天人之分"的前提下，区分了天道与人道，使得天或客观性的自然有其天道原则，人或主观性的主体有其人道原则，"天行有常，不为尧存，不为桀亡。应之以治则吉，应之以乱则凶。强本而节用，则天不能贫；养备而动时，则天不能病；修道而不二，则天不能祸。"② 在运行有常的天道面前，人的职分在于"制天命而用之"，不再是过去一味的盲从。天不言但"四时行焉，百物生焉"；人人践德履义而"争尽力为善，尚礼义，贵孝悌，进真贤，举实廉，而天下治矣。"③ 表明天地化生的人不单是物性的存在，其成就德性自有人间正道，一个人只要坚持不懈地存养扩充仁爱之性，进德修身，不断完善自己的德性人格，就能化天之天为人之天，化天之自然为人之自然，就可以实现"性伪合而天下治"，最终以人与他人、自然、社会的和谐大同而实现天人合一。

值得指出的是，尽管在天人之辩所涉及的自然原则与人道原则之间，自原始儒家开始就偏重于发挥人的价值，追求自然的人化，甚至极具抽象性，但并没有完全忽略自然原则。只是儒家确立的仁道原则充分体现了以人为本的价值取向，对于修身成德提供了动力和源泉。比如作为理想人格的代表，儒家期望统率天下的帝王首先应当修身积善以具备参天之德："天子者，与天地参，故德配天地，兼利万物。与日月并明，明照四海而不遗微小，其在朝廷，则道仁圣礼义之序；燕处，则听雅颂之音；行步，则有环佩之声；升车，则有鸾和之音。居处有礼，进退有度，百官得其宜，万事得其序……发号出令而民悦，谓之和；上下相亲，谓之仁；民不求其所欲而得之，谓之信；除去天地之害，谓之义。"④ 显然，仁、义、礼等道德规范不仅是修身成德的价值原则，也是德性人格的基本内涵。

---

① 《论语》卷1《为政第二》。
② 《荀子·天论篇第十七》。
③ 《日知录》卷17《周末风俗》。
④ 《礼记·经解》。

二 群己之辩为"内圣外王"理想人格的塑造确定了"修己以安人"的现实路径

如果说天人之辨旨在考察人与自然的关系，那么由天人之际转向人类社会本身，便不能不涉及群己（人我）关系。因为作为主体性的存在，人既有个体性，又有群体性；人既是个体，又是类；社会群体由一个个独立的个体所组成，个体又总是生活在各种各样的群体之中。理性定位二者之间的逻辑关系，为群己交往的社会实践活动确立当然之则即展开为群己之辩，它一方面要考察单个主体和他人的关系，另一方面则要考察个体和社会的关系。

儒家是最早对群己关系作自觉辩白的学派之一。按照传统儒家的理念，人作为社会的存在，"人人有贵于己者"①，每一个个体都有自身存在的价值，这种对主体内在价值的肯定，表现在单个主体和他人（人我）的关系方面，就是重视人的价值，互相尊重对方的人格，这不仅强调人本然具有的善性天赋，还真实反映了人格的本质特征。因为"欲贵者，人之同心也"。② 所以，一个人若要"仁义充足而闻誉彰著"③，前提是他要尊重他人自我价值的实现和对于个体品德培育的诉求。一方面，自我的实现虽然是其个体品德培育的前提，但个体在实现自我价值以塑造其理想人格的同时，应当尊重他人实现自我价值的意愿和努力，所以当子贡以"有一言而可以终身行之者乎？"问于孔子时，子曰："其恕乎！己所不欲，勿施于人。"④ 这便是孔子所设计的处己修身以成人最起码的要求和道德规范，始终坚持和遵循人道原则，尽己之仁心而推己及人，以其人之道，还治其人之身，如此则可成仁。另一方面，贵己而追求个体品德培育理想的个体绝不能仅仅停留在狭隘的成己方面，而应以己功利之心度人之求荣之心，推己及人而做到"己欲立而立人，己欲达而达人。"⑤ 立己、达己和立人、达人互为因果关系，所以，《中庸》说"忠恕违道不远"。

---

① 《孟子》卷11《告子章句上》。
② 同上。
③ 《四书章句集注·孟子集注》卷11《告子章句上》。
④ 《论语》卷8《卫灵公第十五》。
⑤ 《论语》卷3《雍也第六》。

孟子曰："强恕而行，求仁莫近焉。"① 若能从尊重人、关心人和爱护人的角度出发，凡事都能将心比心，换位思考，则心得公理而离仁不远。这样一来，按照传统儒家的观点，贵己、成己虽然是自我人格完善和价值实现的前提，体现着主体对自我价值的理性自觉，但自我主体不能仅仅停留在成己、达己之单一层面，而应由己及人而推延到立人、达人，正是在成就他人的过程中，自我的德性和人格才能得到进一步的提升和完成。所以，"夫子之道，忠恕而已矣"②，忠恕是原始儒家设计的行仁之方，故而成为人们践行仁道之正途，说明忠恕既是处理人我关系的价值原则和标准，又是中国人修身成德和最终实现理想人格所要遵循的基本道德规范。

俗话说："物以类聚，人以群分。"中国近代史上著名的启蒙思想家、教育家梁启超指出，"人之所以贵于他物者，以其能群耳。使以一身孑然孤立于大地，则飞不如禽，走不如兽，人类剪灭亦既久矣！"③ 表明人是社会性的存在，个体总是生活在群体之中。在中国传统文化视阈里，"群己问题是指社会价值与个体价值的关系问题。它主要包括社会群体利益与个人利益、社会群体共性与个性特性两重关系"④。原始儒家之所以如此关切群己关系，除了对人格理想形而上的主观追求和设计外，自然受到当时生产力相对有限的社会历史条件限制，因而表现在人的存在与发展上更直接地依赖于群体的力量，因而个体贵己、成己的理想最终总是要依赖于群体价值的实现。在个体品德培育方面，没有群体道德修养水平的提高，个体德行就失去了彰显施为的根基。儒家提出的"修己以安人"的普世个体品德培育路径，分明是注意到了如上群己价值和二者特性的关系，为"内圣外王"理想人格的实现铺就了人间正道。当子路问君子⑤于孔子时，孔子为理想人格的塑造设计了三个不同层次的现实修养境界："修己以

① 《孟子》卷13《尽心章句上》。

② 《论语》卷2《里仁第四》。

③ 梁启超：《饮冰室合集》（第6册），《新民说》，中华书局1936年版。

④ 赵馥洁：《价值的历程——中国传统价值观的演变》，中国社会科学出版社2006年版，第4页。

⑤ 在原始儒家的理念当中，圣人是理想人格，君子则是现实人格。如刘同辉将中国古代传统人格分为五种类型：圣人人格、君子人格、士者人格、庶人人格和小人人格。参见刘同辉《中国传统的五类型人格理论与超稳定心理结构》，《上海师范大学学报》（哲学社会科学版）2009年第3期。

敬"、"修己以安人"、"修己以安百姓"①，修己即道德上的自我涵养与提升，安人、安百姓则是指实现社会整体的政治稳定和民生发展。显然，儒家倡导的通过道德上的修身与自我完善，最终是以实现广义的社会价值即群体社会的政治和民生利益为目标。所以，儒家确立的"内圣外王"传统个体品德培育价值目标，不仅体现着人的社会性质，而且直接关涉着群体与个体的利益关系。内圣代表着个体所具有的极高道德修养，外王则对应着个体治国平天下的功业，"修己以安百姓"的现实个体品德培育目标道出了"内圣外王"的真谛。而内在修养与外在事功的一致与和谐，是孔子理想人格的最高层面。②

　　然而，何以协调群己利益关系呢？传统儒家对这一问题进行哲学反思的时候，群己利益的协调以及现实理欲关系的处理则转化为义利之辩。在这方面，儒家主张以义制利，提出"以义制事，以礼制心"③ 的处世原则，"天之生人也，使人生义与利，利以养其体，义以养其心，心不得义，不能乐，体不得利，不能安，义者、心之养也，利者、体之养也，体莫贵于心，故养莫重于义，义之养生人大于利……夫人有义者，虽贫能自乐也；而大无义者，虽富莫能自存。"④ 按照儒家的观点，利只具有工具价值，只是一种手段的善，绝不能把功利追求作为规范人们行为的一般原则。因为"利者，义之和也"⑤，一个人要进德修业，必须做到敬以直内、义以方外，故修己作为安人的从属过程，不在于培养主体的独特个性，而重在使自我合乎社会的普遍道德规范。因而个体要真正得到利益，就要讲求道义，遵循社会普遍的道德规范，决不以利害义。"故君子不绛富贵以为己悦，不乘贫贱以居己尊。凡行不义，则吾不事；不仁，则吾不长。奉相仁义，则吾与之聚群；向尔寇盗，则吾与虑。国有道，则突若人焉；国无道，则突若出焉，如此之谓义。"⑥ 至此，义作为人的族类本质之体现，是超越感性欲求的，人之为人的本质特征，更多地体现在人的理性诉求方面，正是由于个体不可能脱离开群体利益而实现自我完善，义则超越了个

---

① 《论语》卷7《宪问第十四》。
② 朱义禄：《儒家理想人格与中国文化》，复旦大学出版社2006年版，第18页。
③ 《尚书·仲虺之诰》。
④ 《春秋繁露》卷9《身之养重于义第三十一》。
⑤ 《周易·第一卦乾乾为天乾上乾下》。
⑥ 《大戴礼记·曾子制言下第五十六》。

体的特殊利益而具有了普遍性。但是，个体欲望和道德修养是常有矛盾的，这就要求克己之欲，所以孔子提出，"克己复礼为仁。一日克己复礼，天下归仁焉。为仁由己，而由人乎哉？"① 在孔子看来，无论是在道德实践中，抑或在个体的德性涵养中，自我都起着主导的作用；换言之，个体是否遵循仁道规范，是否按仁道原则来塑造自己，都取决于自主的选择及自身的努力。只有克制自己的欲望，"非礼勿视，非礼勿听，非礼勿言，非礼勿动"②，以礼规范自己的行为，才能符合"仁"的道德要求。虽然，孔子没有系统论述人的社会化过程同时也是个性化的过程，并且把自我实现片面地归结为"克己复礼"，强调个体只有通过道德修养融入群体，尽一切可能地服从社会需要，才能在维护社会利益的过程中实现其个人价值。然而，孟子明确提出个体修身固然应当"独善其身"，但更应"兼善天下"，个体在志于道而追求修己以安人之理想人格的过程中，在精神上自然获得了理性的提升与满足。这样便将群己关系中的群体关怀（安人）奠基于主体人格境界的提升（修己）基础之上；人的内在价值及其本质力量唯有通过人格的完善，才能得到展现和确证；治平（治国平天下）的外王理想，同样以内圣（完美的品格）为其前提③，主体的德行完全同化于社会规范，"修己以安人"的个体品德培育通过主体"克己复礼"践行道德规范，便成了理想人格实现的现实路径和表现形式。

三　围绕人的自由全面发展理顺了个体品德培育同社会道德规范之间的关系

自由是人类生生不息的追求，"人的类特性恰恰就是自由和自觉的活动"④。从这个意义上来讲，人其实就是自由的化身，人类的历史就是不断争取和获得自由的历史。但是，人类本然拥有的这种自由人格精神，却由于文化传统的不同而表现出较大的差异性。西方人在自由的价值取向上，突出表现在尊重个体的价值和尊严，在追求自由的实践方面倾向于通

---

① 《论语》卷 6《颜渊第十二》。

② 同上。

③ 杨国荣：《善的历程》，华东师范大学出版社 2009 年版，第 7—8 页。

④ 马克思、恩格斯：《马克思恩格斯全集》第 42 卷，人民出版社 1979 年版，第 96 页。

过消除或减弱外在的制约来达到自由的目的，所以西方人追求的往往是一种外在的物质自由。古代中国人对自由的追求却没有过多的求助于外界的超然力量，而是反躬内求，期冀通过主体的道德自律来实现个人的行动自由，所以中国传统自由观强调人对外部环境特别是社会生活环境的主动适应，在认识和思考个体获得自由的实践问题方面，通过明辨个体品德培育同社会道德规范之间的关系，将"大德不逾矩"之个体自由主要归结为主体对道德规范的内化，因而为修身以实现道德自由的个体确立了一系列可供尊奉与内化的社会道德规范。

（一）传统儒家通过力命之争，以东方睿智的形式展现出对于道德以及自然规律的领悟，通过协调人与自然、社会的关系，为出于自然而又力图摆脱必然性制约的人类，设计出诚意修身而以德配天的德行修养之道。按照传统儒家的理念，人不仅仅是一个个当受尊重和仁爱的对象，而且是固有着善性能给人以仁爱的人格主体，所以人本然地内含着自主的力量，其践行仁道是出于自由的本性。诚所谓"为仁由己，而由人乎哉?"① 道德自律作为人之为人的本质特征，表现在当人达到了求真、至善的人格境界，就不再受外部功利的诱惑;反之，当主体面对外在必然性束缚和物欲诱惑时，自然偏重于对主体自身的改造，就得执著于主体的自我调节和完善，自觉把人的言行纳入自然、社会既定的运行轨道来实现人的价值，"人能弘道，非道弘人"② 讲的就是这个道理，"人外无道，道外无人"也是同理。人能够制定社会理想和人格修养目标，即心能尽性，并致力于自己的实践，不断将其内化为现实德性，亦即人能弘道;同时，以得自实践之道还治其人之身，就成为塑造理想人格的现实力量。如此一来，"仁远乎哉? 我欲仁，斯仁至矣"③。所以，"君子之所谓洒落者，非旷荡放逸、纵情肆意之谓也，乃其心体不累于欲，无入而不自得之谓耳"④。如果人的内心摆脱了对声色货利的占有欲望和以自我为中心的狭隘意识，主体内心即超越了外在的牵扰和制约，凡事就能自觉遵循礼义道德规范，如此凝道成德，并通过道德规范内化显性以弘道，转识成智以塑造自我外因

----

① 《论语》卷6《颜渊第十二》。
② 《论语》卷8《卫灵公第十五》。
③ 《论语》卷4《述而第七》。
④ 王阳明:《王阳明全集:答舒国用》，上海古籍出版社1992年版，第25页。

不可剥夺的自由德性，便实现了精神上真正的自由。

（二）内圣外王的理想人格，展现在社会政治领域，便是通过遵从和践履"修己安人"的德治社会规范，而将个体的善性行为需要与为满足社会善性而固有的行为方式统一了起来。无论培育个体品德，还是塑造理想人格，根本的目的在于实现人的自由全面发展，"小国寡人……甘其食，美其服，安其居，乐其俗，邻国相望，鸡狗之声相闻，民至老死，不相往来"①。老子设计的这一小国寡民治世理想，深刻持久地影响着一代代中国的志士仁人，成为他们确立政治目标的理想参照，而"民至老死，不相往来"的社会现实，其深层的精神实质分明反映出中国人的个性独立与自由。尊重这一国民自由本色，为生民立命，为万世开太平就成为志士仁人成就自我理想人格的努力方向。"大道之行也，天下为公，选贤与能，讲信修睦，故人不独亲其亲，不独子其子。使老有所终，壮有所用，幼有所长，矜寡孤独废疾者，皆有所养；男有分，女有归；货恶其弃于地也，不必藏于己；力恶其不出于身也，不必为己。是故谋闭而不兴，盗窃乱贼而不作，故外户而不闭，是谓大同。"② 若此之时，则社会至治矣。相对而言，由于孔子生活在礼崩乐坏的春秋战国乱世，所以他以高度的历史使命感，"行其义"致力于恢复周礼和秩然社会。"孔子抱圣人之心，彷徨乎道德之域，逍遥乎无形之乡。倚天理，观人情，明终始，知得失，故兴仁义，厌势利，以持养之。于是周室微，王道绝，诸侯力政，强劫弱，众暴寡，百姓靡安，莫之纪纲，礼仪废坏，人伦不理，于是孔子自东自西，自南自北，匍匐救之。"③ 这个古代广为流传的 360 条逸事之一，真切地反映了孔子重整周礼以轨物范世之意，孔子显然清楚地认识到社会道德规范之于人的自由和全面发展的重要性。同样，正是看到了道德规范对于人类社会整体秩然的育人本质，为了保障和在最大程度上实现民众的自由，中国的先儒们在大力倡导并模范地践行各种道德规范的同时，还赋予了道德规范以绝对的形式和普遍的约束力，以便将个体的善性行为需要与为满足社会公共善性需要而固有的行为方式统一起来。

（三）个体品德培育价值目标的实现亦即德性人格修养的理想，表现

---

① 《老子·德经》。

② 《礼记·礼运》。

③ 《韩诗外传》卷5。

为主体对社会道德规范内化后"从心所欲而不逾矩"的自由状态。道德规范在一定意义上体现着人类的社会本质，个体只有通过极致的品格修养，使自身的主观欲望和客观实践与社会根本利益完全协调、与社会道德规范完全符合，真正将小我与群体大我统一起来，并能达到天人合一而不受外在因素干扰的自由境界，"上下与天地同流"①，才是个体品德培育价值目标的实现亦即德性人格修养的理想状态。戴震作《孟子字义疏证》而指出，"收拾精神，自作主宰，万物皆备于我，何有欠缺！当恻隐时，自然恻隐；当羞恶时，自然羞恶；当宽裕温柔时，自然宽裕温柔；当发强刚毅时，自然发刚强毅"②。人之所以能够最终达到这一理想人格境界，是因为人的天性不仅自由，而且善良，一个人只要潜心修德以革恶除弊，其天然固有之仁义礼智善性自会显现。而拥有如此高度自由境界的人，便能很自主地做他所应做的事，因为道德规范的内化，决定着他所做的都是符合社会要求的行为，自然不会违反道德。因此，中国传统的自由观③高扬人的主体性意识，强调心性意志的克制和锻炼，通过道德自律，成就理想人格。如果说个体做到性真意实、言行得体而合乎社会道德要求就可以成就理想人格，那么用它来推己及人或用以轨物范世，就使得这些能够彰显人的自由意志之益道良言成为现实生活中的道德规范。"故君子非礼而不言，非礼而不动；好色而无礼则流，饮食而无礼则争，流争则乱。夫礼，体情而防乱者也，民之情不能制其欲，使之度礼，目视正色，耳听正声，口食正味，身行正道，非夺之情也，所以安其情也。变谓之情，虽持异物，性亦然者，故曰内也，变变之变，谓之外，故虽以情，然不为性悦，故曰外物之动性，若神之不守也，积习渐靡物之微者也，其人人不知，习忘乃为常然若性，不可不察。纯知轻思则虑达，节欲顺行则伦得，以谏争趋静为宅，以礼义为道则文德，是故至诚遗物而不与变，躬宽无争而不以与俗推，众强弗能入，蜩蜕瘝秽之中，含得命施之理，与万物颉徙而不自失者，圣人之心也。"④ 抱此圣人之心，中国传统自由观注重

① 《孟子》卷 13《尽心章句上》。

② 戴震：《孟子字义疏证》卷上。

③ 黄玉顺提出中华民族文化传统的自由精神分别是：儒家"入世的自由"，道家"忘世的自由"，佛教"出世的自由"。而三者会通则有超越的自由。（黄玉顺：《中国传统的自由精神——简论儒道释的自由观》，《理论学刊》2001 年第 4 期）

④ 《春秋繁露》卷 17《天道施第八十二》。

主体的自我认识和自我反省，侧重于对主体自身本质的研究，把对自然客体的认识转化为对主体精神世界的自我体验，认为改造世界获取自由的实践活动完全可以由人的道德自律来取代。① 主体是否遵循仁道规范，是否按道德原则来塑造自己，都取决于自主的选择及自身的涵养努力，而非依存于外部力量。

（四）个体品德培育是社会普遍的道德规范内化为个体德性的过程。以儒学为代表，中国传统文化价值的最终追求，指向理想的人格境界，正是人格的完善构成了儒家的个体品德培育价值目标。所以，古代个体品德培育就是社会普遍的道德规范内化为个体德性的过程。首先，通过内化道德规范培育个体品德是传统的德育理念。如果说是中国的传统文化造就了中国人的人格，那么，其中起重要作用的无疑是中国的传统教育，对理想人格的培养是传统教育的终极。从教育或人文教化的整体上来分析，人格的培养首先表现为对一个人文化的"植入"即内化过程，通过教育和灌输等外在的"植入"方式，使社会普遍的传统价值原则和道德规范内化积淀为受教主体的理想人格因子。所以《大学》开篇即说，"大学之道，在明明德，在新民，在止于至善。知止而后有定，定而后能静，静而后能安，安而后能虑，虑而后能得。物有本末，事有终始，知所先后，则近道矣。"②《大学》这一中国传统的育人论学之作，紧紧抓住"明德、新民、至善"这三大个体品德培育经纶之纲领，告诉人们只要确立至善的理想人格目标，知止为始，能得为终，就能够志有定向而心不妄动，就能够安于问学以得其所善。以此来教育人们存心致知以明其明德，则步入了个体品德培育之正道。这种由外部植入德行之知启其不昧虚灵以明人之所得乎天，使其具众理而应万事者，便是大学施教和植入内化的起始结果，反映着个体品德培育所能达到的发人内省之预期。然而，在以道德教化见长的中国古代个体品德培育体系中，知识和技能的传授其实并不是教育的重点，而始终以明德为本，新民为末。正如王夫之所言，"大学者，自有格、致、诚、正、修、齐、治、平之道，而要所以明其明德。君子之学问，有择善固执、存心致知之道，而要所以求仁……即以明明德为大学之

---

① 付翠莲：《中西传统自由观比较》，《集宁师专学报》2005 年第 2 期。
② 《礼记·大学》。

道，则此虚灵不昧者从何处而施明？"① 说明大学初始的重要意义在于通过明明德以激发起受教个体自我反身内求的修养功夫，启动其在认识到自己拥有天赋仁心的基础上，坚持修身以自昭明德，开始以自觉的修养来提升和完善自己的人格，从而开启其人格修养的自觉。

其次，培育个体品德，依赖于受教主体对道德规范的自我内化。人是社会教化的产物，按照现代思想政治教育学理论，道德教育的内化过程② 包括主体对社会道德规范和一般价值原则的接受、评价和选择消化三个阶段。但在中国古代传统儒家的人格修养理念中，个体品德培育所包括的外在教化习染（内化）过程，则主要包括接受传统文化知识即明德与主体内在的存养修身即明其明德两个方面。道理很简单，中国人是在道德文化背景下实施和接受个体品德培育的，社会普遍的价值原则和道德规范不仅是判别德育教材和受教主体决定接受与否的最高标准，也是传统教育的主要内容和一以贯之的个体品德培育目标，说明个体品德培育的重点在于自我内化道德规范的处己修身；齐家治国平天下需要修身，格物、致知、正心、诚意，其目的也在修身，说明修身是人格修养的起点，也是齐家、治国、平天下的起点。所以，治心修身、"克己复礼"乃精义入神之事功，它经由诗书礼仪之教习渐染所得、门人小子洒扫进退知其威仪容节之所以然，以及士庶百姓事亲从兄而明了色难等心悟功夫，体悟到提升人格水平务必要诚心实意，着力在修身上下工夫。为此，《礼记》还为世人提供了处己修身之道："天命之谓性，率性之谓道，修道之谓教。道也者，不可须臾离也，可离非道也。"③ 强调率性修身之本原出于天固不可易，但道

---

① 王夫之：《读四书大全说》卷10《孟子·告子上篇》。

② 广东商学院的吴琦通过分析个体品德形成的心理机制，提出个体品德是个体对社会道德原则和规范的内化过程中逐步建立起来的对社会规范的自觉遵从态度。它依次经历顺从、同化、内化三个阶段。顺从是指行为主体对别人或团体提出的某种行为的依据或必要性缺乏认识，甚至有抵触的认识和情绪时，出于安全或集体利益的需要仍然遵照执行的一种遵从现象，是被动接受道德规范的初级状态；同化是指思想与行为均对规范的认同，是出于对榜样和社会规范的仰慕与趋同，是自觉地使自己的态度和行为逐渐与他人或团体的态度与行为相趋近的过程；内化是指个体随着对规范认识的概括与系统化，以及对规范体验的逐步累积与深化，最终形成道德信念以作为个体行为的驱动力，是主体从内心深处认同并接受外在的理念，成为自己思想态度与品德体系的一个组成部分，是稳定而自觉的规范行为产生的内因。（吴琦：《个体品德形成的心理机制》，《成都大学学报》（社会科学版）2007年第5期）

③ 《礼记·中庸》。

之实体却具备于人而不可离，然而存养省察之修道方略又在于缘性而教，只要"人物各循其性之自然，则其日用事物之间，莫不各有当行之路，是则所谓道也。性道虽同，而气禀或异，故不能无过不及之差，圣人因人物之所当行者而品节之，以为法于天下，则谓之教，若礼、乐、刑、政之属是也。"① 一个人只有出于仁爱向善之心，使自己始终模范地遵照礼、乐、刑、政等世俗价值原则的要求曲成自我，无论对于培养合乎封建礼制之"小民"，还是向着志士仁人塑造理想人格，都是须臾不可离的。所以孟子曰："仁，人心也；义，人路也。舍其路而弗由，放其心而不知求，哀哉！人有鸡犬放，则知求之；有放心，而不知求。学问之道无他，求其放心而已矣。"② 孟子此意，认为仁、义、礼、智是人所固有之恻隐、善恶、辞让、是非之心，教育只是要正人心，教人存心养性，收其放心而已，诚如此则不违于仁而义在其中矣。可见，儒家设计的通过修身处己来提升人格水平的这一个体品德培育计划，依赖于受教主体对道德规范的自我内化，而且修身功夫不同，其人格境界自然各异，因为"道虽近，不行不至；事虽小，不为不成；每自多者，出人不远矣。"③"盖能如是则志气清明，义理昭著，而可以上达。"④ 正是出于对理想人格的执著追求，有了主体对道德规范内在的存养修身功夫，才可能有效提升人格境界。

最后，实现个体品德培育价值目标，关键在于受教主体对道德规范内化与外化的统一。儒家的人格理想在修身成德实践层面上展开，不仅是个体通过接受教育和灌输等熏陶渐染的品德培育内化过程，而且表现为受教个体从内心深处认同这些外在的理念，成为自己稳定而自觉的规范行为产生的外化过程。正如王夫之所言，"教者皆性，而性必有教，体用不可得而分也"。⑤ 这一德行显达的人格修养理想经过人的学、问、思、辨等下学修养工夫，最终则显诸仁者而藏乎用者。虽然"下学可以言传，上达必由心悟"，但是作为传统成人德育，它既以格物、致知、正心、诚意去追求仁义为内在的特征，又实然外化为人的道德实践过程，这种"文之

---

① 《四书章句集注·中庸章句序》。
② 《孟子》卷11《告子章句上》。
③ 《韩诗外传》卷4。
④ 《四书章句集注·孟子集注》卷11《告子章句上》。
⑤ 王夫之：《读四书大全说》卷3《中庸》。

以礼乐"而表现在人们遵守各种道德规范的善行，就是大德不逾矩的修身境界。所以，法国伟大的启蒙思想家孟德斯鸠指出："中国人把整个青年时代用在学习这种礼教上，并把一生用在实践这种礼教上。"① 由于中国古代的个体品德培育理念总是出于伦理道德之需求，始终以合乎传统价值原则这种主体对客体（包括人、自然、社会等一切认识对象）的主观评价为准绳，以符合并反映礼仪伦常的世俗道德规范来设计理想人格，并始终坚持以此教化人、约束人、评判人和塑造人，最终便将受教主体对道德规范的内化与外化统一了起来。所谓"君臣也，父子也，夫妇也，昆弟也，朋友之交也，五者，天下之达道也。此言身之所行，举凡日用事为，其大经不出乎五者也。孟子称'契为司徒，教以人伦：父子有亲，君臣有义，夫妇有别，长幼有序，朋友有信'，此即中庸所言'修道之谓教'也。在此讲天下之达道，指其实体实事之名；而讲仁义礼智，则是称其纯粹中正之名。"② 中国人习惯于以仁义礼智等道德规范去正个体品德培育之德行实践，说明人伦日用身之所行始终中正，其视听言动无不合乎社会道德规范，就为人们不断化理想为现实的人格提升提供了可行之途，可依之凭。关于这一点，清代中叶最具个性的儒学大师戴震的论述，其意更加确切：

> 率性之谓道，修身以道，天下之达道五是也。此所谓道不可不修者也，修道以仁及圣人修之以为教是也。其纯粹中正，则所谓立人之道曰仁与义，所谓中节之为达道是也。中节之为达道，纯粹中正，推之天下而准也；君臣、父子、夫妇、昆弟、朋友之交，五者为达道，但举实事而已。智仁勇以行之，而后纯粹中正。然而即谓之达道者，达诸天下而不可废也。③

所以孟子提出："人之所以异于禽兽者几希，庶民去之，君子存之。舜明于庶物，察于人伦，由仁义行，非行仁义也。"④ 说明人们实践和追求理

---

① 黄忠晶：《孟德斯鸠论中国礼教》，《苏州科技学院学报》（社会科学版）2005 年第 1 期。
② 《孟子字义疏证》卷下《道四条》。
③ 《孟子字义疏证》卷下《才三条》。
④ 《孟子》卷 8《离娄章句下》。

想人格的路径是由本然之仁义行，而非行仁义，因为仁义礼智等道德规范本根于心，培育个体品德有赖于受教主体对道德规范的自我内化，而实现个体品德培育价值目标，关键在于受教主体将道德规范的内化与外化统一起来，实然的表现在其所行皆当然从此出也，而不是仅仅以仁义为美德之外显，而后勉强行之。

　　总之，"儒家的价值追求最终指向理想人格境界，正是个体品德培育（人格的完善）构成了儒家最终的价值目标"①。以先秦儒家思想为代表，中国传统文化价值的最终追求，指向理想的"内圣外王"人格境界，并成为中国古代个体品德培育的价值目标，此理想人格作为古代个体品德培育的价值目标并不是一个抽象的存在，而是由一些基本的道德规范来规定的。但是，道德规范只是初始和基本的要求，并且规范也只是社会对个体的外在要求。道德规范只有通过个体的理性自觉、情感的认同以及意志自愿接受，并在道德实践中凝聚为稳定的德性和人格的时候，规范才能从社会对个体的外在要求转化为个体展示自我的存在方式，作为个体品德培育的价值目标，理想人格才能真正得到实现。② 一个人只有先接受外在的渐染化育来存养扩充"我固有之"的善端（内化），才能达到圣神功化之极，反求诸身而自得之。正是在这个认识基础上，儒家提出了理想人格培育的众多价值原则和道德规范，这种原则和规范的德育价值最终落实在了德性人格模范践行道德规范的实践活动（外化）当中，并以其"习成而性与成"的无限活力"继善成性"。内化是外化的前提和基础，而外化是内化的归宿和落脚点，这原本就不可分割的体用合二为一，最终以本然的我转化为理想的我，表征着主体实现了自在而自为的理想人格。

---

① 杨国荣：《善的历程》，华东师范大学出版社 2009 年版，第 7 页。
② 陈晓龙等：《古代个体品德培育的价值目标及实现理路》，《甘肃社会科学》2011 年第 5 期。

第二章　古代个体品德培育的基本道德规范

人是一种社会的文化存在，人的这一社会性本质特征无处不显现着文化塑造的印记，在培养什么样的人和怎样培养人的问题上，以亚里士多德为代表的西方理性文化坚持"自然向人的生成"育人理念，注重人认识和改造自然的同时培养与锻炼个体能力的劳动实践，强调人的德行就是在不断认识与改造自然的实践中培养和发展起来的，所以马克思和恩格斯分别提出"人是一切社会关系的总和"①，是"劳动创造了人本身"②。以儒学为代表的中国传统文化则坚持"人向自然的生成"育人理念，认为人的本质不在于个体无差别的生物性，而在于其所内在而非外铄的社会道德特性，因而在育人实践中不像西方文化那样倾向于通过消除或减弱外在的制约来培养和发展人，育人第一要做的就是"习以成性"或"化性起伪"，通过存养扩充人之天然善性或改良人之受蒙蔽天性的道德践履，自觉遵从"中庸之道"，始终依据体现着社会公共利益和文化原则的普遍社会道德规范行动，如此培育个体品德就可以塑造出仁智统一的"内圣外王"理想人格。所以，以孔子为代表的中国古代儒家为人的修身成德确立了一系列可供尊奉与内化的社会道德规范。

按照中国传统的德育理念，个体品德培育就是社会普遍道德规范内化为人的德性过程，家国同构的社会政治体制和家庭主义的文化氛围，使中国古代先民把每个人都天然朴素地看做是属于他们的家庭的，一个人只有通过家庭才能与他人、国家和社会发生联系，因而家庭是其人生历程中最初也是最重要的学校，成为对人实行道德教化的初始环节。与此

---

① 马克思、恩格斯：《马克思恩格斯选集》第 1 卷，人民出版社 1975 年版，第 56 页。
② 恩格斯：《劳动在从猿到人转变过程中的作用》，载《马克思恩格斯选集》第 3 卷，人民出版社 1975 年版，第 508 页。

相适应，中国古代的家庭尊长出于培育子孙后代优秀品格的良好愿望，秉持儒家提出的德性修养与人格塑造德育理念，以儒家文化确立的"内圣外王"人格修养为目标，期冀通过家庭德育的言传身教，使家人和子弟一个个成长为合乎社会规范要求的德性人格。于是，以《颜氏家训》为代表的古代家训一时间"泛滥书林，充斥人寰"，不仅开辟了一条以家庭德育范式培育个体品德的育人路径，而且以通俗的文风和务实的语境，成功地将那些直接影响家人子弟生产生活实践的不同道德规范渡向了受教个体。其中，以仁、义、礼、智、信等为主的个人道德，以孝、悌、和、勤、俭等为主的家庭美德，以忠、恕、恭、惠、耻等为主的社会公德这些耳熟能详的道德规范，无疑是古代个体品德培育道德规范家族中最有代表性的三类，也是以《颜氏家训》为代表的古代家训最为关注和常态训教的重点所在。厘清这些道德规范的内涵，明确这些道德规范在个体品德培育中的地位和作用，是解析古代家训培育个体品德的作用及其内在机理的前提和基础。

第一节　个体道德——仁、义、礼、智、信

仁、义、礼、智、信是中华传统美德的核心范畴，是中国人为人处世的基本道德观念，是人们在共同生活中应当遵守的行为准则，也是人们进行物质生产活动和自身生存发展所要遵循的基本道德规范，它正确反映了人类社会发展的客观要求，是人类社会道德关系中极具科学性的优秀遗产。在数千年中华民族的发展史上，仁、义、礼、智、信始终一以贯之地起着文化规范和精神导向的作用。

孟子曰："恻隐之心，人皆有之；羞恶之心，人皆有之；恭敬之心，人皆有之；是非之心，人皆有之。恻隐之心，仁也；羞恶之心，义也；恭敬之心，礼也；是非之心，智也。仁义礼智，非由外铄我也，我固有之也，弗思耳矣。"[①] 孟子关于人的四善端理论，说明了人之所以为人而非他物，就在于人具有社会性和道德本性，这是人作为人类与其他类生物的本质区别，是中国人的传统美德。

---

① 《孟子》卷11《告子章句上》。

一　仁

"仁"是中国古代社会一种含义极广的道德规范，本指人与人之间基于内在的关怀和尊重而相互亲爱。在中华传统美德中，"仁"居于核心地位，是万物共生的根基和包罗万象的"本心之全德"①，是"统摄诸德完成人格之名"②。关于"仁"一词，最早出自《尚书》，该书中赞扬商汤"克宽克仁，彰信兆民。"③ 意思即是说当年商汤用宽恕仁爱之德，明信于天下的百姓，故"仁"最早的主要含义是亲人、爱亲的意思。

"孔子贵仁"④，"仁"作为道德规范，并不是儒家首创或独创的，但它毫无疑问是儒家思想的支柱性道德范畴，并赋予其非常重要的地位。它是由孔子和孟子等儒者在继承和发扬二帝三王提出的爱亲、仁民、敬德保民等仁爱思想的基础上，为了安顿权力无限的皇帝和处理人与人之间的关系而概括提炼出来的，历经传承发展成为中国古代社会的最高道德原则、道德标准和道德境界。⑤ "仁"也便成为孔孟思想的核心，是其整个学说体系的理论基础和基本前提，如"仁"字在《论语》中就出现了109次。所以自孔子开始，在儒学发展过程中，"仁"就成为儒学的标志性道德规范，成了儒家学术道统中的核心观念，历代大儒都曾对它做过反复的阐释或补充，形成了以"仁"为核心的伦理思想体系。当然，"仁"也成为古代理想人格的形成标志，是包括家训在内的所有个体品德培育范式着力训教和培育的。

（一）仁者人也。"仁者人也"⑥ 就是突出强调人的本质、尊严和人格，把人当成"人"来对待，这是儒家赋予"仁"的最基本含义。只有具备了"仁"的人格，才能配称其为"人"；只有立志实行仁德的人，才可能在生产生活实践中自觉地控制自己的言行，成为一个社会的道德存在。作为反例，"天下不仁之人有二，一为好犯上好作乱之人，一为巧言

---

① 《四书章句集注·孟子》卷7《离娄章句上》。
② 蔡元培：《中国伦理学史》，江苏文艺出版社2007年版，第12页。
③ 《尚书·仲虺之诰》。
④ 《吕氏春秋·不二》。
⑤ 陈来：《古代思想文化的世界》，生活·读书·新知三联书店2002年版，第256—270页。
⑥ 《礼记·中庸》。

令色之人。自幼而不逊悌以至于弑父与君，皆好犯上好作乱之推也。自胁肩谄笑，未同而言，以至于苟患失之，无所不至，皆巧言令色之推也。"
"然则学者宜如之何？必先之以孝悌以消其悖逆凌暴之心，继之忠信以去其便辟侧媚，使一言一动皆出于本心，而不使不仁者加乎其身，夫然后可以修身而治国矣。"① 这正是道德教化的使命，也是个体品德培育的要务。因为，"仁"这一德目作为人的本质规定性，对于个体品德培育而修养人之德性意义重大。一是人之仁义内在。人之为人，在于体现人的本质、尊严和人格之仁德内在。孟子曰："恻隐之心，人皆有之"；"仁，忍也。好生恶杀，善含忍也。"② 说明"人皆有不忍人之心，今人乍见孺子将入于井，皆有怵惕恻隐之心"；因为"……恻隐之心，仁之端也。""仁，人心也。义，人路也。"正如"食色，性也；仁，内也，非外也。"③ 所以"仁义礼智，非由外铄我也，我固有之也。"④ 仁既然为人之本心，自然内在地属于人类的每个个体。

二是处仁之道。孟子曰："仁也者，人也。合而言之，道也。"⑤ 既然"仁"内在并体现着人之本质，那么处仁之道当然是做人之道，所有的人都必须自觉并严格遵循。首先，择仁处。子曰："里仁为美。择不处仁，焉得知？"因为，"夫仁，天之尊爵也，人之安宅。莫之御而不仁，是不智也。"孟子释孔子此意曰："里有仁厚之俗者，犹以为美。人择所以自处而不于仁，安得为智乎？仁、义、礼、智，皆天所与之良贵，而仁者天地生物之心，得之最先，而兼统四者，所谓元者善之长也，故曰尊爵。在人则为本心全体之德，有天理自然之安，无人欲陷溺之危。人当常在其中，而不可须臾离者也，故曰安宅。"⑥ 所以"不仁者不可以久处约，不可以长处乐。仁者安仁，知者利仁。"何况"富与贵是人之所欲也，不以其道得之，不处也；贫与贱是人之所恶也，不以其道得之，不去也。君子去仁，恶乎成名？"⑦ 其次，无违仁。子曰："君子无终食之间违仁，造次

---

① 《日知录》卷21《文须有益于天下》。
② 《释名》卷2《释言语第十二》。
③ 《孟子》卷11《告子章句上》。
④ 《孟子》卷11《公孙丑上》。
⑤ 《孟子》卷14《尽心章句下》。
⑥ 《四书章句集注·孟子集注》卷3《公孙丑章句上》。
⑦ 《论语》卷2《里仁第四》。

必于是，颠沛必于是。"然而世人多不能及，"我未见好仁者，恶不仁者……不仁者，其为仁矣，不使不仁者加乎其身。有能一日用其力于仁矣乎？我未见力不足者。盖有之矣，我未之见也。"① 故孔子提倡要向颜回那样恪守仁道，因为，"回也，其心三月不违仁，其余则日月至焉而已矣"②。再次，"居处恭，执事敬，与人忠"③。以仁道处世之人，必然表现为识大体、顾大局，心气平和、态度谦恭。"何谓仁？仁者，惨怛爱人，谨翕不争，好恶敦伦，无伤恶之心，无隐忌之志，无嫉妒之气，无感愁之欲，无险诐之事，无辟违之行，故其心舒，其志平，其气和，其欲节，其事易，其行道，故能平易和理而无争也，如此者，谓之仁。"④ 那么，如何做到这些呢？"子贡问为仁。子曰：'工欲善其事，必先利其器。居是邦也，事其大夫之贤者，友其士之仁者。'"⑤ 对此，先儒还为我们树立了处仁的标准和学习的榜样："温良者，仁之本也；敬慎者，仁之地也；宽裕者，仁之作也；逊接者，仁之能也；礼节者，仁之貌也；言谈者，仁之文也；歌乐者，仁之和也；分散者，仁之施也。儒皆兼此而有之，犹且不敢言仁也，其尊让有如此者。"⑥ 最后，"好仁者，无以尚之。"⑦ 如果一个人真正能够按照"仁"的要求去做，那他就能做到极端完美。"仲弓问仁。子曰：'出门如见大宾，使民如承大祭；己所不欲，勿施于人；在邦无怨，在家无怨。'"⑧ 然而，由于修养功夫的各异，其仁德水平自然也不同，"仁道有四：磏为下。有圣仁者、有智仁者、有德仁者、有磏仁者。上知天，能用其时；下知地，能用其财；中知人，能安乐之；是圣仁者也。上亦知天，能用其时；下知地、能用其财；中知人，能使人肆之；是智仁者也。宽而容众，百姓信之；道所以至，弗辱以时；是德仁者也。廉洁直方，疾乱不治、恶邪不匡；虽居乡里，若坐涂炭；命入朝廷，如赴汤火；非其民、不使，非其食、弗尝；疾乱世而轻死，

① 《论语》卷 2《里仁第四》。
② 《论语》卷 3《雍也第六》。
③ 《论语》卷 7《子路第十三》。
④ 《春秋繁露》卷 8《必仁且智第三十》。
⑤ 《论语》卷 8《卫灵公第十五》。
⑥ 《礼记·儒行》。
⑦ 《论语》卷 2《里仁第四》。
⑧ 《论语》卷 6《颜渊第十二》。

弗顾弟兄，以法度之，比于不详，是礴仁者也。"① 另外，关于处仁之道和处理人与人关系的准则，《论语》中还有很多论述，如："唯仁者能好人，能恶人。"（卷二里仁第四）"夫仁者，己欲立而立人，己欲达而达人。"（卷三雍也第六）"仁者先难而后获，可谓仁矣。"（卷三雍也第六）"知者乐水，仁者乐山；知者动，仁者静；知者乐，仁者寿。"（卷三雍也第六）"刚毅、木讷，近仁。""君子而不仁者有矣夫，未有小人而仁者也。"（卷七宪问第十四）"仁者不忧，知者不惑，勇者不惧。"（宪问第十四）

三是求仁得仁。求仁得仁既是儒家设计的修身目标，也是常人处世为人之态，当然为古代家训所看重。首先，"仁"是一种人生目标和追求。因为仁义内在，故"仁远乎哉？我欲仁，斯仁至矣。"② 按照朱熹的注解，"仁者，心之德，非在外也。放而不求，故有以为远者；反而求之，则即此而在矣，夫岂远哉？程子曰：'为仁由己，欲之则至，何远之有？'"③ 所以，"求仁得仁"便是主体追求完美的人格，憧憬并创造幸福美满的生活。其次，求仁之道在修身。"立人之道曰仁与义"，必须"修身以道，修道以仁。"当孔子的学生颜渊问什么是"仁"的时候，"子曰：克己复礼为仁。一日克己复礼，天下归仁也。"④ 对道德准则的遵从，正如"君子温俭以求于仁，恭让以求于礼，得之自是，不得自是。故君子之于道也，犹农夫之耕，虽不获年之优，无以易也。"⑤ "志士仁人，无求生以害仁，有杀身以成仁。"⑥ 一个人如果能不断地内省、自警、内戒、自励，经常克制自己，使自己的视听言动都符合礼（道德规范）的要求，那就可能达到"仁"了。最后，求仁得仁即仁者。在儒家伦理思想体系中，"仁"其实是一种人的代表，即"仁者"，是那些始终努力追求自由、幸福和仁德的人。"子张问仁于孔子。孔子曰：'能行五者于天下，为仁矣。'请问之。曰：'恭、宽、信、敏、惠。恭则不侮，宽则得众，信则

① 《韩诗外传》卷1。
② 《论语》卷4《述而第七》。
③ 《四书章句集注·论语集注》卷4《述而第七》。
④ 《论语》卷6《颜渊第十二》。
⑤ 《韩诗外传》卷10。
⑥ 《论语》卷8《卫灵公第十五》。

人任焉，敏则有功，惠则足以使人。'"① 所以仁者是充满慈爱之心，对他人满怀爱意的人；仁者是具有大智慧，极富人格魅力，以及心地善良的人。"人而不仁，如礼何？人而不仁，如乐何？"② 以孔子为代表的先儒提倡仁道、教人向善的良苦用心昭然若揭。

（二）仁者爱人。仁的第二层含义是"爱人"。这是随着历史的演变，"仁"的含义也得到进一步扩展的必然结果，由"爱亲"、"亲人"延展到了"爱人"。仁者爱人意指人们待人处世不仅要具有同情、关心和友爱之心，而且与人交往时要有真诚、无私、友爱之实。在这个问题上，孔子不仅坚持以人为本来论述和界定"仁"的意蕴，讨论人与自然、人与鬼神天命的关系，而且还从人与人、人与社会、人与国家的关系角度，进一步揭示了仁的社会实践内涵。

仁者爱亲。"仁者人也，亲亲为大。"③ 说明爱亲（亲亲）为"仁"德之本始。"惟德是亲，其皆先其亲。是故周之子孙，其亲等也，而文王最先；四时等也，而春最先；十二月等也，而正月最先；德等也，则先亲亲。"④ 故《说文解字》解释"亲，仁也"，解释"仁，亲也"，⑤ 仁、亲互相借用和互相注释，表明当时社会的仁爱之情一定程度上仅局限于家庭成员之间和氏族内部的亲人之间要"亲亲"、"爱亲"。孟子曰："知者无不知也，当务之为急；仁者无不爱也，急亲贤之为务。尧舜之知而不遍物，急先务也；尧舜之仁不遍爱人，急亲贤也。有人于此，越人关弓而射之，则己谈笑而道之；无他，疏之也。其兄关弓而射之，则己垂涕泣而道之；无他，戚之也。小弁之怨，亲亲也。亲亲，仁也。"⑥ 因此，儒家所主张的这种"爱"，是根据血缘关系的亲疏远近而区分不同程度的爱，即所谓爱有差等，施由亲始。仁的这一爱亲本质，成为家庭尊长在家教诫子孙的原动力，为施之一家之内的家训铺就了亲情诱导的德育基础。

仁者爱人。仁者爱人是孔子思想也是儒学的最高道德原则。"樊迟问

① 《论语》卷9《阳货第十七》。
② 《论语》卷2《八佾第三》。
③ 《礼记·中庸》。
④ 《春秋繁露》卷9《身之养重于义第三十一》。
⑤ （汉）许慎撰，（宋）徐铉校注：《说文解字》，中华书局1963年版，第161、178页。
⑥ 《孟子》卷12《告子章句下》。

仁。子曰：'爱人。'"① 所谓"仁者，爱人之名也。"② "爱人，仁之施"③
也。"唯仁人为能爱人，能恶人。"④ 随着历史的演进，为了调节和规范日
渐复杂的人际关系，特别是缓和统治者与广大民众的紧张关系，孔子提出
的"仁"，便由近及远，推己及人，超出了原来对父母兄弟等家族内部成
员的爱，以及孝悌、亲亲等仁的特殊表现形式，而成为强调要在全天下范
围内善待人、友爱人，进而成为人之为人的最高标准和处理各种社会关系
的最高道德原则。"民之于仁也，甚于水火。"⑤ 所以"君子之爱人以德，
小人之爱人以姑息。见德而惧，见姑息而喜，则过矣。"⑥ 所以"仁者安
仁，知者立仁"⑦，正如孟子所言："君子所以异于人者，以其存心也。君
子以仁存心，以礼存心。仁者爱人，有礼者敬人。爱人者人恒爱之，敬人
者人恒敬之。"⑧ 由此可见，在"仁"的爱人情感范围扩展的同时，其道
德内涵和道德地位也得到了进一步丰富和提升，使仁者爱人变成一种人的
内在道德品质，"仁"便成为中华民族传统美德的第一要素。

　　仁者无不爱。首先，仁者博爱。仁者爱人的仁爱思想本然地包含着去
关心人、爱护人、帮助人、体恤人的一般公德情结，进而包含着"孝"、
"悌"、"忠"、"恕"等仁德部分。其实，儒家的理想就是要通过仁者爱
人的方式，倡导人们"谨而信，泛爱众，而亲仁。"⑨ 为社会营造一种和
谐的人际关系，使上下沟通，同仁同德，以协调人与人、人与社会之间的
相互关系。这里的"泛，博也"⑩。"亲"是亲近，"仁"指仁者。孔子教
导弟子博爱众人，而亲近有仁德之人，即所谓"爱无差等，施由亲始"⑪。
正是怀着这种博大的胸怀，墨子对包括奴隶在内的广大民众也十分关爱。

　　① 《论语》卷6《颜渊第十二》。
　　② 《春秋繁露》卷8《度制第二十七》。
　　③ 《四书章句集注·论语集注》卷6《先进第十一》。
　　④ 《礼记·大学》。
　　⑤ 《论语》卷8《卫灵公第十五》。
　　⑥ 《东坡易传》卷3。
　　⑦ 《论语》卷2《里仁第四》。
　　⑧ 《孟子》卷8《离娄章句下》。
　　⑨ 《论语》卷1《学而第一》。
　　⑩ 《广雅·释言》。
　　⑪ 《墨子后语上·墨子传略第一》。

"厩焚。子退朝，曰：'伤人乎？'不问马"。① 其次，仁爱万物。"行苇，忠厚也。周家忠厚，仁及草木，故能内睦九族，外尊事黄耇，养老乞言，以成其福禄焉。"② 儒家的此种主张，表现了和顺万物的生存伦理法则。孟子对此的论述最为经典，"君子之于物也，爱之而弗仁；于民也，仁之而弗亲。亲亲而仁民，仁民而爱物。"③ 此乃情理所由生也，先亲其亲，然后仁民，仁民而后爱物，是用恩之次也。最后，仁者无不爱。"仁者，以其所爱及其所不爱。"④ 所以"己所不欲，勿施于人。"仁者一定是对别人有爱心的人，而且这种爱或仁慈的真实感情必仁及万物。

（三）施仁以政。中国古代个体品德培育的"内圣外王"理想人格修养目标，在圣王治世的政治实践中才能得到最充分的实现，"人道政为大……古之为政，爱人为大，所以治；爱人，礼为大，所以治。"⑤ 所以儒家设计的理想社会，是圣王德治，因为"德惟善政，政在养民。"⑥ 要最大程度地施仁德于天下，君子之道莫过于为政。"为仁者，爱亲之谓仁；为国者，利国之谓仁。"⑦ 仁对于一般人而言，爱亲之谓仁；就统治阶级成员而言，利国之谓仁。治国者只爱其亲，还不能算是做到了"仁"，只有施行仁政以利国家百姓，才算是做到了"仁"。这也充分说明汉武帝之所以"罢黜百家，独尊儒术"，就在于儒家主张的"尊尊亲亲"的宗法伦理制度合乎封建统治者的利益和需要，儒家提出的"德政重民"思想有利于缓解统治者与劳动人民之间的矛盾。所以，中国古代皇室非常重视和奖掖儒家，儒家则通过研习、讲述、演绎儒学，极力为封建皇权辩护，扩大和强化皇权统治，并使皇权神圣化。如果去其封建糟粕，单就儒家主张的修身、齐家、治国、平天下的为政主张看，施仁以政无疑是实现仁爱精神最广泛和最有效的方式。

仁政是孟子对孔子仁学思想的继承和发展，由于孟子置身战国乱世，有感于天下大乱、民不聊生的战乱之痛，为了匡救时弊，提出了行"仁政"的治国主张。其实，仁政主张在理论上源于仁以及他的性善论，孟子曰：

---

① 《论语》卷5《乡党第十》。

② 《毛诗·大雅》。

③ 《孟子》卷13《尽心章句上》。

④ 《孟子》卷14《尽心章句下》。

⑤ 《大戴礼记·哀公问于孔子第四十一》。

⑥ 《尚书·大禹谟》。

⑦ 《国语·晋语》。

"人皆有不忍人之心。先王有不忍人之心，斯有不忍人之政矣。以不忍人之心，行不忍人之政，治天下可运之掌上。"① 不忍人之政就是"仁政"，仁政就是施仁以政，"道千乘之国：敬事而信，节用而爱人，使民以时"②。所以"古之为政，爱人为大。不能爱人，不能有其身；不能有其身，不能安土；不能安土，不能乐天；不能乐天，不能成其身"。③ 人们如果能够在家中对父母尽孝，对兄长顺服，那么他在外就可以对国家尽忠，致力于实现天下大治，就不会发生犯上作乱之事。施仁以政就是把孝悌推广到劳动大众中去，"子曰：上好仁则下之为仁争先人。故长民者，章志、贞教、尊仁；以子爱百姓，民致行己，以悦其上矣。诗云：有梏德行，四国顺之。"④ 统治者在上如此施行仁政，就可以维护国家长治久安。这正是家训成教于家以成教于国思想的源泉，也是家训作用发挥的社会和政治背景。

二 义

在中华传统美德体系中，"义"与"仁"同为最重要的伦理道德规范，早已以中国古代社会中的主导性价值观念形态，沉积并烙印了中国人的心灵深处，是千百年来人们应当遵循的最高道德原则和应该依凭的人间正义，成为中国传统社会中具有普遍而崇高意义的价值追求和人间正道。义是由仁派生出来的，把仁的实践原则从血缘家族中推广到非血缘关系的人群中、推广到社会中就是义。

"禁民为非曰义。"⑤ "义"作为传统德目，主要是由孔子和孟子在继承发展商周时期正义、公正无私、长上威仪和禁民为非等思想的基础上，围绕处理和调节君臣上下关系而概括提炼出来的道德规范，其主旨和价值目标与实践"仁"的要求一致，故很多情况下"仁义"并用，诚所谓"仁者天下之表也，义者天下之制也。"⑥ "义"在古代个体品德培育中对人言行的范导作用，决定了"义"也是家训教诚的重点。

（一）义者仪也。"义"最早起源于表达和展现人的仪表、状貌，主观

---

① 《孟子》卷3《公孙丑章句上》。
② 《论语》卷1《学而第一》。
③ 《礼记·哀公问》。
④ 《礼记·缁衣》。
⑤ 《周易·系辞下》。
⑥ 《礼记·表记》。

上表现为人们寄托在可能获得友谊与实现愿望对象身上所期望的仪容，客观上表现在身居官位者或执事者与其身份合宜之状貌。许慎在《说文解字》中注释：“义，己之威仪也。从我从羊（古义字：義）。”①“我”是象形文字，在古代指兵器，在此表示威严仪仗之意；“羊”是祭牲，其肉为美食，其皮毛为美服，其性温驯善良。段玉裁注：“从我从羊者，与善、美同义……义之本训谓礼容各得其宜，礼容得宜则善矣。”所以“古者圣王昭义以别贵贱，以序尊卑，以体上下，然后民知尊君敬上，而忠顺之行备矣……各执其圭瑞，服其服，乘其辂，建其旌旐，施其樊缨，从其二车，委积之以其牢礼之数，所以明别义也。”②威仪出则行业身份气质显，上下有序而诸事秩然也。

（二）义者宜也。“义，宜也。裁制事物使合宜也。”③故义者宜也，既表示合宜的规范或道理，也指公正、合理而当为之事或行为。首先，义者规制之宜。“君子本孝悌以为仁义，而因事之宜以制节，因物之质而文之，节文备而明圣之事尽矣。”④“义”的本义就是指做事要符合应该遵循的规范或原则，但前提是这些规范和原则必须合宜。“义者天地利物之理，而人得以宜。”⑤只有这样，才能“无偏无颇，遵王之义。”⑥其次，义者行事之宜。义就是宜，即合理恰当的意思，故义者既行事之标准也。在一般意义上讲，“义者，宜也，断决得中也；义者，事之宜也。”⑦义表现在社会人际关系方面，“义者，君臣上下之事，父子贵贱之差也，知交朋友之接也，亲疏内外之分也。臣事君宜，下怀上宜，子事父宜，贱敬贵宜，知交友朋之相助也宜，亲者内而疏者外宜。义者，谓其宜也，宜而为之。”⑧表现在人的婚配方面，“良缘凤缔，嘉偶天成。此理之自然，事之宜然，情之同然，亦势之必然也。”⑨表现在家庭孝道方面，“孝子事之宜

---

① （汉）许慎撰，（宋）徐铉校注：《说文解字》，中华书局1963年版，第101页。
② 《大戴礼记·朝事第七十七》。
③ 《释名》卷2《释言语第十二》。
④ 《永乐大典》卷10458《四济》。
⑤ 王夫之：《读四书大全说》卷3《中庸》。
⑥ 《吕氏春秋·孟春纪·贵公》。
⑦ 《四书章句集注·中庸章句序》。
⑧ 《韩非子·解老第二十》。
⑨ 《萤窗清玩》卷4《碧玉箫》。

以本，乃后得其实也。"① 但是，在行事之宜方面，中国先哲关注和争论的焦点其实大都集中于义利关系的处理上。一方面主张要见利思义、见得思义。对此，孔子认为见利思义是个体品德培育之应然要素，"子曰：今之成人者何必然？见利思义，见危授命，久要不忘平生之言，亦可以为成人矣。"② 《礼记》说："见利而让，义也。"③ 所以 "君子有九思：视思明、听思聪、色思温、貌思恭、言思忠、事思敬、疑思问、忿思难、见得思义。"④ 另一方面强调义然后取，孔子的学生评价 "夫子时然后言，人不厌其言；乐然后笑，人不厌其笑；义然后取，人不厌其取。"⑤ 而孔子还不以此为满足地说："其然？岂其然乎？"因此，在关涉义利之宜时，儒家明确倡导人们在谋取物质利益时，必须首先考虑求利的方法和途径等是否符合 "义"的要求，故富与贵是人之所欲也，不以其道得之不处也。最后，义者名实相宜。作为社会规制和原则的 "义"，总是体现着统治者的意志，并与一定的社会规范相联系，而中国古代封建统治者的意志就集中体现在礼制方面。"用下敬上，谓之贵贵；用上敬下，谓之尊贤。贵贵、尊贤，其义一也。贵贵、尊贤，皆事之宜者。"⑥ 义者宜也，就是要人们按照宗法等级社会制度中自己所处的地位和拥有的名分而行动，才能各得其宜，因而孔子提出 "不在其位，不谋其政。"⑦ 一个人的思想行为只有遵循和符合这一标准，尊卑各有其礼，上下乃得其宜；反之就是越礼、非分，就是不义。因为 "名不正，则言不顺；言不顺，则事不成；事不成，则礼乐不兴；礼乐不兴，则刑罚不中；刑罚不中，则民无所措手足。"⑧ 可见，在古代社会中名分与实际相宜何等的重要。

（三）义者正也。"义"的另一重含义，系指培育个体品德时所应遵循的社会道德规范或当行之人间正道，所以中国古代先民一般将德行称作义行。首先，义者正路也。"孟子曰：仁，人之安宅也；义，人之正路

---

① 《太平经》卷36 《守三实法第四十四》。（笔者注：南北朝至唐代流传的《太平经》，凡一百七十卷，分作甲乙丙丁戊己庚辛壬癸十部，今仅残存五十七卷）

② 《论语》卷7 《宪问第十四》。

③ 《礼记·乐记》。

④ 《论语》卷8 《季氏第十六》。

⑤ 《论语》卷7 《宪问第十四》。

⑥ 《四书章句集注·孟子集注》卷10 《万章章句下》。

⑦ 《论语》卷4 《泰伯第八》。

⑧ 《论语》卷7 《子路第十三》。

也。旷安宅而弗居，舍正路而不由，哀哉！"① 孟子进一步论述道："仁，人心也；义，人路也。舍其路而弗由，放其心而不知求，哀哉！②" 朱熹对此注释说："仁者心之德，程子所谓心如谷种，仁则其生之性是也。然但谓之仁，则人不知其切于己，故反而名之曰人心，则可以见其为此身酬酢万变之主，而不可须臾失矣。义者行事之宜，谓之人路，则可以见其为出入往来必由之道，而不可须臾舍矣。"③ 其次，义者人伦之纲纪。《礼记》有言："何谓人义？父慈、子孝、兄良、弟悌、夫义、妇听、长惠、幼顺、君仁、臣忠，十者谓之人义。讲信修睦，谓之人利；争夺相杀，谓之人患。故圣人之所以治人七情，修十义。"④ 可见，义之于家庭伦理的意义，"故曰立义以明尊卑之分，强干弱枝，以明大小之职；别嫌疑之行，以明正世之义；立义定尊卑之序，而后君臣之职明矣；载天下之贤方，表谦义之所在，则见复正焉耳；幽隐不相逾，而近之则密矣，而后万变之应无穷者，故可施其用于人，而不悖其伦矣。"⑤ 在古代封建社会，确定尊卑上下、君臣内外伦序的意义重大，一个人只有遵循和维护既定的伦序，才能立足于世，"凡弑上生于义不明，义者所以等贵贱、明尊卑；贵贱有序，民尊上敬长矣。"⑥ "是故大小不逾等，贵贱如其伦，义之正也。"⑦ 义之于治世，其作用可见一斑。再次，义者正理也。"失正理，则无序而不和。"⑧ 故而孟子提出："或劳心，或劳力；劳心者治人，劳力者治于人；治于人者食人，治人者食于人，天下之通义也。"⑨ 但领会和遵从正理的前提是自我要正，故朱熹释义曰："'心之制，事之宜'，岂非以'宰万物'者乎？"⑩ 许多中国的古代先哲从不同角度、花费大量笔墨论证和说明正己正我的问题，如《春秋繁露卷》记载：

① 《孟子》卷7《离娄章句上》。

② 《孟子》卷11《告子章句上》。

③ 《四书章句集注·孟子》卷11《告子章句上》。

④ 《礼记·礼运》。

⑤ 《春秋繁露》卷5《正贯第十一》。

⑥ 《大戴礼记·盛德第六十六》。

⑦ 《春秋繁露》卷3《精华第五》。

⑧ 《四书章句集注·论语集注》卷2《八佾第三》。

⑨ 《孟子》卷5《滕文公章句上》。

⑩ 王夫之：《读四书大全说》卷1《大学》。

　　春秋之所治，人与我也；所以治人与我者，仁与义也；以仁安人，以义正我；故仁之为言人也，义之为言我也，言名以别矣。仁之于人，义之于我者，不可不察也，众人不察，乃反以仁自裕，而以义设人，诡其处而逆其理，鲜不乱矣。是故人莫欲乱，而大抵常乱，凡以暗于人我之分，而不省仁义之所在也。是故春秋为仁义法，仁之法在爱人，不在爱我；义之法在正我，不在正人；我不自正，虽能正人，弗予为义；人不被其爱，虽厚自爱，不予为仁。①

故义者正己正我也。最后，义者正义也。从"禁民为非曰义"，"除去天地之害，谓之义"② 等经典文本的定义可以清楚地看到，正义一词所表达的含义，除去封建时代所具有的诸如义民、义妇、义庄等特殊对象和特指含义外，其主要精神实质同今天关于正义的要求和内容一样，都是最主要的社会公德之一，而且中国古代对正义的崇尚和追求是现代人无法企及的，如"舍生取义"、"英勇就义"、"义战"、"义士"等就为当时极具褒奖意义的普遍道德观念，许多典籍均有记述。"故国有患，君死社稷谓之义。"③ "燕赵之君，始有远略，能守其土，义不赂秦。"④ "尹务实，男子也，先我就义矣。"⑤ 告子问："敢问何谓浩然之气？"孟子曰："难言也。其为气也，至大至刚，以直养而无害，则塞于天地之间。其为气也，配义与道；无是，馁也。是集义所生者，非义袭而取之也。行有不慊于心，则馁矣。"⑥ 诚所谓义不容辞，因为理由正当充分，道义上不容推辞。

　　（四）义者君子之质也。君子是中国古代社会确立的一种理想人格，是孔子等先儒极力倡导并终生追求的人生目标，"君子之于天下也，无适也，无莫也，义之与比。"⑦ 拥有二十篇共五百一十二章的经典《论语》，述及"君子"的就有八十六章，其中很多地方用"义"对"君子"这一概念的内涵进行了界定。一是君子义以为质。孔子描述和界定的君子，以

① 《春秋繁露》卷8《仁义法第二十九》。
② 《礼记·经解》。
③ 《礼记·礼运》。
④ （宋）苏洵：《六国论》。
⑤ 《宋史》450《忠义传五·尹毂传》。
⑥ 《孟子》卷3《公孙丑章句上》。
⑦ 《论语》卷2《里仁第四》。

义为质干，"子曰：'君子义以为质，礼以行之，逊以出之，信以成之。君子哉！'"① 朱熹释义曰："义者制事之本，故以为质干。而行之必有节文，出之必以退逊，成之必在诚实，乃君子之道也。程子曰：'义以为质，如质干然。礼行此，逊出此，信成此。此四句只是一事，以义为本。'"② 故"大人者，言不必信，行不必果，惟义所在。"③ 当然，对于普通大众而言，修养义德也很重要，因为"天之生人也，使人生义与利，利以养其体，义以养其心，心不得义，不能乐，体不得利，不能安，义者、心之养也，利者、体之养也，体莫贵于心，故养莫重于义，义之养生人大于利。奚以知之？今人大有义而甚无利，虽贫与贱，尚荣其行以自好，而乐生，原宪、曾、闵之属是也；人甚有利而大无义，虽甚富，则羞辱大，恶恶深，祸患重，非立死其罪者，即旋伤殃忧尔，莫能以乐生而终其身，刑戮夭折之民是也。"④ 义之于个体品德培育，便是通过教育和提倡使人们认识到：自己虽然还不是君子或德性修养未达君子之质，但"吾所固有羞恶之心也"⑤，只要耻己之不善，憎人之不善，则近于君子也。二是义为君子之道。孔子认为"有君子之道四焉：其行己也恭，其事上也敬，其养民也惠，其使民也义。"⑥ 孔子认为合乎正义的治理国家和役使百姓，是君子之道。"孟子曰：仁是也，路恶在？义是也，居仁由义，大人之事备矣。"⑦ "夫义，路也；礼，门也。惟君子能由是路，出入是门也。"⑧ 君子之所以为君子，即在于其做任何事情都能够循义而为，"故君子动则思礼，行则思义，不为利回，不为义疚。"⑨ 所以，孔子要求君子待人处事要以"义"为质、依礼而行，用谦逊诚实的态度表达自己的主张和见解，以取信于人，这些不仅是君子的表现，而且是成就君子的修养途径。三是君子见义勇为。"见义不为，无勇也。"⑩ 真正的君子应该

---

① 《论语》卷 8《卫灵公第十五》。
② 《四书章句集注·论语集注》卷 8《卫灵公第十五》。
③ 《孟子》卷 8《离娄章句下》。
④ 《春秋繁露》卷 9《身之养重于义第三十一》。
⑤ 《四书章句集注·孟子集注》卷 13《尽心章句上》。
⑥ 《论语》卷 3《公冶长第五》。
⑦ 《孟子》卷 13《尽心章句上》。
⑧ 《孟子》卷 10《万章章句下》。
⑨ 《左传·昭公三十一年》。
⑩ 《论语》卷 1《为政第二》。

仗义行善、助人为乐，如果眼见应该挺身而出的事，却袖手旁观、漠然视之，这不是君子之所为。"子路曰：'君子尚勇乎？'子曰：'君子义以为上。君子有勇而无义为乱，小人有勇而无义为盗。'"① 说明君子不尚勇，但却能够闻义而徙，见义勇为。

（五）义者通"意"。以上均是"义"的引申意义，"义"的字面意义，是人对事物认识到的结果。如：意义、含义、释义、疏义、"孟子字义疏证"等。

三　礼

中国古代之所以能够获得世界礼仪之邦的美称，还在于始终以"礼"立国，中国人向来把"礼"放在十分重要的位置，"礼"的作用在于"经国家，定社稷，序人民，利后嗣"，② 不仅是中华传统美德之一，更是人们立身处世的行为规范。所以《礼记》明确指出："凡人之所以为人者，礼义也。礼义之始，在于正容体、齐颜色、顺辞令。容体正、颜色齐、辞令顺、而后礼义备。以正君臣、亲父子、和长幼。君臣正、父子亲、长幼和、而后礼义立。"③ 可见，"礼"不仅是中国古代社会的通行道德规范，而且体现着封建社会的政治制度，是维护社会上层建筑以及与之相适应的社会关系的典章制度和礼节仪式，早已深深扎根于中国人的文化血脉之中。作为中国传统文化的一部分，有鉴于"礼"对人的成长和社会化的决定作用，古代家训自然也是以"礼"为经纬子弟言行、教育子孙后代成就德性人格的最基本道德规范，来加以推衍论说和教习熏陶的。

"礼"作为中国古代传统的一种社会和文化现象，最初是原始社会祭神祈福的习俗和仪式，而且这种礼俗其实最初产生于人们的日常起居饮食，当时还没有把"礼"作为一种道德规范和行为准则予以明确和倡导。随着社会的进一步发展，关于"礼"的认识和理解也有了许多新的变化，"殷人尊神，率民以事神，先鬼而后礼，先罚而后赏，尊而不亲。其民之敝，荡而不静，胜而无耻。周人尊礼尚施，事鬼敬神而远之。"④ 讲殷人尊神而不

---

① 《论语》卷9《阳货第十七》。

② 《资治通鉴》卷147。

③ 《礼记·冠义》。

④ 《礼记·表记》。

亲，周人事鬼敬神而远之，故"昔殷纣乱天下，脯鬼侯以飨诸侯，是以周公相武王以伐纣。武王崩，成王幼弱，周公践天子之位，以治天下。六年，朝诸侯于明堂，制礼作乐，颁度量，而天下大服。"① 说明当时周公制礼作乐的原因，多出于敬鬼事神和秩然天下，而且其所制之周礼名目繁多，其中有祭祀天神和祖先的"吉礼"和丧亡殡葬的"凶礼"，有嫁娶"婚礼"和成军加冠的"嘉礼"，有诸侯朝觐天子和互相往来的"宾礼"，也有兴师动众进行征伐的"军礼"。这样就逐步把礼仪规范成建制和系统化了，对在哪种情况下举行什么样的礼节、选取什么样的礼仪、持什么样的礼貌都进行了具体规范，开启了以"礼"治天下的先河。后来，到了礼崩乐坏的春秋战国时期，"礼"的内容随社会发展需要又有了新的变化，特别是以孔子为代表的儒家开始将"礼"作为道德准则加以论述和提倡。我国最古老的诗集《诗经》中就有"相鼠有皮，人而无仪；人而无仪，不死何为"的诗句。意思就是说：看那老鼠还有一张脸皮，做人岂能无礼仪；如果一个人没有礼仪，不去死还能干什么？孔子也有一句名言："克己复礼为仁"，意思是说，每个人都应克制自己不正当的欲望、冲动的情绪和不正确的言行，做到"非礼勿视，非礼勿听，非礼勿言，非礼勿动"，使自己的视听言动都符合"礼"的规定，这说明"礼"在道德领域已经被放在非常重要的位置上加以尊重、规范和倡导。大政治家、思想家管仲更是提出了"礼义廉耻，国之四维"的治国理念，把"礼"放在了所有行为规范和道德规范之首，表明"礼"已经由原来的一种习俗和仪式逐步发展成为一种伦理秩序和社会道德规范，升华为中国古代齐家治国之第一制度要素。

（一）礼者礼制。中国古代社会是一个伦理至上的社会，国家的运转在相当程度上是靠"君臣"、"父子"、"夫妇"、"长幼"、"友朋"等封建伦理关系来维系的，即使是少有的维持社会秩序的律法也被打上了深深的伦理烙印，以礼制维护统治，引礼入刑，德主刑辅，以"三纲五常"等宗法礼制为核心确立社会运行秩序，成为治国的最高指导思想。首先，礼之为行事规范，对培育个体品德作用巨大。"凡用心之术，由礼则理达，不由礼则悖乱。饮食衣服，动静居处，由礼则知节，不由礼则垫陷生疾。容貌态度，进退移步，由礼则夷国。政无礼则不行，王事无礼则不成，国无礼则不宁，王无礼则死亡无日矣。诗曰：'人而无礼，胡不遄死！'又

---

① 《礼记·明堂位》。

诗曰：'人而无礼，不死何为！'① 可见礼之重要。对此，清代学者皮锡瑞在其所著的《经学通论》中，述及三礼时有更为精到的论述，值得引用。

汉书礼乐志曰，六经之道同归，而礼乐之用为急，治身者斯须忘礼，则暴慢入之矣，为国者一朝失礼，则荒乱及之矣，人函天地阴阳之气，有喜怒哀乐之情，天禀其性而不能节也，圣人能为之节而不能绝也。故象天地而制礼乐，所以通神明，立人伦，正情性，节万事者也。人性有男女之情，妒忌之别，为制婚姻之礼，有交接长幼之序，为制乡饮之礼，有哀死思远之情，为制丧祭之礼，有尊尊敬上之心，为制朝觐之礼；哀有哭踊之节，乐有歌舞之容，正人足以副其诚，邪人足以防其失。凌延堪本之作复礼篇曰，夫人之所受于天者性也，性之所固有者善也，所以复其善者学也，所以贯其学者礼也，是故圣人之道，一礼而已矣。孟子曰："契为司徒，教以人伦，父子有亲，君臣有义，夫妇有别，长幼有序，朋友有信。"此五者皆吾性之所固有者也，圣人知其然也，因父子之道，而制为士冠之礼，以君臣之道，而制为聘觐之礼，因夫妇之道，而制为士婚之礼，因长幼之道，而制为乡饮酒之礼，因朋友之道，而制为士相见之礼。自元士以至于庶人，少而习焉，长而安焉，礼之外别无所谓学也。夫性具于生初，而情则缘性而有者也，性本至中，而情则不能无过不及之偏，非礼以节之，则何以复其性焉。父子当亲也，君臣当义也，夫妇当别也，长幼当序也，朋友当信也，五者根于性者，所谓人伦也，而其所以亲之义之别之序之信之，则必由于情以达焉者也，非礼以节之，则过者或溢于情，不及者或漠焉遇之。是故知父子之当亲也，则为醴醵祝字之文以达焉，其礼非士冠可赅也，而于士冠焉始之；知君臣之当义也，则为堂廉拜稽之文以达焉，其礼非聘觐可赅也，而于聘觐焉始之；知夫妇之当别也，则为笄次悦鬈之文以达焉，其礼非士婚可赅也，而于士婚焉始之；知长幼之当序也，则为盥洗酬之文以达焉，其礼非乡饮酒可赅也，而于乡饮酒焉始之；知朋友之当信也，则为雉腒奠授之文以达焉，其礼非士相见可赅也，而于士相见焉始之。记曰："礼仪三百，威仪三千"，其事盖不仅父子君臣夫妇长幼朋友也，即其大者而

---

① 《韩诗外传》卷1。

推之，而百行举不外乎是矣，其篇亦不仅士冠聘觐士婚乡饮酒士相见也，即其存者而推之，而五礼举不外乎是矣。①

其次，礼之于治国，定分止争也。正因为礼无处不在且作用如此强大，古代封建统治者无不垂青于斯，对礼的推广提倡和维护完善表现得乐此不疲，而且将礼的作用提高到无以复加的地位，"礼之于正国也，犹衡之于轻重也，绳墨之于曲直也，规矩之于方圆也"②。礼之于治国，就像衡之于称量，绳墨之于曲直，规矩之于方圆，成为治国之法则。其中周代大宰官三职之一就是掌管国家礼典的，"大宰之职，掌建邦之六典，以佐王治邦国。一曰治典，以经邦国，以治官府，以纪万民；二曰教典，以安邦国，以教官府，以扰万民；三曰礼典，以和邦国，以统百官，以谐万民。"③ "是故礼者，君之大柄也，所以别嫌明微、傧鬼神、考制度、别仁义，所以治政安君也。故政不正则君位危，君位危则大臣悖、小臣窃，刑肃而俗敝，则法无常，法无常而礼无列，无礼列则士不事也。刑肃而俗敝，则民弗归也，是谓疵国。"④ 不仅如此，礼的深层次社会作用还在于对人的道德教化。

> 故朝觐之礼，所以明君臣之义也；聘问之礼，所以使诸侯相尊敬也；丧祭之礼，所以明臣子之恩也；乡饮酒之礼，所以明长幼之序也；婚姻之礼，所以明男女之别也。夫礼，禁乱之所由生，犹坊止水之所自来也，故以旧坊为无所用而坏之者，必有水败，以旧礼为无所用而去之者，必有乱患。故婚姻之礼废，则夫妇之道苦，而淫辟之罪多矣；乡饮酒之礼废，则长幼之序失，而争斗之狱繁矣；丧祭之礼废，则臣子之恩薄，而悖死忘生者众矣；聘觐之礼废，则君臣之位失，诸侯之行恶，而背叛侵凌之败起矣。故礼之教化也微，其止邪也于未形，使人日徙善远罪而不自知也。⑤

如果人人能遵守符合其身份和地位的行为规范，便"礼达而分定"，达到

---

① 《经学通论·〈三礼〉》。
② 《礼记·经解》。
③ 《周礼·天官冢宰》。
④ 《礼记·礼运》。
⑤ 《礼记·经解》。

孔子所设定的"君君、臣臣、父父、子子"的治世目的，贵贱、尊卑、长幼、亲疏有别的理想社会秩序便可维持，国家便可以长治久安。

最后，礼之于治家治众，伦序规制也。"礼有三本：天地者，性之本也；先祖者，类之本也；君师者，治之本也。无天地焉生？无先祖焉出？无君师焉治？三者偏亡，无安之人。故礼，上事天，下事地，宗事先祖，而宠君师，是礼之三本也。"① 按照孔子的观点，"亲亲之杀，尊贤之等，礼所生也。"② 因此，"凡人之所以为人者，礼义也。礼义之始，在于正容体、齐颜色、顺辞令、容体正，颜色齐、辞令顺、而后礼义备，以正君臣、亲父子、和长幼，君臣正、父子亲、长幼和，而后礼义立"③。在"天下无道"的乱世时代，为了使整个国家和社会秩序化，孔子强调人们遵守礼的规范，希望人们要有仁德，尤其那些位居高职者更应当模范遵守礼制。"上好礼，则民易使也。"因为亲亲是仁，尊贤为义，礼由亲亲与尊贤的亲疏远近之伦序中产生，仁义礼实际上是一个有机整体，仁义为内容，礼为外在表现形式，仁义是抽象的德性，礼是具体的规范。"有天地，然后有万物；有万物，然后有男女；有男女，然后有夫妇；有夫妇，然后有父子；有父子，然后有君臣；有君臣，然后有上下；有上下，然后礼义有所错。"④"昔圣人制礼，教以人伦，使之父子有亲，男女有别，然后一家之尊知统乎父，而厌降其母。"⑤ 所以，

　　　　道德仁义，非礼不成；教训正俗，非礼不备；分争辨讼，非礼不决；君臣、上下、父子、兄弟，非礼不定；宦学事师，非礼不亲；班朝治军，莅官行法，非礼威严不行；祷祠、祭祀、供给鬼神，非礼不诚不庄。是以君子恭敬撙节，退让以明礼。鹦鹉能言，不离飞鸟；猩猩能言，不离禽兽；今人而无礼，虽能言，不亦禽兽之心乎！夫唯禽兽无礼，故父子聚麀。是故圣人作，为礼以教人，使人以有礼，知自别于禽兽。⑥

---

① 《周易·序卦》。
② 《礼记·中庸》。
③ 《礼记·冠义》。
④ 《论语》卷7《宪问第十四》。
⑤ 《日知录》卷8《毋不敬》。
⑥ 《礼记·曲礼上》。

可见，礼作为调节和规范家庭伦序的制度标准，自然成为古代家训治家教子和整齐门内的训教首选，在个体品德培育中发挥着重要的作用。

（二）礼者礼运。自从有了人类社会，礼就产生了，但它被孔子和孟子等儒家提炼推崇为社会道德规范以后，除了政治强制形式的礼—礼制以外，需要社会大众在一般意义上遵循和践履的礼，所涉及的内容更多、范围更大，关系到人类的各种行为和社会各项活动。"是故以之居处有礼，故长幼辨也；以之闺门之内有礼，故三族和也；以之朝廷有礼，故官爵序也；以之田猎有礼，故戎事闲也；以之军旅有礼，故武功成也。是故宫室得其度，量鼎得其象，味得其时，乐得其节，车得其式，鬼神得其飨，丧纪得其哀，辨说得其党。官得其体，政事得其施，加于身而错于前，凡众之动得其宜。"① 可见礼的作用范围之广，而且凡是以礼运所用的宫室、衣服、器皿及其他物质为外饰，以运礼所需的特定仪容动作为表象，真实明白地表达运礼主体的礼意之曲礼言行，均属礼运的相关内容。为了讨论便利，不妨随便选取祭神祀鬼和进退洒扫两个密切关涉民众生活的运礼方面，略加阐释。

礼运一，祭神祀鬼。礼原初为宗教祭祀仪式上的一种仪态，《说文解字》释义说："礼，履也，所以事神致福也。"② 举行祭神祀鬼之礼时，"以玉作六器，以礼天地四方。以苍璧礼天，以黄琮礼地，以青圭礼东方，以赤璋礼南方，以白琥礼西方，以玄璜礼北方，皆有牲币，各放其器之色。以天产作阴德，以中礼防之；以地产作阳德，以和乐防之。以礼乐合天地之化，百物之产，以事鬼神，以谐万民，以致百物。"③ 可见中国古代祭祀内容和名目之繁多，"五祀者，何谓也？谓门、户、井、灶、中溜也。所以祭何？人之所处出入、所饮食，故为神而祭之。"④ 关于如何祭祀，《礼记·礼运》有周详的记载：如"夫礼之初，始诸饮食。其燔黍捭豚，污尊而抔饮，蒉桴而土鼓，犹若可以致其敬于鬼神。及其死也，升屋而号。告曰：皋某复。然后饭腥而苴孰，故天望而地藏也。"⑤ 其中所述指的就是古人祭神和祭丧两种仪式及其相应的习俗：古代先民们祭神祈福的方式其实非常朴素和简约，以火烤的黍米和猪肉做牺牲祭物，手捧起在地上挖坑集存的

① 《礼记·仲尼燕居》。
② （汉）许慎撰，（宋）徐铉校注：《说文解字》，中华书局1963年版，第7页。
③ 《周礼·春官宗伯》。
④ 《白虎通义》卷2《五祀》。
⑤ 《礼记·礼运》。

水做祭酒，用草绳扎成的槌子敲打地面做鼓乐，如此做似乎就可以表达对神灵的虔诚和敬意；当长者或其他亲属死亡时，其家人登堂屋号哭并祷告某某回归虚灵，然后备祭牲穿麻衣设灵堂，以使天望而地藏也。

礼运二，进退洒扫。在长期的历史发展中，礼作为中国古代社会的道德规范和生活准则，对每个人的日常生产生活、待人接物和饮食起居都发挥着重要影响。"孔子曰：不学礼，无以立。"① 说明人"不知礼，则耳目无所加，手足无所措。"② 不以礼行事，一个人在社会上将无处容身，反映了现实生活真谛的"圣人之道未有不始于洒扫应对进退者也。故曰约之以礼，又曰知崇礼卑。"③ 相应地，在与人的交往揖让中：

> 古人席地而坐，引身而起，则为长跪，首至手则为拜手，手至地则为顿首，首至地则为稽首，此礼之等也。君父之尊必用顿首拜而后稽首，此礼之渐也。必以稽首终，此礼之成也。
>
> 太上贵德，其次务施报。礼尚往来，往而不来，非礼也；来而不往，亦非礼也。人有礼则安，无礼则危。故曰礼者不可不学也。夫礼者，自卑而尊人，虽负贩者，必有尊也，而况富贵乎！富贵而知好礼，则不骄不淫；贫贱而知好礼，则志不慑。④

当然，从繁多的运礼仪式中我们不难看出，我国先民们所崇尚的礼还透露出合宜之精神，"礼，体也，得事体也。"⑤ 如孔子就倡导人们要"礼从宜，使从俗。贫者不以货财为礼，老者不以筋力为礼。"⑥ 故"有子曰：'礼之用，和为贵。先王之道斯为美，小大由之。有所不行，知和而和，不以礼节之，亦不可行也。'"⑦ 这就要求实施礼时包括所用礼物和礼仪必须适当，在运礼实践中做到无过无不及则恰到好处。同时，从《礼记》的记载可以看出，随着社会的变革和发展，社会生活不断地发生着改变和

---

① 《论语》卷 8《季氏第十六》。
② 《四书章句集注·论语集注》卷 10《子张第十九》。
③ 《日知录》卷 9《致知》。
④ 《礼记·曲礼上》。
⑤ 《释名》卷 2《释言语第十二》。
⑥ 《礼记·曲礼上》。
⑦ 《论语》卷 1《学而第一》。

调整，礼也不断被赋予新的生活内容。

　　　为人臣之礼，不显谏。三谏而不听，则逃之。子之事亲也，三谏而
　　不听，则号泣而随之。谋于长者，必操几杖以从之。长者问，不辞让而
　　对，非礼也。凡为人子之礼，冬温而夏清，昏定而晨省，在丑夷不争。
　　夫为人子者，出必告，反必面，所游必有常，所习必有业，恒言不称老。
　　为人子者，居不主奥，坐不中席，行不中道，立不中门，食飨不为概，
　　祭祀不为尸，听于无声，视于无形，不登高，不临深，不苟訾，不苟笑。
　　孝子不服暗，不登危，惧辱亲也。父母存，不许友以死，不有私财。①

　　（三）礼者礼貌。对中国古代社会而言，礼是特定社会道德文明发展程
度的直观表征；对个人而言，礼则是一个人道德素质和教养程度的外在标
准。首先，礼貌者，品节斯文以为谦谦君子也。《日知录卷九·致知》有
言："君子，博学于文，自身而至于家国天下，制之为数度，发之为音容，
莫非文也。品节斯斯之谓礼。"② 否则"恭而无礼则劳，慎而无礼则葸，勇
而无礼则乱，直而无礼则绞。"③ 朱熹注曰："无礼则无节文，故有四者之
弊。"④ 毋庸置疑，最具中国传统道德标准之人格楷模，当属圣人孔子，他
"有忠信以为甲胄，礼义以为干橹；戴仁而行，抱义而处，虽有暴政，不更
其所。"⑤ 孔子对于君子孜孜以求，"夫子温、良、恭、俭、让以得之。夫子
之求之也，其诸异乎人之求之欤？"⑥ "温"表现为心态从容稳定而不狂热，
"良"表现为善良平和而不违规，"恭"表现为小心谨慎而心底无私，"俭"
表现为简朴清静而不乱为，"让"表现为遵守规矩而乐于奉献，"谦谦君子，
卑以自牧也"⑦。君子"礼所揖让何？所以尊人自损也，不争。《论语》曰：
'揖让而升，下而饮，其争也君子。'故'君使臣以礼，臣事君以忠。''谦
谦君子，利涉大川。'以贵下贱，大得民也。屈己敬人，君子之心。故孔子

---

　　① 《礼记·曲礼上》。
　　② 《日知录》卷9《致知》。
　　③ 《论语》卷4《泰伯第八》。
　　④ 《四书章句集注·论语集注》卷4《述而第七》。
　　⑤ 《礼记·儒行》。
　　⑥ 《论语》卷1《学而第一》。
　　⑦ 《周易·第十五卦谦地山谦坤上艮下》。

曰：'为礼不敬，吾何以观之哉！'夫礼者，阴阳之际也，百事之会也，所以尊天地，傧鬼神，序上下，正人道也。"① 其次，礼貌者，君子无物而不在礼，且对礼无所不用其极。君子者，不附权重者，不媚倾城者，不讳貌恶者，不畏强者，不欺弱者，以"穷则独善其身，达则兼善天下"② 为修养原则，坚持"非礼勿视，非礼勿听，非礼勿言，非礼勿动。"③ 故"君子以非礼弗履"④，君子无物而不在礼矣。实际上，拥有君子人格的人在古代中国一般都身居要位，是百姓的衣食父母，故"诗曰：'恺悌君子，民之父母。'君子为民父母何如？曰：'君子者、貌恭而行肆，身俭而施博，故不肖者不能逮也。职尽于己，而区略于人，故可尽身而事也。笃爱而不夺，厚施而不伐；见人有善，欣然乐之；见人不善，惕然掩之；有其过而兼包之；授衣以最，授食以多；法下易由，事寡易为；是以中立而为人父母也。"⑤ 这正是古代中国社会的典型君子形象，也是人们对君子人格的期望和赞美，当然也是古代家训德育教诫和传授子孙的重点德目。

四　智

"智，知也，无所不知也。"⑥ "知有所合谓之智。"⑦ 可见在古代"智"作"知"，"智"和"知"通用，意为"聪明"、"智慧"、"知识"等。许慎的《说文解字》解释"知，词也，从口从矢。"⑧ 段玉裁对此注释说："识敏，故出于口者疾如矢也。"例如孔子赞许史鱼（卫大夫）因国君不能进贤退不肖，既死犹以尸谏之智时曰："直哉史鱼！邦有道，如矢；邦无道，如矢。"⑨ 如矢，既言直也，犹今之所谓快人快语者也。又如孔子评价"宁武子，邦有道则知，邦无道则愚。其知可及也，其愚不可及也。"⑩ 故智的意思既指认识、知道的人或事物，可以脱口而出者，

---

① 《白虎通义》卷2《五祀》。

② 《孟子》卷13《尽心章句上》。

③ 《论语》卷6《颜渊第十二》。

④ 《周易·第三十四卦大壮雷天大壮震上乾下》。

⑤ 《韩诗外传》卷6。

⑥ 《释名》卷2《释言语第十二》。

⑦ 《荀子·正名篇》。

⑧ （汉）许慎撰，（宋）徐铉校注：《说文解字》，中华书局1963年版，第110页。

⑨ 《论语》卷8《卫灵公第十五》。

⑩ 《论语》卷3《公冶长第二十一》。

又指聪明慧觉之认识能力，也可以指聪明睿智之人（智者）。

在中华传统道德规范体系中，"智"是最基本的道德规范之一，被视为"君子三达德"之一。由于中国文化是一种道德本位的文化，因此在以儒家为代表的中国传统文化中，总是把道德智慧看做是高于对一般具体事物的认知能力的"大智"，在中国人眼里，这种"智"不是把握自然科学之知，而是把它视为一种人事之智或知人之明。所以，知或认知的任务便是正确认识和处理人与人之间的伦理关系，因而具有鲜明的政治和道德意味，如"智慧"、"理智"、"智谋"、"智育"、"智能"、"明智"、"才智"、"机智"；"知人"、"知言"、"知政"、"知德"、"知道"，等等。"智"的含义，古今基本相同，而且中国人崇智贵德的传统，自古以来始终绵延不绝，不仅得到人们的广泛认同，而且已内化为中华民族的一种基本精神品格。

（一）儒家智论。"智"作为中华传统美德之一，很早就出现在文字记载里，如《尚书·皋陶谟》："知人则哲，能官人。"而作为道德规范条目之"智"，则是孔子、孟子和荀子等儒学大师在继承和发展唐尧、禹舜、商汤、文王、周公等人关于认识自我、认识社会、明辨是非、区别善恶美丑等一系列思想观念的基础上，发展丰富了"智"的德性思想内容，并在同道家弃智论和法家反智论的争鸣论辩中拓展了"智"的视阈和内涵，最终确立了"智"在道德规范体系中的重要地位，使之成为一个具有社会普遍意义的道德规范和价值取向，成为个体品德培育的最基本的要求之一，也是古代家训德育教诫的重点所在。

孔子的"智"主要有四种含义，一是"知人"。"子曰：'不患人之不己知，患不知人也。'"① 所以"樊迟问仁。子曰：'爱人。'樊迟问知。子曰：'知人。'樊迟未达。子曰：'举直错诸枉，能使枉者直。'樊迟退，见子夏。曰：'乡也吾见于夫子而问知，子曰，举直错诸枉，能使枉者直，何谓也？'子夏曰：'富哉言乎！舜有天下，选于众，举皋陶，不仁者远矣。汤有天下，选于众，举伊尹，不仁者远矣。'"② 朱熹注释曰："知人，知之务。……举直错枉者，知也。"孔子不仅教导樊迟"智"者"知人"，而且"不止言知。""子夏盖有以知夫子之兼仁知而言矣。"③ 对于知人的途径和

① 《论语》卷1《学而第一》。

② 《论语》卷6《颜渊第十二》。

③ 《四书章句集注·论语集注》卷6《先进第十一》。

方法，子曰："不知命，无以为君子也。不知礼，无以立也。不知言，无以知人也。"① 言为心声，通过人的言语知人，不失为一个良策。二是知宜。

> 樊迟问知。子曰："务民之义，敬鬼神而远之，可谓知矣。"问仁。曰："仁者先难而后获，可谓仁矣。"② 朱子注释曰："专用力于人道之所宜，而不惑于鬼神之不可知，知者之事也。先其事之所难，而后其效之所得，仁者之心也。"程子曰："人多信鬼神，惑也。而不信者又不能敬，能敬能远，可谓知矣。"又曰："先难，克己也。以所难为先，而不计所获，仁也。"吕氏曰："当务为急，不求所难知；力行所知，不惮所难为。"③

致力于人道之所宜，合宜鬼神之敬慢远近，权宜事功之多寡，是孔子知宜之知的表现；而且，从对樊迟两次问仁、问智的不同回答来看，其权宜时机、因材施教和有的放矢的教诲方法令人赞叹。三是实知。孔子的诸多弟子中，子路向来逞强好勇，往往有强其所不知以为知者倾向，所以孔子有针对性的教诲子路："知之为知之，不知为不知，是知也。"④ 是讲人的知识再丰富，总有不懂的问题，那么就应当有实事求是的态度，只有这样才能学到更多的知识，才是智慧之举。"是知也"，就是指"智慧、聪明、智者"，孔子意在强调但凡"有所知者则以为知，所不知者则以为不知。如此则虽或不能尽知，而无自欺之蔽，亦不害其为知矣。况由此而求之，又有可知之理乎？"⑤ 孔子实事求是的治学态度，以及因材施教的育人方略可见一斑。四是智者。"知、仁、勇，三者，天下之达德也。"⑥ 而且孔子所说君子道有三："知者不惑，仁者不忧，勇者不惧。"⑦ 诚如我们真能遇事不惑，而慎谋能断，明情知理，就不会错误行事。

　　孟子第一个明确提出了"智"德概念和规范意义，他说："是非之

① 《论语》卷 10《尧曰第二十》。
② 《论语》卷 3《雍也第六》。
③ 《四书章句集注·论语集注》卷 3《公冶长第五》。
④ 《论语》卷 1《为政第二》。
⑤ 《四书章句集注·论语集注》卷 1《学而第一》。
⑥ 《礼记·中庸》。
⑦ 《论语》卷 5《子罕第九》。

心，智也。"将它与"仁""义""礼"三者并列，同为人之四善端之一，并且给出了它们相互之间的关系。孟子曰："仁之实，事亲是也；义之实，从兄是也。智之实，知斯二者弗去是也；礼之实，节文斯二者是也。"① 正是出于这种是非之心，或有了这种智慧，一个人就知道该做什么、不该做什么，而且还知道如何践行仁义之道。

荀子的智德观是建立在其人性恶的认识论基础之上的，按照荀子的观点，鉴于人往往容易放其心而失其（善）性，故获取知识使人聪明智慧，与求其所放之心以恢复其善性一样，必须要经历一个道德修养的过程，即所谓"志意致修，德行致厚，智虑致明。"② 所以，一个人后天的努力对于智力的提高和知识的获取意义非常重大，而修行习养的重心就在于以修人事、识人道为核心的伦理之智或德行之智，"所以知之在人者谓之知，知有所合谓之智。"③ 在荀子看来，"智"主要指人的知识以及拥有知识而自然具有的智慧。

总之，在先秦儒家那里，智是人生追求的重要美德之一，也是智慧处世的主要道德规范，它以把握人生活动及处理人与人之间关系为重心，主张人们积极追求智性、运用智慧，对后世智德的发展一直产生着影响，是中国人认识世界的心性之源。

（二）求智（知）理路。既然人普遍具有辨认事物、判断是非和区别善恶的能力或智慧，那么，人们通过一条什么样的途径，以什么方法获取关乎事物与人类的认识呢？对此，以儒家为代表的先哲们提出的古代智论，基于"心之神明，所以妙众理、宰万物"物理表征，为人们提供了一条中国式的认知理路——格物→致知→诚意→正心→修身→齐家→治国→平天下。对此《礼记·大学》有明确的表述：

> 大学之道，在明明德，在新民，在止于至善。知止而后有定，定而后能静，静而后能安，安而后能虑，虑而后能得。物有本末，事有终始。知所先后，则近道矣。古之欲明明德于天下者，先治其国；欲治其国者，先齐其家；欲齐其家者，先修其身；欲修其身者，先正其心；欲正其心者，先诚其意；欲诚其意者，先致其知；致知在格物。

① 《孟子》卷7《离娄章句上》。
② 《荀子·荣辱》。
③ 《荀子·正名》。

物格而后知至，知至而后意诚，意诚而后心正，心正而后身修，身修而后家齐，家齐而后国治，国治而后天下平。自天子以至于庶人，一是皆以修身为本。其本乱而末治者否矣。其所厚者薄，而其所薄者厚，未之有也。此谓知本，此谓知之至也。①

对此认知理路，清代学术大师王夫之的解读和阐释最分明而有见地："随见别白曰知，触心警悟曰觉。随见别白，则当然者可以名言矣。触心警悟，则所以然者微喻于己，即不能名言而已自了矣。知者，本末具鉴也。觉者，如痛痒之自省也。知或疏而觉则必亲，觉者隐而知则能显。"② 不仅如此，他通过解读四书，通论智德运行轨迹，使格物致知③、求真获知、成就圣贤和知人、行事、治国、平天下之理一脉相承，浑然一体。

大抵格物之功，心官与耳目均用，学问为主，而思辨辅之，所思

---

① 《礼记·大学》。

② 王夫之：《读四书大全说》卷2《中庸》。

③ 王夫之在其《读四书大全说》卷1《大学》中，对人的思维认识特别是格物致知理路有很详细的论述，"格物、致知只是一事，非今日格物，明日又致知。此是就者两条目发出大端道理，非竟混致知、格物为一也。正心、诚意，亦非今日诚意，明日又正心。乃至平天下，无不皆然，非但格致为尔。""……若统论之，则自格物至平天下，皆止一事。如用人理财，分明是格物事等。若分言之，则格物之成功为物格，'物格而后知至'，中间有三转折。藉令概而为一，则廉级不清，竟云格物则知自至，竟删抹下'致'字一段工夫矣。""……若云格物以外言，致知以内言，内外异名而功用则一，夫物诚外也，吾之格之者而岂外乎？功用既一，又云'致知在格物'，则岂可云格物在格物，致知在致知也？""……今人说诚意先致知，咸云知善知恶而后可诚其意，则是知者以知善知恶言矣。及说格物致知，则又云知天下之物，便是致知。均一致知，而随上下文转，打作两橛，其迷谬有如此者。……且如知善知恶是知，而善恶有在物者，如大恶人不可与交，观察他举动详细，则虽巧于藏奸，而无不洞见；如砒毒杀人，看本草，听人言，便知其不可食：此固于物格之而知可至也。至如吾心一念之非几，但有愧于屋漏，则即与蹠为徒；又如酒肉黍稻本以养生，只自家食量有大小，过则伤人：此若于物格之，终不能知，而唯求诸己之自喻，则固分明不昧者也。""……天下之物无涯，吾之格之也有涯。吾之所知者有量，而及其致之也不复拘于量。颜子闻一知十，格一而致十。子贡闻一知二，格一而致二也。必待格尽天下之物而后尽知万事之理，既必不可得之数。是以补传云'至于用力之久，而一旦豁然贯通焉'，初不云积其所格，而吾之知已无不至也。知至者，'吾心之全体大用无不明'也。则致知者，亦以求尽夫吾心之全体大用，而岂但于物求之哉？孟子曰：'梓匠轮舆，能与人规矩，不能使人巧。'规矩者物也，可格者也；巧者非物也，知也，不可格者也。巧固在规矩之中，故曰'致知在格物'；规矩之中无巧，则格物、致知亦自为二，而不可偏废矣。"

所辨者皆其所学问之事。致知之功则唯在心官，思辨为主，而学问辅之，所学问者乃以决其思辨之疑。"致知在格物"，以耳目资心之用而使有所循也，非耳目全操心之权而心可废也。……'知止'是知道者明德新民底全体大用，必要到此方休。①

（三）智的类别。立志"为天地立心，为生民立命，为往圣继绝学，为万世开太平"②的北宋大儒，古代理学创始人之一的张载，将智分为"德性所知"和"见闻所知"，而且认为"德性所知"是大智大愚之"大智"，"见闻所知"是"随见别白"之"小知"，因为"见闻之知，乃物交而知，非德性所知；德性所知，不萌于见闻。"③荀子说："所以知之在人者谓之知，知有所合谓之智。"④所谓"知之在人"，就是行为个体通过视听言动而获得的见闻之知，是"私理"所在，故有"知"之名；"知有所合"，则是通过心性运思而显见的英雄所见略同，是"公理"部分，故有"智"之名，这正是儒家学派重视道德智慧的主要体现。如此分类，契合中国人运思之道，所以为人们所公认。

（1）闻见之智。闻见之智（知）基本上是在一般知识论的范围内而言的，主要指感知的成果，可能存在正确的认识，也可能是错误的认识，⑤但

---

①　王夫之：《读四书大全说》卷1《大学》。

②　张载：《张载集·附录·朱轼康熙五十八年本张子全书序》。

③　《正蒙·大心》。（笔者注：张载著、其门人苏昞做序之《正蒙》一书，是中国北宋哲学家张载的重要哲学和蒙学著作，约成书于宋熙宁九年——1076年）

④　《荀子·正名篇》。

⑤　董仲舒在《春秋繁露》中有关见闻传闻之辩，可以帮助我们理解闻见之智（知）。"春秋分十二世以为三等：有见、有闻、有传闻。有见三世，有闻四世，有传闻五世。故哀、定、昭，君子之所见也，襄、成、文、宣，君子之所闻也，僖、闵、庄、桓、隐，君子之所传闻也。所见六十一年，所闻八十五年，所传闻九十六年。于所见，微其辞，于所闻，痛其祸，于传闻，杀其恩，与情俱也。是故逐季氏，而言又雩，微其辞也；子赤杀，弗忍言日，痛其祸也；子般杀，而书乙未，杀其恩也。屈伸之志，详略之文，皆应之，吾以其近近而远远、亲亲而疏疏也，亦知其贵贵而贱贱、重重而轻轻也，有知其厚厚而薄薄、善善而恶恶也，有知其阳阳而阴阴、白白而黑黑也。百物皆有合偶，偶之合之，仇之匹之，善矣。诗云：'威仪抑抑，德音秩秩，无怨无恶，率由仇匹。'此之谓也。然则春秋义之大者也，得一端而博达之，观其是非，可以得其正法，视其温辞，可以知其塞怨，是故于外道而不显，于内讳而不隐，于尊亦然，于贤亦然，此其别内外、差贤不肖、而等尊卑也。"

却是认知活动的起始和源头。首先，闻见之智（知）的第一个含义是知识。儒家肯定客观事物本身具有被认知的性质，从而使认识活动既有能知的主体，也有所能知的客体，只要主体意识主动的趋向客体，"以可知人之性，求可以知物之理"①，使主体与客体发生认识作用关系，认知成而知识生，所以"天下事情，条分缕（晰、析），以仁且智当之，岂或爽失爽几微哉！中庸曰：'文理密察，足以有别也。'"② 对于通过察言观色认知人事，《韩诗外传》的记述可谓经典：

> 齐桓公独以管仲谋伐莒，而国人知之。桓公谓管仲曰："寡人独为仲父言，而国人知之，何也？"管仲曰："意若国中有圣人乎！今东郭牙安在？"桓公顾曰："在此。"管仲曰："子有言乎？"东郭牙曰："然。"管仲曰："子何以知之？"曰："臣闻君子有三色，是以知之。"管仲曰："何谓三色？"曰："欢欣爱悦，钟鼓之色也；愁悴哀忧，衰绖之色也；猛厉充实，兵革之色也。是以知之。"管仲曰："何以知其莒也？"对曰："君东南面而指，口张而不掩，舌举而不下，是以知其莒也。"桓公曰："善。诗曰：'他人有心，予忖度之。'"东郭先生曰："目者、心之符也，言者、行之指也。夫知者之于人也，未尝求知而后能知也，观容貌，察气志，定取舍，而人情毕矣。"诗曰："他人有心，予忖度之。"③

其次，闻见之智（知）的第二个含义是致知之理。从前述王夫之所述格物致知的认识理路可以看出，古代传统儒家在坚持人道原则的基础上，提倡人们要顺应社会、事物发展之理和人性本然之德，去获取和把握知识。孟子曰："天下之言性也，则故而已矣，故者以利为本。所恶于智者，为其凿也。如智者若禹之行水也，则无恶于智矣。禹之行水也，行其所无事也。如智者亦行其所无事，则智亦大矣。天之高也，星辰之远也，苟求其故，千岁之日至，可坐而致也。"④ 朱熹对此注释说："此章专为智

---

① 《荀子·解蔽篇》。
② 《孟子字义疏证》卷上。
③ 《韩诗外传》卷3。
④ 《孟子》卷8《离娄章句下》。

而发。① 愚谓事物之理，莫非自然。顺而循之，则为大智。若用小智而凿以自私，则害于性而反为不智。"② 最后，闻见之智（知）的第三个含义是求真崇智精神。从人类文化的本义理解，智慧是一种人格境界，而循善求知则是人格提升的过程。孔子曰："君子有三忧：弗知，可无忧欤！知而不学，可无忧欤！学而不行，可无忧欤！"诗曰："未见君子，忧心惙惙。"③ 朱熹《答或人》中说："穷理者欲知事物之所以然与其所当然者而已。知其所以然，故志不惑，知其所当然，故行不谬。非谓取彼之理而归诸此也。"故中国先哲对闻见之智（知）承认其获得的客观性，对获取闻见之智（知）始终抱持客观现实的认知态度，主张人们多听、多看、多问，但更注重闻见之智（知）及其获得方式的人文价值。因为对这些闻见之智（知），得要先分别善恶，善者好之，恶者恶之，最终目的是为了择善而从，提升人之德性人格，而非以认识自然之道还治自然之身的自然改造为目的。

（2）德性之智。孔子把"智"列为三达德之首，儒家之所以如此注重智德，主要是因为"智者不惑"。"理者，察之而几微必区以别之名也，是故谓之分理；在物之质，曰肌理，曰腠理，曰文理。得其分则有条而不紊，谓之条理。孟子称'孔子之谓集大成'曰：'始条理者，智之事也；终条理者，圣之事也。'圣智至孔子而极其盛，不过举条理以言之而已矣。"④ 在中国的先哲们看来，"智"或"致知"是良心向内在道德本体的烛照，认为对人来说，道德和仁爱精神是首要的、根本性的大智慧。这

---

① 朱熹的《四书章句集注·孟子集注》卷8中，引用"程子曰：'此章专为智而发。'"来注释孟子此一段话之意旨：性者，人物所得以生之理也。故者，其已然之迹，若所谓天下之故者也。利，犹顺也，语其自然之势也。言事物之理，虽若无形而难知；然其发见之已然，则必有迹而易见。故天下之言性者，但言其故而理自明，犹所谓善言天者必有验于人也。然其所谓故者，又必本其自然之势；如人之善、水之下，非有所矫揉造作而然者也。若人之为恶、水之在山，则非自然之故矣。天下之理，本皆顺利，小智之人，务为穿凿，所以失之。禹之行水，则因其自然之势而导之，未尝以私智穿凿而有所事，是以水得其润下之性而不为害也。天虽高，星辰虽远，然求其已然之迹，则其运有常。虽千岁之久，其日至之度，可坐而得。况于事物之近，若因其故而求之，岂有不得其理者，而何以穿凿为哉？必言日至者，造历者以上古十一月甲子朔夜半冬至为历元也。程子曰："此章专为智而发。"愚谓事物之理，莫非自然。顺而循之，则为大智。若用小智而凿以自私，则害于性而反为不智。程子之言，可谓深得此章之旨矣。

② 《四书章句集注·孟子集注》卷8《离娄章句下》。

③ 《韩诗外传》卷1。

④ 《孟子字义疏证》卷上《理十五条》。

种智慧能见已然，也能见将然；更赖以求知昔所未知；既知人，知道，也自知；而且在社会生活中，这种超越的大智必然体现为一种道德的、人生的大智慧。首先，德性之智是仁智。它不仅指处世的技巧和方法，也不仅指谋取名利的手段和本领，德性之智更多地涵盖着人之为人的良能和德性，它表现为对社会公道正义和人生道德的大彻大悟。"昔者子贡问于孔子曰：'夫子圣矣乎？'孔子曰：'圣则吾不能，我学不厌而教不倦也。'子贡曰：'学不厌，智也；教不倦，仁也。仁且智，夫子既圣矣！'"① 按照朱熹所注，学不厌者，智之所以自明；教不倦者，仁之所以及物，说明孔子既有仁智之德，更有仁智之行。因为"知者利仁"，"里仁为美。择不处仁，焉得知？"② 所以孟子曰："尽其心者，知其性也。知其性，则知天矣。存其心，养其性，所以事天也。夭寿不二，修身以俟之，所以立命也。"③ 可见，按照儒家的观点，人而不仁，或为不善，只为不智；惟仁而无智，则虽爱人，而不能明辨祸福利害，其行为可能伤人；惟智而不仁，则虽能深识祸福利害，而麻木不仁，不肯慈济他人。所以，仁与智，缺一不可。④ 其次，德性之智是人文之知。人是文化的产物，也是文化的创造与承载主体，人类的世代相传和生产生活过程，其实是文化传承的历史轨迹。一个人要在社会上安身立命，必须学会和掌握最基本的生存技能。换言之，人第一要学习和掌握的知识是关于人如何生活、如何行动、如何辨别美丑善恶、如何分清正义和不正义、如何对待各种社会问题的知识，而不是别的。

　　何谓智？先言而后当。凡人欲舍行为，皆以其智，先规而后为

---

① 《孟子》卷 3《公孙丑章句上》。
② 《论语》卷 2《里仁第四》。
③ 《孟子》卷 13《尽心章句上》。
④ 对仁而不知和智而不仁的偏弊，汉儒董仲舒在《春秋繁露》卷 8《度制第二十七》中，明确提出"必仁且智"："莫近于仁，莫急于智。不仁而有勇力材能，则狂而操利兵；不智而辩慧狷给，则迷而乘良马也。故不仁不智而有才能，将以其才能，以辅其邪狂之心，而赞其僻违之行，适足以大其非，而甚其恶耳。其强足以覆过，其御足以犯轶，其慧足以惑愚，其辨足以饰非，其坚足以断辟，其严足以拒谏，此非无才能也，其施之不当，而处之不义也。有否心者，不可借便埶，其质愚者，不与利器，论之所谓不知人也者，恐不知别此等也。仁而不智，则爱而不别也；智而不仁，则知而不为也。故仁者所以爱人类也，智者所以除其害也。"对于我们今天的德才之辨以及德才关系的界定，很有启发意义。

之，其规是者，其所为得其所事，当其行，遂其名，荣其身，故利而无患，福及子孙，德加万民，汤武是也。其规非者，其所为不得其所事，不当其行，不遂其名，辱害及其身，绝世无复，残类灭宗亡国是也。故曰：莫急于智。智者见祸福远，其知利害早，物动而知其化，事兴而知其归，见始而知其终，言之而无敢哗，立之而不可废，取之而不可舍，前后不相悖，终始有类，思之而有复，及之而不可厌，其言寡而足，约而喻，简而达，省而具，少而不可益，多而不可损，其动中伦，其言当务，如是者，谓之智。①

同时，知识是一切的善，是人的重要美德和理想人格的重要表现，知己知人、善处人际关系，这是中国人文之知的体现。所谓"知人者智，自知者明。"② 所以这种德性之智涉及人的安身立命和德性修养，是成德之学、生命之学。"中国儒家智德观的特点在于，它把知或智主要看作是一种人事之智或者说是知人之明。"③ 再次，德性之智是是非之知。"是非之心，智之端也。"④ "是是非非谓之知，非是是非谓之愚。"⑤ 在中国人眼里，"智"或"智者"，本然地具有判断是非、辨别善恶的内涵和能力，凡"仁义礼智"兼说处，言性之四德。知字，大端在是非上说。人有人之是非，事有事之是非，而人与事之是非，心里直下分明，只此是智。⑥这种德性之智体现为对复杂纷纭的是非善恶问题断惑证真的大智慧。⑦ 最后，德性之智是治政之智。学优则仕，为官从政，在中国古代几乎是绝大多数知识精英的首选目标。自"夏传子，家天下"以来，直至清代，一

---

① 《春秋繁露》卷 8《必仁且智第三十》。
② 《老子》第三十三章。
③ 肖群忠：《智德新论》，《道德与文明》2005 年第 3 期。
④ 《孟子》卷 3《公孙丑句上》。
⑤ 《荀子·修身篇》。
⑥ 王夫之：《读四书大全说》卷 1《大学》。
⑦ 是非之智作为人的主观理性，其价值体现在如何运思以判断是非。清代王夫之在其《读四书大全说》卷 1《大学序》对此进行了辩说："知字带用说，到才上方有；此智字则是性体，……分明是个性体。其云'天理动静之机'，方静则是有而无非，方动则是非现，则'动静之机'，即'是非之鉴'也。惟其有是无非，故非者可现；若原有非，则是非无所折中矣。非不对是，非者非是也。如人本无病，故知其或病或愈。若人本当有病，则方病时亦其恒也，不名为病矣。"

代代士人学者怀抱治国平天下的宏伟理想，踌躇满志地走上了为官从政仕途，《论语》有言："仕而优则学，学而优则仕。"① 就是因为儒者坚持认为，"仕与学理同而事异，故当其事者，必先有以尽其事，而后可及其余。然仕而学，则所以资其仕者益深；学而仕，则所以验其学者益广。"②从而生发出中国传统社会大小政治人物忠君爱民、事上治下的治政之智和生存智慧。③ 诸如《韩诗外传》说："善为政者，循情性之宜，顺阴阳之序，通本末之理，合天人之际，如是、则天地奉养，而生物丰美矣。不知为政者、使情厌性，使阴乘阳，使末逆本，使人诡天气，鞠而不信，郁而不宜，如是，则灾害生，怪异起，群生皆伤，而年谷不熟，是以其动伤德，其静无救，故缓者事之，急者弗知，日反理而欲以为治。"④ 都是这种学优而仕的儒者为学治政理念的反映。

五　信

"信"是中华传统美德中的重要道德规范之一，意为诚实、守信、不虚伪、说到做到。在中国古代社会，"信"既是儒家实现仁道的重要条件，又是其塑造和培养个体道德品质的主要内容与实践方式之一。关于信德的由来，最早产生于人类社会的生产生活实际需要，是人与人之间交互关系的体现。当远古时代的中国先民们在广袤的华夏大地上开始生产活动时，各种信息交流便成为必然，尤其是随着族群数量增加、集体狩猎活动必需而频繁、物物交换等活动成为必然时，为使集体狩猎有所获、物物交换得以成，遵守约定之信所由出。《春秋左传》有言："信，国之宝也，民之所庇也。"⑤ 随着社会分化和阶层对立的出现，信逐渐扩展渗透到社会生活的各个领域，特别是春秋战国时代，天下纷争、礼崩乐坏，国家间以及人们之间的诚信不在，导致过去已有的道德水平滑坡，急需讲信修

---

① 《论语》卷10《子张第十九》。
② 《四书章句集注·论语集注》卷10《子张第十九》。
③ 朱熹在《四书章句集注·孟子集注》卷7《离娄章句上》中说："为政须要有纲纪文章，谨权、审量、读法、平价，皆不可缺。"《礼记》记述孔子回答哀公问政曰："政者正也。君为正，则百姓从政矣。君之所为，百姓之所从也；君所不为，百姓何从？公曰：'敢问为政如之何？孔子对曰：夫妇别、父子亲、君臣严。三者正，则庶物从之矣。"都是这种学优而仕的儒者治政理念的反应。
④ 《韩诗外传》卷7。
⑤ 《春秋左氏传·僖公》。

睦，重新整顿社会秩序，所以信被统治者广泛采用，成为治国法宝之一，从而上升成为一个重要的传统道德规范。做人信实与获取信任对于古代社会而言不可或缺，讲信修睦和诚实无欺在亲情浓郁的家庭内部更显重要，故而信德成为古代家训教诫训导的重点。

（一）传统儒家信德思想。信德成为传统道德规范，得益于以孔子和孟子为代表的儒家诸生对"信"理念和思想的提炼与论说。子曰："人而无信，不知其可也。大车无輗，小车无軏，其何以行之哉？"① 就是说人如果没有"信"之品德，怎么可以做人呢？就像牛车马车没有辕端横木，牲口与车体之间无所缚輗钩衡，怎么能驱驾行走呢？"车无此二者，则不可以行，人而无信，亦犹是也。"② 所以孔子把人是否有信提高到人之为人的德性标准之高度，足见孔子对信德的看重和推崇。其实，孔子的信德思想内容是非常丰富的，在孔子那里，"信"不仅是立国立民之本，交友处世之本，也是个人安身立命之本。一个人若要为政治国、乃至为人处世，都应该持"信"而为。

> 凡人主必信，信而又信，谁人不亲？故周书曰："允哉允哉！"以言非信则百事不满也，故信之为功大矣……君臣不信，则百姓诽谤，社稷不宁；处官不信，则少不畏长，贵贱相轻；赏罚不信，则民易犯法，不可使令；交友不信，则离散郁怨，不能相亲；百工不信，则器械苦伪，丹漆染色不贞。夫可与为始，可与为终，可与尊通，可与卑穷者，其唯信乎！信而又信，重袭于身，乃通于天。以此治人，则膏雨甘露降矣，寒暑四时当矣。③

由此可见，"信"作为重要的道德规范，遍布于中国古代社会生活的许多方面，它既是个人取信于人和有所成就的基础，也是社会政治经济和文化生活正常有序的保证。其中，孔子的"信"，其最主要的含义包括两个方面。一是出言必信，信守诺言。朱熹云："口里如此说，验之于事却不如此，是行不信言，非言之过。始终一致、内外一实曰信。昔如此说，

① 《论语》卷1《学而第二》。
② 《四书章句集注·论语集注》卷1《学而第一》。
③ 《吕氏春秋·贵信》。

今又不如此，心不如此，口中徒如此说，乃是言不信。"① 所以，"子曰：言有物而行有格也。是以生则不可夺志，死则不可夺名"。② 只有遵守自己的诺言，敢于对自己说的话负责，一个人才能取得他人的信任。否则，不仅无法取信于人，而且可能丧失起码的做人资格。因此，孔子常常把"言必信，行必果"、"敬事而信" 等作为规范弟子言行的基本要求。二是在与朋友交往中要信实无欺，言而有信，而且选朋交友做到"无友不如己者"。孟子则把诚信看作社会的基石和做人的基本准则，言语不可靠就是不信实，孟子把做人和信实直接联系起来，说明事上、事亲、交友和治理众务等均须建立在信实的基础之上。总之，在以儒家为主流学派的中国传统文化中，通过对"信"的不断认识、提倡和推崇，使"信"从古至今像一棵常青树一样生生不息，历来被人们所接受和推崇。

（二）传统信德的主要内容。诚实守信不仅是衡量一个人德行的基本标准，而且是其立身处世的基本保证，成为"内圣外王"理想人格修养的基本内涵之一。第一，言而有信。《说文解字》释义："信，诚也。从人言。"许慎分析解释说：信字从言从人为会意，其本义是"以言语取信于人"。古籍《释名卷二》释名言曰："信，申也。言以相申束，使不相违也。"③ 所以《春秋左氏传》说："志以发言，言以出信，信以立志，参以定之。信亡何以及三？"④ 其意即是说言为心声，人通过言语表达自己的思想和情感，只有言语可靠才能取信于人，才有可能实现自己的愿望。从上述词面可能包含的意义看，言而有信的古训主要有四重含义。首先，人言为信，是信的初义。"信者，言之瑞也。"⑤ 从信的字面意义来看，信从人从言，由"人"和"言"组成，即"人言为信"，其基本内涵就是出言不欺、言之有物、言实相符。这是对人言语交流和著述立言的基本要求，也是人能否立足于社会的基本保证。古本轶事《韩诗外传》以严师讲学之言信实无妄为例，记述"凡学之道，严师为难。师严然后道尊，道尊然后民知敬学。故太学之礼，虽诏于天子，无北面，尊师尚道

---

① 王夫之：《读四书大全说》卷 6《论语·先进篇》。

② 《礼记·缁衣》。

③ 《释名》卷 2《释言语第十二》。

④ 《春秋左氏传·襄公》。

⑤ 同上。

也。故不言而信，不怒而威，师之谓也。"① 提倡人们要像为师之传道授业解惑一样，语出有据，言之戳戳，故严师不言而信，不怒而威，就像"天则不言而信，神则不怒而威"② 一样。孔子则直言，对于"巧言、令色、足恭，左丘明耻之，丘亦耻之。匿怨而友其人，左丘明耻之，丘亦耻之。"③ 诗曰："慎与言矣，谓尔不信。"④ 意思是提醒人们要谨慎你的言语，否则会有人说你的言语不可靠，以告诫人们言语信实的重要性。其次，书信⑤实，书信是言而有信的物化与载体，当然也得信实无妄。书信是人们在日常生产生活和工作实践中不可缺少的交流信息的工具，古往今来远隔两地的人，一般都以传送书信的方式进行对话、谈心、议事和传递信息，以表情达意。但在中国古代，由于交通不便，信息交流渠道有限，书信往来往往非常困难，唐代诗人杜甫的诗《春望》："国破山河在，城春草木深。感时花溅泪，恨别鸟惊心。烽火连三月，家书抵万金。白头搔更短，浑欲不胜簪。"⑥ 以及王驾《古意》诗："一行书信千行泪，寒到君边衣到无？"道出了家人书信的珍贵与难获，至今仍然令人感慨万千。那么书信的价值到底何在？就在于其所载信息的真切实在！正因如此，信在古代还至少有三种含义，一是指传送书札的使者，如《南齐书》"臣累遣书信唤法亮渡，乞白服相见"⑦，二是书信，同今天的信件和书信之意；三是印信证实之物，如《释名卷三》曰："印，信也。所以封物为信验

---

① 《韩诗外传》卷3。
② 《礼记·祭义》。
③ 《论语》卷3《公冶长第五》。
④ 《韩诗外传》卷3。
⑤ 对于书信的演变和内涵，《日知录》卷32有较详细的说明，此引为证："谓凡言信者皆谓使人。杨用修又引古乐府，'有信数寄书，无信长相忆'，为证。良是。然此语起于东汉以下。杨太尉夫人袁氏答曹公卞夫人书云，'使付往信'。古诗为焦仲卿妻作，'自可断来信，徐徐更谓之'。魏杜挚赠毋丘俭诗，'闻有韩众药，信来给一丸'。以使人为信始见于此。若古人所谓信者，乃符验之别名。墨子，'大将使人行守操信符'。《史记·刺客列传》，'今行而无信，则秦未可亲也'。汉书石显传，'乃时归诚取一信以为验'。西域传，'匈奴使持单于一信到国，国传送食'。后汉书齐武王传，'得司徒刘公一信，愿先下'。周礼掌节注，'节犹信也。行者所执之信'。此如今人言印信信牌之信，不得谓为使人也。故梁武帝赐溉连珠曰，研磨墨以腾文，笔飞毫以书信，而今人遂有书信之名出。"
⑥ 顾青主编：《唐诗三百首》，中华书局2009年版，第172页。
⑦ 《南齐书·鱼复侯子响传》。

也，亦言因也，封物相因付也。"① 此属后来则演变为今天的信物是也。再次，察言观色，是信息流以及信息影响在人际交往中的具体应用。"子曰：不知言，无以知人也。"② 既然言为心声，人言信实，那么通过察言观色认识一个人就不仅可能，而且必要。俗话说："出门观天色，进门听音看脸色"，讲的就是这个道理。《韩诗外传》论述了人们为了取信于人，而表现出的状貌和实际收效之间的关系③，颇能发人深省："受命之士，正衣冠而立，俨然，人望而信之；其次、闻其言而信之；其次、见其行而信之；既见其行，而众皆不信，斯下矣。"④ 说明人作为复杂的社会存在，随着生活现实和外在环境的变化，认识人的活动也日渐复杂和困难，于是孔子就教导他的弟子识人不仅要视其貌、听其言，而且要观其行："始吾于人也，听其言而信其行；今吾于人也，听其言而观其行。于予与改是。"⑤ 这是孔子识人践履发展轨迹的真实写照，至今仍然是指导我们如何认识人的有效途径。最后，取信于人，是言而有信引申的信誓之义。《礼记》说："约信，曰誓。"⑥ 在古代，誓言本来就是用以取信于人的言语或实物表征，换言之，向人起誓或发誓就是一种取信于人的表现方式。"世有盟誓，以相信也。"⑦ 表明世人通过立盟发誓来取得相互信任。所以古人坚信"盟誓之言，岂敢背之。"⑧ 诚如《毛诗》所传唱的："信誓旦旦，不思其反。"⑨ 故当年商汤发动灭夏的农民战争时，为了取得民众的信任与支持，他便公开发汤誓，以实现其"信用昭明于天下"的目的，其誓言内容在《尚书》中有详细的记载："尔无不信，朕不食言。"⑩ 反之，一个人如果言语不实，就会失信于人，难有民众的

---

　　① 刘熙撰：《释名》卷3《释衣服第十六》。（笔者注：我国东汉末刘熙编撰了一部专门探求事物名源的佳作——《释名》，以"析名物之殊，辨典礼之异"）
　　② 《论语》卷10《尧曰第二十》。
　　③ 关于容貌之信，孔子在《论语》中也有类似的描述，在此引以为证："君子所贵乎道者三：动容貌，斯远暴慢矣；正颜色，斯近信矣；出辞气，斯远鄙悖矣。"朱熹注曰："信，实也。正颜色而近信，则非色庄也。正颜色则不妄，斯近信矣。"
　　④ 《韩诗外传》卷3。
　　⑤ 《论语》卷3《公冶长第五》。
　　⑥ 《礼记·曲礼下》。
　　⑦ 《春秋左氏传·昭公》。
　　⑧ 《春秋左氏传·襄公》。
　　⑨ 《毛诗·国风》。
　　⑩ 《尚书·汤誓》。

拥护和信任。

第二，践诺履约。按照中国传统儒家思想，培养人的"信义之德"是提高其道德品性、成就事业和塑造德性人格的基础。上述言而有信，无论是作为以言语取信于人，还是作为信誓之义，都是通过言语、约信来取得他人信任。如果说它所表现的往往还只是人与人之间的一种外在的信任关系，而不是个体内在心性的诚信，那么言而有信则现实地表现在践诺履约的道德行为方面，它所反映的是一个人信守诺言的道德践履，转化成为说到做到的真诚信实。一个人要信守诺言，做到践诺履约，一是要清醒地认识到，人不可轻易许诺；二是要允诺，则君子一言，驷马难追；三是既允诺，则践诺履约，成事以信。关于言行一致，说到做到之信义论辩，在《论语》中记述的孔子与其弟子子贡的问答可见一斑。

> 子贡问曰："何如斯可谓之士矣？"子曰："行己有耻，使于四方，不辱君命①，可谓士矣。"曰："敢问其次。"曰："宗族称孝焉，乡党称悌焉。"曰："敢问其次。"曰："言必信，行必果，硁硁然小人哉！抑亦可以为次矣。"曰："今之从政者何如？"子曰："噫！斗筲之人，何足算也。"②

在这里，"行己有耻"、"宗族称孝"、"乡党称悌"以及"言必信，行必果"都是"士"人的德行标准。尤其对其中最后一类人，孔子虽称许其为"士"，但对其生硬机械地遵从"言必信，行必果"之"士"以小人嗤之，所以"子张问崇德、辨惑。子曰：'主忠信，徙义，崇德也。'"③

---

　　① 《汉书》卷100下《列传第七〇下》记载并评价"苏武信节，不诎王命。"古籍《新序·节士第七》记述了中国古代使于四方，不辱君命，信义持节之楷模苏武牧羊之事，此引为证："苏武者，故右将军平陵侯苏建子也。孝武皇帝时，以武为栘中监使匈奴，是时匈奴使者数降汉，故匈奴亦欲降武以取当。单于使贵人故汉人卫律说武，武不从，乃设以贵爵，重禄尊位，终不听，于是律绝不与饮食，武数日不降。又当盛暑，以旃厚衣并束之日暴，武心意愈坚，终不屈挠。称曰：'臣事君，犹子事父也。子为父死无所恨，守节不移，虽有□钺汤镬之诛而不惧也，尊官显位而不荣也。'匈奴亦由此重之。武留十余岁，竟不降下，可谓守节臣矣。《诗》云：'我心匪石，不可转也；我心匪席，不可卷也。'苏武之谓也。匈奴绐言武死，其后汉闻武在，使使者求武，匈奴欲慕义归武，汉尊武为典属国，显异于他臣也。"

　　② 《论语》卷7《子路第十三》。

　　③ 《论语》卷6《颜渊第十二》。

王夫之注释曰："忠信以为主，无夸弘也；徙义则日新无固信也"。① 可见，在孔子眼里，"信"是一种承诺，理当一诺千金。正因为孔子把"信"作为人的最基本道德素质，所以他才会说："十室之邑，必有忠信如丘者焉，不如丘之好学也。"② 然而，它作为人之为人的一种基本道德准则，却绝不能不论是非曲直而一味坚持"言必信，行必果"，而是应当以理义去计较，义则诺，不义则止；可则诺，不可则已。所以孟子曰："大人者，言不必信，行不必果，惟义所在。"③ 人不可轻易许诺，"士君子""言不必信，行不必果"。若允诺，则君子一言，驷马难追，《史记》记载周成王封叔虞于唐，可谓践诺履约④之力证。

　　　武王崩，成王立，唐有乱，周公诛灭唐。成王与叔虞戏，削桐叶为珪以与叔虞，曰："以此封若。"史佚因请择日立叔虞。成王曰："吾与之戏耳。"史佚曰："天子无戏言。言则史书之，礼成之，乐歌之。"于是遂封叔虞于唐。唐在河、汾之东，方百里，故曰唐叔虞。⑤

在儒家思想体系中，孔子及其弟子提出"信"，汉儒把"信"列入五常之中，就是强化和明确要求人们按照礼制标准互守信用，借以调整统治阶层内部、统治者与广大民众之间的矛盾，因为统治者有"信"，是立国的根本、是老百姓得以生存的基础；国人有"信"，他的行为诚实无欺，值得信任，是其成事立身之本。"子贡问政。子曰：'足食，足兵，民信之矣。'子贡曰：'必不得已而去，于斯三者何先？'曰：'去兵。'子贡曰：'必不得已而去，于斯二者何先？'曰：'去食。自古皆有死，民无信不立。'"⑥ 显然，三者之中，孔子最重视取信于民，因为它是最基本的道德准则。所以，孔子自己的为政志向，便要使"老者安之，朋友信之，

---

① 王夫之：《读四书大全说》卷7《论语·季氏篇》。

② 《论语》卷3《公冶长第五》。

③ 《孟子》卷8《离娄章句下》。

④ 《世说新语笺疏》上卷（下）《政事第三》记载"曾子之妻之市，其子随之而泣，其母曰：'汝还，顾反，为汝杀彘。'适市来，曾子欲捕彘杀之，妻止之曰：'特与婴儿戏耳！'曾子曰：'婴儿非与戏也，听父母之教。今子欺之，是教子欺也。'遂烹彘。"此乃君子践诺履约，童叟无欺之实证也。

⑤ 《史记》卷39《世家第九·晋》。

⑥ 《论语》卷6《颜渊第十二》。

少者怀之。"① 清王夫之注释曰：此"信"字，是尽民之德而言，与易言"履信"同。所以"信"是治国为政的重要基础，关系到国家的前途和命运，如果统治者做不到诚实守信，不能取信于民，就难以立国，再充足的粮食和军备也无济于事。又如《论语》通过子夏的话说："君子信而后劳其民；未信，则以为厉己也。"② 说明统治者只有取得民众的信任，才能顺利地管理和领导民众，否则就得不到民众的信任，在这种情况下役使百姓，民众会认为是折磨和虐待他们而不会顺从和信服。另一方面，在中国古代封建宗法制社会，一个人要成就一番事业，其主流之途便是入仕为官，故许多士人的人生理想便是"助人君顺阴阳，明教化者也。游文于六经之中，留意于仁义之间。"③ 而不论受命君上，还是执事以敬，无信人不立，无信事不成。孟子曰："居下位而不获于上，民不可得而治也。获于上有道：不信于友，弗获于上矣；信于友有道：事亲弗悦，弗信于友矣；悦亲有道：反身不诚，不悦于亲矣；诚身有道：不明乎善，不诚其身矣。"④ 所谓"弃君之命⑤，不信。"⑥ 就是最大的伪诈奸佞之举，自然得不到长上的首肯，也难以获得庶人的支持。"下之事上也，身不正，言不信，则义不一，行无类也。"⑦ 行为不入流，其事难成也。除此以外，"信"还是人们对待真理的态度之一。它表示对信仰和追求真理的坚定态度，人们选择某种思想某种原则作为自己的信仰，其实也就对他所选择的思想或原则作出了信守的承诺，而在实践中则表现为实现信仰之自觉践履。

　　第三，朋友有信。在中国封建社会里，友朋关系是五种伦理关系中的一种，即"父子有亲，君臣有义，夫妇有别，长幼有序，朋友有信。"⑧

---

①　《论语》卷 3《公冶长第五》。

②　《论语》卷 10《子张第十九》。

③　《汉书·艺文志》。

④　《孟子》卷 7《离娄章句上》。

⑤　《春秋左氏传·宣公》还记述有因为失信（弃君之命）而仗义自尽之例："晋灵公不君。厚敛以雕墙，从台上弹人，而观其避丸。……宣子骤谏，公患之，使鉏麑（ní）贼之。……麑退，叹而言曰：'不忘恭敬，民之主也。贼民之主。不忠；弃君之命，不信。有一于此，不如死也。'触槐而死。"

⑥　《春秋左氏传·宣公》。

⑦　《礼记·缁衣》。

⑧　《孟子》卷 5《滕文公章句上》。

友列五伦，人生所重。孔子非常重视结交友朋，因为朋友志同道合，可以取长补短，切磋知识，与朋友交流是一件非常重要而快乐的事情。故而子曰："学而时习之，不亦说乎？有朋自远方来，不亦乐乎？人不知而不愠，不亦君子乎？"① 既学慎思而又时时习之，则所学者熟，而心中喜悦；以善及人，而信从者众，故可乐；君子学在己，知不知在人，何愠之有！所以孔子把与友朋交游同致学和君子美名放在同等重要的位置，并且始终带头付诸实践："儒有合志同方，营道同术。并立则乐，相下不厌；久不相见，闻流言不信；其行本方，立义；同而进，不同而退。其交友有如此者。"② 当然，在孔子的交友理念中，朋友这一概念一般有广义与狭义之分。狭义上的朋友主要指在志向、学业、兴趣爱好等方面彼此相像或相近的人，即志同道合者；广义的朋友则是指除君臣关系和家族血亲关系之外较为广泛的人际关系，这是基于仁义泛爱之道的交友理念。所以，孔子在这里指称的"信"作为一项道德规范，显然不仅仅是一种狭义的交友之道，而是一种广义的交友理念，如《礼记》中说："为人君止于仁，为人臣止于敬，为人子止于孝，为人父止于慈，与国人交止于信。"③ 孔子的弟子不但对此有充分的认识，而且常常以此严格要求和反省自己，如曾参就说过："吾日三省吾身：为人谋而不忠乎？与朋友交而不信乎？传不习乎？"他们都是从广义的角度出发，把与人交往中是否做到忠实诚信，作为每天多次反躬自省的内容之一，足见其对于信德的高度重视。

由上所述，在古代中国，"信"不仅是建立良好的人际关系、保障人与人之间友好相处和正常交往的前提，而且信德作为一种诚实不欺的品质要求，也是一项基本的交友之道。孔子认为，信实、忠诚是人与人之间正常交往的基本原则，"信者，诚也，专一不移也。"④ 如果缺少了诚信，朋友之间的正常交往则是不可想象的。因此，《论语》中多次谈到"信"，如"主忠信"、"言忠信"、"谨而信"、"敬事而信"、"言而有信"等。当然，孔子重视交友并不是不加选择，相反，择友而处是其交友的首选前提。孔子认为与品行良好的人交往可以受到其好的品性感染和熏陶，与品

---

① 《论语》卷 1《学而第一》。
② 《礼记·儒行》。
③ 《礼记·大学》。
④ 《白虎通义》卷 8《性情》。

行恶劣的人结交则会沾染恶习，诚所谓"近朱者赤，近墨者黑"。"孔子曰：'益者三友，损者三友。友直，友谅，友多闻，益矣。友便辟，友善柔，友便佞，损矣。'"① 强调同那些诚实、正直、博学多闻的人交朋友会大有益处，而与那些虚伪、阳奉阴违、夸夸其谈的人交友是有害的。可见，如果一个人言而无信、出尔反尔、朝三暮四或不负责任，他就无法与别人交往，也就无法获得他人的信任，更不能进一步与他人发展关系，建立友谊。

第二节　家庭美德——孝、悌、和、勤、俭

根据社会历史学说，夏商周是中国古代国家制度形成初期，家和国在实质意义上还没有完全区别开来，自"夏传子，家天下"以来，在漫长的中国古代，"家是国的缩微，国是家的放大"，② 社会以家国同构、家国一体为基本特征，这是中国家庭主义文化产生发展的社会背景。中国的家庭（家族）结构是中国社会经济结构的内核，"独特的中国家庭结构性要素构成社会的深层结构。"③ 因此，国家不仅以家庭（家族）为基本单元，而且是以家庭（家族）原理来组织社会和国家的。"家族实为政治、法律的单位，政治、法律组织只是这些单位的组合而已。这是家族本位政治理论的前提，也是齐家治国一套理论的基础，每一个家族能维持其单位内之秩序而对国家负责，整个社会的秩序自可维持。"④ 因此，以孝、悌、和、勤、俭等传统家庭美德建立和规范家庭伦序，就成为中国人齐家治国平天下的朴素人文理念；通过这些家庭美德教育和塑造子弟的"内圣外王"理想人格，就成为以颜之推为代表的古代家长制作家训和理家教子的根本目的。

传统家庭美德属于家庭道德规范，是人们在家庭生活中调整家庭成员之间关系、处理家庭内部矛盾和问题时所当遵循的道德规范，是每个个体在家庭生活中应该遵守的基本行为准则。家庭美德一般包括关于家

---

① 《论语》卷8《季氏第十六》。

② 张晋藩：《中国法律的传统与近代转型》，中国法律出版社 2005 年版，第 116 页。

③ Nan Lin，"Chinese Family Structure and Chinese Society"，台湾《中央民族研究院民族学研究所集刊》，1988 年第 65 期。

④ 瞿同祖：《中国法律与中国社会》，中华书局 1981 年版，第 26—27 页。

庭的道德观念、道德规范和道德品质。它所能规范和调节的范围涵盖了
父子、夫妻、长幼、邻里等亲近人群之间的各类关系，旨在倡导和形成
尊老爱幼、夫妻和睦、持家勤俭和邻里团结等居家处世风尚。与中国古
代家国同构的社会政治相一致，正确对待和处理好家庭问题，共同培养
和发展夫妻爱情、长幼亲情、邻里友情，不仅关系到每个家庭的美满幸
福，也有利于社会的安定和谐。虽然，中国古代统治者所坚持和提倡的
"君为臣纲、父为子纲、夫为妻纲"的"三纲"伦常，以及要求妇女
"未嫁从父、既嫁从夫、夫死从子"的"三从"等思想守旧迂腐，但传
统家庭道德作为传统文化的重要组成部分，它所具有的规范家庭人伦的
自然情感和协调家庭人际关系的合理机制，无疑蕴涵着中华民族永不衰
竭的和谐精神，是中华民族的人文精华；同样，与颜之推制作《颜氏家
训》一样，历代贤哲制作家训，均希望能够造就子弟的理想人格，其中
固然不乏迂腐之谈和过时之语，但更多的是精警之言和善益之论，他们
通过家训着力强调和反复教导的，无疑包括忠孝节义等家庭美德。今天
我们所要继承的，当然不是它那旧时代的糟粕，而是其中的民族精神和
民族文化。

一　孝

中国有句老话——"百善孝为先"，是说孝敬父母在各种美德中占第
一位，也说明孝在中国传统文化中处于核心地位，是中华文明区别于古罗
马文明和印度文明的主要人文因素之一，有些学者甚至将中国传统文化称
之为孝文化[①]，可见孝之于中国古代社会的影响之广大。中国最早的一部
解释词义的著作《尔雅》给孝下的定义是"善事父母为孝"，汉代贾谊的
《新书》界定为："子爱利亲谓之孝"，东汉许慎在《说文解字》中的解
释是："善事父母者，从老省、从子，子承老也"。由此可见，"孝"就是
子女对父母及其他长辈的一种敬养善行和美德，是家庭中晚辈在处理与长
辈的生养死葬关系时应该具有的基本道德品质和必须遵守的行为规范，当

---

① 中国人民大学肖群忠教授明确提出并详尽论述了中国的"孝文化"，在其所著的《孝与
中国文化》人民出版社 2001 年版）一书中，对中国孝文化的概念性规定是：孝文化是指中国文
化与中国人的孝意识、孝行为的内容与方式，及其历史性过程、治政性归结和广泛的社会性衍伸
的总和。

然也是家训教诫和期望子弟具备孝德的主要内容之一。

"孝"字最早源于距今 4000 多年前的甲骨文，而作为道德规范的"孝"，则是由孔子、孟子和曾子等先儒在继承发扬尧舜等先帝"奉先思孝"的善行与观念的基础上而提出的孝德理念，其中《孝经》一书就专门以孝为中心，比较集中地阐发了儒家的伦理孝德思想，书中认为"孝"是上天所定的事亲规范，"夫孝，天之经也，地之义也，民之行也。天地之经而民是则之，则天之明，因地之利，以顺天下。是以其教不肃而成，其政不严而治。"① 孔子提出："孝悌也者，其为仁之本欤！"② 孝乃仁之本，怎样才能做到以孝事亲？"子曰：'孝子之事亲也，居则致其敬，养则致其乐，病则致其忧，丧则致其哀，祭则致其严。五者备矣，然后能事亲。事亲者，居上不骄，为下不乱，在丑不争。居上而骄则亡，为下而乱则刑，在丑而争则兵，三者不除，虽日用三牲之养，犹为不孝也。'"③ 可见，传统孝德的内容博大精深，涉及社会生产生活和认识思维的方方面面。

（一）百善孝为先。"夫孝，德之本也，教之所由生也。"④ 按照传统的伦理思想，一个人如果能够孝顺父母，他就有一颗善良仁慈的心，"常存仁孝心，则天下凡不可为者，皆不忍为，所以孝居百行之先。"⑤ 这不仅是清代王永彬在《围炉夜话》中提出的教育家人子弟以孝事亲的朴素话语，而且也是孝德伦理与孝道实践的基本要求。不仅如此，"夫孝，始于事亲，中于事君，终于立身。"⑥ 所以，中国人强调百善孝为先，孝是古代中国人立身、立言、立德的根据与出发点。

（二）事生敬养之孝。关于如何事生敬养，孟子提出了至孝理念："孝子之至，莫大乎尊亲；尊亲之至，莫大乎以天下养。"⑦ 古本《释名》卷 2《释言语第十二》解释为："孝，畜也，畜养也。"⑧ 一个人如果不顾

① 《孝经·三才章第七》。
② 《论语》卷 1《学而第一》。
③ 《孝经·纪孝行章第十》。
④ 《孝经·开宗明义章第一》。
⑤ （清）王永彬：《围炉夜话》。
⑥ 《孝经·开宗明义章第一》。
⑦ 《孟子》卷 9《万章章句上》。
⑧ 《释名》卷 2《释言语第十二》。

父母之养，则为不孝之子。所以"孟子曰：'世俗所谓不孝者五：惰其四肢，不顾父母之养，一不孝也；博弈好饮酒，不顾父母之养，二不孝也；好货财，私妻子，不顾父母之养，三不孝也；从耳目之欲，以为父母戮，四不孝也；好勇斗狠，以危父母，五不孝也。'"① 在孟子所列举的这五种不孝的情况中，有三种均为不顾父母之养。然而，在中国古人看来，养亲②虽然是子女对父母的最基本尽孝义务，是基于人的报恩观念而自然产生的，但是传统的孝观念不仅要求子女对父母尽奉养之义，更重要的是子女对父母要有敬爱承顺之心。"子夏问孝。子曰：'色难。有事弟子服其劳，有酒食先生馔，曾是以为孝乎？'"孔子认为承顺父母之色为难，因为孝子之有深爱者，必有和气；有和气者，必有愉色；有愉色者，必有婉容；故事亲之际，惟色为难耳，服劳奉养未足为孝也。③ 故而以孔子为代表的儒家对"敬亲"特别重视，把能否敬爱父母作为人与畜、君子与小人的主要区别。"今之孝者，是谓能养。至于犬马，皆能有养；不敬，何以别乎？"④ 孔子以人畜犬马，皆能有以养之，若能养其亲而敬不至，则与养犬马者何异的例证，教导子游"世俗事亲，能

---

① 《孟子》卷8《离娄章句下》。

② 《礼记·内则》详细记述了圣王奉养德行，号召人们自觉效法："凡养老，有虞氏以燕礼，夏后氏以飨礼，殷人以食礼，周人修而兼用之。凡五十养于乡；六十养于国；七十养于学，达于诸侯；八十拜君命，一坐再至，瞽亦如之；九十者使人受。五十异粮，六十宿肉，七十二膳，八十常珍，九十饮食不违寝，膳饮从于游可也。六十岁制，七十时制，八十月制，九十日修，唯绞衿衾冒，死而后制。五十始衰，六十非肉不饱，七十非帛不暖，八十非人不暖，九十虽得人不暖矣。五十杖于家，六十杖于乡，七十杖于国，八十杖于朝，九十者，天子欲有问焉，则就其室，以珍从。七十不俟朝，八十月告存，九十日有秩。五十不从力政，六十不与服戎，七十不与宾客之事，八十齐衰之事弗及也。五十而爵，六十不亲学，七十致政，凡自七十以上，唯衰麻为丧。凡三王养老，皆引年，八十者，一子不从政；九十者，其家不从政，瞽亦如之。凡父母在，子虽老不坐。有虞氏养国老于上庠，养庶老于下庠；夏后氏养国老于东序，养庶老于西序；殷人养国老于右学，养庶老于左学；周人养国老于东郊，养庶老于虞庠，虞庠在国之西郊。有虞氏皇而祭，深衣而养老；夏后氏收而祭，燕衣而养老；殷人冔而祭，缟衣而养老；周人冕而祭，玄衣而养老。"而《韩诗外传·卷九》记述了弟子子路与孔子讨论敬养之孝的情形，可知要做到至孝，是非常难的。子路曰："有人于斯，夙兴夜寐，手足胼胝，面目黧黑，树艺五谷，以事其亲，而无孝子之名者、何也？"孔子曰："吾意者、身未敬邪！色不顺邪！辞不逊邪！古人有言曰：'衣欤！食欤！曾不尔即。'子劳以事其亲，无此三者，何为无孝之名！"

③ 《孝经·谏诤章第十五》。

④ 《论语》卷1《为政第二》。

养足矣。狎恩恃爱，而不知其渐流于不敬，则非小失也。"① 只养而不敬，未尽孝子之义也。

（三）顺逆权变之孝。"孟懿子问孝。子曰：'无违。'樊迟御，子告之曰：'孟孙问孝于我，我对曰：无违'。樊迟曰：'何谓也？'子曰：'生，事之以礼；死，葬之以礼，祭之以礼。'"② 说明孝德不仅要求人们在态度上对父母长辈要和悦，在行为上事亲以礼，而且更为重要的是要顺从父母长辈的意志，这也是孝顺连用的主要原因。然而，如果只要是长辈的意愿，无论在什么情况下都一味顺承，都要绝对服从，则显然是不正确的。儒家设计出当父母长辈有过错时，子女在百善孝为先的前提下应怎么办的实践伦理方案，即"事父母几谏"③，要委婉劝谏，而且以"子能改父之过，变恶以为美，则可谓孝矣。"那么，如何劝谏呢？"父母有过，下气怡色，柔声以谏。谏若不入，起敬起孝，悦则复谏。不悦，与其得罪于乡党州闾，宁孰谏。父母怒，不悦，而挞之流血，不敢疾怨，起敬起孝。"④ 孟子也说："亲之过大而不怨，是愈疏也；亲之过小而怨，是不可矶也。愈疏，不孝也；不可矶，亦不孝也。"⑤ 所以，如果子女对父母的过失和违背道义的行为不劝谏，一味盲目顺从，则是不孝的表现⑥，因为"孝爱之深者，其迹有若不顺，其迹不顺，其意顺也。"⑦ 孝子行孝巧变，才是顺逆权变之孝。

（四）传宗接代之孝。"孟子曰：'不孝有三，无后为大。'"朱熹释义曰："于礼有不孝者三事：谓阿意曲从，陷亲不义，一也；家贫亲老，不为禄仕，二也；不娶无子，绝先祖祀，三也。三者之中，无后为大。"⑧

---

① 《孝经·谏诤章第十五》。
② 《论语》卷1《为政第二》。
③ 《论语》卷2《里仁第四》。
④ 《礼记·内则》。
⑤ 《孟子》卷12《告子章句下》。
⑥ 西汉大儒董仲舒在《大戴礼记》中记述了曾子事父母的情形，此引为证："单居离问于曾子曰：'事父母有道乎？'曾子曰：'有。爱而敬。父母之行若中道，则从；若不中道，则谏；谏而不用，行之如由己。从而不谏，非孝也；谏而不从，亦非孝也。孝子之谏，达善而不敢争辨；争辨者，作乱之所由兴也。由己为无咎，则宁；由己为贤人，则乱。孝子无私乐，父母所忧忧之，父母所乐乐之。孝子唯巧变，故父母安之。若夫坐如尸，立如齐，弗讯不言，言必齐色，此成人之善者也，未得为人子之道也。'"
⑦ 《东坡易传》卷2。
⑧ 《四书章句集注·孟子集注》卷7《离娄章句上》。

因为"父母生之，续莫大焉"。① 所以，按照中国传统的孝观念，认为一个人长大成人后必须结婚必须生子，只有生子育孙才能够使家庭以至整个宗族得以稳固和延续，使先祖有人香火祭祀，如完不成这一重任，就是对父母最大的不孝，对祖先最大的不尊。

（五）事死丧祭之孝。善事父母为孝，而事亲包括"事生"和"事死"两重含义和两类孝行，且事死是事生的继续和延伸，它表达了子孙后代对逝去长辈的敬重和怀念。因此在中国古代人的孝观念中，事死丧祭是非常重要的，②"夫孝者，善继人之志，善述人之事者也。春秋修其祖庙，陈其宗器，设其裳衣，荐其时食。宗庙之礼，所以序昭穆也；序爵，所以辨贵贱也；序事，所以辨贤也。旅酬下为上，所以逮贱也；燕毛，所以序齿也。践其位，行其礼，奏其乐，敬其所尊，爱其所亲。事死如事生，事亡如事存，孝之至也。郊社之礼，所以事上帝也；宗庙之礼，所以祀乎其先也。明乎郊社之礼，禘尝之义，治国其如示诸掌乎。"③ 要求人们侍奉死者如同侍奉生者，侍奉已亡者如同侍奉现存者，这是行孝的最高标准，也是古代孝道思想的真实表现。所以孟子曰："养生者不足以当大事，惟送死可以当大事。"④ 足见传统孝观念对事死的重视，而子女表达丧亲之孝的形式就是丧葬和祭祀，"祭者，所以追养继孝也。……是故孝子之事亲也，有三道焉：生则养，没则丧，丧毕则祭。养则观其顺也，丧则观其哀也，祭则观其敬而时也。尽此三道者，孝子之行也。"⑤ 丧祭之孝就是强调在父母或长辈去世后，儿女要按照既定的规制举行葬礼和祭礼行孝以慎终追远。

---

① 《孝经·圣治章第九》。

② 在中国古人看来，事死丧祭之孝贯穿于天地人之间，自家的祖宗集神性与人性为一体，是人神交接的纽带，所以孝可以也必然能够感动上天和苍穹，于是官府朝廷以至皇帝旌表有孝德之人时往往冠以"孝"名，哪里的孝道风尚好则给地名也冠以"孝"字。如湖北孝感，就是由古代荆楚"孝文化"积淀演变而形成的地名，元代学者郭居敬在《二十四孝》中记载："汉董永家贫，父死，卖身贷钱而葬。及去偿工，途遇一妇，求为永妻，俱至主家，主令织布三百匹，始得归。妇织一月而成，归至槐阴会所，遂辞永而去。有诗为颂：'葬父贷孔兄，仙姬陌上逢；织布偿债主，孝感动苍穹'。"在古代中国的二十四大孝子中，因董永和"扇枕温衾"的黄香、三国时"哭竹生笋"的孟宗三大孝子均出自孝感，故孝感因他们行孝感天而得名，是至今我国唯一一个以孝命名，又以孝传名的城市。

③ 《礼记·中庸》。

④ 《孟子》卷8《离娄章句下》。

⑤ 《礼记·祭统》。

（六）扬显父母之孝。《孝经》开宗明义就讲，"夫孝，始于事亲，中于事君，终于立身"①，要求人们"无念尔祖，聿修厥德。"显然，这种"立身扬名"之孝已不再是局限于家庭内善事父母的狭小范围，而是儒家对立身设计的修身齐家治国平天下之社会大业②，在古代中国历史上造就了许多忠君爱国的杰出英才。

曾子曰："孝有三，大孝尊亲，其次弗辱，其下能养。"公明仪问于曾子曰："夫子可以为孝乎？"曾子曰："是何言欤，是何言欤！君子之所为孝者，先意承志，谕父母于道，参直养者也，安能为孝乎！"曾子曰："身也者，父母之遗体也。行父母之遗体，敢不敬乎？"居处不庄，非孝也；事君不忠，非孝也；莅官不敬，非孝也；朋友不信，非孝也；战阵无勇，非孝也。五者不遂，灾及于亲，敢不敬乎！亨孰膻芗，尝而荐之，非孝也，养也。君子之所谓孝也者，国人称愿然曰："幸哉！有子如此，所谓孝也已。"众之本，教曰孝，其行曰养。养可能也，敬为难；敬可能也，安为难；安可能也，卒为难。父母既没，慎行其身，不遗父母恶名，可谓能终矣。仁者仁此者也，礼者履此者也，义者宜此者也，信者信此者也，强者强此者也。乐自顺此生，刑自反此作。曾子曰："夫孝，置之而塞乎天地，溥之而横乎四海，施诸后世而无朝夕，推而放诸东海而准，推而放诸西海而准，推而放诸南海而准，推而放诸北海而准。"诗云："自西自东，自南自北，无思不服。"此之谓也。③

---

① 《孝经·开宗明义章第一》。

② 儒家文化讲究推己及人，表现在所提倡的孝也要推及他人，如果将对父母之敬爱，对兄长之敬重推及于人，全社会将"老吾老以及人之老，幼吾幼以及人之幼。"诚如此，如果全社会范围内的人都做到了"亲亲"、"敬长"，不仅会和睦九族，以亲乡里，而且会由追思祖宗而爱祖国，以长老为父兄而敬老尊长，从而处理好一切人际关系，这样一来整个社会的稳定效果便可想而知了。也正是看到了孝之于中国社会治理和稳定的巨大作用，所以中国古代社会自先秦一直到明清，历代统治者都高度重视发挥孝在治理国家中的作用，其中汉代就干脆以孝治国、以孝治天下。古本《孝经》记载着孔子所述的孝治天下情形："子曰：昔者明王之以孝治天下也，不敢遗小国之臣，而况于公侯伯子男乎，故得万国之欢心，以事其先王；治国者，不敢侮于鳏寡，而况于士民乎，故得百姓之欢心，以事其先君；治家者，不敢失于臣妾，而况于妻子乎，故得人之欢心，以事其亲。夫然，故生则亲安之，祭则鬼享之，是以天下和平，灾害不生，祸乱不作，故明王之以孝治天下也如此。诗云：'有觉德行，四国顺之。'"

③ 《礼记·祭义》。

由此可见，传统孝观念不仅要求子女立身，而且在立身的基础上要"扬名于后世，以显父母。"① 在扬显父母之孝的感召下，无数子弟寒窗苦读，跻身仕途，求取功名，为的就是秉承父志，善继善述，实现父母对子女的希望，光宗耀祖，光大宗门，这也是传统孝道对子女在家庭伦理范围内的较高要求。

二　悌

悌是中国古代社会用以规范和调节兄弟长幼关系的伦理道德规范之一，原意系指弟（妹）在家敬爱兄长，顺从兄长。悌通常与"孝"一起并称为"孝悌"，意为善事父母为孝，敬事兄长为悌。《白虎通义》说："兄者，况也，况父法也；弟者，悌也，心顺行笃也"。② 儒家非常重视"孝悌"操守，而且将一般家庭中的孝悌之义推及全社会，把它看成是实行"仁"德的前提条件。"于此有人焉，入则孝，出则悌，"③ "其为人也孝悌，而好犯上者，鲜矣；不好犯上，而好作乱者，未之有也。君子务本，本立而道生。孝悌也者，其为仁之本欤！"说明行仁自孝悌始，孝悌，仁之事也；仁，人之性也；人性为本，孝悌为用，故孝悌为行仁之本也。孝悌这一对道德规范的作用范围，在一定意义上虽然可以推广到全社会，但是其最直接有效的可以加以规范的人群则是家庭内部的父子兄弟，自然成为以《颜氏家训》为代表的古代家训所看重并重点加以训诫的。

首先，敬事兄长为悌。悌者从心、弟声，本义为敬爱兄长。"单居离问曰：'事兄有道乎？'曾子曰：'有，尊事之，以为己望也；兄事之，不遗其言。兄之行若中道，则兄事之；兄之行若不中道，则养之；养之内，不养于外，则是越之也；养之外，不养于内，则是疏之也；是故君子内外养之也。'"④ 出于敬顺兄长之意，而将敬顺兄长之德行推广及人，则为广义仁德之悌，故"君子教以悌，所以敬天下之为人兄者也。"⑤ 足见孝悌

---

① 《孝经·开宗明义章第一》。
② 《白虎通义》卷7《三纲六纪》。
③ 《孟子》卷6《滕文公章句下》。
④ 《大戴礼记·曾子事父母第五十三》。
⑤ 《孝经·广至德章第十三》。

是中国古代人之个体品德培育的重要方面。

其次，恺悌君子①，心中有弟。古代中国的家庭一般都是围绕核心家庭聚族而居的大家族，家族之内上下辈分繁杂，兄弟姐妹众多，在调节和处理这些亲属关系时，尊尊敬长自然是毋庸置疑的道德法则，但作为长上也要和乐平易，体恤关爱和提携扶助幼小卑下。所以古籍《释名卷二》注释"悌，弟也。"言兄长心中有弟之谓也。同时，根据悌之顺兄之意，则悌自然含有次第伦序之意，如同兄弟间彼此诚心相友爱之意也。因此，符合悌德规范要求的兄弟之道，弟对兄当恭顺，所谓敬顺事兄；而兄对弟亦当爱护，顺其正而加以诱掖之。

最后，和睦友顺，普世之悌。在儒家的孝悌观念中，须得将敬事兄长与和乐平易之悌推扩及人而泛指敬重一切长上，老成持重者广泛爱怜一切卑幼，并以此规范社会庶民大众的言行。"子曰：'君子之事亲孝，故忠可移于君；事兄悌，故顺可移于长；居家理，故治可移于官。是以行成于内，而名立于后世矣。"② 这重含义同孝并称为孝悌，旨在维护尊尊亲亲的封建等级宗法制度，从而为历代统治者采纳和推广扶持，并将其作为教民亲善的重要德目之一。"教民亲爱，莫善于孝；教民礼顺，莫善于悌；移风易俗，莫善于乐；安上治民，莫善于礼。礼者，敬而已矣。故敬其父，则子悦；敬其兄，则弟悦；敬其君，则臣悦；敬一人，而千万人悦。所敬者寡，而悦者众，此之谓要道也。"③ 说明一个人如果内心常怀敬事兄长和亲善弟妹之情，则敬亲爱亲之情油然而生，由此推扩及人，则社会众生极易融合而亲如一家人，使得社会庶众上下和睦，社会风貌一片祥和，此乃修齐治平之道也。

三 和

"和"的文化理念最早产生于远古的巫术礼仪之中，"和"字最早在

---

① 《韩诗外传》卷6以注释"恺悌君子，民之父母"诗句的形式，对长上和乐平易的风范进行了论述："君子者、貌恭而行肆，身俭而施博，故不肖者不能逮也。职尽于己，而区略于人，故可尽身而事也。笃爱而不夺，厚施而不伐；见人有善，欣然乐之；见人不善，惕然掩之；有其过而兼包之；授衣以最，授食以多；法下易由，事寡易为；是以中立而为人父母也。筑城而居之，别田而养之，立学以教之，使人知亲尊，亲尊故为父服斩缞三年，为君亦服斩缞三年，为民父母之谓也。"

② 《孝经·广扬名章第十四》。

③ 《孝经·广要道章第十二》。

甲骨文中是"龢"（也通"盉"），意指竹管乐器所出和美之乐。由于"乐"在中国远古就是音、歌、舞（音乐、诗歌、舞蹈）三位一体的，"和"自然就是一种乐舞参与的动态性一致，犹如今天的音乐是由人的和唱或乐器合奏形成的一样，如果仅仅只是旋律节拍一致还不足以成为交响乐，只有大家的心、音、律协和一致才能有真正的天籁之音。《尚书》有言："诗言志，歌咏言，声依咏，律和声。八音克谐，无相夺伦，神人以和。"① 中国古人认为，"凡音者，生人心者也。情动于中，故形于声，声成文，谓之音。是故治世之音，安以乐，其政和；乱世之音，怨以怒，其政乖；亡国之音，哀以思，其民困。声音之道，与政通矣。宫为君、商为臣、角为民、徵为事、羽为物，五者不乱，则无怗滞之音矣。宫乱则荒，其君骄；商乱则陂，其官坏；角乱则忧，其民怨；徵乱则哀，其事勤；羽乱则危，其财匮；五者皆乱，迭相凌，谓之慢。如此则国之灭亡无日矣。"② 古人不仅认为"乐"之"和"包括各种声音之和，而且发现音律能致和谐的乐理可以扩大到整个宇宙之谐和，如果宇宙万物不乱其序，人与人、人与神、人与万物便能达到一种和谐的境界。正是中国先民高度重视"乐"中所包含和体现的这种"和"的精神，所以，中国人类早期的原始文化形态就逐步演化形成了以"乐"致"和"之"礼"。

> 乐在宗庙之中，君臣上下同听之，则莫不和敬；在族长乡里之中，长幼同听之，则莫不和顺；在闺门之内，父子兄弟同听之，则莫不和亲。故乐者，审一以定和，比物以饰节，节奏合以成文，所以合和父子君臣，附亲万民也，是先王立乐之方也。故听其雅颂之声，志意得广焉；执其干戚，习其俯仰诎伸，容貌得庄焉；行其缀兆，要其节奏，行列得正焉，进退得齐焉。故乐者，天地之命，中和之纪人情之所不能免也。夫乐者，先王之所以饰喜也；军旅铁钺者，先王之所以饰怒也。故先王之喜怒，皆得其侪焉，喜则天下和之，怒则暴乱者畏之。先王之道，礼乐可谓盛矣。③

---

① 《尚书·舜典》。
② 《礼记·乐记》。
③ 同上。

由此可见，"和"不仅是中国传统文化的主导性观念之一，而且是中国古代人的心理结构和思维模式。然而，"和"作为传统道德规范的出现，却是身处礼崩乐坏年代里的孔子等先儒，针对政治动荡和社会不安的社会现实，以及人们对政治秩序和社会稳定的渴望而提出的通过教化和合社会矛盾、维护社会稳定的伦理道德规范，显示了东方式的哲学智慧，诚所谓"儒家者流，盖出于司徒之官，助人君顺阴阳、明教化者也"①。说明中国古代教化的主要手段和途径之一便是礼乐，礼乐的主要化育功能便是和谐各类关系。"乐者，天地之和也；礼者，天地之序也。和故百物皆化，序故群物皆别。"② 中国传统文化中这种"和"的思想博大精深，贯穿于中国古代思想发展史的各个时期和各家各派之中，最终积淀为中国文化的人文精髓和基本精神。与此相适应，中国人居家讲求"室雅人和"、修身追求身心谐和、医病重在"和气理中"、商贾经营崇尚"和气生财"、与人交游坚持"执中贵和"，而"家和万事兴"成为老百姓朴素的治家理念，自然是众多家长制作家训和理家教子的重点德目。其实，古代"和"这一道德规范包括万物太和、万邦协和、民人中和、德性平和等四个层次，只有厘清传统"和"这一道德规范的内涵，才能明了古代家长何以选择"和"来教诫子弟修身成就德性人格。

（一）万物太和。中国人历来崇尚和谐，把天地万物达到和谐状态视为国家政治和社会治理的最高境界。首先，在中国古代人看来，因为世界遵循"阴阳和而万物化生"的运动变化规律，自然万物太和。"故天不变经，地不易形，日月昭明，列宿有常；天施地化，阴阳和合；动以雷电，润以风雨。节以山川，均其寒暑。万民育生，各得其所，而制国用。"③《周易》则曰："乾道变化，各正性命，保合太和，乃利贞。首出庶物，万国咸宁。"④ 所以在中国传统文化中，"太和"是最高的和谐状态，也是历代君王所期望达到的最理想的社会状态。明清之际的思想家王夫之注释为："太和，和之至也。"《礼记》有言："凡和，春多酸，夏多苦，秋多辛，冬多咸，调以滑甘。"⑤ "太和"表明宇宙万物及其相互间的关系都极

① 《汉书·艺文志》。
② 《礼记·乐记》。
③ 《韩诗外传》卷3。
④ 《周易·第一卦乾乾为天乾上乾下》。
⑤ 《礼记·内则》。

为和谐统一，这不仅是中国先哲平治天下的远大抱负，也是中国先民们对开泰盛世的朴素追求。由于"太和"一词所具有的崇高意义，因此明清两代的封建统治者把故宫的中心建筑命名为"太和殿"，其实太和殿平时连皇帝本人也不能随便进入，只有举行全国性的盛典时才开放使用，可见其地位之高及中国古代统治者对"太和"的向往和尊崇。其次，由于敬畏天命和相信万物有灵，中国先民们一向注重保持人与自然的和谐关系，追求人与自然的和谐相处。"和如羹焉，水火醯醢盐梅，以烹鱼肉，燀之以薪，宰夫和之，齐之以味，济其不及，以泄其过，君子食之，以平其心。"① 在这种人与自然和谐相处思想的支配下，中国先民们自觉地形成了一种和谐的生态伦理观念，反对向自然过分索取，注意保护自然环境和生态平衡，如孟子回答梁惠王强国之问时，就明确提出"不违农时，谷不可胜食也；数罟不入洿池，鱼鳖不可胜食也；斧斤以时入山林，材木不可胜用也。谷与鱼鳖不可胜食，材木不可胜用，是使民养生丧死无憾也。"② 显示出孟子和谐万物的政治主张。

北京故宫太和殿

（二）民人中和。"执中贵和"历来是中国人通行的处世方法和交往原则。在中国传统的文化观念中，要实现"和"的崇高价值，最根本的途径就是秉持"中和"原则，践行中庸之道，"夫大人者，与天地合其德，与日月合其明，与四时合其序，与鬼神合其吉凶。先天而天弗违，后

① 《春秋左氏传·昭公》。
② 《孟子》卷1《梁惠王章句上》。

天而奉天时。天且弗违，而况人乎？况于鬼神乎？"① 所以，古代有识之
士无论在处理自我本身、人与自然，还是处理人与社会之间的关系时，都
要把握好事物发展的尺度，坚持适度原则，反对过犹不及，这是先儒设计
的做人和做事原则。首先，君子以致中和为持身之道。"喜怒哀乐之未发
谓之中，发而皆中节谓之和。中也者，天下之大本也；和也者，天下之达
道也。致中和，天地位焉，万物育焉。"② 其次，君子和而不同，小人同
而不和。"君子尚义，故有不同。小人尚利，安得而和？"③ 以他平他谓之
和，"君子易和而难狎也，易惧而不可劫也，畏患而不避义死，好利而不
为所非，交亲而不比，言辩而不乱。荡荡乎！其易不可失也，磏乎！其廉
而不刿也，温乎！其仁厚之光大也，超乎！其有以殊于世也。"④ 所以不
同的人群和不同的国家，其中不同的构成要素（人）之间必须相互协调，
行动一致，如果没有"和"，社会统一体将缺乏活力，丧失进一步发展的
内在动因；相反，人们之间只有同，没有分，这样的统一体便是死水一
潭。再次，君子和顺而民人化育。王夫之注释《论语》中孔子"和"的
概念时说："'和'者，以和顺于人心之谓也。"⑤ "故道得则泽流群生，
而福归王公，泽流群生，则下安而和，福归王公，则上尊而荣，百姓皆怀
安和之心，而乐戴其上，夫是之谓下治而上通，下治而上通，颂声之所以
兴也。"⑥ 说明统治者应当以和顺之心治政并教化民众，持中和之态以为
百姓效仿的楷模，则颂声兴、治世之功成也。故"天子听男教，后听女
顺。天子理阳道，后治阴德。天子听外治，后听内职。教顺成俗，外内和
顺。国家理治，此之谓盛德。"⑦ 如此则国治家齐邻睦。因为夫妻和睦、
志同道合是维护整个家庭和谐与融洽的关键，也是家庭生活中应该遵守的
重要的行为规范；邻里之间是一种地缘关系，虽然无血缘关系和利益关
系，但朝夕相处，在日常生活中有广泛的联系，邻里关系处理得好，可互
为助手、互相依靠，有益于各家生活幸福，也有利于社会安定。最后，君

---

① 《周易·第一卦乾乾为天乾上乾下》。
② 《礼记·中庸》。
③ 《四书章句集注·论语集注》卷7《子路第十三》。
④ 《东坡易传》卷5。
⑤ 王夫之：《读四书大全说》卷4《论语》。
⑥ 《韩诗外传》卷5。
⑦ 《礼记·昏义》。

子以人和为富国强兵之用。孟子曰："天时不如地利，地利不如人和。三里之城，七里之郭，环而攻之而不胜。夫环而攻之，必有得天时者矣；然而不胜者，是天时不如地利也。城非不高也，池非不深也，兵革非不坚利也，米粟非不多也；委而去之，是地利不如人和也。"① 出于上述民人中和理念，中国古代先哲们还将致力于不同阶层或集团之间、个人与社会之间、自我与他人之间等多重关系的协调而达到社会和谐的积极政治作为称为"和合"，② 并对能够贯彻这一政治理念的君主给予充分的肯定。

（三）德性平和。中国传统文化强调人的身心和谐，在注重道德教化作用发挥的基础上，追求德性平和的理想人格。按照传统的"和"文化理念，要真正实现人与自然、人与社会、人与人以及人自身内部的和谐，最根本的是先要通过道德教化来提高不同个体的内在修养，实现各个个体的身心和谐。对此，先儒们在《中庸》、《大学》等名篇中有着精辟的论述。首先，为人之道，率性谐和。中国传统文化设计的个体修养或个体品德培育之道表明，人的修身之道在于求之于内，由内而外，推己及人。"天命之谓性，率性之谓道，修道之谓教。道也者，不可须臾离也，可离非道也。是故君子戒慎乎其所不睹，恐惧乎其所不闻。莫见乎隐，莫显乎微。故君子慎其独也。"③ 求之于内就是顺性和诚意，因为按照孟子的性善说，人性本质上即是一种善，率性就是"吾善养吾浩然之气"，"其为气也，至大至刚，以直养而无害，则塞于天地之间。其为气也，配义与道；无是，馁也。是集义所生者，非义袭而取之也。行有不慊于心，则馁矣。"④ 所以君子的代表孔子"温而厉，威而不猛，恭而安"。朱熹注释

① 《孟子》卷4《公孙丑章句下》。

② 《韩诗外传》记述了当时夫妻和气、家庭和睦和社会和合的情况，"诗云：'妻子好合，如鼓瑟琴。兄弟既翕，和乐且耽。'意思是"合而和矣，欲其无相夺伦，故曰翕如"，如果人能和于妻子，宜于兄弟如此，则父母其安乐之矣。"居处齐则色姝，食饮齐则气珍，言语齐则信听，思齐则成，志齐则盈。五者齐，斯神居之。""古者八家而井田。方里为一井，广三百步，长三百步，为一里，其田九百亩。广一步、长百步，为一亩；广百步，长百步，为百亩。八家为邻，家得百亩，余夫各得二十五亩，家为公田十亩，余二十亩共为庐舍，各得二亩半。八家相保，出入更守，疾病相忧，患难相救，有无相贷，饮食相召，嫁娶相谋，渔猎分得，仁恩施行，是以其民和亲而相好。诗曰：'中田有庐，疆场有瓜。'今或不然，令民相伍，有罪相伺，有刑相举，使构造怨仇，而民相残，伤和睦之心，贼仁恩，害士化，所和者寡，欲败者多，于仁道泯焉。"

③ 《礼记·中庸》。

④ 《孟子》卷3《公孙丑章句上》。

曰："人之德性本无不备，而气质所赋，鲜有不偏，惟圣人全体浑然，阴阳合德，故其中和之气见于容貌之间者如此。"① 其次，率性之谓道，修道之谓教。率性以成谦谦君子，道德教化彰显真性情，朱熹曰："性道虽同，而气禀或异，故不能无过不及之差，圣人因人物之所当行者而品节之，以为法于天下，则谓之教，若礼、乐、刑、政之属是也。"所以，中国古代先民十分重视对个体品德的培养，而培育德性的途径在于日常生活和受教个体的举手投足之间，"古者年八岁而出就外舍，学小艺焉，履小节焉。束发而就大学。学大艺焉，履大节焉。居则习礼文，行则鸣佩玉，升车则闻和鸾之声，是以非僻之心无自入也。在衡为鸾，在轼为和，马动而鸾鸣，鸾鸣而和应。声曰和，和则敬，此御之节也。上车以和鸾为节，下车以佩玉为度；上有双衡，下有双璜、冲牙、玭珠以纳其间，琚瑀以杂之。行以采茨，趋以肆夏，步环中规，折还中矩，进则揖之，退则扬之，然后玉锵鸣也。"② 再次，修身之道，阴阳调和。对于个体自身而言，提高自己的道德修养，调和阴阳，努力追求内心和谐，决定着一个人能否成为完美的人格。"夫治气养心之术：血气刚强，则务之以调和；智虑潜深，则一之以易谅；勇毅强果，则辅之以道术；齐给便捷，则安之以静退；卑摄贪利，则抗之以高志；容众好散，则劫之以师友；怠慢摽弃，则慰之以祸灾，愿婉端悫，则合之以礼乐。凡治气养心之术，莫径由礼，莫优得师，莫慎一好。好一则博，博则精，精则神，神则化，是以君子务结心乎一也。"③ 调和的功夫所至，无所杂者清之极，无所异者和之极。而调和的途径和手段，自然节之以礼乐，"有子曰：'礼之用，和为贵。先王之道斯为美，小大由之。盖礼之为体虽严，而皆出于自然之理，故其为用，必从容而不迫，乃为可贵。先王之道，此其所以为美，而小事大事无不由之也。有所不行，知和而和，不以礼节之，亦不可行也。'如此而复有所不行者，以其徒知和之为贵而一于和，不复以礼节之，则亦非复理之本然矣，所以流荡忘反，而亦不可行也。"④ 最后，面对冲突与挑战，仍然血气平和。当一个人面对困难挫折抑或收获荣誉时，"能平易和理而无

① 《四书章句集注·论语集注》卷4《述而第七》。
② 《大戴礼记·保傅第四十八》。
③ 《韩诗外传》卷2。
④ 《四书章句集注·论语集注》卷1《学而第一》。

争也，如此者，谓之仁。"① 只有这样，才可能实现个体人自身的德行之和谐。"是故穷则有名，通则有功，仁义兼覆天下而不穷，明通天地、理万变而不疑，血气平和，志意广大，行义塞天地，仁知之极也，夫是谓先王审之礼也。"②

（四）万邦协和。儒家修齐治平的政治理想，是中国传统文化中以我为主、兼收并蓄理念的升华，平治天下就是建立在各民族的共同理想实现基础上的万邦协和。《尚书》开篇《尧典》即记载：帝尧"克明俊德，以亲九族。九族既睦，平章百姓。百姓昭明，协和万邦。黎民于变时雍。"③盛赞帝尧治世之德，也开启了协和万邦的治政理想。"太平之时，民行役者不逾时，男女不失时以偶。孝子不失时以养；外无旷夫，内无怨女；上无不慈之父，下无不孝之子；父子相成，夫妇相保；天下和平，国家安宁。"④ 对于诸侯分封制度下的万邦协和，东晋文学家袁宏在《后汉纪》一书中有精到的描述，引以为证：

　　《书》称"协和万邦"，《易》曰"万国咸宁"。然则诸侯之治，建于上古，未有知其所始者也。尝试言之曰：夫百人聚，不乱则散；以一人为主，则斯治矣。有主则治，无主则乱。故分而主之，则诸侯之势成矣；总而君之，则王者之权定矣。然分而主之，必经纶而后宁；总而君之，必统体而后安。然则经纶之方，在乎设官分职，因万物之所能。统体之道，在乎至公无私，与天下均其欲。故帝王之作，必建万国而树亲贤，置百司而班群才。所以不私诸己，共飨天下，分其力任，以济民事。周礼：天子之田方千里，公之田方五百里，侯伯子男降杀之，谓之五等。虽富有天下，综理不过王畿，临飨一国，政刑不出封域。故众务简而才有余，所任轻而事不滞。诸侯朝聘，所以述职纳赋，尽其礼敬也。天子巡狩，所以观察风教，知其善恶也。功德著于民者，加地进律；其有不善者，则明九伐之制。是以世禄承袭之徒，保其富厚，而无苟且之虑，修绩述官之畴，务善其礼，不为进

---

① 《春秋繁露》卷8《必仁且智第三十》。
② 《韩诗外传》卷4。
③ 《尚书·尧典》。
④ 《韩诗外传》卷3。

取之计。故信义著而道化成，名器固而风俗淳，推之百世，可久之道也。①

正是在"海纳百川，有容乃大"、"和而不同，兼容并蓄"理念指引下，奠定了中国古代协和万邦的治政理想，而对于避免战乱，化解矛盾和冲突以协和邦国，历代先哲和统治者往往采用盟约与和亲的方式，以追求天下大同。盟约也称合约、誓约，在中国古代历史长河中，两国或多国之间通过约定建立同盟或约定和平相处，实例确实不少，如《大金国志》就记载着大宋与大金国誓书："本朝志欲协和万邦，大示诚信，故与燕地，兼同誓（约）。苟或违之，天地鉴察，神明速殃，子孙不绍，社稷倾危。如变渝在彼，一准誓（约），不以所与为定。专复书披达不宣。谨白。"② 和亲则是指两个不同民族或同一种族的两个不同国家的首领之间出于"为我所用"的目的所进行的联姻，尽管双方和亲的最初动机不完全一致，但总的来看，一般都是为了避战言和，保持长久的和好。纵观中国古代外交史，和亲是一种经常发生的现象③。据《文献通考》记载，早在周襄王时期，襄王欲伐郑，故娶狄女为王后，与戎狄兵共伐郑。这是历史上较早出现的和亲事件，此后汉唐直至明清，和亲之举不绝于书，"元帝竟宁元年，匈奴呼韩邪单于复入朝，自言愿婿汉氏以自亲。帝以后宫良家子王嫱字昭君赐单于，单于欢喜。昭君宁胡阏氏生一男。呼韩邪死，株累单于复

---

① 《后汉光武皇帝纪》卷7。

② 《大金国志》卷37《两国往来誓书》。

③ 《文献通考》卷258《帝系考九·公主》记载着自唐尧以至宋宁宗之女（公主）的生平经历和德行，其中以公主和亲的为数不少。如西汉和蕃公主："高帝罢平城归，是时，冒顿单于兵强，控弦四十万骑，数苦北边。上患之，以问娄敬，敬曰：'陛下诚能以适长公主妻单于，厚奉遗之，彼知汉女送厚，蛮夷必慕，以为阏氏，生子必为太子，代单于。冒顿在，固为子婿；死，外孙为单于。岂曾闻外孙敢与大父抗礼哉？可毋战以渐臣也。若陛下不能遣长公主，而令宗室及后宫诈称公主，彼亦知不肯贵近，无益也。'高帝曰：'善。'遣长公主，使敬往你，乌孙昆莫使献马，愿得尚汉公主，为昆弟。天子问群臣，议许，曰：'必先纳聘，然后遣女。'乌孙以马千匹聘。汉遣江都王建女细君为公主，以妻焉。赐乘舆服御物，为备官属、宦官、侍御数百人，赠送甚盛昆。莫以为右夫人。昆莫年老，欲使其孙尚公主，公主不听，上书言状，天子报：'从其国俗。'岑陬遂妻公主，生一女少夫。公主死，汉复以楚王戊之孙解忧为公主，妻岑陬。甘露三年，楚公主上书言年老思土，愿得归骸骨，葬汉地。天子悯而迎之，公主与乌孙男女三人俱来至京师。时年且七十，赐田宅奴婢，奉养甚厚，朝见仪比公主。"等等，不一而足。

妻王昭君，生二女，长女为须卜居次，小女为当予居次”①。汉文帝执行和亲政策，不但结束了匈奴多年的分裂和战乱，而且为中原王朝的大一统奠定了基础，昭君出塞的故事也传为历史佳话。

四　勤

勤不仅是中国人在生产劳动中具有的优秀品质和对待劳动的良好态度，也是中华民族的优良传统，所以在世界民族丛林中，勤劳一直是中华民族非常突出的外在形象。中国古代有不少家喻户晓的神话传说和寓言故事，都是与勤劳有关的。如神话传说“盘古开天地”、“女娲炼石补天”、“精卫填海”、“夸父逐日”，寓言故事“愚公移山”、“臧和谷亡羊”等，无不从文化传统方面反映了中华民族勤劳的基本道德素质。我国最早的解释性文献《尔雅》及《说文解字》中，对勤字所作的解释都是“勤，劳也”，说明“勤”和“劳”两个字在古代意思是基本相通的，勤劳就是指不懒惰，不怕辛苦，只有凭自己的双手和智慧，通过辛勤劳动，才会获得物质财富和创造好的生活条件。以家庭为生产生活单位的古代中国，家长制作家训并教育子孙后代勤劳致富、勤俭持家和以勤补拙等等的事例非常多，如《国语》中记载的春秋时期鲁国大夫公父穆伯的妻子敬姜教导儿子公父文伯的故事，“公父文伯退朝，朝其母，其母方绩。文伯曰：‘以歜之家而主犹绩，惧忓季孙之怒也，其以歜为不能事主乎！’其母叹曰：‘鲁其亡乎！使僮子备官而未之闻耶？居，吾语汝。……夫民劳则思，思则善心生；逸则淫，淫则忘善，忘善则恶心生。”② 民劳则善心生，民逸则纵欲放荡而恶心生，说明勤劳不仅是中国人的良好习惯，而且也是产生善心和培育德性的好方法。因为勤劳则“精神爽奋，则百废俱兴；肢体怠弛，则百兴俱废。”③ 所以朱熹注释《尚书》“王季其勤王家”曰：“盖其所作，亦积功累仁之事也。”④ 这是在中国古代自给自足的自然农业经济条件下，中国古代先民们认识到勤劳不仅能发家致富，而且还能健身养德的朴素思想所激发出的中国人积极进取与奋发图强精神，也是中国人最

---

① 《文献通考》卷 258《帝系考九·公主》。
② 《国语》卷 5《鲁语下》。
③ 《呻吟语》卷 5《外篇·书集》。
④ 《四书章句集注·中庸章句序》。

基本的生存德性，自然也成为家训的重要内容。

　　首先，民生在勤。在自给自足的自然农业经济条件下，保障民生在于勤劳。一方面，勤劳是生财之道和致富之路。在古代自给自足的自然农业经济中，不勤劳或懒惰不仅无财富来源，而且可能导致其无法生存下去，正如墨子强调的"赖其力者生，不赖其力者不生。"① 所以，中国古人把勤劳看得非常重要。"民生在勤，勤则不匮。"② 民人生活的根本保证在于勤劳，只有勤苦劳作，基本的生活消费才不会无保。另一方面，中国古代统治者普遍深刻认识到以勤立国的重要性，"民惟邦本，本固邦宁。传云人生在勤，勤则不匮。故一年耕则有三年之食，一日劳则有百日之息，所以惇本厚生足食之原也。"③ 古往今来，比较明智的最高统治者往往都能认识到，只有勤勉敬事，国才能立，邦才能兴。故而"为人君者，有率作兴事之勤，有授方任能之略，不患无叔敖史起之臣矣。"④ 为人主者如果"勤恤其民，而与之劳逸，是以民不罢劳，死不知旷"。⑤ 据《尚书》记载，周公作无逸篇，以之教诫成王"厥父母勤劳稼穑，厥子乃不知稼穑之艰难"⑥，特别强调"尔惟克勤乃事"⑦，希望他做到"惟忠惟孝，尔乃迈迹自身。克勤无怠，以垂宪乃后"⑧。在周公教诲下成长起来的成王，既黜殷命，灭淮夷而还归在丰，作《周官》昭告各级官吏务必勤政："明王立政，不惟其官，惟其人。今予小子，祗勤于德，夙夜不逮。……凡我有官君子，钦乃攸司，慎乃出令；令出惟行，弗惟反；以公灭私，民其允怀；学古入官，议事以制，政乃不迷。其尔典常作之师，无以利口乱厥官。蓄疑败谋，怠忽荒政；不学墙面，莅事惟烦，戒尔卿士。功崇惟志，业广惟勤；惟克果断，乃罔后艰；位不期骄，禄不期侈；恭俭惟德，无载尔伪。"⑨ 这就是《尚书》强调"克勤于邦"的道理。

　　其次，勤奋自强。中华民族之所以崇尚勤劳的美德，其中一个根本的

---

①　《墨子》卷8《非乐上第三十二》。

②　《春秋左氏传·宣公》。

③　《宋大诏令集》卷182《政事三十五》。

④　《日知录》卷16《财用》。

⑤　《春秋左氏传·哀公》。

⑥　《尚书·无逸》。

⑦　《尚书·多方》。

⑧　《尚书·蔡仲之命》。

⑨　《尚书·周官》。

动因，就是希望通过自己的奋斗，去改变不尽如人意的自然与社会环境，以求得一个理想的生存世界。《易经》有言："天行健，君子以自强不息"，就是表现中国人勤劳勇敢的豪迈气概和奋发图强的自强精神最有代表性的名言，自强不息原本就是勤劳美德的主要含义。因此，勤劳就不只是一般的劳作，而是包含着更深刻的意义，意指勤奋自强为理想目标而奋斗。一方面，"古之君人者，必时视民之所勤。民勤于力，则功筑罕；民勤于财，则贡赋少；民勤于食，则百事废矣。"① 为此，"舜勤众事而野死。"②"晋陶侃勤于吏职，终日敛膝危坐，阃外多事，千绪万端，罔有遗漏。诸参佐或以谈戏废事者，命取其酒器蒱博之具悉投之于江。将吏则加鞭朴，卒成中兴之业，为晋名臣。"③ 这些贤君名相"其勤公家，夙夜不解，民咸曰休哉"④，不仅成为勤奋自强的代表和楷模，为历代统治者所推崇和提倡，而且对于勤政官吏也是褒奖有加，"昔汉宣帝下诏云：'吏能勤事，而奉禄薄，欲其无侵渔百姓难矣！'遂加吏奉，著于策书。"⑤ 另一方面，中国古人认为，勤劳作为中华传统美德之一，"非德莫如勤，非勤何以求人。能勤有继，其从之也。诗曰：'文王既勤止。'文王犹勤，况寡德乎！"⑥ 所以，中国古代先民往往将勤奋自强精神广泛用于学习修身等诸多方面，如一代尊师孔子教育弟子不厌其烦而成为勤学善思的道德楷模，而且告诉人们要"学而时习之，不亦说乎？"⑦《礼记》中讲到："善学者，师逸而功倍，又从而庸之；不善学者，师勤而功半，又从而怨之。"⑧ 故孔子见弟子宰予昼寝，而深责之曰："朽木不可雕也，粪土之墙不可杇也，于予与何诛。"⑨"说明古之圣贤未尝不以懈惰荒宁为惧，勤励子弟不息自强，此孔子所以深责宰予也，以警群弟子，使谨于言而敏于行耳。"⑩

---

① 《春秋穀梁传·庄公》。
② 《礼记·祭法》。
③ 《日知录》卷16《财用》。
④ 《礼记·祭统》。
⑤ 《日知录》卷13《部刺史》。
⑥ 《春秋左氏传·宣公》。
⑦ 《论语》卷1《学而第一》。
⑧ 《礼记·学记》。
⑨ 《论语》卷3《公冶长第五》。
⑩ 《四书章句集注·论语集注》卷3《公冶长第五》。

最后，勤苦耐劳。勤与劳相通，劳与苦相连。勤劳美德的养成，如果从消极被动的一面说，勤劳则为环境所逼，为生计所迫。因此，在生存挑战严峻和危机四伏的古代社会，只有能够经受得住吃大苦、耐大劳考验的人，才算得上真正具有勤劳美德的人，"隐约而不慑，安乐而不奢，勤劳之不变，喜怒之如度晰，曰守也。"①"故天将降大任于斯人也，必先苦其心志，劳其筋骨，饿其体肤，空乏其身，行拂乱其所为，所以动心忍性，曾益其所不能。"② 中国古人认为，勤苦耐劳不仅是锻炼自我与担当重任的前提，而且是成就德性人格必不可少的锻炼环节。"君子勤礼，小人尽力。勤礼莫如致敬，尽力莫如敦笃。敬在养神，笃在守业。"③ 基于这种认识，许多家长教育子弟时有意训练他们的吃苦耐劳精神，如宋太祖"以诸子年长宜习勤劳，使不骄惰，命内侍制麻屦屦行胜，每出城稍远，则马行其二，步趋其一。"④ 孔子就主张有德之人教化民俗，在于率先垂范，培育人们勤苦耐劳的精神。故当子路问政时，"子曰：先之，劳之"。孔子在此教诲弟子，"凡民之行，以身先之，则不令而行；凡民之事，以身劳之，则虽勤不怨。"⑤

五　俭

"勤"和"俭"是中华传统家庭美德中最为密切相关的一对道德规范，"勤"着重强调勤奋劳作，而"俭"则着重强调俭朴节约。实际上，一个崇尚勤奋劳作的人，往往会珍惜来之不易的劳动成果，自然崇尚有节制而俭朴的生活方式；同时，一个崇尚节制俭朴生活方式的人，必然深知财货日用来之不易，自然会崇尚勤奋劳作的美德。唐代诗人李绅的诗句"锄禾日当午，汗滴禾下土。谁知盘中餐，粒粒皆辛苦。"⑥ 最能够表达中国古代先民们的勤劳俭朴情节，"勤"和"俭"也因此成为影响至深的中华传统家庭美德，为历代家长教诫子孙后代修身做人和持家守业的首选。

首先，俭以养德。三国时期著名的政治家、军事家诸葛亮在《诫子

---

① 《大戴礼记·文王官人第七十二》。
② 《孟子》卷 12《告子章句下》。
③ 《春秋左氏传·成公》。
④ 《日知录》卷 2《帝王名号》。
⑤ 《四书章句集注·论语集注》卷 7《子路第十三》。
⑥ 《全唐诗》卷 483。

书》中说："夫君子之行，静以修身，俭以养德。"① 说的就是节俭有助于养成一个人质朴勤劳的德操，因为"节用于内，而树德于外"②，只有做到节俭，其他的不当欲望就会减少，个人好的德性才可以保留存养起来，形成节俭的美德。与自给自足的自然农业经济相适应，社会生产力水平的低下所导致的生产生活物资的匮乏，在现实中促成着中国古代先民勤劳俭朴的生活美德，而在社会大众中却形成了古代认同和推崇节俭的社会风尚，如《毛诗》记载的史克作诗歌颂僖公"能遵伯禽之法，俭以足用，宽以爱民，务农重谷，牧于坰野，鲁人尊之。"③ 许多古代典籍记述着大量崇尚"君子以行过乎恭、丧过乎哀、用过乎俭"④ 的处世原则和俭德，因而古代的圣贤名士等道德楷模无不表现出躬俭节制的君子仪态，生活节俭，为官清廉⑤，如"汉平帝元始中诏曰，汉兴以来，股肱在位，身行俭约，轻财重义，未有若公孙弘者也。位在宰相封侯，而为布被，脱粟之饭，奉禄以给故人宾客，无有所余。"⑥ 在《论语》中，"子禽问于子贡曰：'夫子至于是邦也，必闻其政，求之欤？抑与之欤？'子贡曰：'夫子温、良、恭、俭、让以得之。夫子之求之也，其诸异乎人之求之欤？'"朱熹释此言，认为夫子未尝求之，但其德容如是，故时君敬信，自以其政就而问之耳，非若他人必求之而后得也。圣人过化存神之妙，未易窥测，

---

① （三国）诸葛亮：《诫子书》。

② 《春秋左氏传·昭公》。

③ 《毛诗·鲁颂》。

④ 《东坡易传》卷5。

⑤ 中国古代吏治虽多弊病，然而清官廉吏始终是皇帝官人的基本标准，并因此造就了无数的清廉官吏，历代都曾经有过在全社会树立为官清廉的入仕之风现象，如《日知录》卷17以离骚九歌放言，颂扬周末俭约官俗："国奢示之以俭，君子之行，宰相之事也。汉汝南许劭为郡功曹，同郡袁绍，公族豪侠，去濮阳令归，车徒甚盛。入郡界乃谢曰，吾舆服岂可使许子将见之？遂以单车归家。晋蔡充好学，有雅尚，体貌尊严，为人所惮。高平刘整，车服奢丽，尝语人曰，纱縠，吾常服耳。遇蔡子尼在坐，而竟日不自安。北齐李德林，父亡时正严冬，单衰徒跣，自驾灵舆反葬博陵。崔谌休假还乡，将赴吊，从者数十骑，稍稍减留。比至德林门，才余五骑。云不得令李生怪人熏灼。李僧伽修整笃业，不应辟命，尚书袁叔德来候僧伽，先减仆从，然后入门。曰，见此贤令吾羞对轩冕。夫惟君子之能以身率物者如此。是以居官而化一邦，在朝廷而化天下。魏武帝时毛玠为东曹掾典选举，以俭率人，天下之士莫不以廉节自励。虽贵宠之臣舆服不敢过度。唐大历末，元载伏诛，拜杨绾为相。绾质性贞廉，车服俭仆，居庙堂未数日人心自化。"等等。

⑥ 《韩诗外传》卷9。

然即此而观，则其德盛礼恭而不愿乎外，亦可见矣。[1] 躬俭节制不仅指节省财物，还是处世为人和与人交游时让对方乐于接受的节制而合宜的德容，说明孔子态度谦逊，俭约谦让，不仅易于得人敬信而告之实情，而且便于影响化育他人而兴温良恭俭让之风。在这种社会风气和文化氛围熏陶下，中国古代社会始终保持着朴素节俭的生活习惯，"是故君子恭俭以求役仁，信让以求役礼，不自尚其事，不自尊其身，俭于位而寡于欲。让于贤，卑己而尊人，小心而畏义，求以事君，得之自是，不得自是，以听天命。"[2] 当然，在重义轻利观念盛行、经世济民情节深重的中国传统社会，崇尚节俭却绝不等于吝啬，对遭受贫穷之难的人不肯周济，就不是节俭，而是吝啬了。个人富有而自私自利、见死不救是君子所不齿的，故《毛诗》慨叹："魏地狭隘，其民机巧趋利，其君俭啬褊急，而无德以将之。……大夫忧其君国小而迫，而俭以啬，不能用其民而无德教，日以侵削。"[3] 古人对俭啬之体认如此，对俭啬郡国之态度也明朗，显示着对俭德的重视与推崇。

其次，俭以持家治国。如果说中国古代先民具有的节俭的生活习性是对物质匮乏消极的适应，那么对一些因循古老的繁文缛节旧制而大量耗费人力物力财力的革新与简化，就成为一种人之德性的施为与展现。以礼制变化为例，因为中国古代以礼治国，所以礼是中国古代社会最重要的行为准则和道德规范，由此演化出来的类别各异的具体礼节仪式，其社会分布非常广泛、涉及内容十分繁杂、运行程序极其严格、演礼耗费相当巨大。这似乎与小国寡民的传统中国社会实际不相符，特别是古代丧祭礼仪的繁盛与耗费最甚，所以对传统丧祭礼仪及其陈设标准的权变简化，就是节俭德性的施为和外化。据古代历史文献《日知录》记载："汉氏诸陵皆有园寝者，承秦所为也。说者以为古前庙后寝，以象人君前有朝后有寝也。庙藏以主，四时祭祀。寝有衣冠，象生之具以荐新。"魏文帝见其建筑陈设和祭祀活动过于繁盛且耗资费财，故于"魏文帝黄初三年，乃诏曰：'先帝躬履节俭，遗诏省约。子以述父为孝，臣以继事为忠，古不墓祭，皆设于庙。高陵上殿屋皆毁坏，车马还宫，衣服藏府，以从先帝俭德之志。'"

---

① 《四书章句集注·论语集注》卷1《学而第一》。

② 《礼记·表记》。

③ 《毛诗·国风》。

但是传统礼制的惯性与执拗，使得简化改革好景不长，"盖自春秋列国以来，厚葬之俗，虽以孝文之明达俭约，且犹不能尽除。"① 又如"金史食货志，言金起东海，其俗纯实，可与返古。……及其中叶，鄙辽俭朴，袭宋繁缛之文。"② 即使是赞叹周公的典章制度"郁郁乎文哉"，提倡人们的言行符合周礼的孔子，也看到了这种礼仪初期就可能已经显现出的资材耗费流弊，所以当林放问祭祀礼之本时，"孔子曰：'礼与其奢也，宁俭；（丧与其易也，宁戚。）其正俗之先务乎！'"③ 足见孔子早就洞见财用窘迫与俭德修养的不尽一致，故而主张"礼奢而备，不若俭而不备之愈也；丧易而文，不若戚而不文之愈也。俭者物之质，戚者心之诚，故为礼之本。"④

　　俭德之于持家，乃家庭兴旺之所依。中国人强调勤俭持家是文明健康家庭的重要标志，因为只有凭自己的双手和智慧，通过辛勤劳动，才会获得经济收入的增加和生活条件的改善，而节俭是对消费的合理节制，因之不浪费、不奢侈，是中华民族的传统美德。朱熹给俭下的定义是："俭，止而不过之意也。"⑤ 战国时期著名的思想家荀子有言："强本而节用，则天不能贫；养备而动时，则天不能病；修道而不二，则天不能祸。故水旱不能使之饥，寒暑不能使之疾，袄怪不能使之凶。本荒而用侈，则天不能使之富；养略而动罕，则天不能使之全；背道而妄行，则天不能使之吉。"在古代中国，荀子主张加强农业生产而节省俭用，即使自然条件艰苦也不能使人受穷；日用储备充足而勤劳适时，自然条件虽苦也不能使人遭受灾荒。反之，假如已经遭受灾荒却用度奢侈，即使上天也不能保证让他生存下去；日用储备不足而生产活动懒惰，则上天不能让他一直保全自身。可见，节俭对于持家意义之重大，故而为家长所看重。

　　俭德之于治国，犹国之存亡所系。节俭与勤劳一样，关系着一国之兴衰存亡。所以商初大臣伊尹对刚继位的太甲提出："慎乃俭德，惟怀永图。"⑥ 提醒他要注意节俭，怀柔百姓以图国家永治。到了西周，周公在

① 《日知录》卷18《兄弟不相为后》。
② 《日知录》卷29《拜稽首》。
③ 《日知录》卷18《兄弟不相为后》。
④ 《四书章句集注·论语集注》卷2《八佾第三》。
⑤ 《四书章句集注·孟子集注》卷12《告子章句下》。
⑥ 《尚书·太甲上》。

总结小邦周灭大商殷的经验教训时，担心成王执政后"有所淫佚，乃作《多士》、《毋逸》"篇，教诫成王别重蹈商纣奢靡败国的覆辙，"古有国者，未尝不以恭俭也，失国者、未尝不以骄奢也。"① 告诫成王要杜骄奢，绝淫佚，因为只有俭约节用，才能长久地维持王业，恭则能以礼接下，俭则能取民以制。所以孔子曰："道千乘之国，敬事而信，节用而爱人，使民以时。"② 指出治理千乘大国，节用而爱人非常重要，不可或缺。墨子则把俭约和淫奢提升到关乎国家存亡的高度来看待，他认为持家与治国同理，"俭节则昌，淫佚则亡。"③ 天下之事，常成于节俭而败于奢靡。所以桓范在其《政要论》中提出："历观有家有国，其得之者，莫不借于俭约；其失之者，莫不由于奢侈。"④

再次，俭以养廉。中华民族素来崇尚俭朴，反对奢侈，这是在古代传统小农自然经济条件下，由于生产方式的初级原始和生产力水平的极度低下，中国先民们自然产生的勤劳简朴的生活习性。在中国古人看来，俭易廉，奢易贪，节俭是廉洁的前提，俭能养廉，奢而能廉是不可能的，一个人必须控制自己的不当欲望，才能德行高贵，名声优良。因此，在中国古代家国同构的历史和文化背景下，节俭不仅是我国的传统美德，也是基本的官德。故"周公教诫伯禽：吾闻德行宽裕，守之以恭者荣；土地广大，守之以俭者安；禄位尊盛，守之以卑者贵；人众兵强，守之以畏者胜；聪明睿智，守之以愚者善；博闻强记，守之以浅者智。"⑤ 这是帝王俭德家训的例证之一。

最后，俭以避祸。中国有句老话："仓中有粮，心里不慌。"何以做到仓中常有粮？除了勤苦劳作多收粮外，中国人普遍坚持节俭生活的原则，相信俭能避难。《周易》有言："君子以俭德辟难，不可荣以禄。"⑥ 意思是说，无论在险恶的官场，还是在清苦的平民社会，君子可以靠节俭美德避灾免祸。因为"俭，德之共也；侈，恶之大也。"⑦ 所以孔子教导

① 《韩诗外传》卷9。
② 《论语》卷1《学而第一》。
③ 《墨子》卷1《亲士第一》。
④ 同上。
⑤ 《韩诗外传》卷3。
⑥ 《周易·第十二卦否地天否乾上坤下》。
⑦ 《春秋左氏传·庄公》。

他的弟子曰："德行宽裕者、守之以恭；土地广大者，守之以俭；……夫是之谓抑而损之。"① 希望人们守俭以避祸乱，有德者，一般皆由俭来，俭则寡欲，君子寡欲，则不役于物，可以直道而行；小人寡欲，则能谨身节用、远罪丰家。反之，侈则多欲，人若多欲，则贪慕富贵，贪赃枉法而祸及于身；小人多欲，则多求妄用，丧身败家，这样的人居官必贿，居乡必盗。② 当然，这种明哲保身的思想除了消磨人的积极进取精神流弊以外，其对于中国人俭以避祸而经世致用，确实发挥了持久而深刻的教化作用。

第三节　社会公德——忠、恕、恭、惠、耻

中华民族向来具有以德治国的优良传统，渴望圣人治世的理想王国。这种德治思想以齐家、治国、平天下的家国同构的利益一致性为前提，由近及远，推己及人；以血缘亲族的人伦关系为构建社会关系的基础，醇厚人情，教化民俗，因而中国古代人们特别注重社会公共生活中人际关系的和谐，注意对包括忠、恕、恭、惠、耻等德目在内的社会公德培养，形成了内容丰富而独具特色的尊德尚礼的社会公德思想。与家国同构的社会政治结构相适应，在古代中国，对于一个个社会的道德存在，个体是只有放在家中才有具体特征且成为可被描述的对象，自然的，个体也只有在国家这种天下之家中，其社会角色才可能确定，其人格才能最终形成和独立。因而在儒家的个体品德培育思想中，家的重要性是超过个体的重要性的，因为在古代个体品德培养中，一般都是"修身在家"，在家中接受教育并"修己立身"，只有使"身"适应"家"的伦理需要，而后才可能"身修、家齐、国治，天下平也"。这说明要实现个体的社会化，必须通过家庭或家族才能与社会对接，要实现个体品德培育的社会化，也必须通过家

---

① 《韩诗外传》卷 8。
② 有一首古代流传很广的民谣，形象真切地描绘出人心的贪得无厌："终日奔忙只为饥，才得饱来便思衣；衣食两般俱丰足，房中又少美貌妻；娶得娇妻并美妾，出入无轿少马骑；骡马成群轿已备，田地不广用难支；买得良田千万顷，又无官职被人欺；七品五品犹嫌少，四品三品仍嫌低；种种妄想无止息，一棺长盖抱恨归。"说明人的欲望没有止境，一个人如果始终被欲望牵着鼻子走，必然成为欲望的奴隶，这样的人往往得不到幸福，还可能会身心疲惫，活得很累，甚至迷失人生方向，走入歧途。故《春秋左传》说："俭，德之共也；侈，恶之大也。"

庭德育或家训环节才能完成这一重要的任务。与个体是家庭的成员、核心家庭是家族的细胞、家庭和家族是社会的文化单位这一乡土中国的社会结构实际相适宜，个体道德教育的社会化路径必然是：一方面，一个人作为社会的个体，要不断接受社会的影响，遵从社会的通行规范，以取得社会的接受和认可，从而扮演特定的社会角色；另一方面，个体又以具体化、多样化、个性化的道德实践，使社会的道德观念与伦理结构得到改善，并不断创造新的道德秩序，从而达到新的社会适应状态。在个体社会化的这种向外通透的德化过程中，随着个体活动的公共领域不断扩展，个体在影响与适应外部环境中逐渐产生、完善的这样一种建立在主体自觉、平等与互相尊重基础之上的，以民众相互之间的态度、行为与习惯等形式表现出来，用以调节社会公共利益关系的一系列有效性要求和公共精神，便积淀成为通行的社会公共道德和相应的道德规范。

　　然而，对于社会公德问题，有些学者认为中国古代偏于私德，漠视公德；有些学者则认为中国古代根本没有社会公德，当然此类说法过于绝对且与实际相违。中国近代史上著名的启蒙思想家、教育家、戊戌变法领袖之一梁启超认为，中国古代儒家确立的先私后公的道德观，以及其"先天下之忧而忧，后天下之乐而乐"的入世情怀颇为世人称道，然而这种建立在宗法血缘基础上的理论与学说，在建立道德体系时，却是在确立先私后公的关系之后展开的，所以中国大多数人不知有公德，是中国政治不进、国运日衰的根本原因，也是个体人格不能完全的根由。梁启超在《论公德》中给公德下的定义是："人群之所以为群，国家之所以为国，赖此德焉以成立者也。人也者，善群之动物也（此西儒亚里士多德之言）。人而不群，禽兽奚择。而非徒空言高论曰群之群之，而遂能有功者也；必有一物焉贯注而联络之，然后群之实乃举，若此者谓之公德。"① 对于辩白中国古代公德产生与发展状况，认识和理解公德内涵，很有启发意义，他还说：

　　　　道德之本体一而已，但其发表于外，则公私之名立焉。人人独善其身者谓之私德，人人相善其群者谓之公德，二者皆人生所不可缺之具也。无私德则不能立，合无量数卑污虚伪残忍愚懦之人，无以为国也；无公德则不能团，虽有无量数束身自好、廉谨良愿之人，仍无以

---

① 夏晓虹：《梁启超文选》，中国广播电视出版社 1992 年版，第 109—110 页。

为国也。吾中国道德之发达，不可谓不早，虽然，偏于私德，而公德殆阙如。试观《论语》、《孟子》诸书，吾国民之木铎，而道德所从出者也。其中所教，私德居十之九，而公德不及其一焉。如《皋陶谟》之九德，《洪范》之三德，《论语》所谓温良恭俭让，所谓克己复礼，所谓忠信笃敬，所谓寡尤寡悔，所谓刚毅木讷，所谓知命知言，《大学》所谓知止慎独，戒欺求慊，《中庸》所谓好学力行知耻，所谓戒慎恐惧，所谓致曲，《孟子》所谓存心养性，所谓反身强恕，凡此之类，关于私德者发挥几无余蕴，于养成私人（私人者对于公人而言，谓一个人不与他人交涉之时也）之资格，庶乎备矣。虽然，仅有私人之资格，遂足为完全人格乎？①

梁启超在通过《新民说》解读中国古代私德的基础上，强调中国人具备公德的现实不可抹杀，并且详细论述了公德，提出"人人独善其身者谓之私德，人人相善其群者谓之公德。"希望人们摆脱家庭私德凌驾于社会公德之上的流弊，因为"知有公德，而新道德出焉矣，而新民出焉矣！"认为中国古代根本没有社会公德的学者，坚持"物质生活的生产方式制约着整个社会经济生活、政治生活和精神生活的过程。不是人们的意识决定人们的存在，相反，是人们的社会存在决定人们的意识"② 这一传统唯物论观点，从马克思主义道德本质论出发，认为"道德作为社会意识形态和上层建筑的重要组成部分，受经济关系的制约同时并受相应的政治制度和社会意识形态的影响。"③ 因此，强调要正确认识一定社会的社会公德状况，必须从决定这一社会的社会公德状况的经济关系、政治制度和社会意识形态入手，论证中国古代不存在社会公德。首先，在中国古代自然经济形态下，生产者以一家一户为单位、以男耕女织为特点、以自给自足为目的。在这个富于伸缩性的网络结构里④，每个人在土地上自食其力地

---

① 夏晓虹：《梁启超文选》，中国广播电视出版社 1992 年版，第 109—110 页。

② 马克思：《政治经济学批判》（序言），《马克思恩格斯选集》第 2 卷，人民出版社 1995 年版，第 32 页。

③ 安云凤：《新编现代伦理学》，首都师范大学出版社 2001 年版，第 40 页。

④ 这就是费孝通先生在《乡土中国》中所说的"差序格局"的社会经济基层结构，即差序格局的社会是由一根根私人联系所构成的网络。（费孝通：《乡土中国》，江苏文艺出版社 2007 年版，第 33 页）

生活，只是在偶然的和临时的非常状态中才感觉到伙伴的需要。所以在这样的社会里没有"公共场合"和"公共生活"，也没有社会公德。其次，在专制的政治制度下，统治阶级从本阶级的利益出发，从来都是把民众看做奴隶，他们不仅不希望民众关心国事，反而设法禁止民众关心国事。于是乎在这种专制制度的禁锢下，民众谈政色变，远离公务领域。所以，在这样的政治制度下难以形成民众关心公共事务的社会氛围，也很难形成国民的公德意识。最后，受中国传统自然经济关系和家国同构政治社会结构制约，人们普遍重视慈孝友悌等家庭私德，而存在轻视社会公德的认识倾向。在修身—齐家—治国—平天下的儒家治政理想中，"家"是排在"国"和"天下"之先的，这也是造成社会公德缺失的社会公共意识原因。

由此可见，中国古代早期的思想家虽然未能明确提出"社会公德"这一概念，但是我国传统的道德体系已然涵盖了社会公德这一理念。虽然我国传统社会的自然经济形态、专制政治统治、家族宗法制度和儒家文化样态等现实表征，在一定程度上显示出中国古代似乎不利于社会公德的生发，但认为中国古代根本没有社会公德，显然有失公允，难道当代社会公德中的助人为乐、文明礼貌、诚实守信、保护环境等公德内容与中国传统道德中的"仁者爱人"、"谦恭礼让"、"诚意信实"、"天人合一"等的道德理念不存在渊源关系？古代家训教育和培育子弟忠、恕、恭、惠、耻等关涉社会公共利益的公德内容难道不是历史事实？故本书的问题和关键不在于论争古代中国有无公德，而在于分析古代家训如何成功地培育了子弟的公德。

一　忠

中国传统道德伦理学说在其发展过程中，形成了数十个关涉社会公共利益的道德范畴或道德规范，"忠"毫无疑问属于其中的最主要者之列。在宗法制政治统治下，"忠"尤其是中国历代统治者最重视、使用频率最高的道德规范之一，被赋予了崇高政治的伦理地位。同时，中华民族有着重视道德修养和道德践履的优良传统，也一向重视对人和对事的道德评判，"忠"毫无疑问是我们的先民最常使用的重要评判价值尺度和标准之一。正因为如此，以儒家学派为代表的先哲们对"忠"这一重要道德规范进行过深入的探讨，无论是孔子，还是孟子、荀子，都曾围绕"忠"这一伦理规范阐发过各自的见解，孔子还开了将"忠"作为确定臧否人物、评判是非的重要道德标准的先河。到战国时期，一个人忠则流芳百世、不忠则受人唾骂已成为广大士庶普遍接受的价值理念。秦汉以至明清，无论官方还是民间，根据忠德方面的表现对人做出品行优劣的评判，业已成为社会生活的一种常态，而推崇忠德、旌表忠臣，更为历代士庶所追捧。"忠"，也自然成为"内圣外王"理想人格的重要品德，是古代个体品德培育的重要内容，故而成为古代家训的重点德目。

从词源学的角度讲，"忠"是一个形声字，其下半部的"心"表意，上半部的"中"表声。就是要求人们为人处世，居"心"要"中"（正），不偏不倚。《说文解字》释为："忠，敬也，尽心曰忠"，即"忠"就是个体对人或对事的一种发自内心的敬意和情感。段玉裁注曰："敬者，肃也。未有尽心而不敬者，……尽心曰忠。"① 所以"忠"的词源本义广泛，它内在地强调存心和尽心，外在地表现为一个人对他人、对社会的责任心和道德意识。在中国古代社会，"忠"作为普遍的道德伦理规范，始终贯穿于处己、待人和为政的全部过程之中。

（一）君子以为忠。此语出自宋代司马光《训俭示康》，意为君子所行，忠诚无私，尽心竭力。首先，个体在为人处事的过程中，要尽心尽力地为对方着想，它强调和规范的是人与人之间相处相待的行为。"尽己之谓忠，以实之谓信，明道则云发己自尽为忠，循物无违为信"②。所以"子以四教：文，行，忠，信。"③ 教人以学文修行而存忠信也。孔子所言"居处恭，执事敬，与人忠"；曾子一日三省之"为人谋而不忠乎"；孟子"教人以善之谓忠"等，都是君子所向、忠诚无私和尽心竭力的意思。当哀公问孔子，"善！何如则可谓君子矣？"孔子对曰："所谓君子者，躬行忠信，其心不买；仁义在己，而不害不志；闻志广博，而色不伐；思虑明达，而辞不争；君子犹然如将可及也，而不可及也。如此，可谓君子矣。"④ 曾子也认为，"君子不绝人之欢，不尽人之礼；来者不豫，往者不慎也；去之不谤，就之不赂；亦可谓忠矣。"⑤ "是故君子有大道，必忠信

---

① （汉）许慎撰，（宋）徐铉校注：《说文解字》，中华书局1963年版，第137页。
② 王夫之：《读四书大全说》卷1《大学·大学序》。
③ 《论语》卷1《学而第一》。
④ 《大戴礼记·哀公问五义第四十》。
⑤ 《大戴礼记·曾子立事第四十九》。

以得之，骄泰以失之。"① 忠则荣、则生，不忠则辱、则死乃是人生的必
然逻辑。其次，忠体现着个体对待国家和社会的态度，是人们处理公私关
系的标准和原则。其实，在中国古代家国同构的社会结构中，忠就意味着
公。如岳母在岳飞背上所刺的"精忠报国"，就是标明个人对国家的责
任。所以《春秋左氏传》记载："季文子之忠于公室也，相三君矣，而无
私积，可不谓忠乎？君薨不忘增其名，将死不忘卫社稷，可不谓忠乎？
忠，民之望也。"② 因季文子忠于公室，相三君而无私积，最终成为民之
楷模。最后，忠还是统治者规制官德的行为规范，不仅要求国家官吏要具
备"忠"的德行，也要求"国君"遵循"忠"的行为准则，要求君主的
一切行为要有利于他所统治的人民，是一种上级对下级、君对民的
"忠"。《春秋左氏传·桓公》记载季梁关于为政之道的话："所谓道，忠
于民而信于神也；上思利民，忠也。"③ 故为政之道不仅仅在于治政权术
和强兵富国，还要求统治者持守民本思想，为民谋利。

　　（二）忠君国，孝父母。纵观中国社会发展的历史，"忠"作为伦理
道德规范，在中国封建制度正式确立以前还没有出现。故王国维在《观
堂集林·殷周制度论》中说："自殷以前，天子与诸侯君臣之分未定
也。"④ 那时的周王室与诸侯以及诸侯国内部的君臣关系，实际上是一种
宗族亲属关系，这种宗族关系完全用孝德维系着。到了春秋战国时期，随
着生产力的发展，生产关系的变化导致宗族血缘关系日益疏远，部分异族
别姓进入统治者系统，使统治者阶层关系和社会政治制度也不断地发生着
变革。为了适应新的社会形势和满足政治统治的需要，"忠"这种政治道
德准则在统治者内部应运而生，君臣上下关系便从宗族血缘亲情中离析出
来，亦即"忠"从"孝"中独立了出来。因为"君子之事亲孝，故忠可
移于君；事兄悌，故顺可移于长；居家理，故治可移于官。是以行成于
内，而名立于后世矣。"⑤ 由此不难推断出，"忠者，其孝之本欤！"⑥ 既
然孝为忠之根本，以忠孝传家，以忠孝治国就成为中国古代士庶普遍认同

---

① 《礼记·大学》。
② 《春秋左氏传·襄公》。
③ 《春秋左氏传·桓公》。
④ （清）王国维：《观堂集林》（上下），中华书局 2004 年版，第 253 页。
⑤ 《孝经·广扬名章第十四》。
⑥ 《大戴礼记·曾子本孝第五十》。

的基本原则，所以"君子之孝也，忠爱以敬；反是，乱也。尽力而有礼，庄敬而安之；微谏不倦，听从而不怠，欢欣忠信，咎故不生，可谓孝矣。"① 在中国古代，君子行孝实际上是以忠为用、以礼为贵，要求忠信行孝②，要把自己内心的忠诚表现出来，同时做到忠诚和敬爱的统一。何以做到忠？孔子对此有独到的见解，认为忠有九知：

> 丘闻之：忠有九知——知忠必知中，知中必知恕，知恕必知外，知外必知德，知德必知政，知政必知官，知官必知事，知事必知患，知患必知备。若动而无备，患而弗知，死亡而弗知，安与知忠信？内思毕心曰知中，中以应实曰知恕，内恕外度曰知外，外内参意曰知德，德以柔政曰知政，正义辨方曰知官，官治物则曰知事，事戒不虞

---

① 《大戴礼记·曾子立孝第五十一》。

② 忠孝不能两全之释然。中国有句老话："忠孝不能两全"，说明尽忠和尽孝是相互矛盾的，中国古代许多仁人志士秉持"出则事公卿，入则事父兄"（《论语》卷5《子罕第九》）的忠孝理念，或出将入相，或归田尽孝，历史上有关忠孝不能两全的事例很多，而忠孝两全之事少见。由于孝是家族伦理的核心，所以历来都有以孝治天下的理论和德行。儒家伦理就是将家庭、家族关系中产生的伦理道德作为基础，向家庭、家族外扩展，从而形成乡村、都市、国家成员间的行为规范。古语讲"忠孝不能两全"（中国人尽忠的最高对象当然是皇帝了），但即使面对皇帝的要求，臣子都可以孝顺父母为由拒绝为其服务，并且不会受到惩罚，因为"忠者，其孝之本欤！"然而，如何处理忠孝这一对矛盾，始终是古代中国人面临的难题，如《韩诗外传》记载："楚昭王有士曰石奢，其为人也，公而好直，王使为理。于是道有杀人者，石奢追之，则父也，还返于廷，曰：'杀人者，臣之父也。以父成政，非孝也；不行君法，非忠也；弛罪废法，而伏其辜，臣之所守也。'遂伏斧锧，曰：'命在君。'君曰：'追而不及，庸有罪乎？子其治事矣。'石奢曰：'不然。不私其父，非孝也；不行君法、非忠也；以死罪生、不廉也。君欲赦之，上之惠也；臣不能失法，下之义也。'遂不去铁锧，刎颈而死乎廷"（《韩诗外传》卷2）。可谓忠孝不能两全之极端范例，故诗曰："进退维谷。"孔子提倡的"子为父隐，父为子隐，直在其中矣"（《论语》卷7《子路第十三》）的偏私忠孝标准，与"彼己之子，邦之司直"（《毛诗·国风·周南关雎》）的"致公无私"标准存在差异，似乎说明忠孝确实不能两全。其实，在中国古代，中国文化表层显见的是忠孝之道理性精神标榜下的忠君孝亲双重义务观的相提并论，文化深层却是实际利益纠结的极度扩张型亲情义务观的泛化。（见李军主编《儒教中国》，中国社会出版社2004年版，第177页）因此，孝亲义务披上了通行的"致公无私"政治外衣，追逐私家利益悄然取代治政目的，为家人亲友谋利益成为人们政治选择和政治行为的原始驱动力，履行亲情义务实际成为人们参与政治的主要目标和最根本的人生目的。在这样的政治文化氛围中，人们的忠君孝亲双重义务选择逐渐趋而为一，忠孝之道实际选择的两难性伴随着极度扩张型亲情义务观的广泛普及和深入人心而无形消解。

曰知备，毋患曰乐，乐义曰终。①

由此可见，忠的内涵非常丰富，其道德要求很是完备。"孝悌者，仁之祖也；忠信者，交之庆也。内不考孝悌，外不正忠信，泽（舍）其四经而诵学者，是亡其身者也。"② 由于孝悌是仁德之本，忠信是与人交往不可或缺的品德，加之忠还是人们处理公私和家国关系的标准，所以一个人在家族内部不行孝悌之道，与他人交往不依忠信行事，出仕为官不能精忠报国，舍弃对孝、悌、忠、信四德的修养，纵然苦读诗书，结果也必然是自取败亡。然而，秦统一六国，在中国历史上建立起第一个封建专制王朝后，效忠国君和以忠巩固专制统治，成为秦王朝统治者总结列国兴亡经验的基础上选择的愚民方案。到了汉代，董仲舒还借助于字体结构的分析对"忠"作了更进一步的片面解释："心止于一中者，谓之忠；持二中者，谓之患；患，人之中不一者也，不一者，故患之所由生也，是故君子贱二而贵一。"③ 要求人们只能是一心一意，忠于君主，如三心二意，势必带来灾难和祸患，而这一思想正是封建君主专制文化政策的必然产物。马融（公元79—166年）撰写的《忠经》一书，使忠德理念进一步系统化了。

> 昔在至理，上下一德，以徵天休，忠之道也。天之所覆，地之所载，人之所覆，莫大乎忠。忠者，中也，至公无私。天无私，四时行；地无私，万物生；人无私，大亨贞。忠也者，一其心之谓矣。为国之本，何莫由忠。忠能固君臣，安社稷，感天地，动神明，而况于人乎？夫忠，兴于身，著于家，成于国，其行一焉。是故一于其身，忠之始也；一于其家，忠之中也；一于其国，忠之终也。身一，则百禄至；家一，则六亲各；国一，则万人理。④

《忠经》提出"为国之本，何莫由忠"，把忠作为最高的伦理规范加以强化，从而使原本比较宽泛的忠的对象和忠的内涵变得非常狭窄，仅仅是尽忠君

---

① 《大戴礼记·小辨第七十四》。
② 《管子·戒》。
③ 《春秋繁露》卷12《阴阳终始第四十八》。
④ 《忠经·天地神明章第一》。

主及其所代表的封建国家，忠之观念完全被狭义化为"忠臣不事二主"的忠君观念，伴随着"君为臣纲，父为子纲，夫为妻纲"对先秦儒家"五伦"说中的三伦的强化，原来传统道德思想规范的忠之观念逐渐完成了向"忠君"、"忠臣"等尽忠的特定含义转变。所以，在中国古代"有大忠者，有次忠者，有下忠者，有国贼者。以道覆君而化之，是谓大忠也；以德调君而辅之，是谓次忠也；以谏非君而怨之，是谓下忠也；不恤乎公道之达义，偷合苟同，以持禄养者，是谓国贼也。若周公之于成王，可谓大忠也；管仲之于桓公，可谓次忠也；子胥之于夫差，可谓下忠也；曹触龙之于纣，可谓国贼也。皆人臣之所为也，吉凶贤不肖之效也。"① 至于臣子何以尽忠，不仅仅在于为国捐躯的豪迈，还在于治政执事之周备，做忠臣即时时刻刻为君王一个人着想，为君王忧、为君王劳，以外攻君者仇、以内举君者善，一切以君王为中心；做子民要对君主对国家竭尽忠诚，至公无私，尽心尽力。因为"唯天子受命于天，天下受命于天子，一国则受命于君。君命顺，则民有顺命；君命逆，则民有逆命。"② 所以，臣民对君主之"忠"是绝对的，不能有任何条件。至此，忠的观念由原来丰富多样转向忠君的单一。到了朱熹那里，又对忠君思想做了进一步的发挥，将君尊臣卑说成是万世不变的至理名言，把封建君主专制统治秩序的"天理"与人民群众生存需要的"人欲"完全对立起来，主张"存天理，去人欲"，完全遵守"三纲五常"的封建道德规范，心甘情愿地去做封建君主的奴才，使忠君思想被极端化为愚忠，这是需要我们进行批判和甄别的。

　　（三）忠谏忠告。所谓"忠"，就是内心求善，外求尽职尽责。所以在宫廷内忠心谏君主，是大臣尽忠的一种常见方式。"臣所以有谏君之义何？尽忠纳诚也。爱之能无劳乎？忠焉能无诲乎？《孝经》曰：'天子有诤臣七人，虽无道，不失其天下；诸侯有诤臣五人，虽无道，不失其国；大夫有诤臣三人，虽无道，不失其家；士有诤友，则身不离于令名；父有诤子，则身不陷于不义。'"③ 根据朱熹的注释，"爱而勿劳，禽犊之爱也；忠而勿诲，妇寺之忠也。爱而知劳之，则其为爱也深矣；忠而知诲之，则

---

① 《韩诗外传》卷4。
② 《春秋繁露》卷11《为人者天第四十一》。
③ 《白虎通义》卷4《谏诤》。

其为忠也大矣。"① 可见士庶之间相互忠告，则身不离于令名，是当时的社会先哲们所提倡的。但是，在中国古代封建社会，尽忠言却更多的特指忠臣对君主的忠谏。虽然谏诤具有一定的危险性，但是大臣们的责任心和忠君观念使他们仍然义无反顾、无所畏惧、倾尽忠言。"纣作炮烙之刑。王子比干曰：'主暴不谏，非忠也；畏死不言，非勇也。见过即谏，不用即死，忠之至也。'遂谏，三日不去朝，纣囚杀之。"② 比干为人臣而尽忠竭愚，以直谏主，不避死亡之诛，故比干谏而死也成为忠义之士，为历代忠臣所赞许和效法。然而若能提高谏诤的艺术性，以减少直谏的危险性并让君主采纳自己的意见和计策，来表达和实现自己对君主的忠心，是所有臣子所期望的。所以，三国时期诸葛亮为完成统一大业，兴师北伐前给后主刘禅写的奏疏，可谓用心良苦，是明智忠谏之范型：

> 先帝创业未半而中道崩殂。今天下三分，益州疲弊，此诚危急存亡之秋也。然侍卫之臣不懈于内，忠志之士忘身于外者，盖追先帝殊遇，欲报之于陛下也。诚宜开张圣德，以光先帝遗德，以恢弘志士之气，不宜妄自菲薄，引喻失义，以塞忠谏之路也。……愿陛下托臣以讨贼兴复之效；不效，则治臣之罪，以告先帝之灵。若无兴德之言，则责攸之、祎、允等之慢，以彰其咎。陛下亦宜自谋，以咨诹善道，察纳雅言，深追先帝遗诏。臣不胜受恩感激。今当远离，临表涕零，不知所言。③

二　恕

"恕"是中华民族传统美德之一，是中国人终生奉行不悖的处世原则，意在与人交往中始终设身处地的替他人着想，遇事要互相体谅，所以对中国社会一直具有强烈而持久的现实影响。"恕"德作为儒家思想的重要组成部分，孔子倡导"恕"，在一定意义上讲是针对春秋战国时期礼崩乐坏、人心不古的社会人际关系，为了维护进而恢复周礼的等级伦序而提出来的，恕或忠恕之道犹如润滑剂，一定程度上融洽了君臣上下等级之间

---

① 《四书章句集注·论语集注》卷7《子路第十三》。
② 《韩诗外传》卷4。
③ 《三国志·蜀志·诸葛亮传》。

业已出现的裂痕，调和了当时的社会关系，在历史上极具进步意义。所以，"恕"不仅是中国传统个体的修己成人要求，也是重要的社会道德规范，自然为治家教子的古代家训所重视。

许慎的《说文解字》释为："恕，仁也，从心如声。"① 由此可见，恕便是仁，恕就是"如心"，既可以是使己心如人心，也可以是度人心如己心，其思想精髓就在于凡事要"将心比心"，以己之心，度人之心，要设身处地，考中度衷，"推己及人"。所以，"恕"这个道德规范对人对己均有相应的规定和约束作用，需要行为双方都履行和恪守自己的责任与义务，尤其是在君臣父子之间不仅要求下对上忠，还要求上对下恕。

（一）忠恕之道，仁爱待人。首先，忠恕之道乃仁爱之道，以爱己之心爱人，则尽仁也。"忠也者，天下之大本也，恕也者，天下之达道也。"② 朱熹在《四书章句集注》中注释"夫子之道，忠恕而已矣"曰："敬以持己，恕以及物，则私意无所容而心德全矣。尽己之谓忠，推己之谓恕。而已矣者，竭尽而无余之辞。夫子之一理浑然而泛应曲当，譬则天地之至诚无息，而万物各得其所也。自此之外，固无余法，而亦无待于推矣。……万物各得其所者，道之用也，一本之所以万殊也。程子曰：'以己及物，仁也；推己及物，恕也，违道不远是也。忠恕一以贯之：忠者天道，恕者人道；忠者无妄，恕者所以行乎忠也；忠者体，恕者用，大本达道也。"③ 由此可见，忠恕之道就是仁爱之道，坚持人道就要以人为本，凡事当设身处地的去关心人、理解人和尊重人。东汉思想家王符认为，恕不仅是为仁之本，还是甄别君子小人的道德标准："世有大男者四，而人莫之能行也，一曰恕，二曰平，三曰恭，四曰守。夫恕者仁之本也，平者义之本也，恭者礼之本也，守者信之本也。四者并立，四行乃具，四行具存，是谓真贤。四本不立，四行不成，四行无一，是谓小人。"④ 难怪董仲舒盛赞孔子恕德"功及子孙，光辉百世，圣人之德，莫美于恕。"⑤ 其次，忠恕之道乃圣人治国之道。修身、齐家、治国、平天下，是中国传统儒家设计的治国理想，朱熹在注释"所谓平天下在治其

---

①　（汉）许慎撰，（宋）徐铉校注：《说文解字》，中华书局 1963 年版，第 218 页。

②　《日知录》卷 9《致知》。

③　《四书章句集注·论语集注》卷 2《八佾第三》。

④　《潜夫论笺校正》卷 8《交际第三十》。

⑤　《春秋繁露》卷 6《服制像第十四》。

国者，上老老而民兴孝，上长长而民兴悌，上恤孤而民不悖，是以君子有絜矩之道也时"曰："言此三者，上行下效，捷于影响，所谓家齐而国治也。亦可以见人心之所同，而不可使有一夫之不获矣。是以君子必当因其所同，推以度物，使彼我之间各得分愿，则上下四旁均齐方正，而天下平矣。"故王夫之有感而发："唯然，则一国之人虽众，即不孤恃其教家者以教国，而实则因理因情，变通以成典礼，则固与齐家之教相为通理，而推广固以其端矣。矩之既絜，则君子使一国之人并行于恕之中，而上下、前后、左右无不以恕相接者，非但君子之以恕待物而国即治也。"① 最后，忠恕之道乃践仁之道。既然恕之道是仁之用，那么强恕而行就是践行仁道。"恕而行之，德之则也，礼之经也。"② 所以"昔者，（圣王）不出户而知天下，不窥牖而见天道，非目能视乎千里之前，非耳能闻乎千里之外，以己之情量之也。己恶饥寒焉，则知天下之欲衣食也；己恶劳苦焉，则知天下之欲安佚也；己恶衰乏焉，则知天下之欲富足也。知此三者、圣王之所以不降席而匡天下。故君子之道，忠恕而已矣。"③ 孟子所言，"万物皆备于我矣！反身而诚，乐莫大焉。强恕而行，求仁莫近焉。"④ 也是意为万物之理具于吾身，体之而实，则道在我而乐有余；恕就是推己以及人，反身而诚就是践行仁道，一个人如有未诚，则是犹有私意，故当凡事推己及人，然后心意至诚而离仁不远也，若行之以恕，则仁可得而可行之也。

（二）己所不欲，勿施于人。这是恕的最基本含义，也是恕德的最基本要求。意在当自己将要对他人做什么和怎么做时，先想想自己是否愿接受他人的这种情形，如果自己不愿，就不能对他人如此，即孔子所言"我不欲人之加诸我也，吾亦欲无加诸人。"⑤ 说明秉持恕道不仅表现在眼里有他人，而且诚然心中要为他人着想。正因如此，1993 年在美国芝加哥召开的世界宗教大会发表的《走向全球伦理宣言》，将"己所不欲，勿施于人（Ethic of Reciprocity, Treat the others as you would like to be trea-

---

① 王夫之：《读四书大全说》卷 1《大学·大学序》。
② 《春秋左氏传·隐公》。
③ 《韩诗外传》卷 3。
④ 《孟子》卷 13《尽心章句上》。
⑤ 《论语》卷 3《公冶长第五》。

ted）"归结为可以规范全球秩序的伦理金律。① 所以，己所不欲，勿施于人应当是一个人终身持守的道德规范。当子贡问孔子："有一言而可以终身行之者乎？"孔子曰："其恕乎！己所不欲，勿施于人。忠恕违道不远，施诸己而不愿，亦勿施于人。"② 孔子所言，"推己及物，其施不穷，故可以终身行之。……推而极之，虽圣人之无我，不出乎此。终身行之，不亦宜乎？尽己之心为忠，推己及人为恕。施诸己而不愿亦勿施于人，忠恕之事也。以己之心度人之心，未尝不同，则道之不远于人者可见。故己之所不欲，则勿以施之于人，亦不远人以为道之事。"③ 同时，朱熹在注释"所恶于上，毋以使下；所恶于下，毋以事上；所恶于前，毋以先后；所恶于后，毋以从前；所恶于右，毋以交于左；所恶于左，毋以交于右：此之谓絜矩之道"时明确地告诉人们："如不欲上之无礼于我，则必以此度下之心，而亦不敢以此无礼使之。不欲下之不忠于我，则必以此度上之心，而亦不敢以此不忠事之。至于前后左右，无不皆然，则身之所处，上下、四旁、长短、广狭，彼此如一，而无不方矣。彼同有是心而兴起焉者，又岂有一夫之不获哉。所操者约，而所及者广，此平天下之要道也。"④ 可见，恕之于人，作用非凡。

（三）欲立立人，欲达达人。在儒家的思想体系里，恕是为仁之方，当子贡问"如有博施于民而能济众，何如？可谓仁乎"于孔子时，孔子曰："何事于仁，必也圣乎！尧舜其犹病诸！夫仁者，己欲立而立人，己欲达而达人。能近取譬，可谓仁之方也已。"⑤ 一个人有恕德，必然是当自己有什么诉求或意愿时，能够考虑到别人也有类似的需求，自然在满足自己的欲望时也能帮助甚至成全别人达到目的。所以朱熹注释曰："近取诸身，以己所欲譬之他人，知其所欲亦犹是也。然后推其所欲以及于人，

---

　　① 《走向全球伦理宣言》在导言中还提出："我们是相互依存的。我们每一个人都依赖于整体的福利，所以我们珍视生物共同体，珍视人、动物和植物，珍视对地球、空气、水和土壤的保护。我们对于自己所做的一切，都负有个人的责任。"（参见 http：//www. gongfa. com/quanqi-ulunlihegh. htm）这与中国古代先哲们提倡和践行的"天人合一"、"群己关系之辩"理念基本一致。
　　② 《论语》卷 8《卫灵公第十五》。
　　③ 《四书章句集注·论语集注》卷 8《卫灵公第十五》。
　　④ 《四书章句集注·大学章句右传之九章·释齐家治国》。
　　⑤ 《论语》卷 3《雍也第六》。

则恕之事而仁之术也。"① 与己所不欲，勿施于人的禁止性规范相比，己欲立而立人，己欲达而达人，其实是对人自身修养水平提出了更高的要求，只要你自己所欲求的，哪怕还没有满足或实现，也希望并能主动帮助别人实现，如此人人相善其群，社会之公德自然充满人间。这是儒家拓展人之达德，使人能够在道德的约束中不断追求人格的完美，并经过由内而外的层层和谐社会关系的构建，最终建立和完善良好社会秩序和道德规范的圣人治世理念。

（四）正己正人，严己宽人。作为一种巨大的精神力量，一个国家或民族的文化及其历史传统，是塑造该国民众具有怎样的胸怀以及人们相互间宽容程度的主导性因素。朱熹《观书有感》一诗云："半亩方塘一鉴开，天光云影共徘徊。问渠那得清如许？为有源头活水来。"② 道出了文化传统与育人的渊源关系：对于个体而言，一个人倘若自己品行不端，那么推己及人便没了前提，成了无源之水，以己昏昏，何以使人昭昭？故"尧舜帅天下以仁，而民从之；桀纣帅天下以暴，而民从之；其所令反其所好，而民不从。是故君子有诸己而后求诸人，无诸己而后非诸人。所藏乎身不恕，而能喻诸人者，未之有也。一人定国，有善于己，然后可以责人之善；无恶于己，然后可以正人之恶。皆推己以及人，所谓恕也，不如是，则所令反其所好，而民不从矣。"③ 所以《孔子家语》中，记载着孔子以恕德教育家人及其子弟端正其身的训诫忠言："君子有三恕，有君不能事，有臣而求其使，非恕也；有亲不能孝，有子而求其报，非恕也；有兄不能敬，有弟而求其顺，非恕也。士能明于三恕之本，则可谓端身矣。"④ 只有自己行得端，做得正，才有资格要求别人尽相应的严正义务，否则他是没有资格要求别人的。与此同时，中国古代士庶在处理人际关系时，常常奉行一种严责自己，宽容别人的大度精神，今天人们尊崇的"严以律己，宽以待人"美德，正是出于此。"子曰：躬自厚而薄责于人，则远怨矣。责己厚，故身益修；责人薄，故人易从。所以人不得而怨

---

① 《四书章句集注·论语集注》卷3《公冶长第五》。
② 《鹤林玉露》卷6《甲编》。
③ 《四书章句集注·大学章句序》。
④ 《孔子家语》卷2《三恕第九》。

之。"① 故孔子赞许"伯夷、叔齐不念旧恶，怨是用希。"② 明代洪应明校刻的《菜根谭》援引禅宗身心性命之学，教人正心修身，严己宽人，"人之过误宜恕，而在己则不可恕；己之困辱宜忍，而在人则不可忍。……不责人小过，不发人阴私，不念人旧恶，三者可以养德，亦可以远害。"③ 对待别人的失误宽宏容忍，以恕己之心恕人；对自己的过错则要严格自律，以责人之心责己，在日常生活中，《颜氏家训》教育子弟"不以己所能病人，不以人所不能愧人"，坚持"宽裕以养吾之量，严冷以养吾之操"。在这样的文化熏陶下，中国古代先民于是乎崇尚厚道，而憎恶尖刻，从而发扬了恕德精神。

三　恭

在中国传统道德规范当中，"恭"是指以恭敬谦和的态度、容貌，表达对他人的尊重和敬意，是传统社会处己、与人交往的基本道德规范和行为标准，因而在约束人们的言行，调和人与人之间的社会关系方面作用重大。许慎《说文解字》解释"恭，肃也。从心，共声。"④ 上共下心组成"恭"，意为心存恭敬而态度谦逊温和，表明人可以通过整肃容貌，规范言行来实现与他人善意良好的交往和互动。《尚书》最早提出待人接物和治世处事要"敬用五事"："一曰貌、二曰言、三曰视、四曰听、五曰思，貌曰恭、言曰从、视曰明、听曰聪、思曰睿，恭作肃、从作义、明作哲、聪作谋、容作圣。"⑤ 董仲舒在《春秋繁露卷》中释义曰："恭作肃，言王者诚能内有恭敬之姿，而天下莫不肃矣。从作义，言王者言可从，明正从行，而天下治矣。明作哲，哲者，知也，王者明，则贤者进，不肖者退，天下知善而劝之，知恶而耻之矣。聪作谋，谋者，谋事也，王者聪，则闻事与臣下谋之，故事无失谋矣。容作圣，圣者，设也，王者心宽大无不容，则圣能施设，事各得其宜也。"⑥ 可见，"恭"是以肃敬谦和的态度以及恭敬之心来和人打交道，既利己也利人，为德性人格之当有，自然为

---

① 《四书章句集注·论语集注》卷8《卫灵公第十五》。
② 《论语》卷3《公冶长第五》。
③ 《菜根谭·概论》。
④ （汉）许慎撰，（宋）徐铉校注：《说文解字》，中华书局1963年版，第218页。
⑤ 《尚书·洪范》。
⑥ 《春秋繁露》卷14《五行五事第六十四》。

古代家训所看重。

（一）恭敬辞让乃为人之本。孟子有言："恻隐之心，人皆有之；羞恶之心，人皆有之；恭敬之心，人皆有之；是非之心，人皆有之。恻隐之心，仁也；羞恶之心，义也；恭敬之心，礼也；是非之心，智也。仁义礼智，非由外铄我也，我固有之也。"① 这四心即人之本性中的四端，是人之为人的四种德性，它们共同构成了人类善良合宜的道德本性。如果"无恻隐之心，非人也；无羞恶之心，非人也；无辞让之心，非人也；无是非之心，非人也。恻隐之心，仁之端也；羞恶之心，义之端也；辞让之心，礼之端也；是非之心，智之端也。人之有是四端也，犹其有四体也。"② 一个人如果没有恭敬之心，他就不能被称为人。虽然恭敬与辞让的含义并非完全一致，但从孟子将"恭敬之心"和"辞让之心"统一作为礼来描述，说明在孟子看来，二者在表现礼或礼仪这一人类内在本质特性方面却是完全一致的，都是人之为人的内在规定性或德性本体，人若无此德性，则不得谓之人。

（二）君子恭以修身。修身养性是中国古代传统个体品德培育的工具性路径，也是广大有志之士自觉的人生践履，恭为敬德之容，恭所以修德于己者，身心言动皆修也。故哀公问孔子"何谓敬身？"孔子对曰："君子过言，则民作辞；过动，则民作则。君子言不过辞，动不过则，百姓不命而敬恭。如是，则能敬其身。"③ 首先，君子恭以远耻。此语最早出自《礼记·表记》："君子慎以辟祸，笃以不掩，恭以远耻。"④ 一个人如果为人处世容貌笃恭，用心虔敬，就可以远离愧耻。当万章问"交际何心也"于孟子时，孟子回答："恭也。"朱熹注曰："交际，谓人以礼仪币帛相交接也。"受与却之不受均请无以辞为之，要以心为之。"故礼恭然后可与言道之方，辞顺然后可与言道之理，色从然后可与言道之极。故未可与言而言，谓之瞽；可与言而不与言，谓之隐，君子不瞽，言谨其序。"⑤ 众所周知，中国是礼仪之邦，在漫长的封建礼制社会政治与文化背景条件下，人们不论对待尊长贵宾还是与普通民众往来，都必须谦恭有礼，以诚

---

① 《孟子》卷11《告子章句上》。

② 《孟子》卷3《公孙丑章句上》。

③ 《大戴礼记·哀公问于孔子第四十一》。

④ 《礼记·表记》。

⑤ 《韩诗外传》卷4。

相待。"宾客主恭，祭祀主敬，丧事主哀，会同主诩。"① 所以，中国古代的传统礼仪非常完备，对人生的诸项事宜均做出了十分严格而具体的规定，遵从这些规范，则事事无耻辱之虞。其次，君子居处恭。按照中国古代传统礼仪文化，人们在日常生活中的举手投足、视听言动都必须符合礼仪要求，"君子之容舒迟，见所尊者齐遬。足容重，手容恭，目容端，口容止，声容静，头容直，气容肃，立容德，色容庄，坐如尸，燕居告温温。"② 模范遵守这些礼仪规范，便是君子起居之仪。所以 "子之燕居，申申如也，夭夭如也。孔子闲暇无事之时，其容舒也，其色愉也。……惟圣人便自有中和之气。"③ "子温而厉，威而不猛，恭而安。"④ 当 "樊迟问仁。子曰：'居处恭，执事敬，与人忠。虽之夷狄，不可弃也。'"⑤ 君子起居恭主容，敬主事。恭见于外，敬主乎中。"⑥ 故 "儒有居处齐难，其坐起恭敬，言必先信，行必中正。"⑦ 最后，君子温温恭人。在中国古代，为了旌表典型，劝化民风，最高统治者皇帝还将有德之人册封为恭人，或对已故有德之人封以恭人谥号，从而树立成为道德楷模，以教化民众修己立身。"温温恭人，如集于木；惴惴小心，如临于谷；战战兢兢，如履薄冰。"⑧ 由此可以看出，作为恭人之道德楷模，其对于道德修养和处世为人的要求是非常高的。所以 "子曰：'恭近礼，俭近仁，信近情。敬让以行，此虽有过，其不甚矣。夫恭寡过，情可信，俭易容也。以此失之者，不亦鲜乎！诗曰：温温恭人，惟德之基。"⑨ 恭不仅是道德之基，而且是获得他人支持与信任的前提。孔子的学生子贡道出了子禽所问的答案："夫子至于是邦也，必闻其政，求之欤？抑与之欤？"子贡曰："夫子温、良、恭、俭、让以得之。"⑩ 为什么能够这样？"言夫子未尝求之，但

---

① 《礼记·少仪》。
② 《礼记·玉藻》。
③ 《四书章句集注·论语集注》卷4《述而第七》。
④ 《论语》卷4《述而第七》。
⑤ 《论语》卷7《子路第十三》。
⑥ 《四书章句集注·论语集注》卷7《子路第十三》。
⑦ 《礼记·儒行》。
⑧ 《毛诗·小雅》。
⑨ 《礼记·表记》。
⑩ 《论语》卷1《学而第一》。

其德容如是，故时君敬信，自以其政就而问之耳，非若他人必求之而后得也。"① 当然，君子待人接物的态度谦恭是其内在德性的自然外露，绝不是矫揉造作，君子"知足以利之，可谓贤矣；贤而勿伐，可谓恭矣。"② 否则便如孟子所言："恭者不侮人，俭者不夺人。侮夺人之君，惟恐不顺焉，恶得为恭俭？恭俭岂可以声音笑貌为哉？"③ 可见，一个人要持守恭德，必须做到表里如一，弃绝口是心非，而且要时时通过反观自己而德性自证。只要能够真正从真诚出发，诚意正心，拒斥异化和虚伪，并加以解蔽、去私，就一定能够在心口如一、言行一致的活动中自证自己德性的真诚与坚定。④

道德楷模孔子——夫子温、良、恭、俭、让

　（三）恭俭之道。恭俭之道是儒家提倡的中庸之道在为人处己和交往

①　《四书章句集注·论语集注》卷1《学而第一》。

②　《礼记·祭统》。

③　《孟子》卷7《离娄章句上》。

④　陈晓龙：《转识成智》，《哲学研究》1999年第2期。

礼仪中的具体体现，一如孔子所言："持满之道，抑而损之。"① 早在商周时期，统治者深知德行宽裕者，守之以恭者荣的道理，所以提倡恭德并持守不悖。首先，恭俭而不失于人。《礼记》中说："恭俭庄敬而不烦，则深于礼者也。"② 恭俭庄敬而不烦，自然不会争强好胜而拒人于外，造成孤独。颜渊问于孔子曰："渊愿贫如富，贱如贵，无勇而威，与士交通，终身无患难。亦且可乎？"孔子曰："善哉！回也！夫贫而如富，其知足而无欲也；贱而如贵，其让而有礼也；无勇而威，其恭敬而不失于人也；终身无患难，其择言而出之也。若回者、其至乎！虽上古圣人亦如此而已。"③ 可见孔子对弟子颜渊贫而如富和无勇而威的修身追求大加赞赏，并赞许其恭敬而不失于人的德行修养。《论语》还记述子夏宽慰司马牛"人皆有兄弟，我独亡"之忧曰："死生有命，富贵在天。君子敬而无失，与人恭而有礼。四海之内，皆兄弟也。君子何患乎无兄弟也？"说明一个人如果既安于天命，又持己以敬而不间断，待人以恭而有节文，则天下之人皆爱敬之如兄弟也，何患之有？其次，君子持守恭俭，不失天下之士。"成王封伯禽于鲁，周公诚之曰：'往矣！子无以鲁国骄士。吾，文王之子、武王之弟、成王之叔父也，又相天下，吾于天下，亦不轻矣。然一沐三握发，一饭三吐哺，犹恐失天下之士。"所以孔子曰："德行宽裕者、守之以恭；土地广大者，守之以俭；禄位尊盛者，守之以卑；人众兵强者，守之以畏；聪明睿智者、守之以愚；博闻强记者，守之以浅。夫是之谓抑而损之。"④ 只要能够做到"恭以修身，俭以养德"，如是则无失天下士之虞。最后，王者恭俭，不失天下。《尚书》记载夏启与有扈战于甘之野，召六卿作甘誓曰："有扈氏，威侮五行，怠弃三正。天用剿绝其命，今予惟恭行天之罚。左不攻于左，汝不恭命；右不攻于右，汝不恭命；御非其马之正，汝不恭命。用命赏于祖，弗用命戮于社，予则孥戮汝。"⑤ 夏启倚天命作甘誓，便是借口有扈氏威侮五行而失天命，要求将士恭敬从命，英勇征战，否则格杀勿论。又如："今商王受无道，暴殄天物，害虐烝民，为天下逋逃主，萃渊薮。予小子，既获仁人，敢祗承上帝，以遏乱

---

① 《韩诗外传》卷3。

② 《礼记·经解》。

③ 《韩诗外传》卷10。

④ 《韩诗外传》卷3。

⑤ 《尚书·甘誓》。

略。华夏蛮貊，罔不率俾，恭天成命，肆予东征。"① 而当治世之时，统治者则昭告民众："凡尔众，其惟致告：自今至于后日，各恭尔事，齐乃位，度乃口，罚及尔身，弗可悔。"② 要求人们凡事心存恭敬而态度谨慎，否则罚及尔身弗可悔。从国家社稷等大的利益方面着眼，说明持守恭俭是保国之器，也是战乱时期文人贤士说服国君为政以德的理由。"昔戎将由余使秦。秦缪公问以得失之要，对曰：'古有国者，未尝不以恭俭也，失国者、未尝不以骄奢也。'由余因论五帝三王之所以衰，及至布衣之所以亡，缪公然之。"③ 所以历代君王大都崇尚无为而治，而众多的古圣先贤则建言献策，提倡统治者要持守"君子之道：淡而不厌，简而文，温而理；知远之近，知风之自，知微之显。……予怀明德，不大声以色。是故君子笃恭而天下平。"④ 那些士大夫们则坚持"其行己也恭，其事上也敬，其养民也惠，其使民也义"⑤ 的修身理念，以家训治家教子，从而教成于家而行成于国。可见，中国古代社会对恭德建设十分重视，也反映出恭德之于修身齐家治国平天下的意义。

四　惠

在中国传统道德规范体系中，"惠"这一德目是指持仁爱之心，行普惠利人之道。孟子说出了"惠"德的基本内涵："古之人，得志，泽加于民；不得志，修身见于世。穷则独善其身，达则兼善天下。"⑥ 说明拥有惠德之人，立志高远，胸怀天下，视国家的安危与民族的振兴为己任，"先天下之忧而忧，后天下之乐而乐"，始终坚持修身善行，不论穷达显晦皆怀惠心，尽己之力践行普济利人之道。"惠"德的基本内涵转化和表现在家训当中，其实就是血缘亲戚之间患难与共、乡里乡亲互帮互助、庶民百姓之间扶贫济困等居家处事原则的生活化反映。

（一）惠者，仁爱之心。许慎在《说文解字》中解释为："惠，仁也。

---

① 《尚书·武成》。
② 《尚书·盘庚上中下》。
③ 《韩诗外传》卷9。
④ 《礼记·中庸》。
⑤ 《论语》卷3《公冶长第五》。
⑥ 《孟子》卷13《尽心章句上》。

从心，从更。"徐铉校注曰："为惠者，心专也。"① 说明拥有惠德和践行惠道的前提，是人具备并持守专一的仁爱之心，不然，一个人即便是有接济助困之举，也无惠德利他之实。首先，仁爱惠心是普遍的爱心，是仁者省恤爱人之心。汉代大学士贾谊在其《新书·贾子道术》中提出"心省恤人谓之惠"，认为有惠心是仁德之人的必然要素。《东坡易传》提出"'惠'之以'心'，则惠而不费……夫不费之惠，其有择哉?"② 惠而不费意指施恩惠给人，而无所浪费损失或不用花费钱财，给人好处自己却没有什么耗费，这样的恩惠即如《周易》所说的："有孚惠心，勿问之矣，惠我德，大得志也。"③ 这样的恩惠就是仁德精神的温存，是君子德风化民的结果，与惠风和畅，使人感到温暖、舒适来比喻仁爱的化育作用相一致。其次，仁爱惠心是为人处世的利他之心。如果说忠恕之道的利他以利己为前提和出发点，那么仁爱惠心则主要以利他为原则和指归。这种利他之心正是范仲淹通过其《岳阳楼记》探求和抒发的古仁人之心："不以物喜，不以己悲。居庙堂之高，则忧其民；处江湖之远，则忧其君。是进亦忧，退亦忧。然则何时而乐耶? 其必曰：先天下之忧而忧，后天下之乐而乐欤!"④ 其慈惠仁爱之情和普世恤人之意，可谓广大真挚，一个人如果常怀此心，胸怀天下，则其日用必利人也。最后，仁爱惠心是仁人志士为官治世的必备条件。在古代家国一体的政治和社会体制下，从基层小吏到君主皇帝，无一例外全都以家长或至少以父母官身份自居，因而表现在其施政治国也应当做到以家长慈爱子弟家人一样，这就要求其必须具有仁爱惠心。因而中国最早的一部解释词义的书《尔雅》解释为："惠，爱也。"⑤ 惠爱子民是君子为官之本，也是"内圣外王"德性人格精神的自然外泄。北宋司马光主编的《资治通鉴》有同样的论断："爱民好与曰惠，柔质慈民曰惠。"⑥ 因此，为官清廉和爱民如子就成为古代官吏的治政和道德标准，也是每个仁人志士为官治世的必备条件。有人问子产于孔子时，孔子许其"惠人"，就是因为子产之政，不专于宽，表明他具有仁

---

① （汉）许慎撰，（宋）徐铉校注：《说文解字》，中华书局1963年版，第84页。
② 《东坡易传》卷4《咸卦》。
③ 《周易·第四十二卦益风雷益巽上震下》。
④ （宋）范仲淹：《岳阳楼记》。参见百度网 http://baike. baidu. com/view//15258. htm。
⑤ 《尔雅·释诂》。
⑥ 《资治通鉴》卷140。

爱之心，一以爱人为主。可见，修养惠德是一个人出仕入官的基本条件，当子张问孔子"何如斯可以从政矣？"孔子教他"尊五美，屏四恶"则可以从政："君子惠而不费，劳而不怨，欲而不贪，泰而不骄，威而不猛。……不教而杀谓之虐；不戒视成谓之暴；慢令致期谓之贼；犹之与人也，出纳之吝，谓之有司。"① 并提出了他的一种从政理念——"惠者政之始"，儒学后生在《大戴礼记》中对此理念做了进一步的阐释："故枉而直之，使自得之；优而柔之，使自求之；揆而度之，使自索之；民有小罪，必以其善以赦其过，如死使之生，其善也，是以上下亲而不离。故惠者政之始也，政不正则不可教也，不习则民不可使也。故君子欲言之见信也者，莫若先虚其内也，欲政之速行也者，莫若以身先之也；欲民之速服也者，莫若以道御之也。故不先以身，虽行必邻矣；不以道御之，虽服必强矣。故非忠信，则无可以取亲于百姓矣；外内不相应，则无可以取信者矣。四者治民之统也。"② 可见拥有仁爱惠心，对于治国平天下的决定作用之大。

（二）惠者，利人之道。一个人真正存养持守仁爱惠心，其自然践行普济利人之道。首先，惠者不与民争利。这是君子乃至一切士庶民众修己立身的最起码要求，也是惠德的底线。在乡土气息浓厚的自然经济条件下，传统教育理念教导人们一定要修身有方，持业有恒，与人为善，和睦相处而不与争利，正因如此，中国古代历史上涌现出了无数惠德楷模，对后世民众的影响深刻而久远。西汉大学者杨雄赞许："公仪子、董仲舒之才之邵也"，就是基于"公仪子为鲁相，妇织于室，遣去之；园有葵，拔弃之，不与民争利也。董仲舒为江都相，下帷三年，不窥园。此二子才德高美。"③ 东汉"司空宋弘常受俸，得盐鼓千斛，遣诸生迎取上河，令枭之。盐贱，诸生不枭。弘怒使遣。及其贱悉枭卖，不与民争利。"④ 任何历史时期的道德观念或社会风尚都不可避免地带有时代的印记和局限，此不与民争利之惠，显然在我们今天是很值得商榷的。其次，惠者乐善好施。一个人修养和拥有惠德，自然喜欢以不忍人之心，而行好与之道，乐

---

① 《论语》卷10《子张第十九》。
② 《大戴礼记·子张问入官第六十五》。
③ 《法言义疏五·修身卷第三》。
④ 《太平御览》卷828《资产部八》。

于做善事，愿意拿财物接济有困难的人。孟子提出："分人以财谓之惠。"
这是惠德最直观的外露和显见，也是有德之人的应有之举，因为"布恩
施惠，若元气之流皮毛腠理也"①，所以，"君天下，生无私，死不厚其
子，子民如父母。有僭怛之爱，有忠利之教。亲而尊，安而敬，威而爱，
富而有礼，惠而能散。其君子尊仁畏义，耻费轻实，忠而不犯。义而顺，
文而静，宽而有辨。"② 说明施惠是中国古代社会对君子重义轻利的起码
要求，身居高位者则应当"生无私，死不厚其子，子民如父母。"故而君
子"行庆施惠，下及兆民，庆赐遂行，毋有不当"③。此外，中国人向来
注重气节，施惠行善虽属义举，但也必须合乎礼仪，好心的施与若不合乎
礼俗也许对他人人格是一种侮辱。④ 要知道惠施是基于普济惠心的平等关
系，绝不是富豪居高临下的显摆，否则君子不受嗟来之食。曾子就曾经提
出践履惠德的合宜要求："夫行也者，行礼之谓也。夫礼，贵者敬焉，老
者孝焉，幼者慈焉，少者友焉，贱者惠焉。此礼也，行之则行也，立之则
义也。"⑤ 孟子的观点更加精微："可以取，可以无取，取伤廉；可以与，
可以无与，与伤惠；可以死，可以无死，死伤勇。"⑥ 说明过取固害于廉，
然过与亦反害其惠，所以施惠要做到"贵者不重，贱者不虚，示均也。
惠均则政行，政行则事成，事成则功立。"⑦ 当然，施惠的对立面即俭啬，
"君子恭而不难，安而不舒，逊而不谄，宽而不纵，惠而不俭，直而不
径，亦可谓知矣。"⑧ 对于贪财俭啬之徒，历来为中国人所不齿。最后，
天下为公，德政普惠。对于普通民众而言，以仁爱惠心济人解困、分人以
财谓之惠，而对于担当治国安邦大任的君子士大夫，私恩小利之惠则不足
取，而推行公平正大之体与纲纪法度之制才是惠德壮举，诚所谓"治世

---

① 《春秋繁露》卷17《天地之行第七十八》。
② 《礼记·表记》。
③ 《礼记·月令》。
④ 君子不受嗟来之食，是中国人"富贵不能淫，贫贱不能移"人格精神的淋漓外现，充分
说明施与方式得当的重要所在。此典故出自《礼记·檀弓下》："齐大饥。黔敖为食于路，以待
饿者而食之。有饿者，蒙袂辑屦，贸贸然来。黔敖左奉食，右执饮，曰：'嗟来食！'扬其目而
视之，曰：'予唯不食嗟来之食。'以至于斯也，从而谢焉，终不食而死。"
⑤ 《大戴礼记·曾子制言上第五十四》。
⑥ 《孟子》卷5《滕文公章句上》。
⑦ 《礼记·祭统》。
⑧ 《大戴礼记·曾子立事第四十九》。

以大德，不以小惠"，而且"小惠未遍，民弗从也。"在孟子看来，"分人以财谓之惠"是为小惠，为天下得人者谓之大惠，原因在于"尧以不得舜为己忧，舜以不得禹、皋陶为己忧。夫以百亩之不易为己忧者，农夫也。分人以财谓之惠，教人以善谓之忠，为天下得人者谓之仁。是故以天下与人易，为天下得人难。"① 为天下得普济惠众之才，便是从根本上为民施惠，因为"分人以财，小惠而已。教人以善，虽有爱民之实，然其所及亦有限而难久。惟若尧之得舜，舜之得禹皋陶，及所谓为天下得人者，而其恩惠广大，教化无穷矣，此其所以为仁也。"② 在治政方策选择方面，针对"子产听郑国之政，以其乘舆济人于溱洧"的善举，孟子批评他这种做法，"惠而不知为政。岁十一月徒杠成，十二月舆梁成，民未病涉也。君子平其政，行辟人可也。焉得人人而济之？故为政者，每人而悦之，日亦不足矣。"③ 如果每人皆欲致私恩以悦其意，那么人多而时日有限，必不足于用矣。所以"君子怀德，小人怀土；君子怀刑，小人怀惠。"④ 凡图强立志皆须以天下国家利益为重，而不以私恩小利和苟安务得为重。这一惠德特色可以从中国古代大量的历史文献中清楚地看到，如《春秋左氏传》记载"卫文公大布之衣，大帛之冠。务材、训农、通商、惠工、敬教、劝学、授方、任能。元年，革车三十乘；季年，乃三百乘。"⑤ 便是闵公富国强民的真实写照。《大戴礼记》中记述孔子评价帝喾"顺天之义，知民之急；仁而威，惠而信，修身而天下服。取地之财而节用之，抚教万民而利诲之，历日月而迎送之，明鬼神而敬事之。其色郁郁，其德嶷嶷，其动也时，其服也士。春夏乘龙，秋冬乘马，黄黼黻衣，执中而获天下；日月所照，风雨所至，莫不从顺。"⑥ 正是怀着"皇天无亲，惟德是辅；民心无常，惟惠之怀"⑦ 的朴素治世理念，历代君王以普济子民为己任，"君子以容民畜众"，⑧ 为中华民族的兴旺发达做出了有益

---

① 《孟子》卷5《滕文公章句上》。
② 《四书章句集注·孟子集注》卷5《滕文公章句上》。
③ 《孟子》卷8《离娄章句下》。
④ 《论语》卷2《八佾第三》。
⑤ 《春秋左氏传·闵公》。
⑥ 《大戴礼记·五帝德第六十二》。
⑦ 《尚书·蔡仲之命》。
⑧ 《周易·第七卦师地水师坤上坎下》。

的贡献。如周天子就设乡师之职"以木铎徇于市朝，以岁时巡国及野，而周万民之艰厄，以王命施惠。……旅师掌聚野之锄粟，施其惠，散其利，而均其政令。"① 《礼记》记载"天子布德行惠：命有司、发仓廪、赐贫穷、振乏绝，开府库、出币帛、周天下，勉诸侯、聘名士、礼贤者。"② 因此不难看出，惠政对于治国保民的积极意义。

（三）惠者，君子之质。君子是古代中国人的一种理想人格范型，也是内圣外王的德育目标，道德内涵非常丰富，其中与惠德有关的规定性可以归结为三个方面。第一，君子智慧。中国古代的君子，往往被引申为所有道德修养最好学问极高的人。"君子之道：淡而不厌，简而文，温而理，知远之近，知风之自，知微之显，可与入德矣。"③ 在古代汉语词汇中，"惠"与智慧的"慧"为通假字，其字意相同，都是指对事物能正确把握、对问题能快速灵活地解决的能力。春秋末期晋国智宣子在选子立后的问题上，与族人智果的论辩，提出君子五种贤德："美鬓长大则贤，射御足力则贤，技艺毕给则贤，巧文辩惠则贤，强毅果敢则贤。"④ 其中巧文辩惠之贤便是君子的智慧。第二，君子贤惠。一方面，君子之贤一般指君子贤明而仁慈，其心肠好，待人率直，而且肯帮助人；另一方面，对于男子而言，还指智巧圆润的处世技能，"惠者知其不可两守，乃取一焉。"⑤ 对于妇女而言，指聪惠仁明，善良温顺而通情达理和善理家务、善事公婆等。第三，君子德操。君子者，不媚权重，不附势盛，不奉倾城，不讳貌恶，不畏强者，不欺弱者；善者友之，恶者弃之，长者尊之，幼者庇之；为民安居乐业，为官尽忠职守；穷不失义，达不离道。自古以来，所有的中国人以"天行健，君子以自强不息；地势坤，君子以厚德载物"⑥ 的豪迈情怀，践行在"穷则独善其身，达则兼善天下"的成就君子理想人格的修养理路上，也造就了无数的君子人格。其中，以春秋时期的鲁国人柳下惠最具典型性，成为惠德君子的化身："柳下惠为士师，三黜。人曰：'子未可以去乎？'曰：'直道而事人，焉往而不三黜？枉道而

---

① 《周礼·地官司徒》。

② 《礼记·月令》。

③ 《四书章句集注·中庸章句序》。

④ 《国语》卷15《晋语九》。

⑤ 《管子·宙合》。

⑥ 《周易·第一卦乾乾为天乾上乾下·第二卦坤坤为地坤上坤下》。

事人，何必去父母之邦？'"① 柳下惠多次被罢黜官职依然不离父母之邦，就是因为其不以枉道而事人，坚持事人必以其道，是不自失节操的表现。所以，柳下惠作为鲁国大夫，原食邑柳下，死后获谥号曰"惠"。孟子赞许"柳下惠，不羞污君，不辞小官。进不隐贤，必以其道。遗佚而不怨，厄穷而不悯。与乡人处，由由然不忍去也。'尔为尔，我为我，虽袒裼裸裎于我侧，尔焉能浼我哉？'② 故闻柳下惠之风者，鄙夫宽，薄夫敦。"③ 可见一个人拥有惠德的价值。

五　耻

"耻"在词源学意义上就是指羞愧、耻辱的一种情感状态。"耻"字古作"恥"，许慎的《说文解字》解释为："恥，辱也。从心，耳声。"④ 一耳一心组成"恥"，意指人的羞愧之情感体验来自于他人的反应和评价。"真正的耻感依靠外部的强制力来做善行……羞耻是对别人的反应。"⑤ 纵观中外历史，许多伟大的文明都通过强烈的耻感意识来维系基本的文化价值，其中犹以中华文明为典型，中国传统文化从某种意义上说是一种耻感文化，如日本学者森三树三郎就曾指出"耻德文化的真正发源地是在中国"⑥。此话不假，由于羞耻是人的道德底线，作为社会的道德存在体，其道德品质与人的羞耻感是紧密相关的。在中国传统伦理道德思想中，"耻"这一德目系指人的羞耻心和羞耻感，是基于一定的是非善恶与荣辱观而产生的一种主体自觉的求荣免辱思想，是人们珍惜维护自身

---

① 《论语》卷9《微子第十八》。

② "尔为尔，我为我，虽袒裼裸裎于我侧，尔焉能浼我哉？"是春秋时期鲁国士师柳下惠之言。柳下惠居官清正，执法严谨，被三黜而不离父母之邦，不合时宜，弃官归隐，居于柳下（今濮阳县柳屯），死后谥号惠，故称柳下惠。古人还多用"柳下惠坐怀不乱"的典故，来赞扬男子节操。相传在一个寒冷的夜晚，柳下惠宿于郭门，有一个没有住处的女子来投宿，柳下惠恐她冻死，覆衣裹于怀，同坐了一夜，而没发生任何非礼行为。此事后来传为佳话，故有"柳下惠坐怀不乱"之美名。许慎《淮南子》注曰：展禽（柳下惠，姓展名获，字禽）之家有柳树，身行惠德，因号柳下惠。

③ 《孟子》卷10《万章章句下》。

④ （汉）许慎撰，（宋）徐铉校注：《说文解字》，中华书局1963年版，第223页。

⑤ ［美］鲁思·本尼迪克特：《日本文化的类型》，吕万和、熊万达等译，商务印书馆2005年版，第154页。

⑥ ［日］森三树三郎：《名与耻的文化——中国 日本 欧洲文化比较研究》，《中国文化研究》1995年第8期。

尊严而产生的道德情感意识。耻作为一个传统道德规范，源自于商周时期，《礼记》记载："殷人尊神，率民以事神。先鬼而后礼，先罚而后赏，尊而不亲。其民之敝，荡而不静，胜而无耻。周人尊礼尚施，事鬼敬神而远之。近人而忠焉，其赏罚用爵列，亲而不尊。其民之敝，利而巧，文而不惭，贼而蔽。"①当时殷人流行事鬼敬神之风，侧重于对祖先的崇拜，虽然强化了权威意识，促进了等级观念，但却破坏了亲切和睦的人际关系，民众放荡而不安宁，贪财趋利而巧言令色，但求免于刑罚而无道德上的愧耻之心，为君子所担忧和不齿。诗曰："相鼠有皮，人而无仪；人而无仪，不死何为？相鼠有齿，人而无耻；人而无耻，不死何俟？相鼠有体，人而无礼；人而无礼，胡不遄死？"②这首取材现实、语词朴实，但寓意深远的诗歌，意指没有礼义廉耻的人，就没有存活于人世的资格和意义。由此可见，在数千年前的古代先民认识当中，就已经明确人是有意识、有理智、有思想的，当一种因自己的不良言行遭到其自身良知的发现或他人的道德谴责而产生羞愧耻辱的心理情感时，人们就自然会以通行的社会道德规范对自我进行审视，因而产生如马克思所说的"羞耻是一种内向的愤怒"而感到羞愧自责，当这种心理反应形成定势并上升演变为一个民族的共识时，羞耻心和羞耻感就积淀成一种道德习惯，成为一种世代相袭的传统社会公德，持久有效地影响着人们的社会活动和历史发展，成为民族精神的重要组成部分。所以，在我国辉煌悠久的文明发展史上，历代先哲谈人生、讲道德、论荣辱，为我们留下了丰富的耻德文化思想。与此相适应，我国传统的道德教育其实还是一种培养人之羞耻感的教育，所以出言往往不离"善恶美丑"、"贵贱荣辱"和"道德仁义"，以这种加诸于外在的反映和评价力量，促使受教个体始终坚持"行己有耻"的修身之道，因而"耻"是古代个体品德培育的重点德目，在个体德性人格的塑造过程中意义重大，历来为古代家长所看重而成为家训的基本德目。

（一）耻是人之为人的道德底线。作为道德思想意识，耻或羞恶之心不是单个个体的生物性规定，而是人之为人的内在价值依托或道德底线。正是在这一意义上，儒家给予耻以本体论地位加以关注。首先，耻是人之

---

①　《礼记·表记》。

②　《诗经·国风·相鼠》。

为人的内在规定性，人之为人，在于有"耻"德。《礼记·大学》有言"有德此有人，有人此有土，有土此有财，有财此有用。德者本也，财者末也。"① 孔子提出"行己有耻"，谓一个正常的人必然具有因其声誉受损害而导致的内心羞愧自责感，"故君子不贵兴道之士，而贵有耻之士也；若由富贵兴道者钦？贫贱，吾恐其或失也；若由贫贱兴道者钦？富贵，吾恐其赢骄也。夫有耻之士，富而不以道则耻之，贫而不以道则耻之。"② 所以孟子提出"无羞恶之心，非人也。"根据孟子的看法，羞恶之心（耻感）是人的四端之一，是否知耻，有无羞恶之心，是区分人禽的一个重要标志，耻己之不善和憎恶人之不善是人之为人的基本标准之一，这是人之为人而与生俱来的内在规定性。孟子进一步提出，"耻之于人大矣！为机变之巧者，无所用耻焉。不耻不若人，何若人有？"③ 耻是人所固有的羞恶之心，存之则进于圣贤，失之则入于禽兽，故关系重大。朱熹注曰："一个人如果是机械变诈之巧者，其所为之事必为人所深耻而自以为得计，是无所用其愧耻之心也，不耻于自己一事不如人，则事事不如人矣。"④ 所以孟子警告人们："人不可以无耻。无耻之耻，无耻矣！"⑤ 反之，如果一个人"能耻己之无所耻，是能改行从善之人，其终身无复有耻辱之累矣。"⑥ 所以，人的耻感具有存在论价值，它体现了生活在世俗世界的人相对于自身和理想存在所欠缺的自觉意识，人拥有了耻感，就拥有了人的本质和做人的资格，这样的人也才能够作为社会的道德存在体而存在。其次，耻是人之为人的道德底线，是古代士庶的人生基点，当然为君子所看重并固守。"君子慎以辟祸，笃以不掩，恭以远耻。是故君子服其服，则文以君子之容；有其容，则文以君子之辞；遂其辞，则实以君子之德。是故君子耻服其服而无其容，耻有其容而无其辞，耻有其辞而无其德，耻有其德而无其行。是故君子衰绖则有哀色，端冕则有敬色，甲胄则有不可辱之色。"⑦ 在古代中国，义之不立，名之不显，是士所耻，故

① 《礼记·大学》。
② 《大戴礼记·曾子制言上第五十四》。
③ 《孟子》卷 13《尽心章句上》。
④ 《四书章句集注·孟子集注》卷 13《尽心章句上》。
⑤ 《孟子》卷 13《尽心章句上》。
⑥ 《四书章句集注·孟子集注》卷 13《尽心章句上》。
⑦ 《礼记·表记》。

"王子比干杀身以成其忠，柳下惠杀身以成其信，伯夷叔齐杀身以成其廉，此三子者，皆天下之通士也，岂不爱其身哉！为夫义之不立，名之不显，则士耻之，故杀身以遂其行。由是观之，卑贱贫穷，非士之耻也。"①这充分说明了耻感文化对当时的社会生活和人们的行为选择影响之大。老子曰："名与身孰亲？身与货孰多？得与亡孰病？是故甚爱必大费，多藏必厚亡。知足不辱，知止不殆，可以长久。"② 贤士不以耻食，不以辱得③，然而士之寡廉鲜耻者，争于名利资格也。众所周知，学而优则仕是中国古代普通民众通过学习进入官僚士大夫阶层，从而显身扬名的一条通途，选补和提拔官吏则是仕途中获取功名和地位的关键环节，历来为世人所关注。清代顾炎武所撰《日知录》记述当时的官场流弊，可见士之寡廉鲜耻这一现象在当时已经比较严重，深为以顾炎武为代表的知识分子和其他有识之士所担忧。

　　　　民之困于虐政暴吏，资格之人众也。万事之所以抏弊，百吏之所以废弛，法制之所以颓烂，决溃而不之救者，皆资格之失也。惟天之生大贤大德也，非以私厚其人，将使之辅生民之治者也。惟人之有大材大智者，非以独乐其身，将以振民生之穷者也。今小人累日而取贵仕，君子侧身而困卑位，贤者戴不肖于上，而愚者役智于下。爵不考德，禄不授能，故曰贤材之伏于下者，资格阂之也。才足以堪其任，小拘岁月而防之矣。力不足以称其位，增累考级而得之矣。所得非所求也，所求非所任也。位不度才，功不索实，故曰职业之废于官者，资格牵之也。今夫计岁阀而争年劳者，日夜相斗也。有司躐一名，差一级，则摄衣而群争愬矣。其甚者，或怀黄敕而置于丞相之前也。其

<hr>

① 《韩诗外传》卷1。
② 《韩诗外传》卷9。
③ 在一般士人和平民百姓中，耻感是决定人们行为的重要心理因素。齐景公时，晏子用智谋为齐景公除去三个勇士，其实就是利用了人的羞耻之心。齐景公的三个勇士公孙接、田开疆、古冶子"上无君臣之义，下无长率之伦，内不以禁暴，外不可威敌"，可是却难以力除，晏子让景公赏给三个人两个桃，让他们"计功而食桃"，结果公孙接和田开疆以为功高而先拿了桃，古冶子摆列自己的功劳而要求他们还桃，二人感到羞愧而"挈领而死"。古冶子曰："二子死之，冶独生之，不仁；耻人以言，而夸其声，不义；恨乎所行，不死，无勇。"于是古冶子也不取桃，自杀而死。这则历史上著名的"二桃杀三士"的事件，正是先秦时期耻感文化影响人们行为的绝好例证。

行义去市贾者亡几耳。故曰士之寡廉鲜耻者，争于资格也。①

（二）耻是个体品德养成的保证。按照儒家设计的道德教化与个体修养德性的方法，拥有耻感意识是一个人把握自己的心理状态，通过对事物的认知和感受，以及通过他人对事物的看法和态度来调整和掌控自己的言行，最终达到学习和修养德行的目标之保证。首先，拥有耻感是对人道德教化的前提。"耻者，治教之大端。"② 羞耻之心是人的一种内心体验，它表现为主体通过外界的他律反映而致内心的变化并在行动上做出反应，进而完成一种内省和反求诸己的修身过程。所以孔子针对凡人性敏者多不好学，位高者多耻下问③的社会流弊，教导他的弟子一定要"敏而好学，不耻下问。"④ 宋朝学者周敦颐提出："必有耻，则可教。"⑤ 充分说明耻是对人进行道德教育的前提。其次，知耻是人追求进步的动力。人有了羞耻感，才能明辨是非善恶、清楚自己的毛病和不足，才能憎恨丑恶、向慕美好，也才能敏而好学，不耻下问。因此孔子倡导人们要知耻，为人要做到言行一致，言行不一是可耻的事，"君子耻其言而过其行。"朱熹注释孔子所言"古者言之不出，耻躬之不逮也"曰："行不及言，可耻之甚。古者所以不出其言，为此故也。言之如其所行，行之如其所言，则出诸其口必不易矣。"⑥ 故"巧言、令色、足恭，左丘明耻之，丘亦耻之。匿怨而友其人，左丘明耻之，丘亦耻之。"⑦ 花言巧语、过分恭顺、表里不一是羞耻之事，自然为圣人君子所不齿。宋代朱熹有言："人有耻，则能有所不为。"⑧ 由于耻感是一种积极的道德情感，它以否定性判断把握善，正

---

① 《日知录》卷12《选补》。

② 康有为：《孟子徽》卷6，中华书局1987年版，第123页。

③ 有关位高权重者耻于下问的故事，比较早的见于《孟子》一书，其中记述孟子与齐宣王的对话：孟子曰："王之臣有托其妻子于其友，而之楚游者。比其反也，则冻馁其妻子，则如之何？"王曰："弃之。"孟子曰："士师不能治士，则如之何？"王曰："已之。"孟子曰："四境之内不治，则如之何？"这时齐宣王不能答，顾左右而言他。朱子责其"惮于自责，耻于下问如此，不足与有为可知矣。"（见朱熹《四书章句集注》）

④ 《论语》卷3《公冶长第五》。

⑤ 《周子通书·幸》，上海古籍出版社2000年版，第34页。

⑥ 《四书章句集注·论语集注》卷2《八佾第三》。

⑦ 《论语》卷3《公冶长第五》。

⑧ 黎靖德编译：《朱子语类》卷13，中华书局1986年版，第241页。

因为心中有善，故耻感便是一切美德的发端，可见耻感对品德的养成有着极为重要的推动作用。最后，耻感还是道德自律的根据。因为具有耻感意识的人从道德品性上来说，是具有可以成为圣贤之潜在品质的，故清代石成金说："耻之一字，乃人生第一要事。如知耻，则洁身励行，思学正人之所为，皆光明正大，凡污贱淫恶，不肖下流之事，决不肯为；如不知耻，则事事反是。"① 康有为也曾感言："人之有所不为，皆赖有耻心，如无耻心，则无事不可为矣。"② 因此，知耻是一个人自律和内求诸己而修德的基础和根据，对于品德的养成极为关键，因而自古以来被赋予很高的道德规范价值。

（三）耻是治国安邦之器。"为政以德"，实现德治是儒家政治文化思想的突出特征，也是中国几千年政治文化的传统，这种思想在西周初年就已经十分凸显，"天命有德，五服五章哉！天讨有罪，五刑五用哉！"③ 是统治者用有德来辩护自己获得天命统治权的不耻原因。早于孔子的春秋时期大政治家管仲，在中国历史上留下了不可磨灭的功绩，他提出"礼义廉耻，国之四维，四维不张，国乃灭亡"的治国理念："国有四维，一维绝则倾，二维绝则危，三维绝则覆，四维绝则灭。倾可正也，危可安也，覆可起也，灭不可复错也。何谓四维？一曰礼、二曰义、三曰廉、四曰耻。礼不逾节，义不自进，廉不蔽恶，耻不从枉。故不逾节，则上位安；不自进，则民无巧轴；不蔽恶，则行自全；不从枉，则邪事不生。"④ 明末清初的大思想家顾炎武指出："四者之中，耻为尤要。"孔子继承了西周"敬德保民"的政治思想，提出"道之以政，齐之以刑，民免而无耻；道之以德，齐之以礼，有耻且格。"⑤ 朱熹注曰："道之而不从者，有刑以一之也。免而无耻，谓苟免刑罚，而无所羞愧，盖虽不敢为恶，而为恶之心未尝忘也。德礼则所以出治之本，而德又礼之本也。此其相为终始，虽不可以偏废，然政刑能使民远罪而已，德礼之效，则有以使民日迁善而不自知。故治民者不可徒恃其末，又当深探其本也。"⑥ 为了让普通民众拥

---

① 石成金：《传家宝·涉世方略·人事通》，上海古籍出版社 2000 年版，第 234 页。
② 康有为：《孟子微》卷 6，中华书局 1987 年版，第 123 页。
③ 《尚书·皋陶谟》。
④ 《管子·牧民第一》。
⑤ 《论语》卷 1《学而第一》。
⑥ 《四书章句集注·论语集注》卷 1《学而第一》。

有知耻德性，巩固国家长治久安的政治基础，周公便制礼作乐，教民知耻
向善，"先王耻其乱，故制雅颂之声以道之，使其声足乐而不流，使其文
足论而不息，使其曲直繁瘠、廉肉、节奏，足以感动人之善心而已矣，不
使放心邪气得接焉。是先王立乐之方也。"① 为此，周末至两汉魏晋南北
朝时期知耻耻德之风盛行，《颜氏家训》产生于这一时期末并重视对子弟
的知耻教育，绝非偶然：

> 古之哲王所以正百辟者，既已制官刑儆于有位矣，而又为之立闾
> 师设乡校，存清议于州里，以佐刑罚之穷。移之郊遂，载在礼经，殊
> 厥井疆，称于毕命。两汉以来，犹循此制。乡举里选，必先考其生
> 平。一玷清议，终身不齿。君子有怀刑之惧，小人存耻格之风。教成
> 于下，而上不严。论定于乡，而民不犯。降及魏晋，而九品中正之
> 设，虽多失实，遗意未亡，凡被纠弹付清议者，即废弃终身，同之禁
> 锢。至宋武帝篡位，乃诏有犯乡论清议赃污淫盗，一皆荡涤洗除，与
> 之更始。……教化者朝廷之先务，廉耻者士人之美节，风俗者天下之
> 大事。朝廷有教化，则士人有廉耻，士人有廉耻，则天下有风俗。古
> 人治军之道未有不本于廉耻者。吴子曰，凡制国治军，必教之以礼，
> 励之以义，使有耻也。夫人有耻，在大足以战，在小足以守矣。尉缭
> 子言，国必有孝慈廉耻之俗，则可以死易生。②

在这样的治政背景下，"聪者自闻，明者自见，聪明则仁爱著而廉耻分
矣。故非道而行之，虽劳不至；非其有而求之，虽强不得。故智者不为非
其事，廉者不求非其有，是以害远而名彰也。"③ 用德性来管理和领导民
众，用礼制来整治规范，民众有耻辱感而自然激发起迁善改过的意志，趋
向于做有道德的行为，则国治邦安也。"今善善恶恶，好荣憎辱，非人能
自生，此天施之在人者也，君子以天施之在人者听之，则丑父弗忠也，天
施之在人者，使人有廉耻，有廉耻者，不生于大辱，大辱莫甚于去南面之

① 《礼记·乐记》。
② 《日知录》卷17《周末风俗》。
③ 《韩诗外传》卷1。

位。而束获为虏也。"①

（四）耻是道德评判的标准。耻或羞耻感（羞耻心）作为一种自觉意识，它确立人的存在价值，但作为一种道德情感，则产生于同他人的社会互动情境之中，因为耻其实是一种对人进行道德评判的标准。《尚书》最早教人们"无耻过作非"，② 而且"邦有道，贫且贱焉，耻也；邦无道，富且贵焉，耻也。"③ 这是普通民众起码的做人标准。"君子有三患：未之闻，患弗得闻也；既闻之，患弗得学也；既学之，患弗能行也。君子有五耻：居其位，无其言，君子耻之；有其言，无其行，君子耻之；既得之而又失之，君子耻之；地有余而民不足，君子耻之；众寡均而倍焉，君子耻之。"④ 是君子当有的忧患得失标准。"国君一体也。先君之耻，犹今君之耻也；今君之耻，犹先君之耻也。"⑤ 是对待国君之耻的态度标准。"彼醉不臧，不醉反耻。所谓一国皆狂，反以不狂者为狂也。"⑥ 是无耻病态道德标准。"不耻其亲，君子之孝也。"⑦ "少称不悌焉，耻也；壮称无德焉，辱也；老称无礼焉，罪也。"⑧ 是为人孝悌的道德标准。由此可见，在中国古代，耻德规范作用发挥的范围非常大，所涉及的领域往往是人们的日常生活实践，因而也很容易对人的言行以明确的"善恶荣辱"等价值判断发生影响。正因为耻是道德评判的标准，才能够让人知道什么该做和什么不该做，从而为人们的行为选择和德性修养指明了方向。

---

① 《春秋繁露》卷2《竹林第三》。
② 《尚书·说命中》。
③ 《论语》卷4《述而第七》。
④ 《礼记·杂记下》。
⑤ 《春秋公羊传·庄公》。
⑥ 《日知录》卷4《诗有人乐不人乐之分》。
⑦ 《大戴礼记·曾子立孝第五十一》。
⑧ 《大戴礼记·曾子立事第四十九》。

第三章　古代家训个案考察:《颜氏家训》源流

家训是一种文化,在中国古代社会中,家训文化就是古代家庭生活的样法。这种家训文化的固化载体主要表现为以家训、家范、家诫、家法等称谓的文学典籍,堪称一部包罗万象的中国特色百科全书,其内容大到治国平天下,小到家庭生活起居,无不包含着丰富的哲学思辨与伦理道德思想,是古代家长向后世子孙传播立身治家、为人处世、齐家教子等传统文化的重要载体;其活化形态展现为不同时期、不同朝代、不同社会阶层的贤达借助尊长在家族中的权威和地位,根据自己的生活经历,或结合祖辈遗训总结而成的诸多人生经验、励志情怀与治学理念,对子孙和其他族众进行道德教化、伦理约束的常态家训活动。换句话说,家训作为一种文化,虽然它起源于古人的生活实践,却以典型文化载体的形式存在,因为古代家长作训总是希望通过道德教化和人生践履塑造后世子孙的理想人格,没有可被传承与记忆的存在介质,家训文化要存续发展至今并发挥如此强大的道德教化功能、家族凝聚力和文化创造力等综合功能,是不可想象的。家训文化的主要功能,一方面,表现在它以通俗的文风和务实的语境,将丰富玄奥的高雅儒家传统伦理道德思想以家训形式渡向了民间,从而使家训成为连接传统文化与民间文化、沟通精英思想与普通民众理念的媒介和桥梁;另一方面,家训作为中国传统文化的重要组成部分,家训文化其实就是古代家庭生活的具体样法,以《颜氏家训》为代表的我国古代家训,正是通过将社会普遍价值原则和道德规范具体化、将家庭德育生活化、将个体品德培育常态化,开辟了一条以家训范式传播我国古代社会主流意识形态和塑造德性人格的民间路径。

第一节　家训传统探源

家训是随着家庭的产生而出现的一种重要的教育形式,并与特定时期的社会制度有着直接而密切的关系。由于中国古代家国为一体，所以萌芽于五帝而产生于西周时期的家训，就是植根于家庭这一自然沃土，成长于国教这一政治社会环境之中的。从中国古代发展史的角度看，小邦周灭亡大邦殷的历史变故，给西周统治者以诸多的经验教训。其中，最主要的一条就是明白了统治天下不能单靠过去听从于天命而要依靠统治者的德行，因为"皇天无亲，惟德是辅；民心无常，惟惠之怀。为善不同，同归于治；为恶不同，同归于乱。"① 刚刚主政天下的西周统治者提出要享有天命，做到长治久安以守住皇位，就要以德配天，要讲德行，因而对王嗣要进行德训。"文王诰教小子：有正有事，无彝酒，越庶国饮，惟祀，德将无醉。惟曰：'我民迪小子，惟土物爱，厥心臧。'聪听祖考之彝训，越小大德，小子惟一。"② 武王（姬发）谨遵文王（姬昌）教诲，继位之初便践阼三日，召集士大夫而问道群臣"恶有藏之约、行之行，万世可以为子孙常者乎？……师尚父道丹书之言曰：'敬胜怠者吉，怠胜敬者灭，义胜欲者从，欲胜义者凶。凡事，不强则枉，弗敬则不正，枉者灭废，敬者万世。藏之约、行之行、可以为子孙常者，此言之谓也！且臣闻之，以仁得之，以仁守之，其量百世；以不仁得之，以仁守之，其量十世；以不仁得之，以不仁守之，必及其世。'"③ 为子孙计从长远而施以教诫之家训

---

① 《尚书·蔡仲之命》。

② 《尚书·酒诰》。

③ 椐《大戴礼记·武王践阼第五十九》记载，武王为了求得"藏之约、行之行，万世可以为子孙常者"之道而践阼三日，召士大夫来讨教。师尚父（姜尚，名望，吕氏，字子牙）道丹书之言曰："敬胜怠者吉，怠胜敬者灭，义胜欲者从，欲胜义者凶。凡事，不强则枉，弗敬则不正，枉者灭废，敬者万世。藏之约、行之行、可以为子孙常者，此言之谓也！且臣闻之，以仁得之，以仁守之，其量百世；以不仁得之，以仁守之，其量十世；以不仁得之，以不仁守之，必及其世。"武王闻书之言，惕若恐惧，退而为戒书，于席之四端为铭，以警醒自己并教诫子孙。席前左端之铭曰："安乐必敬"；前右端之铭曰："无行可悔"；后左端之铭曰："一反一侧，亦不可以忘"；后右端之铭曰："所监不远，视迩所代"；机之铭曰："皇皇惟敬，口生诟，口戕口"；鉴之铭曰："见尔前，虑尔后"；盥盘之铭曰："与其溺于人也，宁溺于渊，溺于渊犹可游也，溺于人不可救也"；楹之铭曰："毋曰胡残，其祸将然，毋曰胡害，其祸将大。毋曰胡伤，其祸将长"；杖之铭曰："恶乎危？于忿疐。恶乎失道？于嗜欲。恶乎相忘？于富贵"；带之铭曰："火灭修容，慎戒必恭，恭则寿"；履屦之铭曰："慎之劳，劳则富"；觞豆之铭曰："食自杖，食自杖！戒之骄，骄则逃"；户之铭曰："夫名，难得而易失；无勤弗志，而曰我知之乎？无勤弗及，而曰我杖之乎？扰阻以泥之，若风将至，必先摇摇，虽有圣人，不能为谋也"；牖之铭曰："随天之时，以地之财，敬祀皇天，敬以先时"；剑之铭曰："带之以为服，动必行德，行德则兴，背德则崩"；弓之铭曰："屈伸之义，废兴之行，无忘自过"；矛之铭曰："造矛造矛！少闲弗忍，终身之羞；予一人所闻，以戒后世子孙。"

的意蕴，由此已现端倪。受此德风影响，当时的许多世家贵族也以前人的国破、家亡、身丧为鉴，开始并加强了对子弟的"臣德"教育。在这方面，当然是周公的贡献最大，但果如学界大多数人认为的，是周公开启了帝王将相与仕宦家训的先河吗？从笔者所查阅大量的文献资料判断，这一论断似乎有些以偏赅全之嫌，如果综合古代文献典籍记载，客观地讲应当是周武王继承五帝德训思想萌芽，受文王诰教小子（臣子）修养德行之训的启发，"惕若恐惧（于修德配命），退而为戒书，于席之四端为铭，以警醒自己并教诫子孙"①，以成"藏之约、行之行，万世可以为子孙常"，从此开启了帝王家训的先河，况且在以宗法制为核心的高度集权政治时期，帝王家训因为符合当时带有浓厚部族色彩的社会政治制度结构，所以帝王家训在中国上古时期成为主流，在古代家训历史上始终占有重要的范导地位。后来，周公"制礼作乐"则在一定程度上将之制度化，如周公曾作《立政》篇教诫群臣为政："今文子文孙，孺子王矣。其勿误于庶狱，惟有司之牧夫；其克诘尔戎兵，以陟禹之迹。方行天下，至于海表，罔有不服，以觐文王之耿光，以扬武王之大烈。"② 在部族制社会政治制度条件下，受封国君或官居高位者基本都是周天子的血亲，所以周公教诫群臣其实就是训示子侄，说明周公在辅佐成王治政天下的同时，还致力于教育和训诫兄弟子侄立己修身、齐家治国，从而将帝王家训在社会上推广开来，开辟了世家贵族家训之先河，带动了当时许多世家贵族、仕宦制作家训和训家教子活动的兴起。

关于周公叔旦在"制礼作乐"辅佐成王，勤于治政而践行家训教诫子侄的记载，散见于众多的文献典籍之中，其内容主要涉及教子、训侄和诫弟三个方面。

一　教子戒骄慎言

据《韩诗外传》记载，周公践天子之位七年，期间有布衣之士所贽而师者十人，所友见者十二人，穷巷白屋进见者四十九人，在周公的影响与教导下，当时有进善者百人，间接教士千人，宫朝者上万人。后来，成王封周公长子伯禽于鲁，周公便有意地诫之曰：

---

① 《大戴礼记·武王践阼第五十九》。
② 《尚书·立政》。

往矣！子无以鲁国骄士。吾，文王之子，武王之弟，成王之叔父也，又相天下，吾于天下，亦不轻矣。然一沐三握发，一饭三吐哺，犹恐失天下之士。吾闻德行宽裕，守之以恭者荣；土地广大，守之以俭者安；禄位尊盛，守之以卑者贵；人众兵强，守之以畏者胜；聪明睿智，守之以愚者善；博闻强记，守之以浅者智。夫此六者，皆谦德也。夫贵为天子，富有四海，由此德也；不谦而失天下，亡其身者，桀纣是也；可不慎欤！故易有一道，大足以守天下，中足以守其国家，近足以守其身，谦之谓也。夫天道亏盈而益谦，地道变盈而流谦，鬼神害盈而福谦，人道恶盈而好谦。……诚之哉！其无以鲁国骄士也。①

山东曲阜周公庙金人"三缄其口"

---

① 《韩诗外传》卷3。

不仅如此，周公深知自己作为当朝皇帝之叔父而践天子之位多年，极可能养成儿子骄蛮的习惯，所以在他决定致政于成王时，专门制作金人并铭文其背以诫（戒）其子。今天在山东曲阜市周公庙保存有一尊金人（铜人），铭文其背，相传即是周公希望其子做到三缄其口，而专门做此金人并铭其背送给长子伯禽的。据《孔子家语》记载，孔子当年到周王室观礼时，在周人皇祖后稷庙中，曾经见到过一尊和今天山东曲阜周公庙里相似的金人，与周公诫子金人和铭文用意极其相符。

> 孔子观周，遂入太祖后稷之庙，堂右阶之前，有金人焉，三缄其口，而铭其背曰："古之慎言人也，戒之哉！无多言，多言多败。无多事，多事多患。安乐必戒，无所行悔。勿谓何伤，其祸将长。勿谓何害，其祸将大。勿谓不闻，神将伺人。焰焰不灭，炎炎若何。涓涓不壅，终为江河。绵绵不绝，或成网罗。毫末不札，将寻斧柯。诚能慎之，福之根也。口是何伤，祸之门也。强梁者不得其死，好胜者必遇其敌。盗憎主人，民怨其上，君子知天下之不可上也，故下之；知众人之不可先也，故后之。温恭慎德，使人慕之。执雌持下，人莫逾之。人皆趋彼，我独守此。人皆或之，我独不徙。内藏我智，不示人技。我虽尊高，人弗我害。谁能于此？江海虽左，长于百川，以其卑也。天道无亲，而能下人。戒之哉！"①

语出《孔子家语》，说明圣人孔子及其后人也由此受到启发，而将此事及其铭文悉数收录在《孔子家语》之中，用以教诫子孙后辈慎言。其中，源出金人铭文的"祸从口出"、"多言多败"、"强梁者不得其死，好胜者必遇其敌"、"盗憎主人，民怨其上"、"执雌持下，人莫逾之"、"海纳百川"等训词，成为后世以至今天人们耳熟能详的谚语，历久不衰，发人内省。

二　训侄虔敬毋逸

首先，周公以天道酬勤之朴素唯物观，借用论述和分析夏商王朝兴衰原委的方式，训示殷商之后裔（多士）顺从败亡天命，警示和教育当朝

---

① 《孔子家语》卷3《观周第十一》。

天子成王谨记夏商后主淫逸丧德而亡国的经验教训。"上帝引逸，有夏不适逸，则惟帝降格，向于时夏。弗克庸帝，大淫泆有辞。惟时天罔念闻，厥惟废元命，降致罚，乃命尔先祖成汤革夏，俊民甸四方。自成汤至于帝乙，罔不明德恤祀，亦惟天丕建保乂有殷，殷王亦罔敢失帝，罔不配天其泽。在今后嗣王，诞罔显于天，矧曰其有听念于先王勤家，诞淫厥泆，罔顾于天，显民祗。惟时上帝不保，降若兹大丧。"① 其次，周公以"不知稼穑之艰难，不闻小人之劳，惟耽乐之从"而亡国的殷王桀纣为例，作《无逸》专篇教诫侄子成王要勤政而毋逸。"呜呼！君子所其无逸，先知稼穑之艰难，乃逸；则知小人之依，相小人。厥父母勤劳稼穑，厥子乃不知稼穑之艰难，乃逸乃谚。既诞，否则侮厥父母曰：'昔之人，无闻知。'"② 从为人君者须知稼穑之艰难、知小人之依凭而做到勤政无逸等常理入手，教育继承父祖大业的成王毋逸，防止辱没其父祖勤慎之懿德。最后，作为帝王，周公教育成王必须选贤任能，勤政以绍祖德，"厥亦惟我周太王、王季，克自抑畏。文王卑服，即康功田功，徽柔懿恭，怀保小民，惠鲜鳏寡。自朝至于日中昃，不遑暇食，用咸和万民。文王不敢盘于游田，以庶邦惟正之供。"③ 教育成王要自觉以文王创业和治政事迹为榜样，"无若殷王受之迷乱酗于酒德哉！……古之人，犹胥训告，胥保惠，胥教诲，民无或胥诪张为幻。此厥不听，人乃训之，乃变乱先王之正刑，至于小大。民否则厥心违怨，否则厥口诅祝。"④ 到那时，则距离丧身亡国不远矣！其教诫子侄勤政守业，可谓用心良苦。

三　诫弟勤政慎罚

周武王同母兄弟有十人之多，周公辅佐成王为政，在部族制社会政治色彩浓厚的周朝初期，如何册封和安顿成王的管叔、蔡叔、康叔等皇室成员，教育这些皇叔辈兄弟勤政爱民，并能够治理好各自的采邑封地，尤其需要防止这些皇亲国戚出现内讧，镇压这些皇亲国戚发动的叛乱，是摆在周公面前的主要任务之一。其中，对他们加强教育训示，以防患于未然，

---

① 《尚书·多士》。
② 《尚书·无逸》。
③ 同上。
④ 同上。

无疑更显重要。如在平定了管叔、蔡叔与武庚禄夫的联合叛乱后，周公践天子之位，"以武庚殷余民封康叔为卫君，居河、淇间故商墟"① 的同时，考虑到康叔年幼、缺乏治国经验，且有贪图享受、存在懈怠国事积弊，加之其封地又恰好是殷商故地，担心那里的人心不古、殷商遗民难服，故以成王长辈的口吻训诰康叔。"成王既伐管叔、蔡叔，以殷余民封康叔。作康诰、酒诰、梓材"而特别予以训示和提醒。首先，诫弟尚德爱民。"封，汝念哉！今民将在祗遹乃文考。绍闻，衣德言，往敷求于殷先哲王，用保乂民，汝丕远惟商耇成人。宅心知训，别求闻，由古先哲王，用康保民，弘于天。若德裕，乃身不废在王命……小子封，惟乃丕显考文王，克明德慎罚，不敢侮鳏寡。庸庸、祗祗、威威、显民。"② 教育康叔一定要任人唯贤，明德慎罚，谦恭威仪，敬德爱民。其次，诫弟勤政治国。"封，以厥庶民，暨厥臣，达大家……若稽田，既勤敷菑，惟其陈修，为厥疆畎；若作室家，既勤垣墉，惟其涂塈茨；若作梓材，既勤朴斲，惟其涂丹雘。"诚能做到"既勤用明德，怀为夹，庶邦享；作兄弟，方来，亦既用明德，后式典，集庶邦丕享。皇天既付中国民，越厥疆土，于先王肆。王惟德用，和怿先后迷民，用怿先王受命。已若兹监，惟曰：'欲至于万年惟王，子子孙孙永保民。'"③ 最后，诫弟推行德政而宽民慎罚。"封，敬明乃罚，人有小罪非眚，乃惟终。自作不典，式尔，有厥罪小，乃不可不杀，乃有大罪非终，乃惟眚灾适尔，既道极厥辜，时乃不可杀。"④ 即使对那些沉湎于酒色的殷商罪人，也应当宽宥毋杀，对于罪有余辜而确须杀伐之人，则尽执拘以归于中央处断，以减轻和转化矛盾。"群饮，汝勿佚。又惟殷之迪诸臣，惟工乃湎于酒，勿庸杀之，姑惟教之。有斯明享，乃不用我教辞，惟我一人弗恤，弗蠲乃事，时同于杀。"⑤ 对于其他有罪之人，则应当抚恤诱导，教育训化好他们。

如此教诫，其言细微，其意真切；如此劝勉，为子孙后代从长远计，教诫内容全面而不烦琐；如此训告，以长上身份娓娓道来，自然易于家人接受。较之武王"惕若恐惧，退而为戒书"做铭文则显得系统而全面，

---

① 《史记·卫世家》。

② 《尚书·康诰》。

③ 《尚书·梓材》。

④ 《尚书·康诰》。

⑤ 《尚书·酒诰》。

在周公的推广影响下，我国古代历史上有文字记载的家训及其家庭教育活动真正开始发展起来。

第二节　家训思想继承

萌芽于五帝，产生于西周的家训，发展到两汉三国时期得以定型。由于汉武帝"罢黜百家，独尊儒术"，儒学上升成为国学，儒家提倡和推崇的封建纲常礼教便为世人所普遍认同，也为通过治家教子以成就子女理想人格为目标的家训发展提供了道德规范和思想基础。当时政治制度上的郡县制与封国制并存，特别是选官任职实行察举制，实际上就是以个人德行和门户高下为主要依据选仕，这一制度的实施带动了家训及其家庭教育的繁荣与发展。这一时期，在家训导子弟（家训）和在家教授子弟（家教）成为世族大户以及其他社会有识之士家庭教育的主要形式，提出了家训、家学等反映家庭教育传统及其活动成就的概念。其中，家训一词最早出现在《后汉书·边让》中，该书记载东汉"议郎蔡邕深敬之，以为让宜处高任，乃荐于何进曰：'伏惟幕府初开，博选精英，华发旧德，并为元龟。虽振鹭之集西雍，济济之在周庭，无以或加。窃见令史陈留边让，天授逸才，聪明贤智。髫龀夙孤，不尽家训。及就学庐，便受大典。初涉诸经，见本知义，授者不能对其问，章句不能逮其意。心通性达，口辩辞长。非礼不动，非法不言。若处狐疑之论，定嫌审之分，经典交至，捡括参合，众夫寂焉，莫之能夺也。"① 家学一词也见于此书，"郁字仲恩，少以父任为郎。敦厚笃学，传父业，以《尚书》教授，门徒常数百人。……子普嗣，传爵至曾孙。郁中子焉，能世传其家学。"② 时人对包括家训在内的家庭教育的重视，可见一斑。接下来的魏晋南北朝时期，社会虽处于长期战乱分裂和对峙状态，但在政治、经济、文化和社会制度方面却多有建树，在中国历史上具有承上启下的作用。政治上推行士族制度，按门第高下分享特权，门第高者世代担任重要官职；经济上实行品官占田荫客制，士族大户占有大量土地和劳动力，拥有实力雄厚的庄园经济；社会生活中士族大户与平民分化明显，一般互不通婚，甚至坐不同

---

① 《后汉书》卷 80 下《列传第七〇下》。
② 《后汉书》卷 37《列传第二七》。

席；文化上表现为有闲士族占据高级文官职位，崇尚清谈之风。在经历着天下战乱痛苦的折磨中，受家国一体社会价值观念的支配，除了统治者特别重视对这种以血缘为纽带的个人与家庭、宗族与国家的伦理道德关系的建设和强化，专门制作家训教育王嗣治国守业之道外，以士族为代表的社会中上阶层，不仅立家学教授子孙掌握文化科举之技，而且也普遍制作家训教诫子弟修身处世，以持守业已取得的在当时社会上很为显赫之祖业。竞相砥砺与效仿的结果，使得家训思想得以完善，家训体例得以完备，所以我国历史上最早成型的家训也多出自这一时期。随着后世庶民对家训思想的继承和发展，以及对家训教育范式的传承和自觉践履，不仅使中国古代英才辈出，也成就了中华民族的历史辉煌。

　　本书选择以《颜氏家训》的产生和发展为例，这部产生于南北朝时期战乱动荡的历史环境之下，目的在于"整齐门内，提撕子孙"的家训专书，其中所蕴涵的深刻家庭教育思想，既是对颜氏家族历史及颜之推本人经历的系统总结，又是颜之推对其子孙后代立身行事的悉心指导。在颜之推以前，虽然三国嵇康、西晋杜预各有《家训》，东晋陶渊明有《责子》、南朝梁徐勉有《戒子书》，都属家训一类，但其卷帙都很小，影响也不大。正如许多学者评价的那样：古今家训，以《颜氏家训》为祖。自《颜氏家训》成书以后，众人便竞相模仿，家训著作渐多，差不多每个朝代都有一些代表性家训产生，撰写家训也成了古代士大夫等社会上流阶层的一种风尚。如唐代李世民的《帝范》，宋若莘、宋若昭姐妹的《女论语》，李恕的《戒子拾遗》；宋代司马光的《家范》，陆游的《放翁家训》，袁采的《袁氏世范》；明代姚舜牧的《药言》，杨继盛的《杨忠愍公遗笔》，孙奇逢的《孝友堂家规》；清代康熙的《庭训格言》，朱柏庐的《朱子家训》，张英的《聪训斋语》，曾国藩的《曾国藩家书》等，不一而足。不少家训如《朱子家训》读来琅琅上口，语言通俗易懂，故而家喻户晓，在民众中广为流传，在古今社会产生了重要影响和积极作用，因而成为家长对子女进行道德教化的教科书。然而，就《颜氏家训》而言，其训家教子的思想，从历史发展的视角来看，绝不是颜之推第一次提出来的，《颜氏家训》的成书在一定程度上讲也不是颜之推的首创。实际上，除了家训（家学）思想与家训实践的社会与历史成因外，即便是在颜氏家族内部，其训家教子的家训思想和制作家训的尝试与实践也有一个产生、继承和发展的过程，说明《颜氏家训》同其他家训一样有源有流。

据新编《陋巷志》①记载，颜氏是轩辕黄帝直接的血缘传脉，历唐虞夏商至周，其后裔小邾国国君"友"以其父夷甫（字伯颜）的字——"颜"为姓，从此颜氏起姓有颜，颜友即是小邾国的国君，也是颜姓的开山姓祖，由颜友传脉十七代至颜回。②此一姓氏渊源语出自《张澍集补注本·世本卷第五·邾谱》："邾国，曹姓，陆终弟五子曰安。周武王封其苗裔挟为附庸，居邾，挟之后颜。澍按邾武公，名夷，字颜。杜预小邾谱，谓之夷父，路史作伯颜。公羊云：'邾娄颜。'盖邾复迁娄，故曰邾娄也。"③关于这一点，学界及颜氏族人对颜氏的家族繁衍史考证颇多，对颜氏起源与发展的观点也不尽一致，但以孔门弟子颜回为祖的宗族认同却是高度的一致，颜氏族人也由此断定，天下颜氏为一家。颜氏之祖颜回天资聪慧，勤奋好学，身居陋巷，箪食瓢饮，人不堪其忧，而回也不改其乐，最终以太上立德而位居四科之首，德配四圣之冠。孔子曾多次称赞他好学，"不迁怒，不二过"，"三月不违仁"，"见其进，未见其止"，世人许其"颜子"、"复圣公"④。受颜子德行的影响，其后裔大多都十分重视个人品德的修养，重视训家教子家训的制作与家训思想的传承。据史书和颜氏族谱记载，颜子第27世孙，晋武帝汝阴太守颜含，少有操行，以孝闻名，世人视其居住地为孝悌里。颜含居官二十余年，清廉雅重；治家教子，素为整密。他专门针对子侄的仕宦前程及儿女的婚配大事立言以戒之："汝家书生门户，世无富贵；自今仕宦不可过二千石，婚姻勿贪世家。"⑤这样简短而朴实的家训，被颜氏后裔和世人尊奉为《靖侯成规》。作为一代高官太守，颜含主张婚姻素对，提出儿女的婚配关键是注重配偶的清白，而不能去贪图权势之家，这一思想在当时无疑是进步的，别具一

---

① 《陋巷志》是以春秋时期鲁人颜回所居"陋巷"地名命名的志书，它与孔氏家族志《阙里志》一样，在中国地方志中是以圣贤家族历史为对象的专门志书。新编《陋巷志》是曲阜市颜子研究会、曲阜市史志办公室在继承古本《陋巷志》的基础上，按照新体例重新编纂的颜氏家族志书。

② 新编《陋巷志》编纂委员会：《陋巷志》，齐鲁书社 2009 年版，第 31—32 页。

③ 《世本八种·张澍集补注本·世本》卷 5。

④ 自汉代起，颜回被世人列为圣人孔子弟子七十二贤之首，祭孔往往独以颜回配享。此后历代君王不断给颜回追加谥号，如唐太宗谥之为"先师"，唐玄宗谥之为"兖公"，宋真宗加封为"兖国公"，元文宗谥之为"兖国复圣公"，明嘉靖皇帝谥之为"复圣"。今天，山东省曲阜市还有复圣庙（如下页图所示）。

⑤ 颜景刚主编：《德艺世家》，人民日报出版社 2008 年版，第 290 页。

格。颜含年 93 岁卒，生前遗命子孙，逝后素棺薄敛，死后被封为西平县侯，谥号曰"靖"。受颜含思想直接影响的曾孙，颜子第 30 世孙颜延之"少孤贫，居负郭，室巷甚陋。好读书，无所不览，文章之美，冠绝当时。饮酒不护细行，年三十，犹未婚。"① 颜延之身处皇权政治取代门阀政治的晋宋之际，以他为代表的高级士族下层，曾经趁晋宏禅让之机投身政治斗争，期冀在新王朝出人头地，进而振兴门户。然而他们既为寒门当权者所抑，又为一流高门士族所不容，报国无门，兴宗无望，心中的痛苦既不能对人言说，又得不到别人的理解，无可奈何，便只好借酒浇愁，以狂放的姿态抒发愤懑之情，这是由当时的政治环境所迫，不得已而为之。然而仕途的暗淡却为赋闲在家的他继承和发扬曾祖颜含的家训思想，制作更加完善的成型家训提供了非常有利的条件，颜延之闲居无事，为《庭诰》之文以训子弟。《宋书·列传》删其繁辞，存其正，著于篇②：

山东省曲阜市复圣庙

《庭诰》者，施于闺庭之内，谓不远也。吾年居秋方，虑先草木，故遽以未闻，诰尔在庭。若立履之方，规鉴之明，已列通人之规，不复续论。今所载咸其素畜，本乎生灵，而致之心用。夫选言务一，不尚烦密，而至于备议者，盖以网诸情非。古语曰得鸟者罗之一目，而一目之罗，无时得鸟矣。此其积意之方。

---

① 《宋书》卷 73《列传第三三》。
② 据《廿二史劄记》卷 10《宋齐梁陈书并南史》载："颜延之传，载其庭诰一篇，四千余字。"

曰身行不足，遗之后人。欲求子孝必先慈，将责弟悌务为友。虽孝不待慈，而慈固植孝；悌非期友，而友亦立悌。

喜怒者有性所不有无，常起于褊量，而止于弘识。然喜过则不重，怒过则不威，能以恬漠为体，宽愉为器者，大喜荡心，微抑则定，甚怒烦性，小忍即歇。动无愆容，举无失度，则物将自悬，人将自止。……

夫内居德本，外夷民誉，言高一世，处之逾嘿，器重一时，体之滋冲，不以所能干众，不以所长议物，渊泰入道，与天为人者，士之上也。若不能遗声，欲人出己，知柄在虚求，不可校得，敬慕谦通，畏避矜踞，思广监择，从其远猷，文理精出，而言称未达，论问宣茂，而不以居身，此其亚也。若乃闻实之为贵，以辩画所克，见声之取荣，谓争夺可获，言不出于户牖，自以为道义久立，才未信于仆妾，而曰我有以过人，于是感苟锐之志，驰倾觯之望，岂悟已挂有识之裁，入修家之诫乎。记所云"千人所指，无病自死"者也。行近于此者，吾不愿闻之矣。……

寻尺之身，而以天地为心；数纪之寿，常以金石为量。观夫古先贤垂戒，长老余论，虽用细制，每以不朽见铭，缮筑末迹，咸以可久承志。况树德立义，收族长家，而不思经远乎！……

世务虽移，前休未远，人之适主，吾将反本。……偶信天德，逝不上惭。欲使人沉来化，志符往哲，勿谓是赊，日凿斯密。著通此意，吾将忘老，如固不然，其谁与归。值怀所传，略布众修；若备举情见，顾未书一。赡身之经，别在田家节政；奉终之纪，自著燕居毕义。①

　　颜延之的《庭诰》较之《靖侯成规》要全面系统得多，但作为一个家长，计从长远教诫子孙，为子弟设计处世之方等家训思想却是一脉相承的。《庭诰》从人生志向的确立、生活起居的料理、问学求道的方法到日常待人接物之规矩等都作了详细论述。告诫子弟要立德立言，振兴家声；要父慈子孝，兄弟友爱；要慎交友朋，指出"与善人居，如入芝兰之室，久而不知其芬；与不善人居，如入鲍鱼之肆，久而不知其臭"；要谦虚谨

---

① 《宋书》卷73《列传第三三》。

慎,"不以所能干众,不以所长议物";对朋友要讲信义,"每存大德,无挟小怨";饮酒要有节度,"可乐而不可嗜";要提前完纳粮税,勿待官吏催讨;要注意饮食养生,"称体而食"、"量腹而饮";不要轻信流言飞语,要宽默以居;不要轻侮苛待仆役,"服温厚而知穿弊之苦";不求浮华怪饰,不穿奇装异服等。《庭诰》对颜氏子弟影响颇大,其五世孙、颜子第35世孙颜之推作《颜氏家训》便是直接继承和借鉴了《庭诰》的思想,尤其是教子、兄弟、治家、慕贤、勉学等篇的家训内容,几乎是《庭诰》的翻版。① 同时,《颜氏家训》还在儒佛一体论、孝悌、择友、省事等方面明显受到颜延之《庭诰》的影响,不仅丰富了颜氏家族文化,也为后世留下了宝贵的精神财富。因此,完全有理由说,颜之推是在秉承颜氏家训传统的基础上,通过对祖传家训思想及其内涵进行大胆的推延与发展,集家训传统精髓之大成而制作出了《颜氏家训》。

　　颜之推出生于北方颜氏门阀士族家庭,他"早传家业,年十二,值(父亲)绎自讲《庄》、《老》,便预门徒。虚谈非其所好,还习《礼》、《传》,博览群书,无不该洽,词情典丽,甚为(父亲)西府所称。……之推聪颖机悟,博识有才辩,工尺牍,应对娴明,大为祖珽所重,令掌知馆事,判署文书。寻迁通直散骑常侍,俄领中书舍人。帝时有取索,恒令中使传旨,之推禀承宣告,馆中皆受进止。所进文章,皆是其封署,于进贤门奏之,待报方出。兼善于文字,监校缮写,处事勤敏,号为称职。"②但其仕途却并不平坦,在阳都值侯景杀简文而篡位,于江陵逢孝元覆灭,至北齐而三为亡国之人。正如颜之推自己所写:"予一生而三化,备荼苦而蓼辛,鸟焚林而铩翮,鱼夺水而暴鳞,嗟宇宙之辽旷,愧无所而容身。夫有过而自讼,始发蒙于天真,远绝圣而弃智,妄锁义以羁仁,举世溺而欲拯,王道郁以求申。既衔石以填海,终荷戟以入秦,亡寿陵之故步,临大行以逶巡。向使潜于草茅之下,甘为畎亩之人,无读书而学剑,莫抵掌以膏身,委明珠而乐贱,辞白璧以安贫,尧、舜不能荣其素朴,桀、纣无以污其清尘,此穷何由而至,兹辱安所自臻。而今而后,不敢怨天而泣麟也。"他痛心于魏晋以来"士大夫耻涉农商,羞务工技,射既不能穿,札

---

① 新编《陋巷志》编纂委员会:《陋巷志》,齐鲁书社 2009 年版,第 291 页。
② 《北齐书》卷 45《列传第三七》。

笔则才记姓名，饱食醉酒，忽忽无事，以此销日，以此终年"①的社会颓靡风气，以《论语》、《孝经》等四书五经儒家经典为据，以自己坎坷而丰富的人生经历为衬，从整饬家庭人伦关系入手，教诫子孙不要颓废沉沦，要持守素业以振兴宗族。"夫圣贤之书，教人诚孝，慎言检迹，立身扬名，亦已备矣。……吾今所以复为此者，非敢轨物范世也，业以整齐门内，提撕子孙。"②要求子孙后辈们居家要保持父慈子孝、兄友弟恭、夫义妇顺等儒家伦理道德规范。从颜氏家训序致和《庭诰》之首篇内容来看，颜之推制作家训与颜延之为《庭诰》的立意如出一辙，都强调家教的整密，指出自己的祖辈历来重视家风的整肃，一致认为如果近处不能感动，未有能及远者；小处不能调理，未有能治大者；亲者不能联属，未有能格疏者；一家事务不能全备，未有能安养百姓者；一家子弟不率规矩，未有能教诲他人者。当然，《颜氏家训》的内容，主要是教育子孙后代兼及世人怎样修身、治家、处世、立业等，除了务实的学术追求、丰富的教育思想、传统的治家理念和圆融的处世技巧等继承和发展了《庭诰》的家训思想外，《颜氏家训》还涉及文学理论、文学批评、文化考证、音韵训诂、天文历法、棋琴书画、投壶杂艺、占卜医术等广泛的学识领域，并相应的提出自己独到的见解以示子孙。所以《颜氏家训》从内容到写作方法上，都有其独到之处，它"平而不流于凡庸，实而多异于世俗，在南方浮华北方粗野的气氛中，《颜氏家训》保持平实作风，自成一家之言，所以被看做处世的良轨，广泛地流传在士人群中"③。直到今天，一提到家训，人们首先想到的便是《颜氏家训》，可见其影响之广泛。

从发展的视角看，《颜氏家训》是我国历史上第一部内容丰富，体系完备的家训，成为我国封建时代家庭教育的集大成之作，被世人誉为"家教规范"，书中虽然存在一些迂腐的观点，但更多的是对世事独到的洞见和对处世通达的议论。特别是其中丰富的家庭德育思想，成为家训规范的源泉，影响十分深远，《颜氏家训》也在唐代以前得到了很好的继承和发展。然而，由于颜氏后裔在安史之乱中遭到迫害和排挤，颜氏家族中身居官位和许多在当时有名望者均遭不测，并迫使颜氏族人离开长安，辗

---

① 《颜氏家训》卷3《勉学》。
② 《颜氏家训》卷1《序致》。
③ 范文澜：《中国通史简编》第3编第1册，人民出版社1965年版，第277页。

转东移,所以在接下来的宋元明三代期间,颜氏后裔的人才与声望均不及前,宋代家藏的《颜氏家训》还一度失传,只余一些残本。到明代后期,颜氏后裔颜如环秉承其父颜四会遗志,历经多年遍访各州郡学者及颜氏宗亲,有幸求得两种遗存的《颜氏家训》版本,与家藏残本互相参校,使《颜氏家训》得以复全,并于明正德十三年(公元1518年)冬重刻刊行,使《颜氏家训》又兴盛于世。明末清初,曲阜颜氏一支逐渐兴旺,其中颜子第67世孙"颜光敏,字逊甫,一字修来,曲阜人,康熙丁未进士,官至吏部考功司郎中。"① 作《颜氏家诫》以训子孙,这是时隔一千多年后,颜氏族人的再次应时之作。《颜氏家诫》共分四个部分,主要内容包括敦伦、承家、谨身、辨惑四篇,其治家教子的用意性质与北齐颜之推《颜氏家训》极其类似,只是去繁就简和突出家训主旨方面,显得更为明确。该《颜氏家诫》有刊本和誊稿本,藏于曲阜师范大学图书馆,1989年7月《孔子文化大全》据以影印。②

稿本《颜氏家诫》曾经过顾炎武勘正及阮元亲自校订,其中顾炎武的墨迹、见解和观点,都是难得的珍贵资料,据此还可以管窥到顾氏及阮元的家训思想。清嘉庆年间阮元将《颜氏家诫》刊之于浙江节署,称其书"训辞深厚,文义朴茂"。清乾隆太常寺卿刘湄更是为《颜氏家诫》作跋谓之曰:"《家诫》四卷与北齐颜黄门《家训》一书,均有光于复圣,可并传也。"③ 评价其"言愈浅近,义亦愈确实。"《颜氏家诫》虽只有四篇,但内容全是家训之核心,更为难能可贵的是,在时隔一千多年之后,颜光敏秉承《颜氏家训》和颜氏家教主旨,又一次撰写制作《颜氏家诫》,不是仅仅要除却《颜氏家训》思想过时之弊,也没有另辟蹊径另立家规,而是应势而为,与时俱进,以颜氏家族中兴为祈愿,结合了许多时代元素,适时制作《颜氏家诫》,自然对其家世多有助益,对家训思想颇有发展。至此,随着颜氏后裔重新出现了一大批著名人物,其祖传的家训思想和家训文本又一次有机会得以发扬光大。为

---

① 《皇朝文献通考》卷234《经籍考二十四》。

② The Complete Works of Confucian Culture. YAN YUAN's admonitions in household management by Yan guangmin of Qing dynasty. Edited by The Editorial Department of The Complete Works of Confucian Culture, published by Shandong friendship press, 1989: 333—485.

③ 周洪才:《乾隆〈曲阜县志·著述门〉研究》,《济宁师范专科学校学报》2004年第6期。

了再现颜氏不同时代家训思想与德育理念的传承关系，现将颜氏家族历代有代表性家训的主要训诫内容简要摘录于下，以见颜氏家训德育思想的一以贯之。

颜氏家族历代家训主要训诫内容传承情况一览表

主要传承内容	《靖侯成规》	《庭诰》	《颜氏家训》	《颜氏家诫》
	颜子第 27 世孙颜含于公元 307 年左右提出。	颜子第 30 世孙颜延之著于公元 426—456 年间。	颜子第 35 世孙颜之推著于公元 571—595 年间。	颜子第 67 世孙颜光敏著于公元 1795—1798 年间。
家训立意	汝家书生门户，世无富贵；自今仕宦不可过二千石，婚姻勿贪世家。	吾年居秋方，虑先草木，故遽以未闻，诰尔在庭。若立履之方，规鉴之明，已列通人之规，不复续论。今所载咸其素畜，本乎生灵，而致之心用。夫选言务一，不尚烦密，而至于备议者，盖以网诸情非。古语曰得鸟者罗之一目，而一目之罗，无时得鸟矣。此其积意之方。	吾今所以复为此者，非敢轨物范世也，业以整齐门内，提撕子孙。夫同言而信，信其所亲；同命而行，行其所服。禁童子之暴谑，则师友之诫，不如傅婢之指挥；止凡人之斗阋，则尧、舜之道，不如寡妻之诲谕。吾望此书为汝曹之所信，犹贤于傅婢寡妻耳。	《颜氏家诫》四卷与北齐颜黄门《颜氏家训》一书，均有光于复圣，可并传也。言愈浅近，义亦愈确实。内承家一卷述事尤详。
孝悌	汝家书生门户，世无富贵；自今仕宦不可过二千石，婚姻勿贪世家。	欲求子孝必先慈，将责弟悌务为友。虽孝不待慈，而慈固植孝；悌非期友，而友亦立悌。	父不慈则子不孝，兄不友则弟不恭，夫不义则妇不顺矣。父慈而子逆，兄友而弟傲，夫义而妇凌，则天之凶民，乃刑戮之所摄，非训导之所移也。	刻意孝悌，反致责备无已。动心忍性，正在此时。一不能制，前功尽失，犹然一流俗之人也。

续表

	《靖侯成规》	《庭诰》	《颜氏家训》	《颜氏家诫》
主要传承内容	颜子第27世孙颜含于公元307年左右提出。	颜子第30世孙颜延之著于公元426—456年间。	颜子第35世孙颜之推著于公元571—595年间。	颜子第67世孙颜光敏著于公元1795—1798年间。
父子	汝家书生门户，世无富贵；自今仕宦不可过二千石，婚姻勿贪世家。	含生之氓，同祖一气，等级相倾，遂成差品，遂使业习移其天识，世服没其性灵。至夫愿欲情嗜，宜无间殊，或役人而养给，然是非大意，不可悔也。	子之贵，父母荣之，如身受也，而或以骄其父母；子之善，父母扬之，如将不及也，而或以掩其父母。	为人子者，终身无犯危险，居则慎疾，出则慎交。君子无犯义，小人无犯刑，犹胜五鼎之养也。凡官长及亲友，私处称之，如对其人，君亲圣贤，则更敛容致敬。
修身	汝家书生门户，世无富贵；自今仕宦不可过二千石，婚姻勿贪世家。	苟能反悔在我，而无责于人，必有达鉴，昭其情远，识迹其事。日省吾躬，月料吾志，宽嘿以居，洁静以期，神道必在，何恤人言。	人之虚实真伪在乎心，无不见乎迹，但察之未熟耳。一为察之所鉴，巧伪不如拙诚，承之以羞大矣。	故成者诚也。诚于中、形于外，谓之色，汉书酎金色恶是也。百诚一伪，色斯减矣；十诚一伪，色斯舒恶矣。是以君子无敢毁行于冥冥。
睦邻	汝家书生门户，世无富贵；自今仕宦不可过二千石，婚姻勿贪世家。	夫内居德本，外夷民誉，言高一世，处之逾嘿，器重一时，体之滋冲，不以所能干众，不以所长议物，渊泰人道，与天为人者，士之上也。	世有痴人，不识仁义，不知富贵并由天命。……如此之人，阴纪其过，鬼夺其算。慎不可与为邻，何况交结乎？避之哉！	与人为善，以财以力，不如以言。与人言，勿挟私、勿苟狥人。期于成其美，勿成其恶而已。

	《靖侯成规》	《庭诰》	《颜氏家训》	《颜氏家诫》
主要传承内容	颜子第 27 世孙颜含于公元 307 年左右提出。	颜子第 30 世孙颜延之著于公元 426—456 年间。	颜子第 35 世孙颜之推著于公元 571—595 年间。	颜子第 67 世孙颜光敏著于公元 1795—1798 年间。
兄弟	汝家书生门户，世无富贵；自今仕宦不可过二千石，婚姻勿贪世家。	夫和之不备，或应以不和，犹信不足焉，必有不信。倘知恩意相生，情理相出，可使家有参、柴，人皆由、损。	兄弟者，分形连气之人也。方其幼也，父母左提右挈，前襟后裾，食则同案，衣则传服，学则连业，游则共方，虽有悖乱之人，不能不相爱也。	兄弟虽同气，而资禀常不能齐，或严急，或宽缓，或好交游，或乐静闲，或俭，或奢，但能平居欢然，无相厌苦。共为一事，则各言所见，而长者决之。
教子	汝家书生门户，世无富贵；自今仕宦不可过二千石，婚姻勿贪世家。	寻尺之身，而以天地为心，数纪之寿，常以金石为量。观夫古先垂戒，长老余论，虽用细制，每以不朽见铭，缮筑末迹，咸以可又承志。况树德立义，收族长家，而不思经远乎。	人之爱子，罕亦能均；自古及今，此弊多矣。贤俊者自可赏爱，顽鲁者亦当矜怜，有偏宠者，虽欲以厚之，更所以祸之。	父母之于少子，将百不见者乎？非直此也，少子则多骄惰失学，或屡弱善病。贫则无以为家，富则外侮立至。又或嫡庶前后之间，微贱乖离，他日必为厉阶。有一如此，父母所日夜忧劳。
交友	汝家书生门户，世无富贵；自今仕宦不可过二千石，婚姻勿贪世家。	习之所变亦大矣，岂唯蒸性染身，乃将移智易虑。故曰："与善人居，如入芷兰之室，久而不知其芬。"与之化矣。"与不善人居，如入鲍鱼之肆，久而不知其臭。"与之变矣。是以古人慎所与处。	人在年少，神情未定，所与款狎，熏渍陶染，言笑举动，无心于学，潜移暗化，自然似之；何况操履艺能，较明易习者也？是以与善人居，如入芝兰之室，久而自芳也；与恶人居，如入鲍鱼之肆，久而自臭也。墨子悲于染丝，是之谓矣。君子必慎交游焉。	顾朋友伦，必不可阙，取其所长，弃其所短。读书修业，必有相为砥砺问难之人。有缓急则可恃，欲为不善，则恐其知，斯友也。若夫禽禽讹讹，唯能搏塞饮酒，减人年，增物价，斯为市井者流，不在缔交之列。

续表

	《靖侯成规》	《庭诰》	《颜氏家训》	《颜氏家诫》
主要传承内容	颜子第 27 世孙颜含于公元 307 年左右提出。	颜子第 30 世孙颜延之著于公元 426—456 年间。	颜子第 35 世孙颜之推著于公元 571—595 年间。	颜子第 67 世孙颜光敏著于公元 1795—1798 年间。
为学	汝家书生门户,世无富贵;自今仕宦不可过二千石,婚姻勿贪世家。	古人耻以身为溪壑者,屏欲之谓也。欲者,性之烦浊,气之蕰蒸,故其为害,则熏心智,耗真情,伤人和,犯天性。虽生必有之,而生之德,犹火含烟而烟妨火,桂怀蠹而残桂,然则火胜则烟灭,蠹收则桂折。故性明者欲简,嗜繁者气惛,去明即惛,难以主言。	夫所以读书学问,本欲开心明目,利于行耳。未知养亲者,欲其观古人之先意承颜,怡声下气,不惮劬劳,以致甘腴,惕然惭惧,起而行之也;未知事君者,欲其观古人之守职无侵,见危授命,不忘诚谏,以利社稷,恻然自念,思欲效之也。历兹以往,百行皆然。	读书本以求道,须见古人所谈义理,实获我心,方寸中洒然卓然。虽鬼神不能夺也,若于心有为慊,则反复求之,不敢据信为然。如五经传注,百家互有出入,苟能蠲成见、集众长,虽不尽合于经,其害经者寡矣。
守业	汝家书生门户,世无富贵;自今仕宦不可过二千石,婚姻勿贪世家。	富厚贫薄,事之悬也。以富厚之身,亲贫薄之人,非可一时处。然昔有守之无怨,安之不闷者,盖有理存焉。夫既有富厚,必有贫薄,岂其证然,时乃天道。	人生在世,会当有业:农民则计量耕稼,商贾则讨论货贿,工巧则致精器用,技艺则沉思法术,武夫则惯习弓马,文士则讲议经书。	败家之子,巨室出仆,胥役被斥,及酗酒好斗,挟倡扮优,习诸博具,兴盗贼为亲属邻居,憎粗衣食,疾主人勤俭,有罪亡匿,负人债多者,虫之类也。
早教	汝家书生门户,世无富贵;自今仕宦不可过二千石,婚姻勿贪世家。	三人至生,暂有之识,幼壮骤过,衰耗弩及。其间夭郁,既难胜言,假获存遂,又云无几。柔丽之身,亟委土木,刚清之才,遽为丘壤,回遑顾慕,虽数纪之中尔。以此持荣,曾不可留,以此服道,亦何能平。	人生小幼,精神专利,长成已后,思虑散逸,固须早教,勿失机也。……凡庶纵不能尔,当及婴稚,识人颜色,知人喜怒,便加教诲,使为则为,使止则止。比及数岁,可省笞罚。	人少时血气未定,不知此生之可贵也。邪侈之徒,即淫词小说,时时导之以不自爱,父兄能尽防乎?

	《靖侯成规》	《庭诰》	《颜氏家训》	《颜氏家诫》
主要传承内容	颜子第 27 世孙颜含于公元 307 年左右提出。	颜子第 30 世孙颜延之著于公元 426—456 年间。	颜子第 35 世孙颜之推著于公元 571—595 年间。	颜子第 67 世孙颜光敏著于公元 1795—1798 年间。
婚配	汝家书生门户,世无富贵;自今仕宦不可过二千石,婚姻勿贪世家。	爱之勿劳,当扶其正性,忠而勿诲,必藏其枉情。辅以艺业,会以文辞,使亲不可亵,疏不可间,每存大德,无挟小怨。率此往也,足以相终。	婚姻素对,靖侯成规。近世嫁娶,遂有卖女纳财,买妇输绢,比量父祖,计较锱铢,责多还少,市井无异。或猥婿在门,或傲妇擅室,贪荣求利,反招羞耻,可不慎欤!	凡择姻家,须醇厚勤俭,闺门严肃者为可。若利其富厚,是先教子以不肖也。
勤俭	汝家书生门户,世无富贵;自今仕宦不可过二千石,婚姻勿贪世家。	凡生之具,岂间定实,或以膏腴天性,有以菽藿登年。中散云,所足与不由外。是以称体而食,贫岁愈赚;量腹而炊,丰家余餐。非粒实息耗,意有盈虚尔。	自古明王圣帝,犹须勤学,况凡庶乎!此事遍于经史,吾亦不能郑重,聊举近世切要,以启寤汝耳。……俭者,省约为礼之谓也;吝者,穷急不恤之谓也。今有施则奢,俭则吝;如能施而不奢,俭而不吝,可矣。	故天下物之可贵者,菽粟布帛为上,为其饥可食、寒可衣也。金钱次之,为其可以市场,且辨赋税也。至近世所宝陶冶器玩,斯下矣。
道学	汝家书生门户,世无富贵;自今仕宦不可过二千石,婚姻勿贪世家。	道者,识之公,情者,德之私。公通,可以使神明加向,私塞,不能令妻子移心。是以昔之善为士者,必捐情反道,合公屏私。	天地鬼神之道,皆恶满盈。谦虚冲损,可以免害。人生衣趣以覆寒露,食趣以塞饥乏耳。形骸之内,尚不得奢靡,己身之外,而欲穷骄泰邪?	故天下物之可贵者,菽粟布帛为上,为其饥可食、寒可衣也。金钱次之,为其可以市场,且辨赋税也。至近世所宝陶冶器玩,斯下矣。

续表

	《靖侯成规》	《庭诰》	《颜氏家训》	《颜氏家诫》
主要传承内容	颜子第 27 世孙颜含于公元 307 年左右提出。	颜子第 30 世孙颜延之著于公元 426—456 年间。	颜子第 35 世孙颜之推著于公元 571—595 年间。	颜子第 67 世孙颜光敏著于公元 1795—1798 年间。
持家	汝家书生门户，世无富贵；自今仕宦不可过二千石，婚姻勿贪世家。	蚕温农饱，民生之本，躬稼难就，上以仆役为资，当施其情愿，庀其衣食，定其当治，递其优剧，出之休绾，后之捶责，虽有劝恤之勤，而无沾曝之苦。	生民之本，要当稼穑而食，桑麻以衣。蔬果之畜，园场之所产；鸡豚之善，埘圈之所生。爰及栋宇器械，樵苏脂烛，莫非种殖之物也。至能守其业者，闭门而为生之具以足。	六畜依人而养，虽有自养之资，废而不用，一旦去主，无逾宿之命矣。世之为子孙计者，从于黄金满籝，是不以畜其子也。其子之不肖，不亦宜乎？
男女平等	汝家书生门户，世无富贵；自今仕宦不可过二千石，婚姻勿贪世家。	喜怒者有性所不有无，常起于褊量，而止于弘识。然喜过则不重，怒过则不威，能以恬漠为体，宽愉为器者，大喜荡心，微抑则定，甚怒烦性，小忍即歇。动无愆容，举无失度，则物将自悬，人将自止。	世人多不举女，贼行骨肉，岂当如此，而望福于天乎？吾有疏亲，家饶妓媵，诞育将及，便遣阍竖守之。体有不安，窥窗倚户，若生女者，辄持将去，母随号泣，使人不忍闻也。	妇人性阴鸷，与男子反。轻男而重女，恶妇而爱婿，厚母家而薄夫党。待人常过仁柔，而能阴谋杀人；遇患害则怯懦，而好诅咒；临财必吝啬，而信僧尼巫觋；恨夫人不若人，而欲其为己屈；羡人多男，而不愿有孽子。
家法	汝家书生门户，世无富贵；自今仕宦不可过二千石，婚姻勿贪世家。	观夫古先垂戒，长老余论，虽用细制，每以不朽见铭，缮筑末迹，咸以可又承绪。况树德立义，收族长家，而不思经远乎。	笞怒废于家，则竖子之过立见；刑罚不中，则民无所措手足。治家之宽猛，亦犹国焉。……当以疾病为喻，安得不用汤药针艾救之哉？又宜思勤督训者，可愿苟虐于骨肉乎？诚不得已也。	有族子为其祖笞之流血，语季父曰："吾年亦既抱子，何罪而见责若此？"季父曰："昔韩伯俞，受母杖不痛而泣，今汝既抱子，而王父尚能笞汝，且至流血，此其福也。"

续表

	《靖侯成规》	《庭诰》	《颜氏家训》	《颜氏家诫》
主要传承内容	颜子第 27 世孙颜含于公元 307 年左右提出。	颜子第 30 世孙颜延之著于公元 426—456 年间。	颜子第 35 世孙颜之推著于公元 571—595 年间。	颜子第 67 世孙颜光敏著于公元 1795—1798 年间。
除巫		人者兆气二德，禀体五常。二德有奇偶，五常有胜杀，及其为人，宁无叶诊。……至于丁年乖遇，中身迁合者，岂可易地哉？是以君子道命愈难，识道愈坚。	吾家巫觋祷请，绝于言议；符书章醮亦无祈焉，并汝曹所见也。勿为妖妄之费。	日者以年月日时干支，测人之命。盖卜筮支派，偶专精于此，以为寄托耳。……是又恕愚人而诬天道，得罪名教之甚者也。且其说可以欺愚人，而不可以罔君子。

第三节　家训文化传承

　　古代中国的乡土社会性质，决定了中国古代社会的基本构成单位就是一个个大小不同的家庭。所以，从社会文化视角来看，家庭作为一种社会文化生态丛林，是经过世代积累、创新所形成的特定文化氛围和环境；家庭不仅反映着社会文明的进步程度，而且是中国传统文化产生和发展的重要条件。一般而言，文化虽然为人类所创造，但它反过来却有塑造人、培养人的功能，因而人类所受的教育，归根结底是对人的文化塑造。中国传统文化的家庭主义文化特征，除去中国是以家庭和家族为构造单位的社会结构形式所决定外，还在于长久天然地存在于家庭和家族内部的家庭教育，其实这种教育活动还是中国家庭主义文化生生不息的摇篮。因为家庭教育是人生最早的教育，是一切教育的基础，尤其在中国古代，家庭教育可以说是最原始、最真切、最持久的教育，通过家庭教育协调关系、培养人格，对于社会的稳定和发展具有十分重要的作用。因此，家庭文明在我国传统文化体系中具有极其重要的基础性地位，而家训就是家庭文明特别是家庭德育范式中最为灿烂的文化形式。

文化是一个"民族生活的样法",① 当这种在自然经济的土壤中天然地发育成长起来的家训成为中国传统文化的时候,家训其实就表现为中国人家庭生活的一种样法,而以制作和自觉践履活动来传承家训,就表现为家庭生活的常态。中国的传统文化可以概括为"尊祖宗、重人伦、崇道德、尚礼仪",② 家庭作为中华民族传统文化的社会载体,是中国人实现社会化的第一转化阵地,它往往通过家族代际血脉保存和传递着民族文化,传播和发扬着中华民族的传统美德。所以,中国传统文化历来具有重视家庭教育的优良传统,中国人深信"其家不可教,而能教人者无之。故君子不出家而成教于国。孝者所以事君也,悌者所以事长也,慈者所以使众也。"③ 家教而家齐,家齐而国治,国治而天下平,这是中国古代先哲所设计的政治理想和人生目标。

纵观以颜氏家训为代表的传统家训的产生和发展历史,我们可以清楚地看出家训文化传承的脉络,颜氏家族始终坚持制作和运用家训治家教子的优良传统,使颜氏家族的家教门风得以延续和传承,也使颜氏一族数千年繁盛不衰。据不完全统计,从曹魏到唐代中期,颜氏家族中史籍可考者有34人,其中官至五品以上者17人,占总数的一半。而官居黄门侍郎、散骑常侍、侍中、秘书监等清显高位者就有8人,有13人曾担任过刺史、太守等高官,还有7人因德行或家风严整等被封爵。④ 历史上的颜氏族人居官位之高,做高官绵延时间之长,颜氏家族出现的学者儒士、忠臣孝子之多确属少见。一个家族是靠什么来维持这样恒通的官运?又靠什么来保证人才辈出?家训文化的熏陶渐染是关键,这种教育子孙后代如何立身扬名的生活化德育范式,使颜氏后裔对文化多元和政局动荡具有很强的适应性,而且其家训流风余韵也一直延续到现代。从颜氏后裔颜嗣慎在明万历甲戌年间重刊《颜氏家训》刻本时,请张一桂所撰《重刻颜氏家训序》所作的序跋中,我们可以明显地看出颜氏后裔传承家训衣钵的历史事实,也可以明了《颜氏家训》何以保持历久弥新的作用价值。

---

① 冯契:《人的自由和真善美》,华东师范大学出版社1996年版,第95页。
② 司马云杰:《文化社会学》,山东人民出版社2001年版,第398页。
③ 《礼记·大学》。
④ 封海清:《琅琊颜氏研究》,《昆明师专学报》1989年第3期。

尝闻之：三代而上，教详于国；三代而下，教详于家。非教有殊科，而家与国所繇异道也。盖古郅隆之世，自国都以及乡遂，靡不建学，为之立官师，辨时物，布功令；故民生不见异物，而胥底于善。彼其教之国者，已粲然详备。当是时，家非无教，无所庸其教也。迫夫王路凌夷，礼教残缺，悖德覆行者，接踵于世；于是为之亲者，恐恐然虑教敕之亡素，其后人或纳于邪也，始叮咛诰诫，而家训所由作矣。斯亦可以观世哉！颜氏家训二十篇，黄门侍郎颜公之推所撰也。公阅天下义理多，以此式谷诸子，后世学士大夫亟称述焉。顾刻者讹误相袭，殊乏善本。公裔孙翰博君嗣慎，重加厘校，将托梓以传，乃来问序。余手是编而三叹，盖叹颜氏世德之远也。昔孔子布席杏坛之上，无论三千，即身通六艺者，颜氏有八人焉。无论八人，即杞国、兖国父子，相率而从之游，数亩之田不暇耕，先人之庐不暇守，赢粮于齐、楚、宋、卫、陈、蔡之郊，艰难险阻，终其身而未尝舍。意其家庭之所教诏，父子之所告语，必有至训焉，而今不及闻矣。不然，何其家之同心慕谊如此邪？嗣后渊源所渐，代有名德，是知家训虽成于公，而颜氏之有训，则非自公始也。乃公当梁、齐、隋易代之际，身婴世难，间关南北，故幽思极意而作此编，上称周、鲁，下道近代，中述汉、晋，以刺世事。其识该，其辞微，其心危，其虑详，其称名小而其指大，举类迩而见义远。其心危，故其防患深；其虑详，故繁而不容自已。推此志也，虽与内则诸篇并传可也。或因其稍崇极释典，不能无疑。盖公尝北面萧氏，饫其余风；且义主讽劝，无嫌曲证，读者当得其作训大旨，兹固可略云。①

其实，不独颜氏如此，整个中华民族也以重视家训和家庭教育著称于世，纵观中国家训发展的历史，在宋代以前，帝王家训是社会上最主要的家训形式，而且这些封建统治者包括最高统治者皇帝作家训还只限于对皇亲国戚和皇属部族的教诫，家训内容更多的注重对于有关治理天下的社会治政家训的编写。宋代以降，我国传统文献家训及其与之相应的专门家训活动才逐渐走出了由世家贵族等少数人垄断的时代，即由贵族家训时代转向了社会家训时代。但制作和利用家训教诫子孙后代修己立身以求守业有

---

①　王利器：《颜氏家训集解》（增订本），中华书局 1983 年版，第 615—616 页。

途的这种家庭教育范式，无疑源自于帝王家训，其中修齐治平、家国一体的传统处世理念，以及由帝王家训推广范导而普及庶民的家训发展轨迹，在后世诸多家训文本中多有显现，如宋代袁采的《袁氏世范》指出："居官当如居家，必有顾籍；居家当如居官，必有纲纪"；明朝初期曹端《家规辑略》有言："国有国法，家有家规，人事之常也。治国无法则不能治其国，治家无法则不能治其家，譬则为方圆者不可以无规矩，为平直者不可以无准绳。是故善治国善治家者，必先立法以垂其后"；清代张伯行撰《正谊堂文集》还明确地把家规同国法并提："夫家之有规，犹国之有经也；治国不可无经，治家不可无规。"所以，家训虽多在家庭内部着眼，主要表现为长辈对子孙进行为人处世教育的一种方式，但家训的教育内容却涉及励志、劝学、修身、处世、治家、慈孝、为政、婚恋等方方面面，并在数千年的历史演进中，积累了丰富的家庭教育经验和浩如烟海的家庭德育文献，这些家庭教育的经验和文献经过漫长的历史积淀，早已从对一家一族的训示，而繁衍发展成为整个中华民族的优秀文化传统，无论是鸿篇巨制、片纸短章，抑或口传心授、临终遗言，都是家庭教育的思想结晶，普遍受到中国人的高度重视，始终发挥着积极的道德教化作用。当然，站在某一历史时代的立场看，家训作为历史文化的产物，其前人所做的家训及其教育思想必定或多或少的存在着不合时宜的内容，正如我们从现代人的观念来看，传统家训中难免存在一些封建糟粕和过时之论一样。但是，家训作为我国传统文化的重要组成部分，其流传演化历史之长和对中国人思想的教育影响之深，却是毋庸置疑的，这也正是家训被中华有识儿女代代传抄和一次次修订完善而不弃的原因。

第四章 《颜氏家训》对个体品德培育基本道德规范的具体化

纵观人类漫长的发展历史，培养人始终是人类社会永恒的主题，中国传统文化认为，人之为人的根本在于有德，培育和塑造德性人格的关键在于道德教化。但问题在于，决定个体品德培育价值目标实现的那些社会普遍价值原则，是作为一般的社会道德规范而存在的，这些一般的社会道德原则只有经过一系列的中间环节和逻辑中介而回归日常生活，才能被现实生活中的个体所接受，才可能成为受教个体认同和内化的道德信念与生活信条。从这个维度来看，以《颜氏家训》为代表的古代家训恰恰构成了将一般社会道德原则向个体品德内化与过渡所要求的逻辑中介要素，表现在《颜氏家训》的文本形式上，都是以"正欲其浅而易知，简而易能，故语多朴直。使愚夫赤子，皆晓然无疑"① 为原则；家训内容的确定上，"虽辞质义直，然皆本之孝悌，推以事君上，处朋友乡党之间，其归要不悖六经，而旁贯百氏。至辨析援证，咸有根据；自当启悟来世，不但可训思鲁、愍楚辈而已。"② 实际上，《颜氏家训》通过采取与人们的日常生活密切关联且通俗易懂的语言表达方式，实现了对以儒家思想为指导的社会普遍价值原则和道德规范的具体化、生活化、生动化和形象化。

第一节 对个体品德培育基本道德规范的生活化

生活即教育，教育家陶行知先生曾提出："我们的实际生活即是我们全部的课程……没有生活做中心的教育是死教育。"③ 因为生活世界是人

---

① 庞尚鹏：《庞氏家训》，上海古籍出版社1985年版，第1页。
② 王利器：《颜氏家训集解》卷7。思鲁（颜思鲁）、愍楚（颜愍楚）为颜之推之子。（笔者注）
③ 陶行知：《活的教育》，《陶行知全集》（二），湖南教育出版社1985年版，第181—184页。

类一切活动的意义之源，培养人的教育尤其是道德教育必须回归生活世界。如前第三章所述，《颜氏家训》就是一种生活化培育个体品德的成功范式。在一定意义上讲，《颜氏家训》不仅开启了一条以生活化、常态化培育子孙个体品德的家庭道德教育之路，而且在以家学教诫子弟和传承中国传统文化方面，也具有创新性贡献，这一点可以在其《序致》篇中明显看出。因为自汉代儒学独尊地位确立以来，不仅注疏解说儒学经典的门派林立，而且给儒学套上了神秘的光环，加之传统经典文本本身语义奥雅难懂，不用说妇幼童稚搞不清这些经典的内容，就连那些经学博士也终生难以穷通一经，这在一定程度上把儒学渡向普通百姓的传递通道给阻隔了。正如《颜氏家训》开篇所说："夫圣贤之书，教人诚孝，慎言检迹，立身扬名，亦已备矣。魏、晋以来，所著诸子，理重事复，递相模效，犹屋下架屋，床上施床耳。"既然"魏、晋以来，所著诸子，理重事复"却不能有效地用以"教人诚孝，慎言检迹，立身扬名"，而儒学思想又不能弃置不用，"吾今所以复为此者，非敢轨物范世也，业以整齐门内，提撕子孙"。所以颜之推动手另辟蹊径，以制作家训的路径把儒家文化传授给子孙后代的同时，主要目的在于整齐门内和提撕子孙。颜之推相信"夫同言而信，信其所亲；同命而行，行其所服。禁童子之暴谑，则师友之诫，不如傅婢之指挥；止凡人之斗阋，则尧、舜之道，不如寡妻之诲谕。"在此，颜之推岂敢轻看尧舜之道，而是试图以傅婢指挥童子、寡妻诲谕凡人那样的生活化教育方式，把尧舜之道成功地传授给子孙的同时，希望能够塑造出他们的德性人格。何况自从有了家庭，便有了家庭教育，家长的权威和子女对于家长的信赖是中国古今家庭德育所以行之有效的天然要素，故而"吾望此书为汝曹之所信，犹贤于傅婢寡妻耳。"① 这不仅是颜之推制作家训的初衷，也是家训生活化和常态化的设计理路。

一　创设生活化的德育情境，以精神文化生活的方式实现对个体品德培育基本道德规范的生活化

个体品德培育和与之相应的人格塑造，虽然从出发点到最终归宿均源自于人的现实生活需要，但培育个体品德之实践活动客观地讲绝不是现实生活本身，道德教育作为文化上层建筑的一部分，它总是具有一定的抽象

---

① 《颜氏家训》卷1《序致》。

性。我们说家训对古代个体品德培育基本道德规范的生活化，其中突出的强调了家训这一文化形态所具有的富于创设生活化的情境来培育个体品德的特征。如颜之推在《勉学》篇就是以创设生活化的情境，仿佛置身于道德典型影像中，将如何通过读书学问以开心明目而最终有利于德性培育、有助于人格修养的道理教给了子弟：

　　夫所以读书学问，本欲开心明目，利于行耳。未知养亲者，欲其观古人之先意承颜，怡声下气，不惮劬劳，以致甘腝，惕然惭惧，起而行之也；未知事君者，欲其观古人之守职无侵，见危授命，不忘诚谏，以利社稷，恻然自念，思欲效之也；素骄奢者，欲其观古人之恭俭节用，卑以自牧，礼为教本，敬者身基，瞿然自失，敛容抑志也；素鄙吝者，欲其观古人之贵义轻财，少私寡欲，忌盈恶满，赒穷恤匮，赧然悔耻，积而能散也；素暴悍者，欲其观古人之小心黜己，齿弊舌存，含垢藏疾，尊贤容众，茶然沮丧，若不胜衣也；素怯懦者，欲其观古人之达生委命，强毅正直，立言必信，求福不回，勃然奋厉，不可恐慑也：历兹以往，百行皆然。①

　　一般来说，理解读书学问之于人的德行修养关系，往往并不是十分直接明了，颜之推机智地采取分类叙述的办法，一方面，将忠孝节义和恭俭耻勇等道德规范通过创设生活化的情境，展现为一个个具体的德行历史人物影像，不仅使原本抽象的道德规范具体化，而且有助于受教个体主动将这些道德规范与生活现实一一对照，从而在自己的道德践履中能够对号入座、相形见绌，最终激励受教子弟克己复礼以修养自己的德性人格。另一方面，对于古之未有或不能恰当例举的德目，《颜氏家训》同样以创设生活情境的方式，假定受教个体是其中的一个角色，而对应的提供出其所应当遵从的道德规范："世人读书者，但能言之，不能行之，忠孝无闻，仁义不足；加以断一条讼，不必得其理；宰千户县，不必理其民；问其造屋，不必知楣横而棁竖也；问其为田，不必知稷早而黍迟也；吟啸谈谑，讽咏辞赋，事既优闲，材增迂诞，军国经纶，略无施用。故为武人俗吏所共嗤诋，良由是乎！"通过创设生活情境，比较集中地展现出一个人根本

---

① 《颜氏家训》卷3《勉学》。

不可能体验到的诸多生活实践角色，但却能让受教个体得到所有涉及的生活德行训练，可谓一举几得。

二 选择生活化的教诫内容，以物质文化生活的方式，围绕与人们的日常生活实际紧密相连的德行教化，实现对个体品德培育基本道德规范的生活化

生活化家训的道德教育，表现在家训的德育内容确定方面，首先普遍选择的个体品德培育内容往往与受教个体的日常生活实践紧密联系，以保证家训所施为的德育新内容能快速顺利地穿透到他们原有的道德认知基础，并通过日复一日的惯常生产和生活，将其所学运用于自己的德行实践。这种看似平淡无奇的潜移暗化活动，恰恰是家训塑造个体德性人格的优势所在。所以，家训之于子弟个体品德培育绝不是不着边际只管说教的假大空，而是切实管用的真平实，不是面面俱到的抽象解说，而是经世致用的修养劝勉和人格塑造，而且涉及的教诫内容往往是日常生活中比较普遍或普通的，自然也实现着对个体品德培育基本道德规范的生活化。

（一）生活化的德育内容符合常情、合乎常理。《颜氏家训》对传统礼法等道德规范的常理化，不仅是家训生活化的吸引力所在，也是家训为受教个体设身处地的考虑和以人为本德育思想的具体体现。如颜之推述及当时的离别人情世故时，对于离情别意的表达，则采取比较达观的务实态度，合乎常理且使人易于接受，也易于大家根据各自的实际所能选择如何去做，"别易会难，古人所重；江南钱送，下泣言离。……然人性自有少涕泪者，肠虽欲绝，目犹烂然；如此之人，不可强责。"① 这其实是尊重人性的表现，也是生活化德育容易为受教个体接受的原因之一。对于"凡庸之性，后夫多宠前夫之孤，后妻必虐前妻之子；非唯妇人怀嫉妒之情，丈夫有沈惑之僻，亦事势使之然也。前夫之孤，不敢与我子争家，提携鞠养，积习生爱，故宠之；前妻之子，每居己生之上，宦学婚嫁，莫不为防焉，故虐之。异姓宠则父母被怨，继亲虐则兄弟为仇，家有此者，皆门户之祸也。"② 指出后娶可能导致的家庭矛盾，特别值得强调的是将产生嫌隙的人之常情——"后夫多宠前夫之孤，后妻必虐前妻之子"，合乎

---

① 《颜氏家训》卷 2《风操》。
② 《颜氏家训》卷 1《后娶》。

情理地给予了说明。众所周知，中庸原则是中国古代的处世之道，治家更讲求家庭和睦，凡事一般都不得过分，如对于居家生计之俭奢，颜之推例举其身边的常例加以说明，很是切要："可俭而不可吝已。俭者，省约为礼之谓也；吝者，穷急不恤之谓也。今有施则奢，俭则吝；如能施而不奢，俭而不吝，可矣。"① 而对于那些不合情理的现象，如"梁孝元时，有中书舍人，治家失度，而过严刻，妻妾遂共货刺客，伺醉而杀之。世间名士，但务宽仁；至于饮食饷馈，僮仆减损，施惠然诺，妻子节量，狎侮宾客，侵耗乡党：此亦为家之巨蠹矣。"② 以让事实说话的方式，将合乎常理的生活化道德规范告诉了受教子弟。又如对于俭这一德目，针对南北朝时封建统治阶级普遍役使奴隶，且数量很大的不良倾向，颜之推从"欲不可纵，志不可满"的为人常理切入，将之寓于知足之常理来说明："宇宙可臻其极，情性不知其穷，唯在少欲知足，为立涯限尔。"同时，以其先祖靖侯成规"汝家书生门户，世无富贵；自今仕宦不可过二千石，婚姻勿贪势家"为名言，勉励子弟"天地鬼神之道，皆恶满盈。谦虚冲损，可以免害。人生衣趣以覆寒露，食趣以塞饥乏耳。形骸之内，尚不得奢靡，己身之外，而欲穷骄泰邪？周穆王、秦始皇、汉武帝，富有四海，贵为天子，不知纪极，犹自败累，况士庶乎？常以二十口家，奴婢盛多，不可出二十人，良田十顷，堂室才蔽风雨，车马仅代杖策，蓄财数万，以拟吉凶急速，不啻此者，以义散之；不至此者，勿非道求之。"③ 告诫子弟凡事能够做到合乎情理和回归大众，才是可行的。

（二）生活化的德育内容关注生活常态。关注日常生活，服务日常生活是家训生活化的突出特征。虽然颜之推将包括家人子弟在内的人分为上智下愚和中庸之人，而且认为"上智不教而成，下愚虽教无益，中庸之人，不教不知也。"④ 但为什么要教育呢？就是因为"人生在世，会当有业：农民则计量耕稼，商贾则讨论货贿，工巧则致精器用，技艺则沉思法术，武夫则惯习弓马，文士则讲议经书。"凡此种种均为普通百姓谋生的基本依靠，也是社会分工的基本标准和各行各业人员应当具备的最起码要

① 《颜氏家训》卷1《治家》。
② 同上。
③ 《颜氏家训》卷5《止足》。
④ 《颜氏家训》卷1《教子》。

求，而"生民之本，要当稼穑而食，桑麻以衣。蔬果之畜，园场之所产；鸡豚之善，埘圈之所生。爰及栋宇器械，樵苏脂烛，莫非种殖之物也。至能守其业者，闭门而为生之具以足，但家无盐井耳。"① 那么，作为仕宦子弟，如果想在成年以后依靠自己的努力谋取清雅高位，亦可选择"士君子之处世，贵能有益于物耳，不徒高谈虚论，左琴右书，以费人君禄位也。"② 颜之推从教育子弟维持日常生活和保障基本生存入手，将图强自立、修身处世和勤俭持家等传统美德无意间教给了子弟，而其选择教诫的内容，无一不是关涉生活常态和服务日常生活的。另外，辨正时俗，教会子弟最起码的做人和与人交往的有用常识，也是《颜氏家训》教育生活化的又一大特征，如对于亲戚之间的称谓，颜之推说"凡与人言，言己世父，以次第称之，不云家者，以尊于父，不敢家也。凡言姑姊妹女子子：已嫁，则以夫氏称之；在室，则以次第称之。"③ 如此切实管用的教导，其实不仅是生活和交往常识的交代，而是如何遵守当时社会伦理道德规范的生活化训练。

（三）生活化的德育内容关注子弟的未来生活。教育是培养人的社会活动，任何教育都必须面向未来，为受教个体做好知识储备、社会认知和人格塑造等有利于满足其未来生活所需的一切训练。身为北齐黄门侍郎的颜之推，自然明了子弟据以显身扬名的根本所在，因而在他倾情制作这部血浓于水的家训时，出于不仅关注子弟眼下的现实生活，而且更关心他们将来的可能生活状况考虑，以《勉学》专篇的形式，言明"自古明王圣帝，犹须勤学，况凡庶乎！此事遍于经史，吾亦不能郑重，聊举近世切要，以启寤汝耳。士大夫子弟，数岁已上，莫不被教，多者或至礼、传，少者不失诗、论。及至冠婚，体性稍定；因此天机，倍须训诱。有志尚者，遂能磨砺，以就素业；无履立者，自兹堕慢，便为凡人。"他清楚地知晓智（学问之智）作为中华传统美德之一，是古代士大夫们学优则仕的资本，不仅是每个人所向往并孜孜以求的，而且也是个体品德培育的核心内容之一，历来是家中长上教育后世子孙的重点，《颜氏家训》自然也不能例外，但在中国古代追求和崇尚伦理德性而轻视理智德性的社会条件

---

① 《颜氏家训》卷1《治家》。
② 《颜氏家训》卷4《涉务》。
③ 《颜氏家训》卷2《风操》。

下，颜之推在教育子弟时，首先看重的还是个体品德的养成，即使"学优而仕"，也强调"君子当守道崇德，蓄价待时，爵禄不登，信由天命。须求趋竞，不顾羞惭，比较才能，斟量功伐，厉色扬声，东怨西怒；或有劫持宰相瑕疵，而获酬谢，或有喧聒时人视听，求见发遣；以此得官，谓为才力，何异盗食致饱，窃衣取温哉！"① 虽然带有宿命论的意味，但对于出仕为官这样的大好事，颜之推照样反对违反道义而盗取功名，坚持顺应社会发展和道德要求，通过家训塑造子孙的个体德性人格。因此，《颜氏家训》作为教育子孙的家庭文化主体，集中表现为何以让子女成为受人尊重、为社会所需要人才的希望和规范，正如刘禺生所指出的："《春秋》所以重世家，六朝所以重门第，唐宋以来，重家学、家训，不仅教其读书，实教其为人，此洒扫应对进退之外，而教以六艺之遗意也。"② 我们之所以可以从《颜氏家训》中透视出中华民族理想人格的清晰形象，就是因为颜之推制作家训"业以整齐门内，提撕子孙"③，是教育子弟的。所以，教导子弟修身成德便为第一要务，通过教育子弟坚持读儒学经典，遵崇仁义之道，从事耕读正业，持守孝悌家风，以期子弟成就内圣外王的理想人格。然而"多见士大夫耻涉农商，差务工技，射则不能穿札，笔则才记姓名，饱食醉酒，忽忽无事，以此销日，以此终年。"颜之推对梁朝全盛之时那些贵游子弟不学无术、饱食终日，熏衣剃面、傅粉施朱的奢靡生活现实极其厌恶，因而以辛辣的口吻给予批评的同时，并以离乱之后他们多"泊若穷流"，"孤独于戎马之间、转死沟壑之际"的悲惨遭遇，告诫子弟要想在成年以后谋取清雅之素业或长保家业不坠于世，唯一有效的途径就是读书学道，至少得掌握一门谋生之技，这样的话即使生逢离乱之世，"有学艺者，触地而安。自荒乱已来，诸见俘虏。虽百世小人，知读论语、孝经者，尚为人师；虽千载冠冕，不晓书记者，莫不耕田养马。以此观之，安可不自勉耶？"如此关心子弟未来生命世界的训教，真乃金玉良言！

（四）生活化的德育内容极具操作性。颜之推制作家训，"惟恐后人或懈于克己复礼之功，或忿于视听言动之准；故不惜繁称博引之谆谆，庶

---

① 《颜氏家训》卷5《省事》。

② 刘禺生：《世载堂杂忆》，中华书局1960年版，第1—2页。

③ 《颜氏家训》卷1《序致》。

几动有法，守克驯，至于道耳。"① 如若颜之推所作的家训不具操作性，其训家教子目标不仅难以实现，其家训文本也难以长久留存。众所周知，中国是礼仪之邦，一个人在生活现实当中无处不在与人交往，也无处不有交往礼仪规范，教会子弟遵守这些仪规，重要的不仅在于教其如何行动，关键在于培育为当时社会所接纳的人格，因而教育内容不具操作性，是难以奏效的。在此以《颜氏家训》教给子弟如何做到尊祖重孝道德要求为例，略加说明。"孝，德之本也，教之所由生也。"② 颜之推深知培养子孙后代孝德的重要性，更清楚如何教育他们存养孝道。首先，让子弟明了孝在日常生活中表现为父慈子孝之伦常关系。"父母威严而有慈，则子女畏慎而生孝矣。"父母严慈相济，身正而明理，是以身垂范教育子女生孝的前提。"凡人不能教子女者，亦非欲陷其罪恶；但重于诃怒，伤其颜色，不忍楚挞惨其肌肤耳。当以疾病为喻，安得不用汤药针艾救之哉？又宜思勤督训者，可愿苟虐于骨肉乎？"③ 所以，父母立教，掌握好宽严尺度是关键，"父子之严，不可以狎；骨肉之爱，不可以简。简则慈孝不接，狎则怠慢生焉。由命士以上，父子异宫，此不狎之道也；抑搔痒痛，悬衾箧枕，此不简之教也。"若"笞怒废于家，则竖子之过立见；刑罚不中，则民无所措手足。治家之宽猛，亦犹国焉。"其次，教育子弟辨正生活中的丧祭之孝。在中国古代人的孝观念中，事死丧祭是非常重要的，颜之推引经据典，在家训中引用后汉书所述行孝范例予以说明："安帝时，汝南薛包孟尝，好学笃行，丧母，以至孝闻。及父娶后妻而憎包，分出之。包日夜号泣，不能去，至被殴杖。不得已，庐于舍外，旦入而洒扫。父怒，又逐之，乃庐于里门，昏晨不废。积岁余，父母惭而还之。后行六年服，丧过乎哀。"④ 教诫子弟慎终追远、思慕双亲是人情之所难免，关键的是人人能不能都做得到，既然"二亲既没，所居斋寝，子与妇弗忍入焉。……然礼缘人情，恩由义断，亲以噎死，亦当不可绝食也。"⑤ 故颜之推务实地教育子弟：对已故父母的哀怜总不能每见伯叔兄弟，即以貌似而一概恻怆心眼，"若在从容平常之地，幸须申其情耳。必不可避，亦当

① 王利器：《颜氏家训集解》卷7。（三刻黄门家训小引）
② 《孝经·开宗明义章第一》。
③ 《颜氏家训》卷1《教子》。
④ 《颜氏家训》卷1《后娶》。
⑤ 《颜氏家训》卷2《风操》。

忍之；犹如伯叔兄弟，酷类先人，可得终身肠断，与之绝耶？"对祖辈的名讳也不必一概而论，如关于取名犯讳之忌，"长卿名犬子，王修名狗子，上有连及，理未为通，古之所行，今之所笑也。"① 子如取名狗子，则连及其父为狗之类，理不通也。最后，教给子弟生活中的孝是合宜之孝。颜之推作为北齐先儒，对事死丧祭之孝行，"言及先人，理当感慕，古者之所易，今人之所难。"既遵照旧制，赞许古者之所为的同时，又移风易俗，宽容和支持后世人之所变。不仅如此，家训还以专篇"终制第二十"交代自己的后事如何避繁就简，以遗嘱的形式规制了以后本家丧祭制度，尤为难能可贵：

> 死者，人之常分，不可免也。吾年十九，值梁家丧乱，其间与白刃为伍者，亦常数辈；幸承余福，得至于今。古人云："五十不为夭。"吾已六十余，故心坦然，不以残年为念。先有风气之疾，常疑奄然，聊书素怀，以为汝诫。
>
> ……今年老疾侵，傥然奄忽，岂求备礼乎？一日放臂，沐浴而已，不劳复魄，殓以常衣。先夫人弃背之时，属世荒馑，家涂空迫，兄弟幼弱，棺器率薄，藏内无砖。吾当松棺二寸，衣帽已外，一不得自随，床上唯施七星板；至如蜡弩牙、玉豚、锡人之属，并须停省，粮罂明器，故不得营，碑志旒旐，弥在言外。载以鳖甲车，衬土而下，平地无坟；若惧拜扫不知兆域，当筑一堵低墙于左右前后，随为私记耳。灵筵勿设枕几，朔望祥禫，唯下白粥清水干枣，不得有酒肉饼果之祭。亲友来酹酢者，一皆拒之。汝曹若违吾心，有加先妣，则陷父不孝，在汝安乎？其内典功德，随力所至，勿刳竭生资，使冻馁也。四时祭祀，周、孔所教，欲人勿死其亲，不忘孝道也。求诸内典，则无益焉。杀生为之，翻增罪累。若报罔极之德，霜露之悲，有时斋供，及七月半盂兰盆，望于汝也。②

在中国古代，丧祭礼仪之完备，事死丧祭之耗费人财物力，世所罕见。如此简化丧祭之礼，在颜之推所处的时代，意味着大不孝，故家训《终制》

---

① 《颜氏家训》卷2《风操》。
② 王利器：《颜氏家训集解》卷7。

篇开头以自己"已六十余，故心坦然，不以残年为念"而"聊书素怀，以为汝诫"。这样婉转表达，合乎情理，易于子孙接受和理解。接着，他回忆自己的身世一生而三化，以致"先君先夫人皆未还建邺旧山，旅葬江陵东郭。"而且"先夫人弃背之时，属世荒馑，家涂空迫，兄弟幼弱，棺器率薄，藏内无砖。"如果给自己的丧祭"有加先妣，则陷父不孝，在汝安乎?"① 况且，孔子都主张"墓而不坟"，我们做到不亦可乎! 言语恳切，情理相宜，举丧细节无不齐备，可谓生活化可操作之典范。

（五）生活化的德育内容关注那些最容易被忽视的言行教育。礼对于治家教子而言，其最大也是最突出的作用表现在礼规制着家庭伦序。一个人要做到"父子有亲，君臣有义，夫妇有别，长幼有序，朋友有信。"② 关键在于从其出生伊始便始终处居其中的家风影响，以及天然地接受到的家庭伦理范导，"礼义之始，在于正容体、齐颜色、顺辞令，容体正、颜色齐、辞令顺、而后礼义备，以正君臣、亲父子、和长幼，君臣正、父子亲、长幼和，而后礼义立。"③ 颜之推制作家训的意图，其实是希望能够建立一套符合封建礼制的家庭道德与生活秩序，当然需要将礼经所包含的礼制精神融入家训，将其具体化为家庭生活当中关涉"箕帚匕箸，咳唾唯诺，执烛沃盥"等的道德规范和行为准则，并致力于教诫家人子弟养成自觉遵守这些礼仪规范的习惯，铸就家教缜密的士大夫风操，不断塑造子孙后代之德性人格。"吾观礼经，圣人之教：箕帚匕箸，咳唾唯诺，执烛沃盥，皆有节文，亦为至矣。但既残缺，非复全书；其有所不载，及世事变改者，学达君子，自为节度，相承行之，故世号士大夫风操。而家门颇有不同，所见互称长短；然其阡陌，亦自可知。昔在江南，目能视而见之，耳能听而闻之；蓬生麻中，不劳翰墨。④ 汝曹生于戎马之间，视听之所不晓，故聊记录，以传示子孙。"⑤ 颜之推深知，良好家风门风的形成

---

① 《颜氏家训》卷7《终制》。

② 《孟子》卷5《滕文公章句上》。

③ 《礼记·冠义》。

④ 《颜氏家训》卷2《风操》。此句为"蓬生麻中，不扶自直；白沙在泥，不劳翰墨"的略缩语。与此相近的断语还有"蓬生麻中，不扶而直；白沙在涅，与之俱黑。"（见《荀子·劝学篇第一》）"蓬生麻中，不扶自直，白沙在泥，与之皆黑。"（见《大戴礼记·曾子制言上第五十四》）

⑤ 《颜氏家训》卷2《风操》。

是个体品德培育的重要环境因素，也是最容易被忽视和难以长久维持的生活化教育资源，所以自然成为他制作家训之所选，"昔者，周公一沐三握发，一饭三吐餐，以接白屋之士，一日所见者七十余人。晋文公以沐辞竖头须，致有图反之诮。门不停宾，古所贵也。失教之家，阍寺无礼，或以主君寝食嗔怒，拒客未通，江南深以为耻。黄门侍郎裴之礼，号善为士大夫，有如此辈，对宾杖之；其门生僮仆，接于他人，折旋俯仰，辞色应对，莫不肃敬，与主无别也。"① 这样既说理又举例，以很现实的生活化方式教诫子弟建立治家道德秩序，维护个体品德培育良好家风门风。又如，颜之推在谈到影响家庭和睦的父母对子女均爱偏颇问题时，就明确指出"人之爱子，罕亦能均；自古及今，此弊多矣。贤俊者自可赏爱，顽鲁者亦当矜怜，有偏宠者，虽欲以厚之，更所以祸之。"② 在讲求多子多福的古代大家庭里，父母偏爱的现象比较普遍，而对这种多为人所忽视但遗患无穷的家庭现象，颜之推分明是看清了且向子孙们明示了的。

（六）生活化的德育内容自然符合人性化的要求。古代儒家的仁爱思想和人道原则的深入人心，与其说靠官方力量的推行，毋宁说是在家训普及的同时通过家训教化来实现世俗化的。《颜氏家训》通篇无不体现着对家人子弟的仁爱教化，对于一些非普通的甚至反人道的社会现象，颜之推则明确表示了反对意见，并以之教育子弟。如颜之推提出"吾家巫觋祷请，绝于言议；符书章醮亦无祈焉，并汝曹所见也。勿为妖妄之费。"③ 在崇神祭祀盛行的南北朝，《颜氏家训》教育子弟不信妖巫，实在难能可贵；对于当时溺毙女婴的社会流弊，颜之推反问"女之为累，亦以深矣。然天生烝民，先人传体，其如之何？世人多不举女，贼行骨肉，岂当如此，而望福于天乎？"④ 以此警醒子弟，勿蹈覆辙。众所周知，一般人皆具有羞耻心和羞耻感，有了这种基于是非善恶的主观评判而产生的主体求荣免辱思想，便必然会在社会生活实践中自觉珍惜维护自身的尊严，否则便会招致羞辱。颜之推面对世人"为子娶妇，恨其生资不足，倚作舅姑之尊，蛇虺其性，毒口加诬，不识忌讳，骂辱妇之父母，却成教妇不孝己

① 《颜氏家训》卷 2《风操》。
② 《颜氏家训》卷 1《教子》。
③ 《颜氏家训》卷 1《治家》。
④ 同上。

身，不顾他恨。但怜己之子女，不爱己之儿妇"的不良现象，颜之推以"婚姻素对，靖侯成规"①祖训教诫子弟反对借婚姻贪荣求利，并指出"如此之人，阴纪其过，鬼夺其算。慎不可与为邻，何况交结乎？避之哉！"②又如对待"兵凶战危，非安全之道。古者，天子丧服以临师，将军凿凶门而出。父祖伯叔，若在军阵，贬损自居，不宜奏乐宴会及婚冠吉庆事也。若居围城之中，憔悴容色，除去饰玩，常为临深履薄之状焉"③。面对大是大非，什么是真善美？什么是假丑恶？此时无声胜有声！

三　采用生活化的德育方法，以常态化的德育实现对个体品德培育基本道德规范的生活化

德育要回归生活的教育理念，已成为德育理论界的共识和德育实践的指导思想，也是新世纪德育发展的重要方向。这一施教智慧并非今人首创，千年以前的颜之推及其亿万家长早就在模范的践行着生活化的德育方法，并为我们留下了丰厚的文化遗产，"人之爱其子孙也，何所不至哉！爱之深，故虑焉而周；虑之周，故语焉而详。详于口者，听过而忘，又不如详于书者，足以垂世而行远，此家训所为作也。"④我们有感于《颜氏家训》培育古代个体品德的方法自然天成，原因就在于家训作为我国道德文化的重要方面，不仅是随着家庭的产生而出现的一种重要的教育形式，而且在于其拉家常式的个体品德培育方法。如《颜氏家训》对于恕德的培养，不仅是对"己所不欲，勿施于人"的消极自持，而且是对推己及人，将心比心的积极教育和推广施为，尤其在一家之内，更应该修养和提倡恕德。颜之推教诫子弟"人之事兄，不可同于事父，何怨爱弟不及爱子乎？是反照而不明也。沛国刘琎，尝与兄瓛连栋隔壁，瓛呼之数声不应，良久方答；瓛怪问之，乃曰：'向来未着衣帽故也。'以此事兄，可以免矣。"⑤这种拉家常的方式，自然要比官方教育更直接有效和更深刻长久。还有，教育者自己的身教示范，无疑是最生活化的个体品德培育方法。清代曾在江浙各地书院主讲经义二十余年、以经术导士的杭东里人

---

①　《颜氏家训》卷1《治家》。

②　《颜氏家训》卷5《省事》。

③　《颜氏家训》卷2《风操》。

④　《清雍正二年黄叔琳刻颜氏家训节钞本序》。

⑤　《颜氏家训》卷1《兄弟》。

卢文弨，于乾隆五十四年注颜氏家训序时，高度评价颜之推"少而学问，长而议论，老而教训，斯人也，其不虚生于天地间也乎!"① 便是对颜之推学高为师和身正为范的个体品德培育方法的充分肯定。

第二节　对个体品德培育基本道德规范的生动化

　　家训作为中国古代家庭道德教育的主要表现形式，是中华传统文化中极其鲜活的部分。它是古今人生实践经验的总结与提炼，是人们在长期的社会实践中积累起来的个体品德培育思想精华，也是中国古代家庭教育思想发展历史的真实写照。极具代表性的《颜氏家训》以生动的语言、绘声绘色的描述、大量比喻拟人和夸张等修辞手法的运用，以及引用俗话、谐音、谚语、典故、成语和古代贤哲名流逸事等，以风趣幽默的写作方式使原本平淡严肃的话题变得生动而活泼。为了体现《颜氏家训》对个体品德培育基本道德规范生活化、生动化和形象化的统一特性，我们还以表明家长制作家训训家教子用意的《序致》篇为例，颜之推说明自己著述家训"所以复为此者，非敢轨物范世也，业以整齐门内，提撕子孙。"他制作家训的目的在于整齐门内和提撕子孙，而将"圣贤之书"教给子弟时，往往"同言而信，信其所亲；同命而行，行其所服。禁童子之暴谑，则师友之诫，不如傅婢之指挥；止凡人之斗阋，则尧、舜之道，不如寡妻之诲谕。"取材之朴实，描绘之生动，说理之透彻，委实令人叹服。接着颜之推从"吾家风教，素为整密"开言，讲述自己"昔在龆龀，便蒙诱诲；每从两兄，晓夕温清。规行矩步，安辞定色，锵锵翼翼，若朝严君焉。"讲述自己在幼小之时便知关心父母冷暖，做到冬温而夏清，平时居家严守进退揖让之礼，其容体之正、颜色之齐、辞令之顺，其规行矩步之跄跄翼翼情状，所有的视听言动无不活泼泼地跃然纸面，既形象又生动。而其父母则"赐以优言，问所好尚，励短引长，莫不恳笃。"其绘声绘色的描绘，仿佛父母的耳提面命就在眼前。然而，痛丧父母之后，随着家境日渐困难和慈兄的"有仁无威，导示不切。"以至于"颇为凡人之所陶染，肆欲轻言，不修边幅。年十八九，少知砥砺，习若自然，卒难洗荡。二十已后，大过稀焉。"把一个因幼年失教以致"肆欲轻言，不修边幅"

---

　　① 《清乾隆五十四年卢文弨刻抱经堂丛书本序跋》。

的成长窘况，寥寥数语便十分生动地描画了出来，并以"追思平昔之指，铭肌镂骨，非徒古书之诫，经目过耳也。故留此二十篇，以为汝曹后车耳。"① 以成长的失教与艰辛，生动总结出自己"每常心共口敌，性与情竞，夜觉晓非，今悔昨失，自怜无教，以至于斯"的惆怅与内心纠结，以己鲜活的成长经历，告诫子弟家训和家庭教育的不可或缺，从而使原本严肃而深刻的家训立意，通过颜之推本人的成长阅历和修身做人的这一活教材，转化为家庭内部道德训育的生动说教。

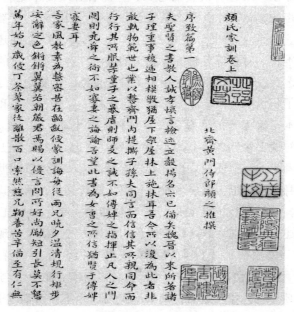

《颜氏家训·序致篇第一》

一 生动的语言表述对个体品德培育基本道德规范的生动化

家训文本作为家训文化的物质载体和存续介质，它对古代个体品德培育基本道德规范的生动化首先表现在文字表达的生动鲜活方面。《颜氏家训》在语言表述方面的生动化具体表现在：一是遣词造句灵活准确。《颜氏家训》散文诗词般的著述特征，突出地表现在文学修辞手法的精湛方

---

① 《颜氏家训》卷1《序致》。

面，如关于家庭教育传统的继承和家教门风习染，颜之推写道："夫风化者，自上而行于下者也，自先而施于后者也。是以父不慈则子不孝，兄不友则弟不恭，夫不义则妇不顺矣。"① 其上下先后的文字对仗，兄友弟恭和夫义妇顺之语气唱和，用词贴切准确，意思表达活泼，使人读来朗朗上口。再如"文章当以理致为心肾，气调为筋骨，事义为皮肤，华丽为冠冕。今世相承，趋本弃末，率多浮艳。辞与理竞，辞胜而理伏；事与才争，事繁而才损。放逸者流宕而忘归，穿凿者补缀而不足。"② 对于再现人之道德心声的文章写作，什么是关键和要害，当时的写作都有哪些常见的作文诟病，一起生动准确地指点了出来。另外，颜之推还作《书证》专篇，通过本校、对校等各种综合校正的方法，对传统经典的注疏以及当时社会上普遍存在的文学讹误进行了大量的校勘，对文化的传承特别是词义辨析作出了积极的贡献。二是广泛运用比喻、拟人、排比和夸张等修辞手法，使原本平淡无奇的话题和文字材料陡然生动。如《勉学》篇在谈到古今之人对读书学问的不同认识时讲到："古之学者为己，以补不足也；今之学者为人，但能说之也。古之学者为人，行道以利世也；今之学者为己，修身以求进也。夫学者犹种树也，春玩其华，秋登其实；讲论文章，春华也，修身利行，秋实也。"③ 寥寥数语，文字对仗工整，比拟喻义深刻，表述非常生动。三是绘声绘色的描述方法。活灵活现和细腻生动地描绘事理，以栩栩如生的人物形象映射出内含其中的深刻道理，是《颜氏家训》语言生动化的另一特征。"名之与实，犹形之与影也。德艺周厚，则名必善焉；容色姝丽，则影必美焉。今不修身而求令名于世者，犹貌甚恶而责妍影于镜也。上士忘名，中士立名，下士窃名。忘名者，体道合德，享鬼神之福祐，非所以求名也；立名者，修身慎行，惧荣观之不显，非所以让名也；窃名者，厚貌深奸，干浮华之虚构，非所以得名也。"④ 以形与影之相配寓意德厚与名善之相得，以修身与求名之同一教人慎行和内求，如此绘声绘色的描述，不仅使教诫内容变得浅显易懂，而且生动活泼。

---

① 《颜氏家训》卷1《治家》。
② 《颜氏家训》卷4《文章》。
③ 《颜氏家训》卷3《勉学》。
④ 《颜氏家训》卷4《名实》。

二 风趣幽默的写作手法对个体品德培育基本道德规范的生动化

中国古代的宗法血缘制家庭，往往追求上下有别、长幼有序，在以家训为主要范式的家庭教育当中一般总是自上而下发动，带有明显的严肃气氛。然而，家庭毕竟不同于学校，家训也不同于课堂，家庭生活讲求气氛宽松和其乐融融，家庭教育自然不必一味板着面孔，从《颜氏家训》风趣幽默的文学写作手法，我们可以明显看到颜之推施教于家的宽和与风趣。如对于"君子怀惠，小人怀利"这一区别君子和小人的道德标准，以及表现在古代有识之士身上的深明大义，颜之推在家训中例举侯景之乱的例子，不无幽默地加以解释："侯景初入建业，台门虽闭，公私草扰，各不自全。太子左卫率羊侃坐东掖门，部分经略，一宿皆办，遂得百余日抗拒凶逆。于时，城内四万许人，王公朝士，不下一百，便是恃侃一人安之，其相去如此。古人云：'巢父、许由，让于天下；市道小人，争一钱之利。'亦已悬矣。"① 通过侯景之乱下对待公私之众生相，生动风趣地教育子孙应当宽阔胸怀，不能坠如市井小人而争一钱之利。又如对待祖辈或尊者名讳时，"凡避讳者，皆须得其同训以代换之：桓公名白，博有五皓之称；厉王名长，琴有修短之目。不闻谓布帛为布皓，呼肾肠为肾修也。梁武小名阿练，子孙皆呼练为绢；乃谓销炼物为销绢物，恐乖其义。或有讳云者，呼纷纭为纷烟；有讳桐者，呼梧桐树为白铁树，便似戏笑耳。"② 如此说理与例证，除了教给子弟社会常识外，其生动性显见。又如谈及古人著述与文章，"学问有利钝，文章有巧拙。钝学累功，不妨精熟；拙文研思，终归蚩鄙。但成学士，自足为人。必乏天才，勿强操笔。吾见世人，至无才思，自谓清华，流布丑拙，亦以众矣，江南号为诗痴符。近在并州，有一士族，好为可笑诗赋，诮撇邢、魏诸公，众共嘲弄，虚相赞说，便击牛酾酒，招延声誉。其妻，明鉴妇人也，泣而谏之。此人叹曰：'才华不为妻子所容，何况行路！'至死不觉。自见之谓明，此诚难也。"③ 如此家训，意含讽刺而妙趣横生，略加调侃更易于为人所接受。

---

① 《颜氏家训》卷2《慕贤》。
② 《颜氏家训》卷2《风操》。
③ 《颜氏家训》卷4《文章》。

三　随意选取生活中的常用语言实现对个体品德培育基本道德规范的生动化

家训德育的训家性质，决定了家训用语往往是大家都能知晓的熟悉语言，从《颜氏家训》大量采用通俗易懂的歇后语、俗话、谚语、成语、格言、名人名言、历史典故等足以证明这一点，也使原本平淡无奇的说教生动而鲜活。如关于蒙以养正这个平常老提的常理论断，是所有传统家训教化的一个重要方面，《颜氏家训》所期望子孙具备的理想人格，无不在于要求子孙从小就树立远大的志向，养成勤奋好学的习惯，但幼小孩童怎么能理解如此大道理呢？颜之推找到了利用童谣或谚语教诫幼小之法，所以他在家训开篇引用"圣王有胎教之法"，言明早教规矩的渊源，接着便是谚语"教妇初来，教儿婴孩"的生动展现："怀子三月，出居别宫，目不邪视，耳不妄听，音声滋味，以礼节之。书之玉版，藏诸金匮。子生咳提，师保固明孝仁礼义，导习之矣。凡庶纵不能尔，当及婴稚，识人颜色，知人喜怒，便加教诲，使为则为，使止则止。比及数岁，可省笞罚。"借用圣王胎教之法，运用俗谚开启家训，以大家生活中早已熟悉了语言告诫子弟，一个人言行规范和道德品质的培养只有从娃娃抓起、从源头抓起，坚持早教，才能事半功倍。紧接着，以"吾见世间，无教而有爱，每不能然；饮食运为，恣其所欲，宜诫翻奖，应诃反笑，至有识知，谓法当尔。骄慢已习，方复制之，捶挞至死而无威，忿怒日隆而增怨，逮于成长，终为败德"[①] 的教子实例，顺便将"少成若天性，习惯如自然"的另一谚语以及早教之道精当地给予了解说。又如颜之推教育子弟要通过读书学习，至少掌握一项维持生计的技艺这样看似平淡却难以收效的生活话题时，就借助世人皆知的谚语，从"父兄不可常依，乡国不可常保"的人生常理切入，将原本平淡的问题生动化："父兄不可常依，乡国不可常保，一旦流离，无人庇荫，当自求诸身耳。谚曰：'积财千万，不如薄技在身。'技之易习而可贵者，无过读书也。"紧接着，通过画龙点睛，将"积财千万，不如薄技在身"，以及技艺出自读书学问的道理也一语道破，推理环环相扣，说教一举几得。

---

① 《颜氏家训》卷1《教子》。

四 生动的说理方法对个体品德培育基本道德规范的生动化

《颜氏家训》文本的生动性，还体现在说理方法的生动上，颜之推通过以下常用的生动说理方法，不仅做到生动说理，摒弃呆板说教，而且有效地实现了对个体品德培育基本道德规范的生动化目标。

（一）以少见多。家训中以少见多、触类旁通是说理教育惯用的手法，也是《颜氏家训》施教之法。清代所编《抱经堂丛书》记载了当时民间比较频繁地续刻《颜氏家训》的情况，其中，有些人便是看重其"依类以求"的说理价值："吾欲世之教子弟者，既令其通晓大义，又引之使略涉载籍之津涯，明古今之治乱，识流品之邪正。他日依类以求，其于用力也亦差省。"[①] 其实，为了明辨正误和进一步说明自己的观点，《颜氏家训》无处不在旁征博引大量的传统经典和左邻右舍的言行事迹："人见邻里亲戚有佳快者，使子弟慕而学之，不知使学古人，何其弊也哉？世人但见跨马被甲，长槊强弓，便云我能为将；不知明乎天道，辩乎地利，比量逆顺，鉴达兴亡之妙也。但知承上接下，积财聚谷，便云我能为相；不知敬鬼事神，移风易俗，调节阴阳，荐举贤圣之至也。……爰及农商工贾，厮役奴隶，钓鱼屠肉，饭牛牧羊，皆有先达，可为师表，博学求之，无不利于事也。"[②] 如此以少见多，例举形象生动，说理深入浅出，大大增强了家训教育的生动性。再如关于取名犯讳之忌："今人避讳，更急于古。凡名子者，当为孙地。吾亲识中有讳襄、讳友、讳同、讳清、讳和、讳禹，交疏造次，一座百犯，闻者辛苦，无憀赖焉。"[③] 由少及多，推延扩展，使话题丰富生动。

（二）以古论今。广为人知的道德楷模和历史典故，因其具有强大的道德感化力量，因而为《颜氏家训》频繁引用。如关于教子苦学，颜之推写道："古人勤学，有握锥投斧，照雪聚萤，锄则带经，牧则编简，亦为勤笃。梁世彭城刘绮，交州刺史勃之孙，早孤家贫，灯烛难办，常买获尺寸折之，然明夜读。孝元初出会稽，精选寮采，绮以才华，为国常侍兼记室，殊蒙礼遇，终于金紫光禄。义阳朱詹，世居江陵，后出扬都，好

---

① 王利器：《颜氏家训集解》卷7。
② 《颜氏家训》卷3《勉学》。
③ 《颜氏家训》卷2《风操》。

学，家贫无资，累日不爨，乃时吞纸以实腹。寒无毡被，抱犬而卧。犬亦饥虚，起行盗食，呼之不至，哀声动邻，犹不废业，卒成学士，官至镇南录事参军，为孝元所礼。此乃不可为之事，亦是勤学之一人。东莞臧逢世，年二十余，欲读班固汉书，苦假借不久，乃就姊夫刘缓乞丐客刺书翰纸末，手写一本，军府服其志尚，卒以汉书闻。"① 俗话说："榜样的作用是无穷的"，颜之推在论说苦学功夫时，一口气生动地列举了6位苦学成材的古代典范，尤其细致入微地描绘了当世3位鲜活的身边寒门大儒，以此鲜活的榜样和楷模激励家人子弟务须用功苦学。

（三）由近及远。《颜氏家训》在许多方面还以当时社会上普遍流行的节俗和惯例为切入点，从身边时刻发生的生活琐事着眼，辨明正误，而意在长远。如针对"江南风俗，儿生一期，为制新衣，盥浴装饰，男则用弓矢纸笔，女则刀尺针缕，并加饮食之物，及珍宝服玩，置之儿前，观其发意所取，以验贪廉愚智，名之为试儿。亲表聚集，致宴享焉。自兹已后，二亲若在，每至此日，尝有酒食之事耳。无教之徒，虽已孤露，其日皆为供顿，酣畅声乐，不知有所感伤"②。针对这种在今天社会上仍然存在的婴幼儿"抓周"风俗，态度鲜明地批评了当时这种无理取闹或托此以敛财的不良社会风气，意在教育自己的子孙切勿盲目跟进。

（四）以小见大。从生活小事或细微处开言，意在讲明家训教诫的德育大问题，也是《颜氏家训》惯用的生动手法，如《勉学》篇讲到学问贵广博宽泛时，颜之推借取名这一人生常态小事，说明问学贵能博闻的重要，"夫学者贵能博闻也。郡国山川，官位姓族，衣服饮食，器皿制度，皆欲根寻，得其原本；至于文字，忽不经怀，己身姓名，或多乖舛，纵得不误，亦未知所由。近世有人为子制名：兄弟皆山傍立字，而有名峙者；兄弟皆手傍立字，而有名杋者；兄弟皆水傍立字，而有名凝者。名儒硕学，此例甚多。若有知吾钟之不调，一何可笑。"③ "用其言，弃其身，古人所耻。凡有一言一行，取于人者，皆显称之，不可窃人之美，以为己力；虽轻虽贱者，必归功焉。窃人之财，刑辟之所处；窃人之美，鬼神之

---

① 《颜氏家训》卷3《勉学》。
② 《颜氏家训》卷2《风操》。
③ 《颜氏家训》卷3《勉学》。

所责。"① 俗话说："有理走遍天下，无理寸步难行。"关于"用其言，弃其身"之耻德，通过颜之推生动的说理，可谓入木三分，而此理古今同一，面对今天如此众多的学术造假和研究成果剽窃的不良现象，这些人无视《颜氏家训》的千年教诫，真令我们后来之人汗颜！

（五）由浅入深。以眼下或身边显见的事例，推演说明一些深刻的道理，也是《颜氏家训》惯常使用的说理方法。如颜之推讲到对节义道德规范的理解与认识时，指出："夫生不可不惜，不可苟惜。涉险畏之途，干祸难之事，贪欲以伤生，谗慝而致死，此君子之所惜哉；行诚孝而见贼，履仁义而得罪，丧身以全家，泯躯而济国，君子不咎也。自乱离已来，吾见名臣贤士，临难求生，终为不救，徒取窘辱，令人愤懑"②，借用侯景之乱中大量名臣贤士丧德失节辱国实例，说明君子讲求节义之大道理。又如颜之推言及朋友信义时说："四海之人，结为兄弟，亦何容易。必有志均义敌，令终如始者，方可议之。一尔之后，命子拜伏，呼为丈人，申父友之敬；身事彼亲，亦宜加礼。比见北人，甚轻此节，行路相逢，便定昆季，望年观貌，不择是非，至有结父为兄，托子为弟者"③，以北人轻率之虞，表达朋友之间须讲求信义，教育子弟谨慎交友，而既结交则信义为先的人生道理。

五　经典范例——元杂剧对个体品德培育基本道德规范的生动化

戏剧作为综合文化的艺术载体，是人类精神和物质生活的集中反映。它与其他艺术诸如文学、音乐、美术等形式的不同之处，在于后者作为精神文化的媒介，一般不依凭（或较少依凭）物质力量的支持，而戏剧则是精神与物质的相辅相成，既直观具体又寓意深远。我国古代传统的戏曲艺术，从民间弹唱到庙会文化再到宫廷艺术都是如此，这种表现手段与艺术形式，使戏剧成为人类文化生活中具有强大影响力和感召力的艺术形式，成为传播当时社会普遍遵从的社会道德规范与主流文化价值体系的有效手段。其中，元杂剧便通过将家训搬上舞台的形式，成功地实现了对个体品德培育基本道德规范的生动化。作为一种用北方曲调演唱的新型完整

---

① 《颜氏家训》卷 2《慕贤》。
② 《颜氏家训》卷 5《养生》。
③ 《颜氏家训》卷 2《风操》。

的戏剧形式，元杂剧有其自身的特点和严格的体例，形成了歌唱、说白、舞蹈等有机结合的戏曲艺术形式，广受民众的欢迎。元杂剧数量很多，流传范围非常广泛，题材多集中在家庭伦理、子女教化和兄弟邻里关系处理等叙事方面，并明显地传达着当时社会上相当一致的家庭伦理道德标准认同，有些剧本其实就是家训活动的公开与演绎。这一点可以从《张公艺九世同居》（第一折）戏词中清楚地表现出来，虽然笔者未能找到《颜氏家训》入戏的范例，但作为家训之祖，谁也不能否认后世家训对它的传抄和继承事实，因此完全可以将元剧中的家训看做是对《颜氏家训》的间接生动化再现，故下引为证。

　　（正末领大末、二末、三末净行钱上。正末白）老夫姓张名公艺，寿张县人氏。嫡亲的四口儿家属。老夫所生三个孩儿，大的张悦，第二张玥，第三个张英。大的个治家，第二个习文，第三个习武。这三个孩儿，家私里外，都是俺这三个孩儿的。自北齐至隋，到今九世同居。曾蒙两朝旌表门闾，人呼为义门张氏。老夫自来仗义疏财，为乡里钦敬，尊称曰长者相呼。目今圣人治世，上托着万万岁主人洪福，下托着祖宗阴德，似我这般人家，天下罕有也。（大末云）父亲，有甚么修身齐家的事，训教您儿者。（正末唱）

　　【仙吕】【点绛唇】九世同居，故家乔木，传今古。则俺这远近宗族，端的是上下皆和睦。

　　【混江龙】尊卑有序，俺一团和气霭门闾。立身的有士农工贾，传家的有礼乐诗书。想着那累代功名天下有，似俺家满门忠孝世间无。为男的孝于父母，做女的善侍公姑。人力众数百家眷，田宅广无限仓庾。亲戚同高楼大厦，朋友共肥马轻车。乐天年幽居田野，播芳声喧满江湖。但存忠孝以齐家，不求荣显学干录。常能如此，更待何如。（大末云）父亲，想咱一家儿人家，自祖宗以来，九世同居，富贵奢华，皆因是祖宗阴德也。（正末云）您众孩儿不知，我说与你听者。（唱）

　　【油葫芦】似俺般富贵荣华天付与，俺端的心自足。（大末云）喜遇明君治世。（正末唱）时遇着舜天尧日乐安居，堪叹的是西山日迫桑榆暮。喜的是高堂月旦芝兰聚，自北齐千乘君，大隋仁圣主，省差徭免赋税加优恤，见如今旋表耀门闾。

【天下乐】两度天书出帝都，家也波声，传父祖，一家儿孝慈成化俗。士民俱赞扬，乡间皆敬伏，俺端的播清风一万古。（大末云）父亲，今日是八月个五日月旦之日，中堂上设祭祀之礼，请父亲拈香。正末云着行钱抬过那香卓来者。（净行钱做抬香卓科，云）偌多的人，偏要使我做着这个，行钱好不气长也！我抬过香桌来了。（正末拈香科，云）老夫张公艺，自祖宗以来，九世同居，上托着明君治世，国泰民安，俺一家儿虔诚告祝也。（唱）……

【寄生草】你做须做文章伯，学则学君子儒，可不道书中自有千钟粟。你为人要比连城玉，济时须作擎天柱。（带云）孟子云：穷则独善其身，达则兼善天下。（唱）你达时腰金佩紫掌丝纶，不达时沁黄数黑寻章句。

（三末做见科正末云）张武杰所习何业？（三末云）您孩儿学武艺哩。（正末云）吾闻诗礼传家，此子弃文就武，亦各言其志也。曾读武经七书么？（三末云）您儿读来。（正末云）用兵贵乎随机应变，勿学赵括，胶柱鼓瑟，不能成其事也。（三末云）父亲，您孩儿学成满腹兵书战策，如今圣主，选用良才，招纳四方杰士，您孩儿文武兼济，若到举场，必然重用。得了一官半职，光显门闾，可不好那！（正末唱）

【幺篇】你学济世安邦策，按六韬三略书。则要你识安危动变驱兵旅，察虚实攻守安营垒，分奇正左右依行伍，但能够雄赳赳虎豹帐中居，煞强如冷清清鹦鹉洲边住。（云）老夫年纪高大，也无多神思。孩儿每众多，也有为官的，也有守庄产的，也有为商贾的，齐向前来，听我训诲也。（唱）

【六幺序】我这里频嘱咐，孩儿每自暗伏。休得恣荒淫酒色欢娱，为儒的早趁三余，笃志诗书休得闲遥遥惰却身躯。少年莫道儒冠误，索将他经史熟读。圣人言不二过不迁怒，修其天爵，人爵从诸。（云）孩儿也。你两个学的文武全才，即今便上朝应举去，则要你着志者。（二末云）您孩儿即今便行也。（正末唱）

【幺篇】想为官的要辨贤愚，休要弄权术。爱恤民庶，教化风俗，一片心常思报主。想民瘼不易除，为农的竭力耕锄，休教他田野荒芜。到头来勤苦是亨衢。饱衣暖食供朝暮。不勤时仓廪空虚，礼义廉耻为先务。毋忝尔祖，以保身躯。（云）为官更有几件吩咐你也。（唱）

【赚煞尾】便好道养育受亲恩。仁宦食天禄，这是父生汝君子食汝。自古君亲两不殊，不忠孝天理何如！慎其独，似十目视十手指严乎。（带云）则要你上合天心下协民望，（唱）天网恢恢本不疏。你索温恭自虚，制竹谨度，行藏须鉴圣贤书。（同下）……。

【小梁州】止不过草芥微躯一庶民，隐迹山村。（使命云）圣人的命，问你九世不分居，有何齐家之道？（正末唱）圣人问齐家之道何因，为甚么家和顺，九世不曾分。

【幺】老夫自小蒙家训，止不过慈爱宽仁。非老夫能，家无他论，则我这齐家之本，诚意与修身。①

舞台上除了有大众喜闻乐见的形象塑造、曲调优美的唱段，更为重要的是，它将一个现实生活中家长教诫子女的家训过程，活脱脱地搬上了舞台，展示给世人，并配以音响鼓乐，从而以艺术的形式生动演绎了家训，以物质文化和精神文化相结合的艺术再现方式传达家训德育理念，无疑是对家训这种原本私密的伦理教化活动最好的生动化。

第三节　对个体品德培育基本道德规范的形象化

形象化是《颜氏家训》的又一大特色，家训文本通篇以形象的文字描述，用信手拈来的比拟手法，辅之以对熟悉的形象化信息描摹，以及形象化的说服教育方式，让大量本来不易理解的个体品德培育基本道德规范变得形象自然而通俗易懂。正如颜之推在家训《序致》中言明自己制作家训的良苦用心时所说："魏、晋已来，所著诸子，理重事复，递相模效，犹屋下架屋，床上施床耳。吾今所以复为此者，非敢轨物范世也，业以整齐门内，提撕子孙。"这些"理重事复"的著作"犹屋下架屋，床上施床"，而"吾今所以复为此者，非敢轨物范世也，业以整齐门内，提撕子孙耳。"更何况"夫同言而信，信其所亲；同命而行，行其所服。禁童子之暴谑，则师友之诫，不如傅婢之指挥；止凡人之斗阋，则尧、舜之道，不如寡妻之诲谕。吾望此书为汝曹之所信，犹贤于傅婢寡妻耳。"情感之真切，言语之朴实，比拟之形象，熟悉的形象化

---

① 《全元杂剧·无名氏·张公艺九世同居第一折》。

信息之有效运用，活脱而形象地将其为子孙计从长远之爱亲仁德无意间具体化为治家训教子孙之常人心态。紧接着颜之推以形象的语言回忆自己从兄事亲等居家处世之道，"昔在龆龀，便蒙诱诲；每从两兄，晓夕温清。规行矩步，安辞定色，锵锵翼翼，若朝严君焉。赐以优言，问所好尚，励短引长，莫不恳笃。"但好景不长，"年始九岁，便丁荼蓼，家涂离散，百口索然。慈兄鞠养，苦辛备至；有仁无威，导示不切。"从自己切实的体会与感悟出言，形象地说明虽然"吾家风教，素为整密"，但如果对家庭道德教育不够重视，只讲求苦辛备至的鞠养而"有仁无威，导示不切"，以至于"颇为凡人之所陶染，肆欲轻言，不修边幅。年十八九，少知砥砺，习若自然，卒难洗荡"，如此则断难塑造出家长所期望的理想人格。所以颜之推本人"自怜无教，以至于斯。"加之颜之推"生于乱世，长于戎马，流离播越，闻见已多"，因而以自己的亲身经历为形象素材，将个人对世界的理性认识、对人生的自我感悟和对社会生活的直接经验等当做施教于子弟的重要课程资源，而将旨在计较子孙后代之长远而制作家训和训家教子的缘由亲切形象的告诉了大家，正如他所写的，"追思平昔之指，铭肌镂骨，非徒古书之诫，经目过耳也。故留此二十篇，以为汝曹后车耳。"①

一　形象的文字描述

作为启蒙教育和生活化的教材，家训文本往往要满足凡夫俗子易于识记和理解的实际德育需要，克服经典文本中那些玄奥难懂的道德规范和名词断语可能造成的理解困惑，否则即使勉强死记硬背把它记下，如果不知文本内容之所以然，必然不能心领神会，进而融会贯通，甚至有人对关涉道德仁义之经典学了多年，还是不能正确判断善恶是非。颜之推所作《颜氏家训》，"其谊正，其意备。其为言也，近而不俚，切而不激。自比于傅婢寡妻，而心苦言甘，足令顽秀并遵，贤愚共晓。宜其孙曾数传，节义文章，武功吏治，绳绳继起，而无负斯训也。"② 这是后人评价颜之推将自己教诫子弟形象的比作侍婢寡妻之德训特征，足见世人对《颜氏家训》将个体品德培育基本道德规范形象化方面存在的共识。首先，形象

① 《颜氏家训》卷1《序致》。
② 王利器：《颜氏家训集解》卷7。

的比拟对个体品德培育基本道德规范的形象化。《颜氏家训》大量运用比拟手法，通过调动人的视觉、听觉、嗅觉、触觉等主观形象的感觉，将一些原本玄奥深刻的言行规范和道德原则形象地展现给受教个体，使凡夫俗子也能一目了然和晓然无疑。如颜之推讲到要求子弟慎交游（友）时，没有讲太深的大道理，而是采取形象的比喻："是以与善人居，如人芝兰之室，久而自芳也；与恶人居，如入鲍鱼之肆，久而自臭也。墨子悲于染丝，是之谓矣。君子必慎交游焉。"① 道理是这样，但是以什么样的标准衡量可交游之人呢？ "无友不如己者。颜、闵之徒，何可世得！但优于我，便足贵之。"无论视听言动，还是德行涵养，颜回、闵子骞这样的楷模自不必说，凡人只要优于自己，便是仰慕学习和选择交游的对象。如此施教，既形象也具体，既有普通的现实比对，也有可行的道德选择标准，极易使受教个体找到可供遵奉的言行标准。其次，形象化的描写对个体品德培育基本道德规范的形象化。《颜氏家训》借助于对一些人人皆知的人和事的形象化描述，来说明某些个体品德培育基本道德规范：如家训《勉学》篇以当时那些官宦子弟不学无术而洋相尽出的身边形象，勉励子弟用心问学，真可谓入木三分："或因家世余绪，得一阶半级，便自为足，全忘修学；及有吉凶大事，议论得失，蒙然张口，如坠云雾；公私宴集，谈古赋诗，塞默低头，欠伸而已。有识旁观，代其入地。何惜数年勤学，长受一生愧辱哉！"② 再如家训讲到世人对待人才之认识流弊时说："世人多蔽，贵耳贱目，重遥轻近。少长周旋，如有贤哲，每相狎侮，不加礼敬；他乡异县，微藉风声，延颈企踵，甚于饥渴。校其长短，核其精粗，或彼不能如此矣。"③ 以"延颈企踵，甚于饥渴"等形象化的动感描述，可谓形象逼真，其动人心弦之功力，其影响作用之长久，古今同感。最后，形象化的说明手法对个体品德培育基本道德规范的形象化。《颜氏家训》大量采用人们常见的人物形象，通过类比或以简单的事物说明难懂的对象，或以具体的事物说明抽象的观念，而将古代个体品德培育基本道德规范形象化。如颜之推教诫子弟婚姻嫁娶中如何对待贫富选择的道德规范时指出："婚姻素对，靖侯成规。近世嫁娶，遂有卖女纳财，买妇输

---

① 《颜氏家训》卷2《慕贤》。
② 《颜氏家训》卷3《勉学》。
③ 《颜氏家训》卷2《慕贤》。

绢，比量父祖，计较锱铢，责多还少，市井无异。或狠婿在门，或傲妇擅室，贪荣求利，反招羞耻，可不慎欤！"通过精美的形象化语言，将狠婿傲妇的形象活灵活现于子弟面前。当然，家长制作家训往往都是为子孙后代计从长远，除了教给他们最基本的揖让进退和洒扫庭除等立身处世道德规范外，还必须教导子弟明辨善恶是非，尤其是关乎国家和民族存亡的大道理。但是面对一家老小及可能存在的明显文化素养差异，如何把那些深刻宏大的问题讲清楚，保证每一位家人都能晓然无疑，采取由小到大或由易到难等对比的形象化手法①，是《颜氏家训》将个体品德培育基本道德规范形象化的惯用手法，也是说理和教育奏效的最佳之选。如对于如何处理兄弟关系的论说，"兄弟之际，异于他人，望深则易怨，地亲则易弭。譬犹居室，一穴则塞之，一隙则涂之，则无颓毁之虑；如雀鼠之不恤，风雨之不防，壁陷楹沦，无可救矣。仆妾之为雀鼠，妻子之为风雨，甚哉！"②将兄弟嫌隙修好形象地比作塞穴涂隙之事功，将仆妾和妻子易致家庭纷争比作雀鼠和风雨破坏房屋，如此形象的说明更容易让子弟领悟和接受。

二　形象化信息的运用

运用形象化信息将个体品德培育基本道德规范形象化，主要是指《颜氏家训》通过例举和描绘那些为人耳熟能详的古今道德模范人物及其高尚德行，借用那些广为人们熟悉的形象化信息或事件，来展现人格修养的发展过程，或说明深刻的修养道理。如对于兄友弟悌这一传统美德的教诫，就借助形象的描述通过再现幼小兄弟同根生长的熟悉情景，唤起子弟间的手足之情，自然有助于对兄友弟悌德目的理解和遵从。颜之推指出："夫有人民而后有夫妇，有夫妇而后有父子，有父子而后有兄弟：一家之亲，此三而已矣。自兹以往，至于九族，皆本于三亲焉，故于人伦为重者

---

　　① 清代皮锡瑞所著的《经学通论》一书，从近代经学家的立场出发，指出"据此可见古之圣人制为礼仪，先以洒扫应对进退之节，非故以此为束缚天下之具，盖使人循循于规矩，习惯而成自然，嚣凌放肆之气，潜消于不觉，凡所以涵养其德，范围其才者，皆在乎此，后世不明此旨，以为细微末节，可以不拘，其贤者失所遵循，或启妨贵陵长之渐，不肖者无所检束，遂成犯上作乱之风，其先由小节之不修，其后乃至大闲之逾越，为人心世道之大害。"对此以小见大和以近述远之深刻道理，给予了很好的解说。

　　② 《颜氏家训》卷1《兄弟》。

也，不可不笃。"其中，兄弟手足之情所以至深而不为旁人之所移者，是因为"兄弟者，分形连气之人也，方其幼也，父母左提右挈，前襟后裾，食则同案，衣则传服，学则连业，游则共方，虽有悖乱之人，不能不相爱也。及其壮也，各妻其妻，各子其子，虽有笃厚之人，不能不少衰也。"① 在兄弟关系的对待上，强调兄友弟恭，以此为基础，推及其他人伦关系的正确处理，即使兄弟之间"各妻其妻，各子其子"，但只要兄弟之间的关系处理好了，妯娌之间的协调合作也便有了保证，从而将其他敦人伦的道德规范一并形象地进行了说明。又如颜之推在讲到早教的重要性以及晚学者的亡羊补牢之可贵时，就例举了包括自己在内的大量先哲的问学事例，说明"人生小幼，精神专利，长成已后，思虑散逸，固须早教，勿失机也。吾七岁时，诵灵光殿赋，至于今日，十年一理，犹不遗忘；二十之外，所诵经书，一月废置，便至荒芜矣。然人有坎壈，失于盛年，犹当晚学，不可自弃。孔子云：'五十以学易，可以无大过矣。'魏武、袁遗，老而弥笃，此皆少学而至老不倦也。曾子七十乃学，名闻天下；荀卿五十，始来游学，犹为硕儒；公孙弘四十余，方读春秋，以此遂登丞相；朱云亦四十，始学易、论语；皇甫谧二十，始受孝经、论语：皆终成大儒，此并早迷而晚寤也。"利用这些大家熟悉的人物形象化信息，很轻易地便得出了令人信服的结论："幼而学者，如日出之光，老而学者，如秉烛夜行，犹贤乎瞑目而无见者也。"② 对幼小子弟的少学早教树立了榜样，而对于老而不学者的警醒无异于醍醐灌顶。另外，《颜氏家训》还经常引经据典，借用经典话语所指称的形象化信息，来实现对个体品德培育基本道德规范的形象化。如颜之推在给子弟们讲奢、俭、吝三者及其相互关系时，便直接引用孔子所云"奢则不逊，俭则固；与其不逊也，宁固"以及"如有周公之才之美，使骄且吝，其余不足观也已"。引用此两则论断，用以说明他的主张："然则可俭而不可吝已。俭者，省约为礼之谓也；吝者，穷急不恤之谓也。今有施则奢，俭则吝；如能施而不奢，俭而不吝，可矣。"③ 其实，中国古代许许多多的仁人志士创立家训的目的，一般都有垂示子孙勤俭持家以保证同居合爨的家族世代荣兴的说教成分，

---

① 《颜氏家训》卷1《兄弟》。
② 《颜氏家训》卷3《勉学》。
③ 《颜氏家训》卷1《治家》。

《颜氏家训》对此也很是认同。

三 形象化的施教方法

抽象玄虚的理论难以深入人心，坐而论道的知识说教照样不能打动人心，正如不能寄希望于通过简单的理论灌输获得思想政治教育成效一样，《颜氏家训》绝对没有用抽象的理论去说服他人，而是以形象化的教诫或说教方法，通过对个体品德培育基本道德规范的形象化，从而让家训德育更容易为子弟所接受。如颜之推在一千多年前，论说我们今天仍然有人认同的"读书无用论"时，首先以自己与他人对此命题的论辩为例，以几乎可视的"有客难本人"的形象化对白开始施教："有客难本人曰：吾见强弩长戟，诛罪安民，以取公侯者有矣；文义习吏，匡时富国，以取卿相者有矣；学备古今，才兼文武，身无禄位，妻子饥寒者，不可胜数，安足贵学乎？"对于如此尖锐的发难，颜之推没有用抽象虚幻的天命论去巧辩，而是将之形象的比作金玉木石的成器机理加以说明："夫命之穷达，犹金玉木石也；修以学艺，犹磨莹雕刻也。金玉之磨莹，自美其矿璞，木石之段块，自丑其雕刻；安可言木石之雕刻，乃胜金玉之矿璞哉？"所以，"不得以有学之贫贱，比于无学之富贵也。且负甲为兵，咋笔为吏，身死名灭者如牛毛，角立杰出者如芝草；握素披黄，吟道咏德，苦辛无益者如日蚀，逸乐名利者如秋荼，岂得同年而语矣。"再说，"生而知之者上，学而知之者次。所以学者，欲其多知明达耳。必有天才，拔群出类，为将则暗与孙武、吴起同术，执政则悬得管仲、子产之教，虽未读书，吾亦谓之学矣。"以形象的比喻，加上形象的人物范型，通过直观的论辩对白，采取形象动感的说理方式，对最容易让子弟陷入怠惰的读书无用谬论，给予了有力的批驳，"今子即不能然，不师古之踪迹，犹蒙被而卧耳"。[①] 这样形象具体的说理，其产生的震撼作用，堪比当头棒喝。另外，在教给子弟一些比较难懂或抽象的德育内容时，《颜氏家训》采取尽可能将之与生活实际联系起来、尽可能将个体品德培育基本道德规范形象化的施教方法，让本来不易理解的内容变得通俗易懂。如对君子恭以远耻这一德行规范的论说，就从"借人典籍，皆须爱护"这样平凡而形象化的学习和生活事例开言，说明一个人如果为人处世用心虔敬、容貌笃恭，就可

---

① 《颜氏家训》卷 3 《勉学》。

以远离愧耻。"借人典籍，皆须爱护，先有缺坏，就为补治，此亦士大夫百行之一也。济阳江禄，读书未竟，虽有急速，必待卷束整齐，然后得起，故无损败，人不厌其求假焉。或有狼籍几案，分散部帙，多为童幼婢妾之所玷污，风雨虫鼠之所毁伤，实为累德。吾每读圣人之书，未尝不肃敬对之；其故纸有五经词义，及贤达姓名，不敢秽用也。"① 如此便很形象地教诫子弟何为恭之敬德之容，并言明恭所以修德于己者，身心言动莫不恭肃而容敬也。对于颜之推在家训中采取对个体品德培育基本道德规范形象化的手法，教诫子孙懂得廉耻并持守此道德底线的成功做法，明末清初的大思想家、文学家顾炎武（1613—1682）对此有精到的评价：

　　　　吾观三代以下世衰道微，弃礼义捐廉耻，非一朝一夕之故。然而松柏后凋于岁寒，鸡鸣不已于风雨。彼众昏之日，固未尝无独醒之人也。顷读颜氏家训有云，"齐朝一士夫，尝谓吾曰，我有一儿年已十七，颇晓书疏。教其鲜卑语及弹琵琶，稍欲通解。以此伏事公卿，无不宠爱。吾时俯而不答。异哉此人之教子也！若由此业自致卿相，亦不愿汝曹为之。"嗟乎！之推不得已而仕于乱世，犹为此言，尚有小宛诗人之意，彼阉然媚于世者能无愧哉？②

　　综上所述，《颜氏家训》是中国家训之祖，古代家庭道德教育之所以有效，就在于以《颜氏家训》为代表的古代家训作为将一般道德规范和价值原则渡向个体品德的逻辑中介，通过采取与人们的日常生活密切相关的语言表达方式，将古代个体品德培育基本道德规范具体化，配以中国特有的家庭德育范式，最终实现了对以儒家思想为指导的社会普遍价值原则和道德规范的生活化、生动化、形象化。

---

① 《颜氏家训》卷1《治家》。
② 《日知录》卷17《周末风俗》。

第五章　《颜氏家训》培育个体品德的
方式和途径

　　个体品德培育是社会普遍的道德规范和价值原则内化为个体道德品质的活动，是一个以精神传播和精神再生产为活动内容的人格生成过程。中国古代的个体品德培育，其实质就是教育者依据社会普遍的价值原则诸如人道天道原则、群己原则、义利原则、中庸原则等教育诱导受教个体自觉遵守社会既定的道德规范行动，并在认识上形成与其行为相一致所具有的稳定心理倾向，从而将个体一以贯之的道德行为倾向与为实现这种行为追求而固有的稳定行为方式统一起来，最终积淀为"内圣外王"德性人格。那么，"述立身治家之法，辨正时俗之谬……于世故人情，深明利害，而能文之以经训"① 的《颜氏家训》，是以什么样的活动方式展开，亦即通过哪些方式和途径培育个体品德、从而使家训文本成为了中国古代人格塑造的生动活体？这是本章试图回答的理论和实践问题。

第一节　长上日常训诫

　　现代思想政治教育学认为，人的道德品质是一个知行统一的完整体系，而且理想人格所蕴涵的道德品质不是其生来就有的，而是在社会生活与学习实践中逐步锻炼和培养造就出来的。一个人如果希望自己或教育他人具有某种品德，那么，他不仅要对该相应的道德规范和价值原则有深入系统的认识，而且必须惯常地按照已有的道德规范践履笃行、付诸行动，只有在不断重复的行为中才可能养成人的一种稳定的道德习性和行为方式，而且经过进一步的复习与强化，才能最终使它内化为个体的道德品

---

　　① 　王利器：《颜氏家训集解》卷7。

性。对此德性养成过程的描述，亚里士多德所说可谓经典："德性则由于先做一个一个简单行为而后形成的，这和技艺的获得一样……我们由于从事建筑而变成建筑师，由于奏竖琴而变成为竖琴演奏家。同样，由于实行公正，而变成公正的人，由于实行节制和勇敢而变为节制的、勇敢的人。"① 说明一个人的品德必须在德行实践中培养，在德行实践中形成，在德行实践中接受检验。同样，对于以塑造"内圣外王"理想人格为目标的个体品德的培育问题，中国古代先哲不仅认识到"存养扩充"人之善性的重要，也承认后天"习以成性"的德行修养功夫，所以历代家庭尊长无不遵循"性日生而日成"② 的道德实践育人理念，注意通过日常训诫来培养子弟的优秀品格。

一　古代家庭与个体成长成人的特殊关系

乡土中国③的社会特性，决定了古代家庭是个体成长成人的学校。首先，古代家庭具备道德教育的自然条件。从中国古代的社会结构形态来看，由于中国古代长期处于自给自足的自然经济社会，在这种经济社会条件下，不同的社会生活区域实际上是围绕核心家庭而分布的"差序格局"社区或村落，加之交通有限，信息闭塞，个体被分割和限制在相对狭小的范围和空间内活动，这决定了家庭无可选择地成为儿童养育的唯一园地，是其最原初最基本的生长和生活的单位，当然也是其理性与情感、权利与义务相统一的文化共同体。美国人类学家和文化心理学派代表人物之一玛格丽特·米德认为，一个人成年人格的形成，深受其所处文化的影响，尤其是不同文化或社会的儿童养育方式，对人的个性形成有着关键性的影响④。如果说一个人知识（包括感性知识和理性知识）的获得与品德的养

---

① 周辅成编：《西方伦理学名著选辑》（上卷），商务印书馆1964年版，第292页。

② 《太甲二·尚书引义》卷3，《中国哲学史资料简编·清近代部分》，中华书局1973年版，第75页。

③ 著名社会学家费孝通在其代表作《乡土中国》和《乡土重建》等著作中，通过大量的实地调查和考察总结，提出了古代中国乡土社会传统文化和社会结构理论，认为中国古代是以民间传统习俗为基础来进行社会管理，并由此凝练提升为"礼治秩序"和"差序格局"等制度化的社会管理模式。是认识前现代中国社情国情，把握中国传统文化特质的重要理论思想。

④ 转引自王铭铭《西方人类学思潮十讲》，广西师范大学出版社2005年版，第16页。

成，学校、家庭和社会三者①为主要的渠道与阵地，那么在古代中国，家庭教育在此三者当中无疑占有绝对优势，发挥着绝对重要的作用。其中主要的原因，是因为生命个体自进入生存世界以后，就天然地处于这样一个受家训直接熏陶的生活世界当中，家庭诱导其生命个体进入官学意义上的启蒙教育之前，就已经作为接受蒙学教育的奠基性工作，烙印到了自己对与自然、生命、历史和社会生活等相关的人生观、世界观的前期理解当中。所以在一定程度上讲，家庭自然而然地充当起了一个人人生历程中贯穿始终的育人学校，成为中国古代社会对人进行道德教化和实现人的社会化的重要场所。

其次，古代家庭拥有道德教育的特质。从封建社会的政治制度构造来分析，由于中国古代长期处于宗法制封建特权礼制之下，官方举办教育的局限使得接受教育的权力一般为极少数统治者所垄断，社会的绝大多数成员甚或一些世家大族的子女往往被排斥在受教育的范围之外，因而一个个生命个体进入生存世界以后，就自然地也是被迫地处居于这样一个可能受家训直接熏陶的生活世界当中。即便是官学比较发达的某些历史时期，虽然给了更多的人接受官方教育的机会，但那些生命个体在进入官学意义上的启蒙教育之前，家庭教育这种天然的教化和影响已经作为接受蒙学教育的奠基性工作，烙印到了生命个体对于自然、社会和生命等相关的人生观、世界观的前期理解当中。而且值得特别强调的是，对于古代那些没有资格和能力进入官方教育系统当中的个体，家庭教育或家训其实就是他们终其一生用以理解和打开人生与世界的观念性标本。所以，家庭教育或家训所起到的这种直接性影响和渗透作用，经过无数次的重复与强调而潜移默化，在某种意义上也就直接塑造出了个体的精神观念和道德品格。

最后，古代家庭富有道德教育传统。从古代中国人重视家训的心理和认识来看，治教于家体现着中国先民齐家治国的朴素国民情怀。从以上所述可知，中国古代家庭不仅是生命个体成长和活动的中心，更是社会安定和国家秩序的保证，以儒学为主流文化熏陶出来的中国先民，其心灵深处

---

① 为了与中国古代社会条件相一致，笔者仍然采取传统的简单划分方法，将影响和决定个体品德的外在因素分为学校、家庭和工作单位（社会）三个主要方面。如果按目前的社会实际，对个体品德的形成发挥作用的因素至少应包括学校、家庭、工作单位、网络或影视、书籍报刊及同龄群体等诸多方面。

无不包含着修齐治平的传统思想，始终怀着"意诚而后心正，心正而后身修，身修而后家齐，家齐而后国治，国治而后天下平"①的处世理念，坚持以主人翁的精神处己修身和治家教子。难怪古代治教论学专书《大学》谈及何以治国平天下时，言教而不言养，言教而不言治。"盖养民之道，王者自制为成宪，子孙守之，臣民奉之。入官守法，仕者之所遵，而非学者之事，故大学不以之立教。"② 因此，从家庭教育的人文关怀角度讲，以儒家思想教育子女，助其修身成人的目的在于塑造个体"内圣外王"理想人格；从家庭教育的社会关怀角度讲，以家国一体理念治家教子，其功利用心在于治国平天下，最终目标是实现天下大同的理想社会；而从家庭教育的终极关怀角度讲，由于中国人往往不太关心人死后的情形，不相信灵魂不死与生命轮回，而相信子女能够延续自己的生命。正是从这种认识视角出发，中国人便把子孙后代的事情看得比自己的生命还要重，其中最能反映家长望子成龙心态的莫过于对子女教育的重视和投入，这也是中国古代家训兴盛不衰的现实根源。颜之推就明确提出："上智不教而成，下愚虽教无益，中庸之人，不教不知也。……吾见世间，无教而有爱，每不能然。饮食运为，恣其所欲，宜诫翻奖，应诃反笑。……凡人不能教子女者，亦非欲陷其罪恶；但重于诃怒。伤其颜色，不忍楚挞惨其肌肤耳。当以疾病为喻，安得不用汤药针艾救之哉？又宜思勤督训者，可愿苛虐于骨肉乎？诚不得已也。"③ 道理其实很简单，如果家训思想不能最终穿透、进入普通百姓的内心，以理性彻底让人信服，那么它在社会生活当中的主导地位迟早会丧失的。所以，中国人相信，"其家不可教，而能教人者无之，故君子不出家而成教于国。"④ 这一观念深入人们的头脑，进入大家的心田，自然成为每个人生活的一部分，故而一代代家长坚信只要修身则家可教的理念，坚持制作和践行家训，自觉修身而教于家。

二　日常训诫是古代家长治家教子良方

古代家庭存续的习作与生活特性，决定了家长日常训诫的家训方式。

---

① 《礼记·大学》。
② 王夫之：《读四书大全说》卷1《大学》。
③ 《颜氏家训》卷1《教子》。
④ 《礼记·大学》。

在中国古代，家庭不仅是人们日常习作与生活的组织单位，以塑造人格为主要目标的家庭教育对于一个人的成长与社会化所起的作用，较之西方国家而言更为重要，作用发挥的程度也更为深刻。这一方面表现在以家训形式存在并发挥作用的中国传统家庭教育在中国人的个体品德形成中发挥的作用更大；另一方面表现在家长的日常训诫在很大程度上成为家庭精神文化的重要生产形式，也是家庭乃至家族兴旺发达和文明发展的重要保证。而长上日常训诫的作用机理，就在于将家训文本确定的抽象观念系统，通过家长或家族长辈苦口婆心的训导教诫而具体化于对子女本人视听言动的教育规范，及其通过对他们身边所发生的一言一行的直接比照和评判，态度鲜明地告诉他们什么是可行的，什么是禁止的；哪些合乎道德规范，哪些可能伤天害理。使得家长日常训诫的权威在亲情关怀的温暖下，很容易转化为受教个体自觉反省或醍醐灌顶之动力，这种无微不至的关心教化经过无数次的重复与强调而潜移默化，帮助和推动一家之人德行显世，真可谓"自古书香传奕叶，果然家训振家仪"。

指向人格修养的日常德育训诫和教化，是长上治家教子的核心。一家之内，家长日常训诫一般都教育子女什么？如果以社会学考察的视角看，首要的是教会子女建构家庭和料理家务；若以人类学考察的视角看，恐怕第一要教给子女的是生存本领；如果以教育学考察的视角看，日常训诫的要务是何以让子女领悟包括家长本人在内的人生；而以思想政治教育学考察的视角看，在以道德教育著称的家训文化背景下，肩负着道德教化使命的中国古代家长，在家日常训诫子孙的核心内容，无疑是集中于道德仁义等传统道德思想的灌输和儒家设计的"内圣外王"理想人格的塑造方面。然而，依此即断定中国古代家长们的日常训诫只有对子女进行德行教化，除此之外更无他顾，那就是大错特错。试想一想，同在一个屋檐下，进退洒扫所关涉的生活起居、视听言动所要求的行为规范，以及冠婚丧祭所制备的物品器皿等，无不是家长日常训诫可能涉及的，只是这些都不是家训所关注的重点与核心。不承认这一点，显然是不尊重历史事实的。其实，追问家长日常训诫的主要内容，以致对圣贤家训可能异乎寻常的怀疑古已有之。当陈亢问于伯鱼"子亦有异闻乎"时，孔子（丘）之子伯鱼对曰："未也。尝独立，鲤趋而过庭。曰：'学诗乎？'对曰：'未也。''不学诗，无以言。'鲤退而学诗。他日又独立，鲤趋而过庭。曰：'学礼乎？'对曰：'未也。''不学礼，无以立。'鲤退而学礼。闻斯二者。"陈亢退而喜曰："问一得三，闻诗，闻礼，又闻君子之远其子也。"① 这就是著名的"过庭之训"，也称"庭训"，虽然字数寥寥，但分明是切要的道出了家长日常训诫的主旨。自此以往，世人无不认可上述两个方面就是古代家长教育子女的核心内容。因此，从外在的诱导灌输角度入手考察，家训的日常训诫内容可以有三个递进的认识层次和梯度：一是包括《诗经》、《尚书》、《仪礼》、《乐经》、《周易》、《春秋》等六部儒家经典在内的传统文化知识传授。如中国最早的一部国别史著作《国语》，就记载有楚国申叔时为教育王室公子所开列的教材即包含了这六部古书："教之《春秋》，而为之耸善而抑恶焉，以戒劝其心；教之《世》，而为之昭明德而废幽昏焉，以休惧其动；教之《诗》，而为之导广显德，以耀明其志；教之处，使知上下之则；教之乐，以疏其会合而镇其浮；教之《令》，使访物官；教之《语》，使明其德，而知先王之务用明德于民也；教之《故志》，使知废兴而戒惧焉；教之《训典》，使知族类，行比义焉。"② 凡此种种，无不包含在中国传统文化的经典领域之内。而《晋书》记载夏侯湛"承门户之业，受过庭之训，是以得接冠带之末，充乎士大夫之列，颇窥《六经》之文，览百家之学"③，则显得更加具体。二是立身成人之礼乐道德规范的教习。同西方成人的标准在于培养人的理智德性不同，中国传统的成人标准在于培养人的伦理德性。所以，以家训为主要范式的中国古代家庭教育，父母家长自然把主要的注意力，集中在教诫子孙能够顺应社会既定的道德规范方面，因为只有顺乎外在自然，保证自己的容色言行符合社会道德规范，个体才能被他所处的社会认可和接纳，亦即子女才能成人而处居于人世间。否则"不学礼，无以立。"《后汉书》记载孝明八王之一济北惠王子"丧少长藩国，内无过庭之训，外无师傅之道，血气方刚，卒受荣爵，几微生过，遂陷不义"④，便是有力的证明。三是以家传为特征的涵盖诗礼教导与一般成人德行传习的综合训导。至此，这样理解和界定传统家长日常训诫的内容，自然更接近历史事实，透过清代金埴所撰的古代文献资料《不下带编》，我们可以清楚地看到作者自己童蒙及年少时

① 《论语》卷8《季氏第十六》。
② 《国语》卷17《楚语上》。
③ 《晋书》卷55《列传第二五·夏侯湛》。
④ 《后汉书》卷50《列传第四〇》。

所受的庭训："埴奉庭训最严，恒以为戒。父尝命之曰：'国家取士，经术与时务并重。若袭公本，纵幸获售，而时务茫昧，他日何以仕进？值圣世右文，古学复。明必在今日，汝辈力求深造，切勿步趋时流。'"① 掌握经术是必要的，但立身显世的根本在于不茫昧时务，既能够自觉遵守社会的道德规范行动，又能够将自己一以贯之的道德行为控制在符合社会价值原则的心理倾向之中。这样施教分明地显示着古之家长日常训诫的立意之高和为子弟的计议之长远，也从一个侧面反映出家长日常训诫的德育意蕴。

孔子施教讲学的"杏坛"（山东曲阜）

长上坚持日常训诫，其实也是历史现实使然。纵观中国千年古代历史，虽然一统天下成就了中华民族，但是朝代更替和战乱纷争却异常频繁与惨烈。在人治特征十分明显的封建社会，一方面，家庭的存续和民众的生活有时朝不保夕，教育和帮助子孙后代遵从既定的道德规范和练就顺世生存的本领，是许多家长感悟自身经历而致力于日常训诫以期后代平安幸福的权宜之计，而众多的有识之士出于家庭（家族）长远之计，纷纷制作家训并教诫子女处己修身以持守家业，却是放眼未来。因为只有保持家业不衰才有可能延续血脉和实现家族发展目标，这是古代所有家长的共识。另一方面，由于古代选官制度的多变和官吏体制的制约，"朝为耕田

① （清）金埴撰：《不下带编》。

郎，暮登天子堂"的荣耀往往极易变成"朝为荣华，夕而憔悴"的冷寂，说明即便是贵为天子而家天下的皇帝尚且每每亡国丧家，那么普通百姓人家就更无以长保富贵，而只有以对世事的练达教育子孙后代坚持修身育德，保持中庸之道，修身齐家以利天下平，自然成为家训的内容，也决定了家训日常教诫的现实特征。"得志，泽加于民；不得志，修身见于世。穷则独善其身，达则兼善天下。"① 君子立训于家而成教于国，治家教子始于子弟生计而至于德性人格，如此顺世应变，才能永葆家业不衰；如此修身处己，终能成就圣贤人格。毫不费解的是，除去少量名见经传的史上名人，其余芸芸众生之家，哪个家长日常训诫子孙，不是这样的历史现实使然？对此，范晔《后汉书·应劭传》有较为贴切的表述，下引为证。

　　尝闻汉有典司，号黄车使，其书九百四十，皆推本于周。盖周官有诵训，掌道方志，而训方氏又训四方之传道，及间师、县师，各有其书，岂欲广其载记，亦欲借以范世耳。世衰，即有名儒，未尝引藉殿中，领校秘书，奉诏著作，独遇四海幅裂，豪杰并起，逐鹿中原，横遭祸害；如以其身驰骛功能则不合，若博学积闻，终老岩穴，声名腐朽，又非其心，乃创一家言，冀垂后世，而零坠散遗，湮烟废没，并其姓名，亦不复著者固多矣。汉季应劭，为一时名儒，受学郑玄，位不大显，乃昉古义作风俗通。夫四方风气，刚柔细大美丑，上下千古，历代不移，与天地终始，音律冥符，识其情者王，逸其轨者亡，故溯皇霸；以迫季世，循环互转，无殊五音，先王作乐；荐殷莫重祀典，朝野祭飨，亦各有属；东西南北，神鬼所向，纷然莫纪；其与覆载同灵者惟山泽；虽卷析为四，义归于一，良足为立政致治者之助。予读隋书，史臣称高构工吏事，冯翊哑女，采樵生孕，据风俗通断其姓氏；则居民上者，何必一事相符，即置之座右，亦奚不可。家严嗜古，尝以文事饰吏治，即庭训不惮孜孜②；予小子奉其教，若独乐园司马诲，虽不及向、歆父子，录书万卷，而锓其书以行世，经济皆从

----

① 《孟子》13《尽心章句上》。

② 孜孜即勤勉，不懈息。《尚书·益稷》："予何言？予思日孜孜。"孔颖达注疏"孜孜者，勉功不怠之意。"《史记·滑稽列传》："苟能修身，何患不荣！太公躬行仁义七十二年，逢文王，得行其说，封于齐，七百岁而不绝。此士之所以日夜孜孜，修学行道，不敢止也。"

此始，犹愈于曹氏书仓，倪氏修羊也。①

日常训诫的成功实践，自然完善着治家教子良方。古代中国人深信人与人之间"性相近也，习相远也。"② 每个人的先天气质之性，虽有美恶之不同，然以人之初始而言，则同一而不甚相远，只是后来在年岁渐长中，习于善则善，习于恶则恶，于是乎性情德行开始相远。具体到一家之诸多子孙也是一样，人人都有生来十分完善的道德品质，只是由于气质的偏蔽，而不能很好地表现出来。正是这一朴素理念促动着古代无数的家长义无反顾地对子女进行道德的教化和伦常的灌输，成就了许多可歌可泣的家训范例。如西晋元康年间以博学和善言名理著称的"（孙）盛年老还家，性方严有轨宪，虽子孙班白，而庭训愈峻。"③ 而古代中国"家学之源澜，庭训之敦实，上启帝聪，下衹流靡，卓然振世，于古未之有也。"④可以视为对中国古代家庭教育的真切描述，反映出古代家长运用日常训诫来培养子孙的品德和塑造人格心向往之、勤践履之的父母心理。如《隋书》记载："皇甫绩字功明，安定朝那人也。祖穆，魏陇东太守。父道，周湖州刺史、雍州都督。绩三岁而孤，为外祖韦孝宽所鞠养。尝与诸外兄博奕，孝宽以其惰业，督以严训，愍绩孤幼，特舍之。绩叹曰：'我无庭训，养于外氏，不能克躬励己，何以成立？'深自感激，命左右自杖三十。孝宽闻而对之流涕。于是精心好学，略涉经史。"⑤ 对于日常训诫的失灵，没有一个家长不心存忧虑。家长们深信不疑的是，诚能以日常训诫之外在诱导，化子弟个体主动自励自警，不用扬鞭而自奋蹄，则其德业精进自不用说。

三　日常训诫与家训的常态化

家庭是基于婚姻血缘关系而产生的社会集合体，在中国漫长的古代社会里，家庭不仅是集物质生产、人的生命生产、理想人格塑造以及生活、教育、娱乐、安全防卫等职能于一体的社会基本单位，是社会的组成细胞

① 《风俗通义》附录《范晔后汉书应劭传》。
② 《论语》卷9《阳货第十七》。
③ 《晋书》卷82《列传第五二》。
④ （明）黄漳浦：《黄漳浦文选》卷4，台湾省文献委员会1994年版，第211页。
⑤ 《隋书》卷38《列传第三》。

和建设国家的基础，也是个人成长和活动的中心。由于中国古代社会的地缘性特征非常突出，天然地隶属于某个家庭的古代先民，他们的活动范围在地域上总是很受限制，人们跨区域的接触机会较少，生活相互隔离，广大民众往往各自保持着相对孤立的社会活动圈子，人们"安其居，乐其俗，邻国相望，鸡狗之声相闻，民至老死，不相往来。"① 所以，家庭或其延展开来的家族便成了他们生于斯、死于斯的固定社会。在这个狭小而确定的社会环境里成长成人和生存繁衍，家训的作用的确功不可没，正是由于家训对于个体品德的培育和个体社会化的决定性作用，使得传统家庭教育自古以来无不受到世人的普遍重视，成为家长们终其一生锲而不舍的治家教子良方，家训便自然演变为长上日常训诫的常态化德育活动。

　　日常训诫作为家训的常态化范式，是家庭日常生活的一部分。关于家训教诫涉及的范围，以训蒙养家糊口的晚清教育家陆以湉，在其见闻随笔漫录《冷庐杂识记》中评述张英《聪训斋语》时说："读书者不贱，守田者不饥，积德者不倾，择交者不败，四语可括诸家训辞千万言。"② 如果说古代家庭是培养个体品德和塑造合乎社会规范的理想人格之学校，那么传统家训绝不是单指在家诵读诗书和践行礼仪等专门的功课教习，更多的应当是潜行于进退洒扫和生活劳作当中，默化在长上们不断重复的日常训诫活动之间。故而清朝官吏张治堂作《八宜家训》，即教育子弟"持己宜谨、待人宜厚、居家宜俭、处世宜谦、当官宜畏、临民宜敬、御下宜体、用人宜信。"③ 可见，一家之内除了专门的家训活动和特定的家教仪式集中训诫子弟外④，家长或族内长辈对子孙后代的教诲，总是循循善诱，教勉结合，这种随时随地都可能施与的日常训诫，讲治家、谈修身、论学问而亲切朴实，自然成为一个家庭内部日常生活的重要组成部分，意在教会子女顺乎自然以自保、认识自我以进德、感受社会以自立、领悟人生以至

---

　　① 《老子·德经》。

　　② 陆以湉：《冷庐杂识》（清代史料笔记），中华书局2007年版，第395页。

　　③ 《榆巢杂识》下卷。

　　④ 中国古代家庭（家族）一般都非常重视保护本家庭（家族）的利益和追求本家发展，尤其对出仕为官而扬显祖宗的子弟大加褒奖，一家之内若有考取功名或荣膺升迁者，举家欢庆，而这一特殊族内活动，往往成为最有效的家训教诫和激励方式。如清代郭则沄著《红楼真梦》第三十回中，讲到"此时贾兰在京，圣眷甚隆，署刑部不到三个月，便实授吏部侍郎，入直军机赞襄政务。一切亲朋称贺，家庭训勉，无待细述。"便是很好的例证之一。

善、修己立身以成德。于是乎，包含着家训的日常生活天然地成为人们最基本的生长和成人环境，长上的日常训诫先天地就是人的最基本的生存训练和道德教育。按照匈牙利著名女哲学家阿格妮丝·赫勒在她的《日常生活》中，把"日常生活"界定为"那些同时使社会再生产成为可能的个体再生产要素的集合"① 这一论断可以看出，日常生活不仅是一个人通过接受大量外在诱导元素生产出了个体自身，而且使这种再生产个体的日常生活保障着社会再生产。这说明同为生活世界的家训与人的生长息息相关，它无时无刻不在极其深刻地影响着人的思想，并且这种影响为人的生存选择奠定了隐蔽的，然而却是决定性的认识基础。如清代晚期思想家刘成禺先生通过《世载堂杂忆》笔记的方式，详细介绍清代教育制度和思想时指出："春秋所以重世家，六朝所以重门第，唐宋以来，重家学、家训，不仅教其读书，实教其为人，此洒扫应对进退之外，而教以六艺之遗意也。"② 一个人之所以能够融入某个社会，认同该地的传统风俗，并自觉接受其社会规范的约束而顺便提升了自己的人格修养，这完全是日常生活化的教育和德行习染的结果。

　　家训是个体品德培育的教科书，日常训诫则是家训的生动活体。如前文所述，家训一方面专指父祖或家长为了训导子孙而写的专门文本或教诫之辞；另一方面则指家长或家族长辈围绕着如何立身处世、持家治业而对子孙后辈进行的教诲活动。作为文化的载体，家训文本包含着丰富深刻的人生哲理，集中反映着中国人固有的尊德崇礼、孝亲友爱等等的伦理道德规范，是古代家庭德育的教科书；而作为生活化和常态化的家训活动，长上的日常训诫则是家训的生动活体，它让道德仁义等社会的价值原则由圣坛走向生活，展现为古代家庭的现实德育活动。纵观中国古代教育发展的历史，无论是家天下之皇族、富贵当朝之世家大户，也不论是草根庶民，谈及子女教育和成人，无不重视制作和传承富含成人教育理念，既是读本也是教本的家训。而长上日常教诫的反复施为就是家训活动的生活化和常态化，尤其是对于深受活动地域限制、生活环境相互隔离、每个人各自保持着相对孤立的社会活动圈子的古代中国而言，家训所能起到的作用要比

----

① ［匈］阿格妮丝·赫勒（Agnes Heller）：《日常生活》（Everday Life），衣俊卿译，重庆出版社 1990 年版，第 3 页。

② （清）刘禺生：《世载堂杂忆》，中华书局 1960 年版，第 1—2 页。

官方教育更直接和更有效。不仅如此，这种以长上日常训诫形式存续的家训活体，对于古代那些没有资格和能力进入官方教育系统当中的个体而言，家训实际上就是他们终其一生用以理解和打开世界的观念性标本，因而家训所能起到的直接性影响和渗透作用，在某种意义上就能够直接塑造出个体的精神观念和道德品格。正是看到了家训通过家长日常训诫化育民众的巨大作用，历代开明的帝王甚或一些社会贤达不仅带头制作和践行家训教育子弟，而且也踊跃加入到推广普及家训文化和利用家训治理社会甚至治理天下的活动当中，其中清代康熙皇帝做《庭训格言》并颁行天下，就是很好的例证。其文有曰：

> 国家建立学校，原以兴行教化、作育人才、典至渥也。朕临御以来，隆重师儒、加意庠序，近复慎简学使、厘剔弊端，务期风教修明、贤才蔚起，庶几械朴作人之意。乃比来士习未端儒教罕著，虽因内外臣工奉行未能尽善，亦由尔诸生积锢已久、猝难改易之故也。兹特亲制训言再加警饬，尔诸生其敬听之：从来学者，先立品行，次及文学，学术事功，源委有叙。尔诸生幼闻庭训，长列官墙，朝夕诵读，宁无讲究。必也躬修实践，砥砺廉隅，敦孝顺以事亲，秉忠贞以立志，穷经考义勿杂荒诞之谈。取友亲师悉化骄盈之气。文章归于醇雅，毋事浮华。轨度式于规绳，最防荡轶。子衿佻达，自昔所讥，苟行止有亏虽读书何益？若夫宅心弗淑，行己多愆；或蜚语流言，胁制官长；或隐粮包讼，出入公门；或唆拨奸猾，欺孤凌弱；或招呼朋类，经社要盟乃如之人，名教不容、乡党弗齿，纵幸逃褫扑，滥窃章缝，返之于衷能无愧乎。……①

保持家训日常训诫的常态与活性，在于家庭礼制形成的代际张力。众所周知，在传统家庭礼制条件下，极具权威的家长与依赖于家庭的子弟和其他家人之间存在着明显的代际张力，以家训为主要形式的家庭教育因此更具有自上而下实施和发动的权威性，使得个体行为不仅受到家训规条的直接规定，而且受到其他个体的比照和监督，这种看似软性的道德衡量，实际上更能在平时的非公共性习作状态下塑造个体良好的生活言行和道德

---

① 《大清圣祖合天弘运文武睿哲恭俭宽裕孝敬诚信中和功德大成仁皇帝实录》卷280。

品性。然而，这种奠基于血缘宗法制度基础上的家长教诫，如果施教方式不当，往往会导致家法滥用和家庭暴力。对此，睿智的中国古代先哲们从合理保障亲情不离的原则基础上，理智地保持"君子远其子"的家训关系张力，采取"易子而教"的策略，坚持"父子不责善"的庭训原则，成功地化解了这一难题。对此，颜之推在《颜氏家训·教子篇》中明确指出："盖君子之不亲教其子也，诗有讽刺之辞，礼有嫌疑之诫，书有悖乱之事，春秋有邪僻之讥，易有备物之象：皆非父子之可通言，故不亲授耳。"① 当然，中国古代盛行的"君子之远其子"②，不是片面地专指父母疏远自己的子女或父子不亲授，而是强调以父亲为代表的家长在教育子女时应采取严正的态度，与子女保持礼义尊严所需的距离，以此保有代际张力。"夫人之所受于天者性也，性之所固有者善也，所以复其善者学也，所以贯其学者礼也，是故圣人之道，一礼而已矣，孟子曰：'契为司徒，教以人伦，父子有亲，君臣有义，夫妇有别，长幼有序，朋友有信'，此五者皆吾性之所固有者也，圣人知其然也，因父子之道，而制为士冠之礼。"③ 古代中国人认为，一家之中，人伦为本，要真正做到"父子有亲"，除了保持父子礼制伦序外，关键在于保持"父子之间不责善"，所以，孟子在解释"君子之不教子，何也？"这一古代家庭教育现象时，非常睿智地总结出了其中的缘由，孟子曰："势不行也。教者必以正，以正不行，继之以怒；继之以怒，则反夷矣。'夫子教我以正，夫子未出于正也'则是父子相夷也。父子相夷，则恶矣。古者易子而教之，父子之间不责善。责善则离，离则不祥莫大焉。"④ 表明古者易子而教，所以全父子之恩，而亦不失其为教。否则，本为爱其子而施教于子，遇子懈怠而继之以怒，则反伤其子；做父亲的既伤其子，子在内心又责其父未必自行正道，如此则是子又伤其父也；父子之间相互苛求曲直对错，则会丧失父子亲情，父子有亲就会变得冷漠无情。由此可见，继承"君子远其子"的家训传统，适当保持父子之间不责善的家庭教育关系张力，我们的祖先确实走出了一条成功的家训之路，对我们今天的家庭教育和家庭关系问题的

---

① 《颜氏家训》卷1《教子》。

② 《论语》卷8《季氏第十六》。

③ 《经学通论·三礼》。

④ 《孟子》卷7《离娄章句上》。

处理提供了宝贵的经验。

第二节　家训制定（修订）昭示

《颜氏家训》的影响非常深远，自从隋文帝杨坚统一南北朝分裂的局面以来，在漫长的古代社会里，《颜氏家训》始终是一部影响比较普遍而深远的家训作品。正如王利器在《颜氏家训集解叙录》中引用王三聘和袁衷等所记而写的那样："古今家训，以此为祖；……六朝颜之推家法最正，相传最远。""这一则由于儒家的大肆宣传，再则由于佛教徒的广为征引，三则由于颜氏后裔的多次翻刻；于是泛滥书林，充斥人寰，由近及远，争相矜式。"[①] 说明《颜氏家训》在当时作为一种全新的家庭教育范式，成为中国古代以家训培育个体品德方面的开山鼻祖，在历史上也确实得到了很好的承传，而古人制作家训，一是皆以继承先辈传续有德家风，提撕后世子孙来整肃门风，诚所谓"创家训以垂子孙，同居合爨以收其心而使之同。"[②] 故而义正辞严，教子有方，饬子有道，家训立而人皆劝。如果说该家训中所内含的个体品德培育精神及其人格修养理念，在一次次的反复重印与校刊中得以发扬光大；那么，无论是制作家训新篇，还是重印与校刊祖传《颜氏家训》活动本身，对于每一个受训个体特别是颜氏子孙而言，都无疑是一次专门而有效的家庭教育与个体品德培育活动。

一　家训集中反映着家长教诫子孙的思想精华，制定家训是家长全面阐释自己的家训理念和直接教育子孙的一次有效实践活动

（一）制作家训以及利用家训教诫子孙，是家长出于家庭（家族）生存竞争的需要；而教会子孙后代通过修身养德以长保家业的生存之道，是家长制作家训和家训极具教诲作用的现实基础。在中国古代，家庭作为国家政治机器和社会结构的一个重要组成部分，它的命运从根本上取决于社会的政治环境，一般人如此，王公显贵和豪门望族也不能例外。有趣的是，虽然传统中国人一直很看重自己的家族血统，但中国历史上几乎没有历久不衰的豪门。于是，面对诸如"富不过三代"这样不断反复的历史现实，

---

① 王利器：《颜氏家训集解叙录》。
② 《清耆献类徵选编》卷 8。

制定一套切实有效的教育子弟长保家道不衰的家训和规范家庭成员的行为准则，对于家庭（家族）的生存竞争无疑是极为有利的。颜之推"所以复为此者，非敢轨物范世也，业以整齐门内，提撕子孙。"① 这是因为在古代社会，面临改朝换代之际，人们往往随例变迁，朝秦暮楚，自取身荣而不从国计者，贫富皆然。颜之推作家训之初就是出于这样的自家利益考虑，而且也是"王路凌夷，礼教残缺，悖德覆行者，接踵于世"的时势所迫，因而他是把自己家庭的利益——立身扬名，放在国家、民族利益之上的。② 这正是生活化的《颜氏家训》其作用之所以深入持久的生命力基础，也是关切生命个体生存与发展的家训教育活动之所以能够打动人心的根本所在，从此处着眼制作家训，无疑是一场彻底而震撼心灵的家庭教育活动。

（二）家训制作者以其对人生的感悟和生活经验的提炼为素材，家训文本往往集言传身教于一体，这些是家长制作的家训贴近现实的感染力所在。由于颜之推"生于乱世，长于戎马，流离播越，闻见已多"③，于是他总结出了一套处世秘诀。然而，如何将这些通过世事历练所得的经验传授给自己的子孙呢？这显然需要一种人生大智慧，因为许多的经验说起来好像头头是道，面面俱圆，但怎样才能达到以理服人，却令颜之推本人的内心极端矛盾，他"每常心共口敌，性与情竞，夜觉晓非，今悔昨失，自怜无教，以至于斯。"这是他虽"播越他乡"，还是"腼冒人间，不敢坠失"，自己虽"三为亡国之人"依然"泯躯而济国，君子不咎"的人生经历与内心追求反差的真实表白，但颜之推将之归结为自己幼年无教而"以至于斯"，目的在于警醒子弟家训的不可或缺。处心积虑的结果，颜之推为子孙后代从长远计，而最终总结出一条安身立命之信条："父兄不可常依，乡国不可常保，一旦流离，无人庇荫，当自求诸耳。"④ 将这一成熟思想付诸实践的结果，就是他出于"务先王之道，绍家世之业"⑤而动手制作家训，"故留此二十篇，以为汝曹后车耳。"⑥ 如此真切的感情流露，一如指点迷津的说理方式，在浓厚的家庭主义文化背景下，颜之推

① 《颜氏家训》卷1《序致》。
② 王利器：《颜氏家训集解叙录》。
③ 《颜氏家训》卷2《慕贤》。
④ 《颜氏家训》卷3《勉学》。
⑤ 同上。
⑥ 同上。

制作家训的活动本身不仅开启了制作家训专书的家训文化先河，而且使得这一文化创造活动具有其他任何教育方式所不可比拟的亲情感染力。为了便于比较和对照，我们将颜之推本人以及其他制作家训的颜氏家长对制作家训训家的意图表述，列表摘抄如下。

历代颜氏家长制作家训立意对照一览表

家训名称及其制作时间	《靖侯成规》	《庭诰》	《颜氏家训》	《颜氏家诫》
	颜子第27世孙颜含约于公元307年左右提出	颜子第30世孙颜延之著于公元426—456年间	颜子第35世孙颜之推著于公元571—595年间	颜子第67世孙颜光敏著于公元1795—1798年
制作家训的意图	汝家书生门户，世无富贵；自今仕宦不可过二千石，婚姻勿贪世家。	《庭诰》者，施于闺庭之内，谓不远也。吾年居秋方，虑先草木，故遽以未闻，诰尔在庭。若立履之方，规鉴之明，已列通人之规，不复续论。今所载咸其素畜，本乎生灵，而致之心用。夫选言务一，不尚烦密，而至于备议者，盖以网诸情非。古语曰得鸟者罗之一目，而一目之罗，无时得鸟矣。此其积意之方。	夫圣贤之书，教人诚孝，慎言检迹，立身扬名，亦已备矣。魏、晋已来，所著诸子，理重事复，递相模效，犹屋下架屋，床上施床耳。吾今所以复为此者，非敢轨物范世也，业以整齐门内，提撕子孙。夫同言而信，信其所亲；同命而行，行其所服。禁童子之暴谑，则师友之诫，不如傅婢之指挥；止凡人之斗阋，则尧、舜之道，不如寡妻之诲谕。吾望此书为汝曹所信，犹贤于傅婢寡妻耳。 吾家风教，素为整密。昔在龆龀，便蒙诱诲；每从两兄，晓夕温清。规行矩步，安辞定色，锵锵翼翼，若朝严君焉。赐以优言，问所好尚，励短引长，莫不恳笃。年始九岁，便丁荼蓼，家涂离散，百口索然。慈兄鞠养，苦辛备至；有仁无威，导示不切。虽读礼传，微爱属文，颇为凡人之所陶染，肆欲轻言，不修边幅。年十八九，少知砥砺，习若自然，卒难洗荡。二十已后，大过稀焉；每常心共口敌，性与情竞，夜觉晓非，今悔昨失，自怜无教，以至于斯。追思平昔之指，铭肌镂骨，非徒古书之诫，经目过耳也。故留此二十篇，以为汝曹后车耳。	《颜氏家诫》四卷与北齐颜黄门《颜氏家训》一书，均有光于复圣，可并传也。言愈浅近，义亦愈确实。内承家一卷述事尤详。

（三）古代家长制作家训绝不可能一蹴而就，往往要经历一个相对连续的历史过程，这期间自然成为一段相对集中的强化家庭德育教诫过程（见上表）。以《颜氏家训》的制作过程为例，此书为"北齐黄门侍郎颜之推撰"，但最终成书于颜之推入隋以后，前后历时二十多年。对此，王利器在其《颜氏家训集解叙录》中求证道：

> 寻颜氏于序致篇云："圣贤之书，教人诚孝。"勉学篇云："不忘诚谏。"省事篇云："贾诚以求位。"养生篇云："行诚孝而见贼。"归心篇云："诚孝在心。"又云："诚臣殉主而弃亲。"这些"诚"字，都应当作"忠"，是颜氏为避隋讳（隋文帝杨坚之父名忠，见《隋书·高祖纪上》——笔者注）而改；风操篇云："今日天下大同。"终制篇云："今虽混一，家道罄穷。"明指隋家统一中国而言；书证篇"裸股肱"条引国子博士萧该说，国子博士该是入隋后官称；又书证篇记"开皇二年五月，长安民掘得秦时铁称权"；这些，都是入隋以后事。而勉学篇言："孟劳者，鲁之宝刀名，亦见广雅。"书证篇引广雅云："马薤，荔也。"又引广雅云："晷柱挂景。"其称广雅，不像曹宪音释一样，为避隋炀帝杨广讳而改名博雅。然则此书盖成于隋文帝平陈以后，隋炀帝即位之前，其当六世纪之末期乎。[①]

如此绵延不断的连续数十年时间里，颜之推孜孜求索于建立一套教会子孙长葆家业不坠于世的良方，与士大夫家庭家长的地位与权威相适应，他以良苦的用心，坚持致力于制作一部教诫子孙修身处世的家训专书。不难想象，这样一部家训，其教育思想的成熟与家训文本的成型，不仅是古代社会个体品德培育历史上的一项创举，其家训制作过程必定是一段家教强化的历史。

（四）古代家长制作家训所涉及的内容，决定了制作家训其实是一场全面的个体品德培育活动。首先，古代家长制作家训的基本指导思想，无一例外都是坚持传统儒家伦理道德原则，家训管用的理念具有深厚的文化底蕴。在中国古代，传统家庭是建立在血缘伦理关系基础之上的，按照儒家的主张，对子女进行教育时，首先要教育子女"崇祖宗，明人伦"，这

---

① 王利器：《颜氏家训集解叙录》。

正是儒家"孝梯忠信"和"礼义廉耻"等社会伦理道德的具体化。颜之推于《颜氏家训》开篇即明言此理："夫圣贤之书，教人诚孝，慎言检迹，立身扬名，亦已备矣。……吾家风教，素为整密。"① 然而，"吾观礼经，圣人之教：箕帚匕箸，咳唾唯诺，执烛沃盥，皆有节文，亦为至矣。但既残缺，非复全书；其有所不载，及世事变改者，学达君子，自为节度，相承行之，故世号士大夫风操。而家门颇有不同，所见互称长短；然其阡陌，亦自可知。昔在江南，目能视而见之，耳能听而闻之；蓬生麻中，不劳翰墨。汝曹生于戎马之间，视听之所不晓，故聊记录，以传示子孙。"② 像颜之推一样，古代家长无不希望通过将儒家所提倡的伦理纲常注入家训，来展现和增强家训规范的理论说服力，强化家训培育子孙个体道德品质所具有的教化作用。其次，家训的核心内容——治生，不仅是家庭生存之本，而且是家庭成员个体品德培育和人格完善的物质基础。所以，古代家长们制作家训或重在对子弟进行学识、礼法的综合教育，或以治家、保持家族兴旺为指归，或以对子弟灌输为人处世之道为目的。《颜氏家训》二十篇中，除去序致，其教子、兄弟、后娶、治家、风操、慕贤、勉学、文章、名实、涉务、省事、止足、诫兵、养生、归心、书证、音辞、杂艺和终制十九篇，无不涉及子孙后代如何为人处世之治生内容。如涉务篇便为子孙罗列设计出六种国之用材，教育和鼓励他们能守一职而立身扬名。

> 士君子之处世，贵能有益于物耳，不徒高谈虚论，左琴右书，以费人君禄位也。国之用材，大较不过六事：一则朝廷之臣，取其鉴达治体，经纶博雅；二则文史之臣，取其著述宪章，不忘前古；三则军旅之臣，取其断决有谋，强干习事；四则藩屏之臣，取其明练风俗，清白爱民；五则使命之臣，取其识变从宜，不辱君命；六则兴造之臣，取其程功节费，开略有术，此则皆勤学守行者所能辨也。人性有长短，岂责具美于六途哉？但当皆晓指趣，能守一职，便无愧耳。③

---

① 《颜氏家训》卷 1《序致》。
② 《颜氏家训》卷 2《风操》。
③ 《颜氏家训》卷 4《涉务》。

最后，齐家是家训的现实目标，也是家长赋予家训整齐门内之规范作用的重要方面。受中国传统文化所倡导的"修身、齐家、治国、平天下"等道德理想熏陶出来的家长们，其致力于制作家训教诫子孙，分明是看到了"齐家"这一针对家庭成员道德人格修养和家庭门风形成环节对于治国、平天下治世理想实现的基础性作用，故而为了整齐门内，建立循礼而动的和睦家庭秩序，纷纷制作家训以训示子孙。颜之推在治家篇明确指出："夫风化者，自上而行于下者也，自先而施于后者也。是以父不慈则子不孝，兄不友则弟不恭，夫不义则妇不顺矣。父慈而子逆，兄友而弟傲，夫义而妇凌，则天之凶民，乃刑戮之所摄，非训导之所移也。"① 家庭成员诚能遵循儒家倡导的忠孝伦理制度，致力于问学而修身养德，遵从社会道德规范而扮演好各自在家庭中的角色，家门必然能够整肃。

二　家训文本是家训文化的物质载体，重刻或刊印已有家训必然是一次强化了的家庭教育和德育昭示

（一）《颜氏家训》的重刻或刊印，是一次颜氏家族相对集中的强化家教和德育昭示。自从《颜氏家训》问世以后，历代复圣后裔，提身好礼，恪守家训，颜氏一族以其家庭之所教诏，父子之所告语，造就了颜氏德艺世家。然而古代社会因为朝代更替或农民起义而战争频繁，兵连祸结致使生民涂炭，颜氏家族也屡遭劫难。所以，每遇到升平盛世，颜氏后裔中的有识之士便出于"遏佚之惧"，"汲汲欲广其传"，将《颜氏家训》翻刻印行而代相传承。然而，重刻、刊印或重刊家训，绝不是简单地将家训文本重新翻印，或单纯表明其重视训家教子的态度，而是一项寓意和现实影响都很深远的家庭教育实践活动。同时，某一颜氏家长重刻或重刊家训往往要委请地方官吏或社会贤达致序作跋，这一方面增加了重刻或校刊家训的隆重意味；另一方面还以政府官员旌表的方式赋予了重刻或校刊家训的合法性，其对于家庭（家族）成员的教诫作用无疑得到了强化。如明万历甲戌年，颜子第六十四世嫡孙颜嗣慎重刻《颜氏家训》时，便请当朝翰林国史修撰张一桂作《重刻颜氏家训序》：

　　……余手是编而三叹，盖叹颜氏世德之远也。昔孔子布席杏坛之

---

① 《颜氏家训》卷1《治家》。

上，无论三千，即身通六艺者，颜氏有八人焉。无论八人，即杞国、
兖国父子，相率而从之游，数亩之田不暇耕，先人之庐不暇守，赢粮
于齐、楚、宋、卫、陈、蔡之郊，艰难险阻，终其身而未尝舍。意其
家庭之所教诏，父子之所告语，必有至训焉，而今不及闻矣。不然，
何其家之同心慕谊如此邪？嗣后渊源所渐，代有名德，是知家训虽成
于公，而颜氏之有训，则非自公始也。乃公当梁、齐、隋易代之际，
身婴世难，间关南北，故幽思极意而作此编，上称周、鲁，下道近
代，中述汉、晋，以刺世事。其识赅，其辞微，其心危，其虑详，其
称名小而其指大，举类迩而见义远。其心危，故其防患深；其虑详，
故繁而不容自已。推此志也，虽与内则诸篇并传可也。或因其稍崇极
释典，不能无疑。盖公尝北面萧氏，饮其余风；且义主讽劝，无嫌曲
证，读者当得其作训大旨，兹固可略云。昔子思居卫，卫人曰："慎
之哉！子圣人之后也，四方于子乎观礼。"颜氏为复圣后，而翰博君
谡身好礼，盖能守家训者；乃犹以遏佚为惧，汲汲欲广其传。余由此
信颜氏之裔，无复有失礼，而足为四方观矣。传不云乎："国之本在
家。""人人亲其亲、长其长而天下平。"若是，则家训之作，又未始
无益于国也。①

　　作序跋者敬畏于《颜氏家训》的详备与德育教化的深刻意蕴，果然大加
赞赏，如张一桂便称赞该家训"其识赅，其辞微，其心危，其虑详，其
称名小而其指大，举类迩而见义远。其心危，故其防患深；其虑详，故繁
而不容自已。"②上述序言还从三代而上，教详于国；三代而下，教详于
家之历史源流起论，强调颜氏家训继承复圣颜回懿德，教诫子弟修身处己
而垂范于世人，成为世人效仿的道德楷模，如此褒奖与征引，自然是对重
刻或校刊家训以及与此相关的家训活动的推崇和强化。

　　（二）《颜氏家训》的重刻或刊印，实际上已经是家训发展成为家法
族规后的德育训诫活动。在中国古代家国同构社会政治条件下，家庭是属
于他们同姓家族的，按照中国先民的认识，族是簇或聚的意思，同姓子
孙，生相亲爱，死相哀痛，时常聚会，在此血缘关系基础上建立起来的若

---

①　《明万历甲戌颜嗣慎刻本序跋·重刻颜氏家训序》。
②　同上。

干小家庭集合即为家族。可见，家族成员是同一个男性祖先的子孙，即使已经分居异财，分家成了许多个体小家庭，但是还世代相聚在一起（后来，因战乱或灾荒，同姓族人被迫分别迁徙而居住和生活在不同的地区，发展成为支系家族），并按照一定的规范，以宗法血缘关系为纽带形成一种特殊的社会组织形式。那些用来调节和规范族众之间关系的族规，不仅是构成家族的要件，而且往往是该家族祖辈家庭的家训，这一点在《颜氏家训》的历史演变过程中，表现得非常明显。如明代程荣汉魏丛书本序跋，记载茶陵颜志邦重刻《颜氏家训》的小序："余，楚产也。家训，楚未有刻也。虽散见诸书旁引，而恒以不获全书为憾。……王太史凤洲翁嘱余以梓（刊印家训）。太史公之益我颜氏，亦远矣哉！因奉命锓诸梓，以淑来裔，以永保太史相成之意云。"① 此举便将《颜氏家训》引入楚地（今湖南、湖北和重庆一带）颜氏。如果说颜氏家族不同时期不同生活地域的不同版本家训，其主要精神内涵是一脉相承的话；那么，同一时期同一生活地域的颜氏族人重刻或校刊《颜氏家训》，更是将《颜氏家训》通过集体认同而发展成为族规。其重刻或校刊家训，虽然表现为个别有身份或有名望的家长个人行为，但《颜氏家训》重刻或校刊后被各颜氏家庭广泛遵从，则是不争的事实。其对家族成员个体品德培育的作用表现在：一方面，以《颜氏家训》在世人当中的影响，重刊并自觉遵从《颜氏家训》，对于广大颜氏后裔来说是听从祖训，其警示和教诫作用自然得到强化。如清康熙五十年重刊颜氏家训小引中，族长明确指出颜氏子孙应当听从祖训：

> 儿辈当以圣贤自命，黄门祖家训，所以适于圣贤之路也。世间无操行人，口诵经史，举足便差；总由游心千里之外，自家一个身子，都无交涉，猖狂龌龊，惭负天地，断送形骸，可为寒心哉！黄门祖家训仅二十篇，该括百行，贯穿六艺，寓意极精微，称说又极质朴。盖祖宗切切婆心，谆谆诰诫，迄今千余年，只如当面说话，订顽起懦，最为便捷。儿辈于六经子史，岂不当留心？但"同言而信，信其所亲；同命而行，行其所服"，黄门祖于家训篇首，曾揭是说，以引诱儿孙矣。今日亲听祖宗说话，便要思量祖宗是如何期望我，我如何无

---

① 　王利器：《颜氏家训集解》卷7。

憾于祖宗；悚敬操持，不徒作语言文字观，则六经子史，皆家训注脚也。念之！念之！①

颜氏后裔珍藏的《颜氏家训》

如此推崇和重视祖传家训，以祖训的口吻教育后世子孙修身厉行而崇尚道义，其昭示作用巨大，收效必然明显而持久。另一方面，重刻或校刊家训启裕后世子孙，是续训家长希望通过培养具有优秀品德的个体，或依赖子孙的自身努力使祖先流芳千古，其作用当是一次孝德强化的教育。在传统中国血缘宗法制社会里，一个家族的老者、长者或尊者往往具有绝对的权威，因而他们最具有对族人进行道德教育的资格。无论是盛世修谱时的重刻家训，还是族长即兴校刊家训，每次的重刻或校刊活动无疑是对扩大到家族范围内的本姓家族成员进行了一次深入的阶段性专门家庭教育。"兹家训一书，予先祖复圣颜子三十五代孙北齐黄门侍郎之撰也。自唐、宋以来，世世刊行天下。迨我圣朝成化年间，建宁府同知程伯祥、通判罗春等，尝命工重刊，但未广其传耳。今予幸生六十四代宗嫡，叨袭翰林博士，窃念此刻诚吾家之天球河图也，罔敢失坠，遂凤谒张公玉阳、于公谷峰乞叙其始末，将绣梓以共天下。"② 这种相对集中的家训活动因为多在家族复兴之际，或是出于本家辈出俊杰的直接施为，加之重刻或校刊家训

① 王利器：《颜氏家训集解》卷7。
② 同上。

时往往集中回顾颜氏祖先的世家传统、明晰《颜氏家训》的深刻用意、总结家训治家教子的成功经验，以此激励后世子孙修己立身的自觉性和继承与弘扬祖德的孝行责任，自然能够收到明显教化效果。

三　《颜氏家训》的反复重刊与效仿，使家训培育个体品德的作用实现了社会化

（一）《颜氏家训》的重印与校刊，对社会民众是一次集中的道德教育。家庭生活是社会生活的基本要素，家庭生活必须符合社会生活的一般规范和要求。如果说古代家庭为了主动适应外部社会环境，即为了实现家庭的社会化而促使了传统家训的出现和产生；那么，在缺乏诸如现代以学校为核心教育机构的古代社会，家训及其家庭教育实际上就是人们特别是儿童社会化最重要的甚至是唯一的教化方式。在这样的历史背景下，制定一套相对通行的家庭育人道德规范，对于家庭成员走向社会，使家庭生活与一般社会规范相适应，就显得尤为需要。对于绝大多数缺少文化知识的普通民众而言，抄袭和模仿一套广为世人认可的成型家训，无疑是最简单易行的。关键的问题在于选哪部家训呢？"书靡范，曷书也？言靡范，曷言也？言书靡范，虽联篇缕章，赘焉亡补。乃北齐颜黄门家训，质而明，详而要，平而不诡。盖序致至终篇，罔不折衷今古，会理道焉，是可范矣。……夫振古渺邈，经残教荒，驯至于今，变趋愈下。岂典范未尝究耶？孰谓古道不可复哉？乃若书之传，以禔身，以范俗，为今代人文风化之助，则不独颜氏一家之训乎尔！兹（傅）太平刻书之意也。"[1] 这绝对不单单是有知识有文化者的观点，其实更是最容易追求经世致用良方的普通民众的真实看法。所以，与前述内容一致，《颜氏家训》的社会化，一方面表现在其成书后人们"由近及远，争相秒式，于是泛滥书林，充斥人寰"[2]；另一方面还引发了百姓人家竞相模仿制作家训和训家教子的德育热潮，这当然有利于广大民众的个体品德培育。

（二）重刊与校订家训，不仅是对已有家训文本的修订与完善，还是对祖传家训思想的重新解读和补充，此举在一定意义上拓展了重刊与校订家训活动培育个体品德的作用。随着历史的变迁和文化的演进，像《颜

---

①　王利器：《颜氏家训集解》卷7。

②　王利器：《颜氏家训集解叙录》。

氏家训》这样优秀的文化遗产也往往由于年久失传或破损残缺，后世子孙或社会贤达在重刊与校订家训文本时，或核对校订拾遗补缺，或与时俱进注疏解读，拓展和完善了家训的德育作用机制。如明万历甲戌颜嗣慎刻本之末记曰："是书历年既久，翻刻数多，其间字画，颇有差谬。今据诸书，暨取证于先达李兰皋诸公。尤有未尽，姑阙以俟知者。"① 王利器评价："此书虽辞质义直，然皆本之孝悌，推以事君上，处朋友乡党之间，其归要不悖六经，而旁贯百氏。至辨析援证，咸有根据；自当启悟来世，不但可训思鲁、愍楚辈而已。揆家有闽本，尝苦篇中字讹难读、顾无善本可雠。比去年春，来守天台郡，得故参知政事谢公家藏旧蜀本；行间朱墨细字，多所窜定，则其子景思手校也。"② 如此补缺和注疏祖训，其意自然不在文化考证，而在乎训家。

（三）重刊与修订《颜氏家训》，使古代家训培育个体品德的作用不断社会化。一方面，以《颜氏家训》为代表的家训是一种通俗性的文化形式，它在传播中国传统文化时就以一种通俗易懂的形式将玄奥难懂的经典普及于民间。"六经之文，非不本末兼该，大小具备；而词旨深远，义理蕴奥，必文人学士，日亲师友之讲论，始能通之。若公（颜之推）之为训，则自乡党以及朝廷，与夫日用行习之地，莫不有至正之规，至中之矩；虽野人女子，走卒儿童，皆能诵其词而知其义也。是深之可为格致诚正之功者，此训也；浅之可为动静语默之范者，此训也；谁不奉为暮鼓晨钟也哉？古所称立言不朽者，其在斯欤！其在斯欤！"③ 传统家训培育个体品德的作用之所以如此广泛而显著，最基本的原因很大程度上在于传播这种文化精神的最具个性的通俗化表现形式，它以亲情为纽带，以长辈耳提面命的方式，以家常化的语言将儒家典籍中的文化精神做了深入浅出的宣扬，使之普及于千家万户。"口语对话，言谈心交，从平常切身生活事论述，它乃是一种俗文化类别；而典籍，则是一种稚文化存在。通过俗文化形式表达稚文化内容，这是文化传播上的一种突破和创造。"④ 我们说中国元典中的文化精神之所以能浸入中华子民的骨髓，之所以能够影响中

① 王利器：《颜氏家训集解》卷 7。
② 同上。
③ 同上。
④ 张艳国：《简论中国传统家训的文化学意义》，《中州学刊》1994 年第 5 期。

国几千年，离开了传统家训的这种通俗化的宣扬和立足于培育理想人格的个体品德培育作用发挥是断然不可能的。另一方面，重刊与修订《颜氏家训》，通过人们争相矜式而将家训范式推广到普通民众家里的同时，使古代家训培育个体品德的作用实现了社会化。《颜氏家训》一出，便泛滥书林，充斥人寰，人们由近及远，争相矜式。如北京图书馆所藏清雍正二年纪晓岚手批本《颜氏家训》，就是由当朝官吏（康熙三十年进士）黄叔琳作序而意在推广到社会庶民之家的，当然，他们对该家训进入百姓人家还做了充分的理性辩白：

> 人之爱其子孙也，何所不至哉！爱之深，故虑焉而周；虑之周，故语焉而详。详于口者，听过而忘，又不如详于书者，足以垂世而行远，此家训所为作也。然历观古人诏其后嗣之语，往往未满人意。……余观颜氏家训廿篇，可谓度越数贤者矣。其谊正，其意备。其为言也，近而不俚，切而不激。自比于傅婢寡妻，而心苦言甘，足令顽秀并遵，贤愚共晓。宜其孙曾数传，节义文章，武功吏治，绳绳继起，而无负斯训也。惟归心篇阐扬佛乘，流入异端；书证篇、音辞篇，义琐文繁，有资小学，无关大体；他若古今风习不同，在当日言之，则切近于事情，由今日视之，为闲谈而无当。不揣谫陋，重加决择，薙其冗杂，掇其菁英，布之家塾，用启童蒙。苏子瞻云："药虽进于医手，方多传于古人。若已经效于世间，不必皆从于己出。"窃谓父兄之教子弟，亦犹是也，以古人之训其家者，各训乃家，不更事逸而功倍乎？此余节抄是书之微意也。①

此外，历代先哲或官吏也开始积极地宣传推广自己的家训，促使家训培育个体品德的作用进一步社会化。如明代大儒湛若水在其《甘泉先生续编大全卷》中记述了他通过官府推行家训的情况："自予为家训以教宗族之人，且白于巡按洪君，准行府县，令本宗族遵行之，又令尽县之人宗族遵行之，又令旁郡县之人之宗族遵行之，于今十有三年矣。……若夫养之以天理，文之以礼乐，吾岂复有加益于养真者哉？书附黎氏家训之首以归

---

①　王利器：《颜氏家训集解》卷7。

之，为宗族乡党之荣，且为教焉！"①

　　总之，家训作为古代家庭教育的优良传统和有效方法，是我国个体品德培育中最有特色的一部分内容，也是中国传统文化的瑰宝。家训的效用来源于它以亲情关切的感染方式，将儒家伦理道德思想渗透到家庭实际生活当中，通过家长的耳提面命和以身示范等切实有效的教育方式，将经典中晦涩难懂的大道理化作日常行为规范，对于培养家庭成员的道德人格起到了非常重要的作用。因此，从某种意义上说，古代众多贤明的家长制作家训是儒家文化走下圣坛、广被民间的桥梁，它不仅使儒家伦理道德思想步入了寻常百姓人家，而且通过制作、修订、重刊家训昭示子孙居家处世提倡什么和禁止什么，教育子孙后代推崇忠孝节义，教导家人遵从和践行礼义廉耻等道德规范，以细致入微而又深入持久的教化手段陶冶和锻造后世子孙的德性人格。

第三节　家训门风熏陶

　　家训门风就是特定家庭或家族制作和运用家训治家教子的传统作风，这种家风往往具有鲜明的继承性和相对凝固的稳定性特点，是以家训为代表的家庭教育范式的社会表现形式。关于家风的理解和内容，国学大师钱穆曾针对魏晋南北朝的家教现象指出："当时门第传统共同理想，所期望于门第中人，上至贤父兄，下至佳子弟，不外两大要目：一是希望其能具孝友之内行，一则希望其能有经籍文史学业之修养。此两种希望，并合成为当时共同之家教。其前一项之表现，则成为家风；后一项之表现，则成为家学。"② 在中国传统社会中，家风对于一个家庭或家族的繁盛与发展，意义十分重大。家风之于子女，家庭是圃，子女是苗，家风如雨，化育无声，苗受德育滋养而健康成长；家风之于家庭，名望所系，治家依凭，父慈子孝，兄友弟悌，家和而万事兴；家风之于家族，规范伦序，整齐门内，德业相劝，和睦族众而家族兴旺。然而，一个家庭或家族要想树立良好的家风，并希望保持这种良好家风经世不坠，就必须制作和不断修订用

―――――――――

① （明）湛若水：《甘泉先生续编大全》卷2（序）。

② 钱穆：《略论魏晋南北朝学术文化与当时门第之关系》，《香港新亚学报》1963年第5期。

以约束和指导家庭或家族成员言行的家训，并能够世代付诸实践才能建立和维护理想的家庭伦理秩序，受这样良好家风长期熏陶渐染的个体，其言行必然"从心所欲，不逾矩"，① 从而造就出理想人格。

众所周知，在中国古代社会，家训作为主要的启蒙教育范式，它对于一个人成长成才的影响巨大而长远，对于一个人品德的养成更是至关重要。但是，如果就此认为家训仅仅注重某个特定时期或特定子孙的个体品德培育，而忽视家训本身立意的长远，那就大错特错了。其实，从不同的家训文本中，我们很容易看出家训的制作者们力图建立一种治家教子的长效机制——希望自己的后世子孙能世代遵从家训教诲，自觉传承家训思想和自觉践履家训仪规，养成理想的家训门风并持守严格的家教门风。与此同时，中国古代历史上的许多文人学士或达官贵人往往出自于家庭教育缜密的家训或家教世家，也在一定程度上证明并不断强化着这一看法，因而处于礼仪之邦的中国人将一个家庭的家风门风看得很重，认为家风门风不仅影响着一个家庭能否教育出担当大任之英才，而且还决定着一个家庭子孙后代的贤与不肖。于是乎，中国人崇尚制作或修订家训，注意利用家训治家教子，形成了持守家训和家教门风的传统风尚。正如颜之推在《颜氏家训》开篇序致所言："吾家风教，素为整密。昔在龆龀，便蒙诱诲；每从两兄，晓夕温清。规行矩步，安辞定色，锵锵翼翼，若朝严君焉。"②2008 年，颜氏后裔通过考证与梳理家族发展历史而将颜氏家族称为德艺世家，③ 这与颜氏家族历来坚持儒学传家、忠孝治家、勤俭持家、才艺兴家的家风密不可分，而颜氏家族从颜含制作《靖侯成规》到颜延之为《庭诰》之文，从颜之推撰写《颜氏家训》专书到颜光敏作《颜氏家诫》，其家训教育思想和家庭教育家风累世相传，自成一系，对家族的发展和人才辈出起了不可估量的作用，④ 也成为社会其他家庭效仿的模范。如清代政治家、思想家和家教名人曾国藩就以颜氏家风为例教诫子侄："王安国三代皆好学深思，有汉书氏、唐颜氏之风。余自憾学问无成，有愧王文肃公远甚，而望尔辈为怀祖先生，为伯申氏，则梦寐之际，未尝须

① 《论语》卷 1 《为政第二》。
② 《颜氏家训》卷 1 《序致》。
③ 颜景刚主编：《德艺世家》，人民日报出版社 2008 年版，第 3 页。
④ 王利器：《颜氏家训（集解）》，上海古籍出版社 1980 年版，第 23 页。

臾忘也。"① 也从一个侧面告诉人们，通过家训门风熏陶正是《颜氏家训》培育个体品德的有效方式之一。

一 儒学传家

孔门弟子有"八颜"②，孔行颜随，深得儒学真传，自此以后颜氏坚持儒学传家。"夫尧、舜、禹，天下之大圣也。以天下相传，天下之大事也。以天下之大圣，行天下之大事，而其授受之际，叮咛告戒，不过如此。则天下之理，岂有以加于此哉？自是以来，圣圣相承：若成汤、文、武之为君，皋陶、伊、傅、周、召之为臣，既皆以此而接夫道统之传，若吾夫子，则虽不得其位，而所以继往圣、开来学，其功反有贤于尧舜者。然当是时，见而知之者，惟颜氏、曾氏之传得其宗。"③ 根据南宋地方志《咸淳临安志》记载，孔门弟子号称三千，贤人七十有（二）余，最早集中罗列孔门弟子名称与学识德行事迹者，为司马迁的《史记·孔门弟子列传》，文中共列孔子弟子七十七人，其中颜姓弟子达八人之多。而以"太上立德"著称的复圣公颜回即位列孔子弟子七十二贤人之首，颜回忠实奉行孔子的"仁"学，把"仁、义、礼、智、信"等道德规范，践行于自己的生活，并用之教化君、臣和百姓。其思想精华以虚心好学、修德正身、克己复礼、德政宽民传承于世。不仅《史记》和《论语》中对他们有较为详细的记载，如"哀公问：'弟子孰为好学？'孔子对曰：'有颜回者好学，不迁怒，不二过。不幸短命死矣！今也则亡，未闻好学者也。'"④《孔子家语》及《宋书》等典籍中对此八人也有记载；并且还有历代皇帝对他们的褒奖封谥。如颜回，唐贞观时称先师；开元时称亚圣，赠衮公；宋时赠衮公；元文宗时加号复圣衮国公；明世宗时改称圣颜子。另几人自那时起也均称"颜子"⑤ 而对他们赞颂，如宋高宗南渡不久，于绍兴十四年（1144 年）三月临幸太学，为了尊孔崇儒，首制先圣孔子赞，

---

① 《曾国藩文集·家教篇·儿为通学之辈乃余之凤愿》。
② 司马迁《史记》记载的八颜包括：①颜回者，鲁人也，字子渊。少孔子三十岁。②颜无繇，字路。路者，颜回父，少孔子六岁。父子尝各异时事孔子。③颜幸，字子柳。少孔子四十六岁。④颜高，字子骄。⑤颜祖，字襄。⑥颜之仆，字叔。⑦颜哙，字子声。⑧颜何，字冉。
③ 《四书章句集注·中庸章句序》。
④ 《论语》卷 3《雍也第六》。
⑤ 骆承烈：《颜子研究》，人民日报出版社 1994 年版，第 203—206 页。

后自颜回以下分别撰辞，以致褒崇之意：颜回"德行首科，显冠学徒。不迁不二，乐道以居，食埃其忠，在陋自如。宣称贤哉，岂止不愚。"颜无繇："人谁无子，尔嗣标奇。行为世范，学为人师。请车诚非，顾非其么。千载之下，足以示慈。"颜哙："褒赐朱虚，在器轮舆。儒室振领，圣门曳裾。贤业素蕴，闪才以攙。百世不刊，载观成书。"颜高："琅玡之伯，其惟子骄。微言既彰，德音孔昭。已观云舞，同听齐韶。历千百禩，跂思高标。"颜之仆："贤行颜叔，亲承尼父。志锐所期，道尊是辅。泥在均陶，木就规矩。终縻好爵，扬名东武。"颜幸："埶时于肖，实唯子柳。凤饫格言，克遵善诱。明德期馨，贤业所就。以侑于儒，传芳逾茂。"颜祖："……奉祀孔庙西庑之二十一。"① 由此可见，如果说此八人是在儒学生发之时和儒学发祥之地师从孔子学习，毋宁说他们是与祖师孔子一道创立和传播了儒家学说。自此以后，颜氏家族出现了许多儒学大师，其中彪炳史册者代不乏人，且独树一帜而成为颜氏之儒。②

颜氏之儒在春秋战国时代即已具有如此大的影响，即便是在文化与思想领域出现儒释道和玄学等各种思潮竞相发展的情况下，颜氏家族仍然坚持儒学传家。就早期时代而言，魏晋南北朝时坚持儒学传家这一家风的颜氏代表人物就有三人。其中东汉时任尚书郎、三国魏时任徐州刺史的颜盛重视子弟教育，代传孝恭，形成了良好的儒学家风，世居之地也被后人尊称为孝悌里；其子颜钦精通《诗》、《书》、《礼》、《易》，多所通说而被学者宗之；颜钦之子颜含"以儒为行，雅重行实，抑绝浮伪；简而有恩，明而能断，以威御下；待人接物，孝友著称；治家教子，素为整密。"③颜盛祖孙三人前后相继，恪守儒家之道，为儒学传家和保证家族的发展奠定了家风基础。接着，颜子第三十世孙颜延之"好读书，无所不览，文章之美，冠绝当时。……作诗二首，文辞藻丽，为谢晦、傅亮所赏。宋国建，奉常郑鲜之举为博士，乃迁世子舍人。高祖受命，补太子舍人。雁门人周续之隐居庐山，儒学著称，永初中，征诣京师，开馆以居之。高祖亲幸，朝彦毕至，延之官列犹卑，引升上席，上使问续之三义，续之雅仗辞

① 《咸淳临安志》卷11《大成殿》。

② 《韩非子·显学》中说："世之显学，孔、墨也。……自孔子死后，有子张之儒，有颜氏之儒，有漆雕氏之儒，有仲良氏之儒，有孙氏之儒，有乐正氏之儒。"后世人将"儒分为八"。

③ 《北史·颜含传》。

辩，延之每折以简要。既连挫续之，上又使还自敷释，言约理畅，莫不称善。"① 其所为《庭诰》之文，除去家训之精警劝勉言语之外，还就哲学（道学）、伦理（伦序孝悌）和政治（为官治世）等学理与实践问题多有阐释。

值得特别指出的是，颜氏族人研习儒学绝非文人清谈，而是为了经世致用，能够将其学识心得代代相传，故而积累甚厚，积淀为儒学家风。撰写《颜氏家训》的北齐颜之推，继承其父颜协博涉群书、以儒家思想教育子弟的家传德风，"幼承庭训，早传家业"②，12 岁时便听讲老庄之学，对《周官》、《左传》、《礼》等儒学著作皆有较深的造诣，成为学贯南北的大学者。他博览群书，为文辞情并茂，深得梁湘东王赏识，19 岁就被任命为国左常侍，于隋文帝开皇年间被召为学士，他在《颜氏家训》中以儒家的传统观点为据不仅对子孙及其世人的立身处世、求知为学、修身养性、治家教子等问题提出了很有价值的劝勉之言，而且提出了对文学理论和文学批评的见解，主张"文章以理致为心肾，气调为筋骨，事义为皮肤，华丽为冠冕。"对南朝浮艳的文风提出了尖锐的批评："今世相承，趋末弃本，率多浮艳。辞与理竞，辞胜而理伏；事与才争，事繁而才损。"③ 其中的书证篇所考证的范围，既有文化书籍知识，也有日常生活规范，内容涉及天文地理、风土人情、文字形体、方言读音、草木虫鱼、山川村镇和古今南北；尤其对天文历法的研究，颇有造诣，见解独到，令人惊奇。

隋唐以降，由于拥有良好的家风和学风，颜氏后裔更是名人辈出，历代不乏学识渊博的儒家学者。隋初颜之推的儿子颜思鲁以儒学显世，其孙颜子第三十七世孙颜师古，更是"少承家学，博览群籍，尤精训诂，善于为文。"④ 他自负雄才，年少得志，参与军机，期望甚高，然一入官场，却多次遭谴，仕途不顺，乃闭门谢客，全力为学，故而卓然突显，成为唐代杰出的经学家、历史学家和文献训诂学家。他与人合著《五经正义》，修订《隋书》和《大唐礼仪》等，自撰《颜师古集》和《匡谬正俗》，

---

① 《宋书》卷 73《列传第三三》。
② 《北齐书》卷 45《列传第三七》。
③ 《颜氏家训》卷 4《文章》。
④ 《旧唐书》卷 73《列传第二三》。

取义于叔父颜游秦所撰的《汉书决疑》而为《汉书注》等等。据《新唐书》记载："初，颜氏、温氏在隋最盛，思鲁与大雅俱事东宫，愍楚、彦博同直内史省，游秦、大有典校秘阁。颜以学业优，而温以职位显于唐。"① 足见颜氏后裔学业之优，儒学传家为世人所公认。

宋代以后，中国的封建社会开始步入后期。可是在学术思想方面，由于儒释道等三教九流经过了数百年的争论与融合，渐渐形成了新的儒学形式——理学。理学的形成与兴起，使儒家学说的正统地位进一步得到巩固，所以宋时天下虽然四分五裂，使大宋积贫积弱，然而尊孔崇儒文化却是高度发达，往往是边外吃了大败仗，国内照样举行大规模的祭孔活动。如南宋庆宗时，祭孔以孔子、孟子、颜子、曾子四人配享，不仅形成了以后数百年沿革不变的祭孔四配制，而且也提高了颜氏家族的社会地位，奖掖了颜氏后裔儒学家风。如福建青礁颜氏后裔颜慥、颜师鲁、颜耆仲、颜颐仲等，均为宋代儒学传家的著名人物。据海澄县志载：颜慥，青礁颜氏肇基始祖，复圣颜子五十世孙，书坛泰斗颜真卿十一世孙。当时，漳属文教未兴，颜慥隐居青礁后，为展平生抱负，在山明水秀的岐山东鸣岭山麓收徒讲学，传授儒家经典，周围方圆百里的民众都慕名前来就学。这就是青礁"植兰书院"的前身，漳郡的民众受到正宗儒家学说的洗礼，崇儒的风气渐渐盛行，科甲及第接连不断，名贤大儒不断涌现。颜慥也被世人誉为"一世儒宗"。② 颜师鲁是宋代福建龙溪著名的理学家，其学问和操行受到宋孝宗的器重。他在任国子学祭酒时，第一份奏章就建议宋孝宗要加强对国人理学的教育，要以理学教化群臣和百姓，以求得社会风气的好转。颜师鲁之孙颜颐仲居官 70 岁时，上章请求归休获准，回老家乡居为善，治家教子，遇灾乐施，平时率众修桥造路，并倡设桂庄学田，资助上京赴试举人。元朝建立之后，元世祖中统二年，为了继承和发扬儒家文化，元世祖遂诏请杨庸专门教授孔、颜、孟三氏子孙："据孔、颜、孟之家，皆圣贤之后也。自兵乱以来，往往失学，甘为庸鄙，朕甚悯焉！可令杨庸充教授先生，务要严另训诲，精通经术，以继圣贤之业。"③ 以圣贤之后相许，表现出以皇帝为代表的统治者对颜氏家族门风的赞誉和期许，

---

① 《新唐书》卷 91《列传第一六》。（思鲁、愍楚、游秦系颜之推三个儿子）
② （清）陈瑛等修：《海澄县志》，民国 15 年影印本 1926 年版，第 2 页。
③ 《钦定续文献通考》卷 50《学校考·郡国乡党之学》。

也反映出颜氏家风的社会影响之大。据《陋巷志》载："中统建元之初制，以旧典立曲阜庙学，选师儒，充孔、颜、孟三氏子孙教授，正录各一员，训其子弟，比之常例，优加擢用。其三氏子孙入中学者，俾同朝官子例位教官者，比常例每减一考入流。"① 官府如此优待，不仅使颜氏后裔人才辈出，也进一步激励着颜氏子孙对家风门风的呵护。

明代"泰州学派"的代表人物颜钧，曾经创立了"大中哲学"，乘着明嘉靖、隆庆年间讲学盛行之风，认真听讲王阳明"致良知"之学，颇有领会，对四书六经之奥旨若视掌之清明，提笔为文如江河水流之沛快。生活在明末清初时期的平民思想家颜元，面对当时政治腐败、各种社会矛盾激荡沸扬、人民生活苦不堪言的离乱现实，为了寻求强国富民的道路，颜元苦学笃行，自强不息。他因为出身平民，学无常师，故而其学习完全是一种自觉体悟行为。颜元朴素地认为："观自古圣贤豪杰，都从贫贱困苦中经历过、琢磨成，况吾侪庸人，若不受煅炼，焉能成德成才？遇些艰辛，遭些横逆，不知是上天爱悯我，不知是世人玉成我，反生暴躁，真愚人矣！"② "夫读书，非学也。今之读书者，止以明虚理、记空言为尚，精神因之而亏耗，岁月因之以消磨，至持身涉世则盲然。曾古圣之学而若此！古人之学，礼、乐、兵、农，可以修身，可以致用，经世济民，皆在于斯，是所谓学也。书，取以考究乎此而已，专以诵读为务者，非学也，且以害学。"③ 他深刻地批判了程朱理学脱离实际的书本教育，竭力提倡实学和实用的教育理念，坚决反对宋明理学之玄虚，力主振兴儒家实学，在中国哲学思想史上占有重要地位。同期的颜光敏颖慧过人，9 岁就能写八股文；13 岁已善行草书，并攻诗赋；15 岁补入"四氏学"，18 岁即参加乡试，他不仅撰写《颜氏家诫》以教育子孙，振兴和发扬了颜氏家风，还是著名的文学家和诗人，一生手不离卷，博览群书，旁通律历八股之学，对《大学》章句尤得其奥。顾炎武在《乐圃集·题辞》中评价颜光敏的诗说："古诗讽辞深厚，往往得古人微旨。可称大雅遗音，迩来殆无出其右者。近体清新婉约，逼似唐人，所谓不意永末，复闻正始之音者

---

① 元代实行科举考试，考试制度规定蒙古、色目两等人比汉人（南人）的考试题目要简单，而且少考一科，当时颜氏子孙也荫爵享有与蒙古、色目人相同的优待与权利。

② 《颜元集·四书正误卷六》。

③ 《颜元集·存学编序》。

矣。敬服、敬服！"① 到了近代，湖南学者颜昌峣（1868—1944 年）幼读私塾，聪颖好学，勤奋过人，授县学优廪贡生，清光绪二十八年被选派至日本留学，成为湖南第一批官费留日生之一。学成归国后立志教育，先后任教于湖南师范学馆、高等学堂、优级师范、省立第一师范学校。积极参与《船山学社》的组织与宣讲工作。1917 年前后，毛泽东就读于湖南第一师范时，他与杨昌济一道推荐毛泽东加入《船山学社》。② 当代颜氏后裔更是在哲学、文学和传统国学方面有较高建树，如山东大学儒学研究中心主任、哲学与社会发展学院教授、博士生导师颜秉罡，他致力于现代儒学研究的同时，主讲《中国哲学史》、《儒家哲学》、《颜氏家训》等国学课程。今天的颜氏后裔在商界也是异军突起，发展为颜商，而且这些颜商除了发扬颜氏家训传统，在互相提携帮衬、共谋发展商业的同时，特别重视对自己颜商文化的总结与继承，其中山东省淄博市企业家颜景策，就从企业经营管理实践中结合自己的经验和体悟，总结出一套"颜氏经营哲学"，受到国家领导人薄一波、田纪云及有关学者的高度评价和重视，书中提出了共同发展的企业经营理念，合法、合理、合算的原则，友谊、贸易、效益的六字方针。③ 该探讨社会主义市场经济的专书受到了颜氏族人的欢迎，在颜氏商界广泛流传。

二　忠孝治家

按照中国的传统文化精神，孝悌被视为儒家伦理道德的根本，在家孝悌是家训的核心内容，而将孝悌原则推广到国家社稷就是忠君爱国。在中国古代漫长的封建社会里，一个家庭或家族的显赫与兴亡，往往与该家庭或家族能否忠孝治家有直接的关系，这一点在颜氏家族的兴衰流变史中非常显见。作为孔子第一得道弟子，颜氏一世祖颜回自古以来就被尊为"德行"之首，原因就在于他努力修炼而道德高尚，孔子许其"仁人"。他严格要求自己，"克己复礼"，使自己的一切行为符合仁德的标准，在家孝悌，在国忠君。他主张以德服人，而不是以力相征，其人生理想是忠君相国以施行德政。"孔子游于景山之上，子路子贡颜渊从。孔子曰：

---

①　《清史稿》卷 148《志第一二三》。

②　曲阜市情网—古代名人，见 http：//www．qfsq．com/news/。

③　颜景策：《颜氏经营哲学》，中国经济出版社 1995 年版，第 1—2 页。

'君子登高必赋，小子愿者何？言其愿，丘将启汝。'颜渊曰：'愿得小国而相之，主以道制，臣以德化，君臣同心，外内相应，列国诸侯莫不从义向风，壮者趋而进，老者扶而至，教行乎百姓，德施乎四蛮，莫不释兵，辐辏乎四门，天下咸获永宁，蠢飞蠕动，各乐其性，进贤使能，各任其事，于是君绥于上，臣和于下，垂拱无为，动作中道，从容得礼，言仁义者赏，言战斗者死，则由何进而救，赐何难之解。'孔子曰：'圣士哉！大人出，小子匿，圣者起，贤者伏。回与执政，则由赐焉施其能哉！'"①孔子许其"圣士"，颜回助君施行德政的政治理想可见一斑。不仅如此，颜回行仁，不是空文，而是立志见诸行动。在世祖颜回忠孝德行的感召下，忠君孝悌成为颜氏家族的另一重要门风，教育和激励着颜氏后裔忠孝治家。

不仅如此，汉魏晋南北朝时期"以孝治天下"的社会政治价值标准，为这一时期颜氏后裔的所作所为指明了方向，也为颜氏家族的繁盛和发展赢得了良好的家风与声誉。但是，自颜回至二十四世颜斐、颜盛兄弟二人，其间史料阙如，唯有颜氏宗谱记其世系。颜斐在三国魏时仕至京兆太守，为官清廉，敢于为民请命。

> 《魏略》②：颜斐，字文林，有才学。丞相召为太子洗马，黄初转为黄门侍郎，后为京兆太守。始，京兆从马超破后，民人多不专于农殖，又历数四二千石，取解目前，亦不为民作久远计。斐到官，乃令属县整阡陌，树桑果。是时民多无车牛。斐又课民以闲月取车材，使转相教匠作车。又课民无牛者，令畜猪狗，卖以买牛。始者民以为烦，一二年间，家家有丁车、大牛。又起文学，听吏民欲读书者，复其小徭。又于府下起菜园，使吏役闲锄治。又课民当输租时，车牛各因便致薪两束，为冬寒冰炙笔砚。于是风化大行，吏不烦民，民不求吏。京兆与冯翊、扶风接界，二郡道路既秽塞，田畴又荒芜，人民饥冻，而京兆皆整顿开明，丰富常为雍州十郡最。斐又清己，仰奉而已，于是吏民恐其迁转也。至青龙中，司马宣王在长安立军市，而军

---

① 《韩诗外传》卷7。
② 颜斐，三国魏时仕至京兆太守，被称为"良二千石"（见《三国志·仓慈传》）。书中裴松之注引《魏略》详记其言行若此。

中吏士多侵侮县民，斐以白宣王。宣王乃发怒召军市候，便于斐前杖一百。……宣王遂严持吏士。自是之后，军营、郡县各得其分。后数岁，迁为平原太守，吏民啼泣遮道，车不得前，步步稽留，十余日乃出界。①

山东临沂市北颜氏故居孝悌里

颜斐于东汉末年出仕地方官期间，既关心民情、勤政造福于众，又鼓励人们向学，起文学教化百姓，清己而不畏权贵，这是颜氏忠孝家风的真实体现。颜斐之弟颜盛，为汉代尚书和青州、徐州刺史，代传孝恭，世人因号而将其居住地称为孝悌里。此一时期颜氏代表人物均多表现出忠君与孝悌之德行，如东晋时期的颜含“少有操行，以孝闻。……含二亲既终，两兄继没，次嫂樊氏因疾失明，含课励家人，尽心奉养，每日自尝省药馔，察问息耗，必簪屦束带。医人疏方，应须髯蛇胆，而寻求备至，无由得之，含忧叹累时。尝昼独坐，忽有一青衣童子年可十三四，持一青囊授含，含开视，乃蛇胆也。童子逡巡出户，化成青鸟飞去。得胆，药成，嫂病即愈，由是著名。”②他笃行儒家孝悌之道，不仅侍奉卧病在床的哥哥颜畿十三年如一日，而且善事寡嫂，并以孝道教育子孙，因而以孝悌闻名乡里，世人再次称许其所居之地为孝悌里。颜含在外致仕二十余年，忠君爱国，为官清廉，他评价当时江左群士优劣道：“周伯仁之正，邓伯道之

① 《三国志》卷16《魏书一六》。
② 《晋书》卷88《列传第五八·孝友》。

清，卞望之之节，余则吾不知也。"① 其雅重行实，抑绝浮伪如此。在他的影响熏陶下，颜含长子颜髦"历黄门郎、侍中、光禄勋，谦至安成太守，约零陵太守，并有声誉"，② 少纂《孝友传》，且勤于治学。颜含曾孙颜延之一生忧国忧民，以天下是非为己任，"见刘湛、殷景仁专当要任，意有不平，常云：'天下之务，当与天下共之，岂一人之智所能独了！'辞甚激杨，每犯权要。"③ 罢官在家期间，他写《庭诰》说："欲求子孝必先慈，将责弟悌务为友。虽孝不待慈，而慈固植孝；悌非期友，而友亦立悌。"④ 寥寥数语，将父慈子孝、兄友弟悌的关系讲得十分透彻。在这样一个忠孝之家教门风熏陶下成长起来的颜延之长子"颜峻，琅玡临沂人。元凶劭弑逆，孝武起兵，峻以佐命功，封建城县侯。后为帝所杀。"⑤ 他文采出众，在刘宋王朝初期深受刘俊爱戴，"颜峻为吏部尚书，留心选举，奏无不可。后谢庄代峻，意多不行。峻容貌严毅，庄风姿甚美，宾客喧诉，尝欢笑答之。人言：'颜峻嗔而予人官，谢庄笑而不与人官。'"⑥ 充分说明其尽心报恩，为政勤敏。史臣评价颜峻："世祖弱岁临蕃，涵道未广，披胸解带，义止宾僚。及运钟倾陂，身危虑切，擢胆抽肝，犹患言未尽也。至于冯玉负扆，威行万物，欲有必从，事无暂失。既而忧欢异日，甘苦变心，主挟今情，臣追昔款，宋昌之报，上赏已行，同舟之虑，下望愈结，嫌怨既前，诛责自起。竣之取衅于世，盖由此乎。为人臣者，若能事主而捐其私，立功而忘其报，虽求颠陷，不可得也。"⑦ 撰写《颜氏家训》的颜之推从小就聪明过人，早传家业。"值侯景陷郢州，频欲杀之，赖其行台郎中王则以获免。屡被免囚送建业。景平，还江陵。江绎已自立，以之推为散骑侍郎，奏舍人事。后为周军所破。大将军李显重之，荐往弘农，令掌其兄平阳王庆远书干。值河水暴长，具船将妻子来奔，经砥柱之险，时人称其勇决。"⑧ 即便是身处随时都可能遭诬陷甚至可能招

① 《晋书》卷 88《列传第五八·孝友》。
② 同上。
③ 《宋书》卷 73《列传第三三》。
④ 同上。
⑤ 《文献通考》卷 272《封建考十三》。
⑥ 《文献通考》卷 36《选举考九》。
⑦ 《宋书》卷 75《列传第三五》。
⑧ 《北齐书》卷 45《列传第三七》。

致杀生之祸的危险境地，即颜之推虽然三为亡国之人依然北望复兴，委身做官，就是"计吾兄弟，不当仕进；但以门衰，骨肉单弱，五服之内，傍无一人，播越他乡，无复资荫；使汝等沉沦厮役，以为先世之耻；故腼冒人间，不敢坠失。兼以北方政教严切，全无隐退者故也。"① 其忠君之举，尤其是孝悌之意在此表露无遗。在《颜氏家训》的昭示和颜之推本人的言传身教下，颜之推的三个儿子颜思鲁、颜愍楚、颜游秦均有令名和功业。据颜真卿所撰《颜勤礼家庙碑》记载，颜思鲁博学善属文，尤工诂训；颜愍楚为"隋著作佐郎陆从典、通事舍人"；② 颜游秦为《汉书决疑》。

统观《庭诰》、《颜氏家训》、《颜氏家诫》及各地《颜氏族谱》，其中都用相当的篇幅介绍和宣传世祖颜子的高尚品德，以及要求和教诫颜氏后裔遵祖训、忠国事、孝父母、敬尊长、守节操、睦兄弟等有关忠孝治家的条款。受此家风熏陶的颜氏子孙更是以忠孝著称，坚持以忠孝继世，所以历代忠臣辈出。颜之推胞弟颜之仪处世为官以"谅直无私"见称，他"正色立朝，有当官之称。及梁武帝执政，及以疾辞……宣帝即位，迁上仪同大将军、御正中大夫，进爵为公，增邑一千户。帝后刑政乖辟，昏纵日甚，之仪犯颜骤谏，虽不见纳，终亦不止。深为帝所忌。然以恩旧，每优容之。及帝杀王轨，之仪固谏。帝怒，欲并致之于法。后以其谅直无私，乃舍之。宣帝崩，刘、郑译等矫诏遗诏，以隋文帝为丞相，辅少主。之仪知非帝旨，拒而弗从。"③ 即便是隋文帝索要符玺时，颜之仪也正色拒斥："此天子之物，自有主者，宰相何故索之！……隋文帝践极，诏征还京师。十年正月，之仪随例入朝。隋文帝望而识之，命引至御坐，谓之曰：'见危授命，临大节而不可夺，古人所难，何以加卿。'"④ 这样的颜氏后裔，为了家族的利益，不惜含辛茹苦；为了忠义道德，决意将个人生死置之度外，这种忠孝之行，不仅得到了被触犯的帝王的谅解，因而恩义复加，也必然得到社会大众的好评，呵护扬显了家风。颜之推五世孙颜元孙、颜惟真均属名家，而六世孙有名的更多，尤以唐代"颜氏三

---

① 《颜氏家训》卷7《终制》。
② 《新唐书》卷87《列传第一二》。
③ 《周书》卷40《列传第三二》。
④ 同上。

卿"——颜子四十世孙颜杲卿、颜真卿、颜春卿更为显赫。安史之乱时，颜杲卿和儿子颜季明守常山，天宝十五年（756 年），安禄山叛军围攻常山时抓到颜季明，便想借此逼迫颜杲卿投降，但颜杲卿大骂安禄山不肯屈服，其子颜季明即被杀。接着常山城为叛军所破，颜杲卿被俘后押解到洛阳，安禄山责问颜杲卿何以背叛他，杲卿瞋目而报曰："我世为唐臣，常守忠义，纵受汝奏署，复合从汝反乎！且汝本营州一牧羊羯奴耳，叨窃恩宠，致身及此，天子负汝何事而汝反耶？"①安禄山大怒，命令叛军割掉颜杲卿的舌头，至此颜杲卿仍大骂不止，忍受着断舌之痛，持守着忠义的信念，直至气绝。

　　颜杲卿"以荫受官，性刚直，有吏干。开元中，为魏州录事参军，振兴纲目，政称第一。天宝十四载，摄常山太守。时安禄山为河北、河东采访使，常山在其部内。其年十一月，禄山举范阳之兵诣阙。十二月十二日，陷东都。杲卿忠诚感发，惧贼遂寇潼关，即危宗社。时从弟真卿为平原太守，初闻禄山逆谋，阴养死士，招怀豪右，为拒贼之计。至是遣使告杲卿，相与起义兵，犄角断贼归路，以纾西寇之势。……城陷，杲卿、履谦为贼所执，送于东都。禄山怒甚，令缚于中桥南头从西第二柱，节解之，比至气绝，大骂不息。是日杲卿幼子诞、侄诩及袁履谦，皆被先截手足，何千年弟在傍，含血喷其面，因加割膏，路人见之流涕。……乾元元年五月，（肃宗）诏曰：'故卫尉卿、兼御史中丞、恒州刺史颜杲卿，任彼专城，志枭狂虏，艰难之际，忠义在心。愤群凶而慷慨，临大节而奋发，遂擒元恶，成此茂勋。属胡虏凭凌，流毒方炽，孤城力屈，见陷寇仇，身殁名存，实彰忠烈。夫仁者有勇，验之于临难；臣之报国，义存于捐躯。嘉其死节之诚，未备饰终之礼，可赠太子太保。'"②

　　颜杲卿之弟颜真卿受封为鲁国公，"事亲以孝闻。四命为盐察御史，充河西陇右军试覆屯交兵使。五原有冤狱，久不决，真卿至，立辩之。天方旱，狱决乃雨，郡人呼之为'御史雨'。……兴元元年，王师复振，逆

---

①　《旧唐书》卷 187 下《列传第一三七下》。

②　同上。

贼虑变起蔡州，乃遣其将辛景臻、安华至真卿所，积柴庭中，沃之以油，且传逆词曰：'不能屈节，当自烧。'真卿乃投身赴火，景臻等遽止之，复告希烈。德宗复宫阙，希烈弟希倩在朱泚党中，例伏诛。希烈闻之怒，兴元元年八月三日，乃使阉奴与景臻等杀真卿。先曰：'有敕。'真卿拜，奴曰：'宜赐卿死。'真卿曰：'老臣无状，罪当死，然不知使何日从长安来？'奴曰：'从大梁来。'真卿骂曰：'乃逆贼耳，何敕耶！'遂缢杀之。"① 颜真卿作为一个文化人，在唐朝平息"安史之乱"中，曾经带领着一个英雄的家族走向血泊，为维护国家的统一，反对分裂，用三十多条颜氏生命为代价演绎了忠君爱国的神话。28 年后，为平息李希烈的分裂反叛，77 岁的颜真卿又一次为大唐的统一献出了自己高贵的生命，捍卫了大唐王朝的尊严，也为中国人在面对政治灾难中应有的文化人格做出了表率，成为颜氏家族乃至中华民族发展史上真正的英雄。

　　唐末五代年间，天下进入纷争不宁的战乱时期。由于颜氏一族当时多为唐朝世家显门，自然在王朝更替的残酷战争中遭受了劫难与重创，很多颜氏家庭和颜氏名人均被迫害，甚至受到满门抄斩。在这样不利的生存条件下，许多颜氏后裔被迫率领近支族人离开长安，辗转东移，其中颜子第四十五代孙颜文威率众隐居峄山，著书立说，随着天下渐趋平静，许多颜氏后裔才得以回归曲阜、长安、南京等故地居住，但经过这样大的劫难后，颜氏族人大多处世低调。所以宋元明时，颜氏后裔身居高位者和所出的名人贤士均明显减少，但其以儒学著称的家训思想和以忠孝治家的优良家风仍然在薪火相传，只是不如前代那样显赫而已。加之北宋末年，金兵南侵，高宗渡江，建炎之初，颜子后裔奉召伴驾，颜裔再次南迁闽浙。其中宋代福建青礁颜氏后裔颜师鲁"自幼庄重若成人，孝友天至。初为番禺簿，丧父以归，扶柩航海，水程数千里，甫三日登于岸，而飓风大作，人以为孝感。常曰：'穷达自有定分，枉道希世，徒丧所守。'故其大节确如金石，虽动与俗情不合，而终翕然信服。"② 颜师鲁孝于家，友于朋，忠于君，他"入为监察御史，遇事尽言，无所阿挠。"③ 弱冠以祖泽入仕的颜耆仲，调福州海口镇期间。针对镇有书院而廪资不足的窘境，颜耆仲

---

① 《旧唐书》卷 128 《列传第七八》。
② 《宋史》卷 389 《列传第一四八》。
③ 同上。

到任后始置庄田，制祭服，供养生员，镇人感其德，为其立生祠纪念。后知鄞县，遇火灾将要危及府衙，颜耆仲以厚赏召集乡民救灾。大火扑灭后，他所给的赏钱都是自己的私钱，不动一厘公款。宝庆年间考中进士，不久迁进奏院。为官期间修建学校，充实廪给，政绩卓著。值当年发生饥荒，他力请于朝廷，得米三千石，救活灾民无数。端平年间朝廷征用正直之士，他与弟颜颐仲齐名，一起受到朝廷重用。嘉熙元年，其弟颜颐仲以直秘阁奉祀武夷祠，授广西转运判官。到任后，首次上奏即要求废除海南琼、崖、儋、万四州盐赋并免除本钱。后任泉州知府，以秘阁修撰兼福建提刑。任内减商税、除盗贼、养孤老，百姓感其德。据元代王元恭撰修《至正四明续志》记载，"宋淳祐六年，郡守颜颐仲曰：'民以食为本，食以农为本，农以水利为急，本郡田亩全藉水利，如东管则赖东湖之水，西管则赖它山之水，独自桃花渡至定海县一带，东西南北周围六十里，并无水源，旧有河港，久不浚治，日侵月占，皆为埋塞，水无所潴，惟仰天雨，晴未十日，即以旱乾，农家无计可施，坐待其槁，委可怜念！'乃大浚治，故河尽复，广五丈深丈二尺，置碶闸三、跨桥六，民便其利，因刻石，曰：'颜公渠'"① 作为封建皇权专制社会的地方官吏，颜氏后裔向来都是为官清廉，刚直不阿；为政以德，爱民如子；立学筑路，兴修水利；减税负、养孤老，造福一方。如果缺少良好道德家风家教，颜氏一族能否依然世代保持忠孝节义风操，居家孝悌，处世忠厚，为政以德，委实不敢妄下论断。

明末清初的半个世纪里，天下离乱，战火不断。俗话说："乱世出英雄"，以忠孝治家的颜氏后裔，在抗清复明、保家卫国的战乱年代中也是英雄辈出。其中以"曲阜三颜"为最，这三兄弟之祖是"颜胤绍，字赓明，曲阜人，复圣六十五代孙也。崇祯四年进士。历知凤阳、江都、邯郸，迁真定同知，守城剿寇有功。十五年擢河间知府，连年大饥，死亡载道，寇盗充斥，拊循甚至。闰十一月，大清兵至，与参议赵珽、同知姚汝明、知县陈三接等坚守。援兵云集，率逗遛。胤绍知城必破，豫集一家老稚于室中，积薪烧之，而身往城上策战守。城破，趋归官舍，举火焚室，衣冠北向再拜，跃入火中同死。"② 其子颜伯璟身材魁伟，相貌俊秀，性

---

① 《四明续志》卷4《山川》。
② 《明史》卷291《列传第一七九·忠义三》。

坦率，易近人，爱谈论古人忠孝，不喜沽名钓誉；好鼓琴赋诗，读书不屑章句，常说：“世事如炎火燎原，将及于厦。处堂之燕雀，吾不为也。”①到了清朝更绝意不入仕途，仅是当时的一位廪生。颜伯璟的夫人朱淑人，当兖州被攻破时为清兵所虏，她因不肯屈服被清兵砍伤手臂而骂不绝口，在这样一个满门忠孝而正气凛然的家风熏陶下，于清康熙年间便培养出“颜氏一母三进士”，他们分别是颜光猷、颜光敏和颜光敩同胞兄弟三人，时人称他们为“曲阜三颜”。②长兄颜光猷，青少年时代与弟颜光敏同窗共读，结果光敏先登进士第，这更激发了他的上进心。三九严寒，因无火炉，桌下放一草筐为脚取暖，日夜坚持攻读，即使患病辗转床褥三年期间仍不辍学。终于在康熙十三年登癸丑科进士，后来充《明史》纂修官，经迁行人司正和刑部郎中后，外调任贵州安顺府知府。在任期间，颜光猷能以德服众，全郡大治，黎民百姓称他为“颜菩萨”。面对贵州提督李芳述对部下施威而致将士造反的危险，他单枪匹马直入其地，凛然直言，晓以大义，使众将士皆慨然放下武器而听命。颜光猷之弟颜光敏，3岁时便随家寓于兖州，当清兵激烈攻城时，其叔父颜伯玠危急之时置酒相敬，将颜光猷和颜光敏委托于保姆，希望她们不分昼夜千万要携抱勿放，城被攻破时，两保姆果然不负重托，分别抱着兄弟二人从乱军中逃出城外，幸免于难。颜光敏是“颜子六十七世孙也。康熙六年进士，授国史院中书舍人。帝幸大学，加恩四氏子孙，授礼部主事，历吏部郎中。其为诗秀逸深厚，出入钱、刘。吴江计东谓足以鼓吹休明。雅善鼓琴，精骑射蹋鞠。”③颜光敏不仅居官忠君勤政，而且以孝悌著称。孔子第六十四代孙，清初诗人和戏曲作家孔尚任评价颜光敏为：“古之传人，当世多不之知，后世读其遗书，无从析疑质难，乃有生不同时之憾。吾里修来（颜光敏，字修来）先生，为予姻亲。予知其必为传人。孝德问业，亲炙最久，予何幸也”。④三弟颜光敩性格倔强，少年学射箭时不中则不吃饭，直到太阳偏西，连发五箭得中三箭方肯罢休。他事母至孝，在家时不离其母身旁，对母亲百依百顺，外出居官必携母。康熙二十六年即登进士第，授翰林院讨

---

① 颜景刚主编：《德艺世家》，人民日报出版社2008年版，第329页。

② 黄立振、张河等：《颜氏一母三进士》，载骆承烈编《颜子研究》，人民日报出版社1994年版，第278—279页。

③ 《清史稿》卷484《列传第二七一》。

④ 金涵：《清初诗人颜光敏》，《齐鲁学刊》1996年第4期，第114—116页。

讲官。随后又为提督浙江学政，居官三年，待士人如严慈父，阅文批卷常至深夜，使浙江文风民风大变，世人敬称他为"学山先生"。他勤政严谨，多年劳顿积劳成疾，但在遭人反诬有私而被谕令降二级使用的情况下，颜光敩遂引疾归乡。离任时除书籍外，行装极简，且多为书箱，后康熙得知他居官清廉，曾特命大学士王熙抵曲阜探望，次年即康熙三十七年卒于家。这个家庭在前后 20 多年的时间里，同胞三人皆中进士，同时高居要职，但忠孝清廉之风未变，足见颜氏传统家教的作用之大。

　　清代虽然是由满族建立的封建王朝，却是中国历史上统一全国的大王朝之一。清初统治者为缓和阶级矛盾，实行奖励垦荒、减免捐税的政策，内地和边疆的社会经济都有所发展。至 18 世纪中叶，封建经济发展到一个新的高峰，史称"康乾盛世"。社会的安定和经济的发展，势必为文化的繁荣奠定了基础，当然也为士大夫等社会有闲阶层整齐门风和治家教子创造了条件。其中清初杰出的教育家和唯物主义思想家"颜元，字易直，博野人。明末，父成辽东，殁于关外。元贫无立锥，百计觅骨归葬，世称孝子。居丧，守朱氏《家礼》惟谨。古《礼》：'初丧，朝一溢米，夕一溢米，食之无算。'《家礼》删去'无算'句，元遵之。又《丧服传》：'既练，舍外寝，始食菜果。饭素食，哭无时。'《家礼》改为'练后，止朝夕哭，惟朔望未除者会哭，凡哀至皆制不哭。'元亦遵之。既觉其过抑情，校以古《丧礼》非是。因叹先生制礼，尽人之性，后儒无德无位，不可作也。于是著《存学》、《存性》、《存治》、《存人》四编以立教。名其居曰习斋。"① 可见颜元之孝行，堪为楷模。而他在《存治编》中对王道的论述："为治不法三代，终苟道也。然欲法三代，宜何如哉？井田、封建、学校，皆斟酌复之，则无一民一物之不得其所，是之谓王道。不然者不治。"② 又见他的官德，忠君爱民。颜氏家族的忠孝德行，源自于复圣公颜回高尚的仁德和转化古地深厚文化的滋养，故而在历史上彪炳史册者，代不乏人，上述所列很为有限，但颜氏家族始终保持忠孝家风，累世相传且成功地教育子孙后代忠孝治家，却是显见的。

①　《清史稿》卷 480《列传第二六七》。
②　《颜元集·存治编》。

三　勤俭持家

勤俭乃立身持家之本，勤俭持家为中华民族的传统美德之一，古往今来始终如此。一个家庭或家族拥有勤俭家风，坚持勤俭持家，虽然有出自于古代社会紧缺经济条件下为保证家庭或家族繁衍不衰的无奈现实选择，但成由勤俭败由侈奢的处世原则运用于治家并经累世继承就自然沉积为勤俭持家家风，表现为中国人以勤劳节约的精神操持家务。

综观中国古代家训，不论是制定新的家训文本、修订祖上流传下来的古训，还是重刻家训文本、续修家训谱牒，往往都是在某个家庭或家族兴盛或复兴之时，于是乎当时的家长或族长出于对本家族发展长远之计，凭借自己所处的特殊高位，以保证后世子孙长久地持守家业而制作或续修家训，重塑家训地位并注意利用家训教诫子孙怜农惜物，保持节俭朴素的家风，正如曾国藩教儿"后辈则夜饭不荤，专食蔬而不用肉汤，亦养生之宜，且崇俭之道也。颜黄门颜氏家训作于乱离之世，张文端聪训斋语作于承平之世，所以教家者极精。尔兄弟各觅一册，常常阅习，则日进矣。"①由此可见，重视训家教子，注意保持勤俭家风，实际上还表现为中国古代有识之士的一种处世智慧。当然，以家训传世和教育子孙后代勤俭持家的颜氏家族更是拥有良好的勤俭家风。

颜氏勤俭家风可以追溯到复圣颜回，他淡泊名利，以甘于贫苦仍努力学习而著称于当时，显名于后世。子曰："贤哉，回也！一箪食，一瓢饮，在陋巷。人不堪其忧，回也不改其乐。贤哉，回也！"②孔子反复赞扬他"贤哉"，颜回以德行著称，自幼生活清苦，人不堪其忧，他却能安贫乐道，不慕富贵，"其心三月不违仁，其余则日月至焉而已矣。"③颜回一心追求着儒家的最高道德和学术境界，为颜氏子弟树立了光辉的典范。当然，颜回除了清苦的生活实践外，还有着自己独特的勤俭贫富观点：一是知足安贫。"颜渊问于孔子曰：'渊愿贫如富，贱如贵，无勇而威，与士交通，终身无患难。亦且可乎？'孔子曰：'善哉！回也！夫贫而如富，其知足而无欲也；贱而如贵，其让而有礼也；无勇而威，其恭敬而不失于

---

① 《曾国藩文集·家教篇·后辈夜饭不荤亦养生之宜》。
② 《论语》卷3《雍也第六》。
③ 同上。

人也；终身无患难，其择言而出之也。若回者、其至乎！虽上古圣人亦如此而已。'"① 孔子对于颜回知足无欲、谦让有礼和无勇而威的人格追求赞赏不已，认为虽上古圣人也不过如此。二是不假公肥私，不以利自累。颜回勤俭持家，还表现在恪守不"损公家，肥小家"的清白廉洁家风上。有一次，孔子也表现出不堪颜回生活清苦之忧，所以"孔子谓颜回曰：'回，来！家贫居卑，胡不仕乎？'颜回对曰：'不愿仕。回有郭外之田五十亩，足以给饘粥；郭内之田十亩，足以为丝麻；鼓琴足以自娱；所学夫子之道者足以自乐也。回不愿仕。'孔子愀然变容，曰：'善哉，回之意！丘闻之，知足者，不以利自累也；审自得者，失之而不惧；行修于内者，无位而不怍。丘诵之久矣，今于回而后见之，是丘之得也。'"② 所以，颜回勤俭持家，"愿贫如富"，终身不仕，清贫自守而进德修道。曾子深敬颜回生活之清苦，并以其德行教育自己的子孙："曾子疾病，曾元抑首，曾华抱足。曾子曰：'微乎！吾无夫颜氏之言，吾何以语汝哉？然而君子之务，尽有之矣；夫华繁而实寡者天也，言多而行寡者人也；鹰鸢以山为卑，而曾巢其上，鱼、鳖、鼋、蟹以渊为浅，而蹶穴其中，卒其所以得之者，饵也；是故君子苟无以利害义，则辱何由至哉？'"③ 三是乐天知命故不忧。颜回清苦而不改其乐，关键在于他内心拥有乐天知命的使命感，面对当时他所处的礼崩乐坏、天下大乱、民众举事、诸侯争霸的社会环境，颜回自觉以道德文章等儒家学说的研习传布、助国君匡正礼乐和修德进身为己任（天命），故而安贫乐道，不怨天、不尤人。据《列子卷第四·仲尼篇》记载：

　　　　仲尼闲居，子贡入侍，而有忧色。子贡不敢问，出告颜回。颜回援琴而歌。孔子闻之，果召回入，问曰："若奚独乐？"回曰："夫子奚独忧？"孔子曰："先言尔志。"曰："吾昔闻之夫子曰：'乐天知命故不忧'，回所以乐也。"孔子愀然有闲曰："有是言哉？汝之意失矣。此吾昔日之言尔，请以今言为正也。汝徒知乐天知命之无忧，未知乐天知命有忧之大也。今告若其实：修一身，任穷达，知去来之非

① 《韩诗外传》卷10。
② 《庄子》卷9下《第二十八让王》。
③ 《大戴礼记·曾子疾病第五十七》。

我，亡变乱于心虑，尔之所谓乐天知命之无忧也。曩吾修诗书，正礼
乐，将以治天下，遗来世；非但修一身，治鲁国而已。而鲁之君臣日
失其序，仁义益衰，情性益薄。此道不行一国与当年，其如天下与来
世矣？吾始知诗书、礼乐无救于治乱，而未知所以革之之方。此乐天
知命者之所忧。虽然，吾得之矣。夫乐而知者，非古人之所谓乐知
也。无乐无知，是真乐真知；故无所不乐，无所不知，无所不忧，无
所不为。诗书、礼乐，何弃之有？革之何为？"颜回北面拜首曰：
"回亦得之矣。"出告子贡。子贡茫然自失，归家淫思七日，不寝不
食，以至骨立。颜回重往喻之，乃反丘门，弦歌诵书，终身不辍。①

　　正是由于颜回与孔子一样具有宏伟的志向和高尚的情操，所以他才能
不囿于自我物质的追求与享受而胸怀天下，甘愿处于贫贱的社会地位，过
着极端艰苦的生活，却始终不易其节不更其所乐，为子孙后代树立起了良
好的勤俭家风。自颜回至二十四世孙颜斐、颜盛兄弟二人，其间史料很
少，但从颜氏族谱记录来看，颜氏勤俭家风始终未坠。"自太祖迄于咸
熙，魏郡太守陈国吴瓘、清河太守乐安任燠、京兆太守济北颜斐、弘农太
守太原令狐邵、济南相鲁国孔乂，或哀矜折狱，或推诚惠爱，或治身清
白，或擿奸发伏，咸为良二千石。"② 而且，"京兆自马超之乱，百姓不专
农殖，乃无车牛。斐又课百姓，令闲月取车材，转相教匠。其无牛者令养
猪，投贵卖以买牛。始者皆以为烦，一二年中编户皆有车牛，于田役省
赡，京兆遂以丰沃。"③ 颜斐出仕地方官吏，自己治身清白，却十分关心
民情，勤于治政而造福一方。颜盛以儒学传家，尤其重视对子弟进行包括
勤俭持家在内的德行培养，汉魏时期因避兵乱，他不顾年老，率族众由山
东曲阜东迁琅玡定居，不仅孝恭传家，还致力于改善地方风化。受此家风
熏陶，颜氏后裔中最早制作有文字记载家训的人，就是颜盛曾孙颜含，而
且所做的家训完全是针对勤俭家风的。据《景定建康志》右光禄大夫西
平靖侯颜府君葬靖安道碑记载，当时手握重兵、权倾朝野的东晋大司马桓
温，欲与其结为儿女亲家而求婚于颜含，颜含不许，且告诫子孙道："尔

①　《列子》卷4《仲尼篇》。
②　《三国志》卷16《魏书一六》。
③　《晋书》卷26《志第一六·食货》。

家书生为门，世无富贵，终不为汝树祸。自今仕宦不可过二千石，婚嫁不须贪世位家。"① 这便是有名的颜氏"靖侯成规"。一般的，作为古代社会家庭教育的有效范式，家长们制作家训且践行于家教的目的在于治家教子，而不是流俗于士大夫们的清谈，所以运用成型或不成型家训教育好子孙后代，是早期家训因时或因事而发的突出特征。针对儿女婚姻大事，颜含以"婚嫁不须贪世位家"为诫，主张子女的婚姻要素对，婚配的关键是注重配偶的清白，而不要去攀附权势之家，这在以门户高下取仕的两晋时期，其进步意义无疑是巨大的。汉成帝嘉其素行，就加右禄大夫，"门施行马，赐床帐被褥，敕大官四时致膳，固辞不受。于时论者以王导帝之师傅，名位隆重，百寮宜为降礼。太常冯怀以问于含，含曰：'王公虽重，理无偏敬，降礼之言，或是诸君事宜。鄙人老矣，不识时务。'"② 说明颜含注意用勤俭持家教育子孙的同时，他本人在处世为人方面模范地做到了清廉雅正，生活俭朴，从不贪图富贵，不去追求物质的享受。颜含在家精心奉养卧病在床的哥哥时，"乃绝弃人事，躬亲侍养，足不出户者十有三年，石崇重含淳行，赠以甘旨，含谢而不受。"③ 他生前遗命子孙，死后素棺薄敛。从颜含"靖侯成规"确定勤俭持家开始，颜氏子弟代传家业，即使身处当时世族子弟生活奢靡的环境之中，颜氏后裔都始终坚守祖传遗风，淡泊名利而勤俭持家，养成了颜氏家族的美好家风。齐朝时期，颜含曾孙颜延之少时孤贫，居负郭，室巷甚陋，箪食瓢饮而自得其乐，三十岁未婚但他毫不介怀。才学出众却因言辞激烈触动了权要而被闲置七年，就在闲居期间颜延之却做了一件在颜氏家训发展历史上的大事，为教诫子孙，撰写了《庭诰》家训专篇！第一次以家训专篇的形式，对颜氏子孙如何修身明道、出仕为学、居家处事、交友娱乐，以及如何穿衣戴帽等这些饮食起居小事都作了具体详尽的训诫。尤其是《庭诰》遵从"靖侯成规"素行的祖训旨要，教诫子孙勤俭持家：

　　　　富厚贫薄，事之悬也。以富厚之身，亲贫薄之人，非可一时处。
　　　然昔有守之无怨，安之不闷者，盖有理存焉。夫既有富厚，必有贫

---

① 《景定建康志》卷 43。
② 《九家旧晋书辑本·何法盛晋中兴书》卷 7。
③ 《景定建康志》卷 43。

薄，岂其证然，时乃天道。若人厚富，是理无贫薄。然乎？必不然也。若谓富厚在我，则宜贫薄在人。可乎？又不可矣。道在不然，义在不可，而横意去就，谬生希幸，以为未达至分。

　　蚕温农饱，民生之本，躬稼难就，上以仆役为资，当施其情愿，庀其衣食，定其当治，递其优剧，出之休馕，后之捶责，虽有劝恤之勤，而无沾曝之苦。

　　……或曰：温饱之贵，所以荣生，饥寒在躬，空曰从道，取诸其身，将非笃论，此又通理所用。凡生之具，岂间定实，或以膏腴天性，有以菽藿登年。中散云，所足与不由外。是以称体而食，贫岁愈嗛；量腹而炊，丰家余餐。非粒实息耗，意有盈虚尔。况心得复劣，身获仁富，明白入素，气志如神，虽十旬九饭，不能合饥；业席三属，不能为寒。岂不信然。①

这似乎是对颜回"一箪食，一瓢饮"，安于清苦而不改其乐思想的很好阐释，故而"颜氏安陋以成名"②。颜延之的《庭诰》作为时代的产物，其中虽有些许迂腐之论，但从治家教子和主张勤俭持家的思想方面看，总体上还是很有积极意义的。颜延之不仅为《庭诰》专篇，而且在实践当中率先垂范、以身作则，对儿子颜竣勤俭家教甚严，"竣既贵重，权倾一朝，凡所资供，延之一无所受。器服不改，宅宇如旧，常乘赢牛车，逢竣卤簿，即屏住道侧。尝早侯竣，遇宾客盈门，竣方卧不起，延之怒曰：'恭敬搏节，福之基也。骄很傲慢，祸之始也。况出粪土之中，而升云霞之上，傲不可长，其能久乎！'"③在这样严格的家训教诫之下，其子颜竣，在南朝宋孝武帝举义即位后因德行出众而"甚被嘉遇，竣亦尽心补益。"后来"竣自散骑常侍、丹阳尹，加中书令，丹阳尹如故。表让中书令曰：'虚窃国灵，坐招禁要，闻命惭惶，形魂震越。臣东州凡鄙，生微于时，长自闾阎，不窥官辙，门无富贵，志绝华伍。直以委身垄亩，饥寒交切，先朝陶均庶品，不遗愚贱，得免耕税之勤，厕仕进之末……今之过授，以先微身，苟曰非据，危辱将及，十手所指，谕等膏肓，所以瘝

---

①　《宋书·列传》。
②　《晋书》卷51《列传第二一》。
③　《南史》卷34《列传第二四》。

寐兢遽，维萦苦疾者也。伏愿陛下察其丹诚，矜其疾愿，绝会收恩，以全愚分，则造化之施，方兹为薄。"① 颜竣一生为官清廉，生活清苦，对于所加封的中书令一职固让，后复为吏部尚书。

孔子赞许颜回："不伤财，不害民，不繁词，则颜氏之子有矣。"② 颜氏后裔不仅秉承世祖箪食瓢饮的清苦生活遗风，而且每每从当时社会的奢华流弊着眼，立言教育子孙勤俭持家。颜氏家训要旨集其大成者，颜含九世孙颜之推继承"吾家风教，素为整密"的家训传统，为提撕子孙而撰写的《颜氏家训》专书，即针对梁朝竞相奢华的社会习气，坚持以勤俭德行教育子弟，又一次完善和弘扬了颜氏勤俭家风。

> 梁朝全盛之时，贵游子弟，多无学术，至于谚云："上车不落则著作，体中何如则秘书。"无不熏衣剃面，傅粉施朱，驾长檐车，跟高齿屐，坐棋子方褥，凭斑丝隐囊，列器玩于左右，从容出入，望若神仙。
>
> 古人欲知稼穑之艰难，斯盖贵谷务本之道也。夫食为民天，民非食不生矣，三日不粒，父子不能相存。耕种之，茠锄之，刈获之，载积之，打拂之，簸扬之，凡几涉手，而入仓廪，安可轻农事而贵末业哉？江南朝士，因晋中兴，南渡江，卒为羁旅，至今八九世，未有力田，悉资俸禄而食耳。假令有者，皆信僮仆为之，未尝目观起一土，耘一株苗；不知几月当下，几月当收，安识世间余务乎？故治官则不了，营家则不办，皆优闲之过也。
>
> 生民之本，要当稼穑而食，桑麻以衣。蔬果之畜，园场之所产；鸡豚之善，埘圈之所生。爰及栋宇器械，樵苏脂烛，莫非种殖之物也。至能守其业者，闭门而为生之具以足，但家无盐井耳。今北土风俗，率能躬俭节用，以赡衣食；江南奢侈，多不逮焉。
>
> 婚姻素对，靖侯成规。近世嫁娶，遂有卖女纳财，买妇输绢，比量父祖，计较锱铢，责多还少，市井无异。或猥婿在门，或傲妇擅室，贪荣求利，反招羞耻，可不慎欤！③

---

① 《宋书》卷75《列传第三五》。
② 《孔子家语》卷2《致思第八》。
③ 《颜氏家训》卷4《涉务》。

颜之推认为节俭减省是合乎道德礼数的，勤劳乃兴家之基；在决定子女的婚姻问题上，他恪守颜含的"靖侯成规"，反对锱铢必较或贪荣谋利而终致羞耻的市井婚姻；在终制篇中对自己的后事做出了安排，要求子孙将其薄葬薄祭，否则即陷父于不孝。同时，针对南北朝时封建统治阶级普遍役使奴隶且数量很大的情况，颜之推以一家不超过 20 人为知足，并以举反例的方式教诫子孙保持勤俭家风："邺下有一领军，贪积已甚，家僮八百，誓满一千。唐李义府多取人奴婢。及败，各散归其家。时人为露布云，混奴婢而乱放，各识家而竞入。"① 以《颜氏家训》体例之完备和影响之深远来看，颜氏一族勤俭持家的家风，至此得以论证和升华。颜氏后裔始终以勤俭持家，即便是权倾朝野的封建重臣，也是为官清廉，生活清贫。唐代颜之推五世孙颜真卿，其父颜惟贞去世，遗孤十人，家境清贫；真卿随母寄居在京师通北坊的殷家，依靠舅氏殷践猷。颜真卿之兄"颜杲卿，以文儒世家。父元孙，有名垂拱间，为濠州刺史。杲卿以荫调遂州司法参军。性刚正，莅事明济。尝为刺史诘让，正色别白，不为屈。开元中，与兄春卿、弟真卿并以书判超等，吏部侍郎席豫咨嗟推伏。再以最迁范阳户曹参军。"② 这一清雅家风不仅在盛唐及其前世如此，也不仅在颜氏士大夫等社会上层家庭中流传，而且在宋代以降，以及在几乎所有颜氏后裔的家庭中无不保留着勤俭家风。北宋文学家苏辙在《栾城集》卷7之《再次前韵四首》中，以诗意的形式，记述了隐居终安巷的颜氏生活清苦，处世淡定，闲雅垂钓，勤于农耕的情状：

城头栋宇恰三间，楚望凄凉吊屈原。雨洗山川百里净，风吹语笑一城喧。乡书莫问经时绝，岁事初惊片叶翻。南近清淮鲈鳜好，钓筒时问有潜吞。谬将疏野托交游，平日论心亦有由。科第联翩叨旧契，利名疏阔少新忧。清谈已觉忘朱夏，浊酒先防虐素秋。多病无聊唯有睡，频频诗句未嫌不。野鹤应疑凫雁苦，夏虫未惯雪霜寒。隐居颜氏终安巷，垂钓严生自有滩。破宅不归尘可扫，下田初种水应漫。退耕尚作悠悠语，拙宦犹须步步看。欲作彭城数月留，溪山劝我暂忘忧。城头准拟中秋望，台上迁延九日游。风气雨余侵近郭，江声风送隐危

---

① 《颜氏家训》卷1《治家》。
② 《新唐书》卷192《列传第一一七》。

楼。汀洲聚散知谁怪，且学漂浮水上鸥。①

不仅如此，苏辙在宋神宗元丰三年朝廷改革官制而被贬谪监筠州盐酒税官之时，以颜氏清苦之乐宽慰自己，足见当时或遭贬斥或隐居乡野的颜氏后裔，其居家处世仍然继续保持着儒雅传统，继承着勤俭家风。"余既以遣来此，虽知桎梏之害而势不得去，独幸岁月之久，世或哀而怜之，使得归伏田里，治先人之敝庐，为环堵之室而居之，然后追求颜氏之乐，怀思东轩，优游以忘其老，然而非所敢望也。"② 史书记载，北宋时期的颜师伯，幼时家庭并不宽裕，"师伯少孤贫，涉猎书传，颇解声乐。"③ 南宋淳祐颜颐仲，颜师算之孙，以荫补入官，历宁化尉、西安丞、知县事，皆有政绩。淳祐中知泉州，以秘阁修撰兼福建提刑，为官期间出于为平民利益考虑而主张减商税，除盗贼，养孤老，掩骸骼，民甚德之，累迁吏部尚书。福建青礁颜氏后裔颜师鲁"迁吏部侍郎，寻授吏部尚书兼侍讲，屡抗章请老，以龙图阁直学士知泉州。台谏、侍从相继拜疏，引唐孔戣事以留行。内引，奏言：'愿亲贤积学，以崇圣德，节情制欲，以养清躬。'在泉因任，凡阅三年，专以恤民宽属邑为政，始至即蠲舶货，诸商贾胡尤服其清。"④ 他一生为官以清俭出名，不营产业，器用无金玉绮文之丽，所得俸禄皆随时分散，家无余蓄。颜李学派的创始人，清代著名思想家、教育家颜元，早年因家贫而就养于蠡县朱九祚家，4 岁时父亲以兵役赴关东，6 年后因甲申之变而于明崇祯年间以身殉明。"父戍辽东，殁于关外，元贫无立锥。"⑤ 清代初年，逢直隶闹大饥荒，挨饿度日，故颜元童年之时，家国多事，身世畸零。但他以"颜氏学""不要说，只要做"的务实精神，著《存学》、《存性》、《存治》、《存人》四编以立教。他主张"为葛覃⑥于宅中，其辞气之谨饬，律度之周详，既足以召一家之瑞，而学其勤俭，则富贵者将谓古人固如是也，何敢逸以侈也？贫贱者必谓国妃且如

①　《栾城集》卷 7《诗五十六首》。
②　《栾城集》卷 24《记九首》。
③　《宋书》卷 77《列传第三七》。
④　《宋史》卷 389《列传第一四八》。
⑤　《清史稿》卷 480《列传第二六七》。
⑥　《诗经》的研究著作《诗序》有言：《葛覃》，后妃之本也。后妃在父母家，则志在于女功之事，躬俭节用，服浣濯之衣，尊敬师傅。则可以归安父母，化天下以妇道也。

是也，何敢怠且奢也？而家事理，家积盛矣。"① 他期冀培养家人和后世子孙勤俭持家，堪称立意高明，渐染细微。

由此可见，勤俭节省对于中国古代社会的家庭而言，本质上虽出自于自给自足的短缺小农经济，因为只有凭自己的双手和智慧，通过辛勤劳动，才会获得经济收入的增加和生活条件的改善，而节俭是对消费的合理节制，也是对短缺小农经济的主动适应。所以，俭省原则的有效性，使得勤俭持家很快成为几乎所有中国家庭的治家首选，成为华夏文明健康家庭的重要标志。颜氏后裔的家族归属感表现在持己居家方面，就是对复圣颜回认真学道、加强修养、让而有礼、知足常乐，以及不以利自累的清俭品格的自觉追求，无论是官宦子弟，还是庶民百姓，无一例外都能够秉持颜氏家训精神，"夫所以读书学问，本欲开心明目，利于行耳。……素骄奢者，欲其观古人之恭俭节用，卑以自牧，礼为教本，敬者身基，瞿然自失，敛容抑志也。"② 坚持俭以足用、宽以爱民、务农重谷、牧于坰野的治家要旨，像颜回那样清苦雅重、玉汝于成，始终保持着勤俭持家家风而历经数千年不坠。这一优良传统虽然经过了漫长封建历史的浸染，但勤劳节俭的精神却是古今中国人所共有的，尤其在高能耗高消费现象严重、富二代富三代摆阔浪费现象日盛的今天，弘扬勤俭持家传统，重塑勤俭家风，更具现实意义。

四　才艺兴家

马克思主义社会生产和社会发展理论告诉我们，人类的延续和社会的发展，离不开物质资料的生产和人类自身的生产这两大基本生产活动的支撑。其中，作为一切社会生产实践活动的主体，人类自身的生产绝不是人口数量的保有和增长，而关键在于数量增长基础上的人口素质的提高。纵观人类社会发展的历史，大到一个国家或民族，小到一个家庭或家族，要保持长盛不衰，其根本的要素不在于人口数量的多寡，而在于以物理编码的形式内置于每个个体从而无意识地决定和影响着人们行为的一种文化。这种文化的作用，不仅表现在它塑造了中国人勤劳善良的人格，还在于促进了民族进化的技术才干提升。在这一发展和演绎历程中，颜氏一族坚持

---

① 《颜元集·颜习斋先生言行录》上卷。
② 《颜氏家训》卷3《勉学》。

以儒学传家，因而深谙封建生存之道，虽有历朝皇家优待，但历代颜氏后裔多以才学和技艺兴家，因而保持着家族发展的长盛不衰。

首先，颜氏之儒，兴家之基。颜回是孔门弟子中的第一高徒，他勤奋好学，三月不违仁，以德行著称于世，世人以颜回对儒家学派的形成及发展所做的贡献，而自成一家，成为颜氏之儒。因此，研习和发扬儒学，将儒家文化汇通于家训文本且应用于治家教子，就自然成为颜氏家族的兴家之基，不仅成为颜氏宗长教诫子孙成长成人的学习教材，而且也是颜氏族人学优则仕的基本途径。"之推本梁人，所著（家训）凡二十篇，述立身治家之法，辨正时俗之谬，以训世人。今观其书，大抵于世故人情，深明利害，而能文之以经训，故唐志、宋志俱列之儒家。"① 这在上述儒学传家家风的形成和发展流变过程中，也可以清楚地看出。

其次，文韬武略，兴家之本。在家国同构和家国一体的封建社会，一个士大夫家族或者世家大户要持守家业和振兴门户，关键在于这个家庭能否不断地培养出国之用材。从颜之推把人才分成朝廷之臣、文史之臣、军旅之臣、藩屏之臣、使命之臣、兴造之臣六大类来看，则很容易理解受颜氏家训教育的颜氏后裔为何能长久兴盛不衰。他教育自己的子孙说："士君子之处世，贵能有益于物耳，不徒高谈虚论，左琴右书，以费人君禄位也。国之用材，大较不过六事……人性有长短，岂责具美于六途哉？但当皆晓指趣，能守一职，便无愧耳。"② 如果没有具备文韬或武略的国之用材，一个家庭或家族也许偶有兴起，但只能是昙花一现，绝非长久。所以，在颜氏家族发展的历史中，颜氏后裔的繁盛绝不是依赖复圣颜回的德行庇荫，更多地有赖于颜氏子孙清操忠贞，历职显允，忧国如家，忠君爱国之德行。

最后，超群才艺，兴家之器。纵观颜氏家族的发展历史，自复圣颜回以来，凡见诸史传的颜氏族人，基本上无尸位素餐者，无论从事什么职业，一般都能尽职尽责，更不乏彪炳史册者。当然，拥有超群的才艺，无疑是历代颜氏兴家的决定因素，而且颜氏族人凭借兴家的这些才艺器能，大多集中在助人君"顺阴阳、明教化"等治国平天下之大才干方面，而不是那些士农工商和普通百姓赖以维持生计的普通手艺。鉴于前述已备，

---

① 王利器：《颜氏家训集解》卷7。
② 《颜氏家训》卷4《涉务》。

现仅以颜氏家族文史之臣所具才艺器尚为例，略加论述。

颜氏一族关于对超群才干的追求，可以追溯到复圣颜回。"孔子与子贡、子路、颜渊游于戎山之上。孔子喟然叹曰：'二三子各言尔志。'颜渊曰：'愿得明王圣主为之相，使城郭不治，沟池不凿，阴阳和调，家给人足，铸库兵以为农器。'"① 正是因为颜回胸怀治国安邦大志，追求君臣和睦、丰衣足食和国泰民安的理想社会，所以他才能不追逐眼下自我的物质享受，即使处于贫贱的地位、过着极端艰苦的生活，也不易其志节，不改其所行，不更其所乐，而一心向善，追求安邦定国大才干。正因如此，颜氏家族在家教中重视德训的同时，十分重视对子弟才艺的培养。如颜之推在《颜氏家训》设专篇论及"杂艺"，提出"积财千万，不如薄技在身。"除了教训子孙"技之易习而可贵者，无过读书也"，而且教育他们要注意对农工商贾等各种技艺的学习。同时，颜之推从身处乱离之际的现实出发，劝勉子弟"父兄不可常依，乡国不可常保"，贵贱无常，"世资"不保，但如能认真读书学问，最起码能保证薄技在身，因为"自荒乱已来，诸见俘虏。虽百世小人，知读《论语》、《孝经》者，尚为人师；虽千载冠冕，不晓书记者，莫不耕田养马。以此观之，安可不自勉耶？若能常保数百卷书，千载终不为小人也。"② 颜之推这样教育子孙的同时，他自己也以一个出色朝廷文史之臣的形象率先垂范，成为后世子孙效法的楷模。颜之推少而好学，文才出众，19 岁时即被任命为湘东国左常侍，加镇西墨曹参军。他一生历仕四朝，著作等身，是我国南北朝时期著名的诗人和散文家。遗世著作 30 余卷，撰写《颜氏家训》20 篇。受其影响，颜之推的弟弟颜之仪也"幼颖悟，三岁能读《孝经》。及长，博涉群书，好为词赋。尝献《神州颂》，辞致雅赡。"③ 颜氏子弟文才出众，当然深受酷爱文学的帝王们欢迎，往往征召入仕并委以重任，这自然有利于家族的振兴和发展。

隋唐时期，颜氏一族更是群星璀璨，文史之臣人才辈出。颜之推的三个儿子中，颜思鲁以儒学显世，颜愍楚撰有《证俗音略》，颜游秦撰写《汉书决疑》；颜之推的孙子颜师古注《汉书》而成为唐代著名的儒学大师，因精于音韵训诂，曾奉唐太宗之命选校《周易》、《尚书》、《毛诗》、《礼记》、

---

① 《韩诗外传》卷 9。

② 《颜氏家训》卷 3《勉学》。

③ 《周书》卷 40《列传第三二》。

体书法：颜真卿多宝佛塔感应碑文

《左传》等"五经"而成《五经定本》，在文字表述儒学的统一性方面作出了历史性贡献；此外与人合撰《隋书》、《大唐礼仪》，自撰的著作有《急就章著》、《匡谬正俗》和《颜师古集》等。其二弟颜相时、三弟颜勤礼皆以儒学传世，同时精于训诂，当时兄弟三人同为弘文崇贤学士，并与四弟颜育德一起参校经史。颜勤礼之子颜昭甫是当时的硕儒，工于篆、草、隶书，坚持以儒学教育子女。其子颜元孙"旧德名家，鸿才硕学"，撰有《干禄字书》；颜惟贞家贫无纸笔，与兄颜元孙以木石画而习之，故特以草隶显名于世。一般来说，任何一门艺术都有渊源，也更需要接续和传承，往往需要几代人的探索和积累，才能后出转精以至青出于蓝而胜于蓝，这种接续和传承就表现为对某一文化或艺术的执著追求。因此，在这样一个书香家风熏陶渐染下，培养出了一代儒家忠臣颜杲卿、颜真卿，尤其造就出了值得以浓墨重彩而大书特书的唐代书法家颜真卿。他自幼刻苦好学，博学多才，曾四次奉诏入朝为官，有《颜真卿文集》15卷传世。他不仅以爱国忠烈著于后世，更以其创立的"颜体书法"独成一家，与王羲之、王献之共同构建起了中国书法艺术两种不同的风格。其忠义节操坚如金石，艺术才华高若泰山；他的楷书端庄敦厚，气势雄浑；他的行书遒劲有力，圆熟而不媚俗，有"书如其人"之誉。然而，世人尽知颜真卿书法和碑帖，溢美之词无可复加，但不为人知的是，其小字书法照样精湛，欧阳修记述他家藏的《唐颜真卿麻姑坛记》小字碑，可见一斑："右小字《麻姑坛记》，颜真卿撰并书。或疑非鲁公书，鲁公喜书大字。余家所藏颜氏碑最多，未尝有小字者，惟《干禄字书》注最为小字，而其体法与此记不同。盖《干禄》之注持重舒和而不局蹙，此记遒峻紧结，尤为精悍。此所以或者疑之也。余初亦颇以为惑，及把玩久之，笔画巨细皆有法，愈看愈佳，然后知非鲁公不能书也。故聊志之，以释疑者。"[①] 可见颜真卿书法艺术之宽厚。宋代福建青溪一支颜慥、颜师鲁、颜耆仲、颜颐仲等，均为儒学传家的著名人物。其中，颜师鲁"临民则以治辨闻，立朝则启沃忠谏，各举乃职，为世师表。"[②] 撰有《颜师鲁文集》44 卷留世。明代"泰州学派"的代表人物颜钧，著有《山农集》，其哲学思想与王艮、李贽先后辉映。清代平民思想家颜元，"肥乡漳南书院，邑人郝文灿请元往教。有文事、武备、经史、艺能等科，从游者数十人。"[③] 公然举起反叛宋明理学的旗帜，反对虚学，振兴实学，在中国哲学思想史上占有重要地位。清代著名诗人颜光敏，自幼聪颖异常，9 岁能写八股文，13 岁能赋诗，并善书行草，15 岁入四氏学，由于品学兼优，17 岁即为廪膳生，清顺治十四年（公元 1657 年）参加乡试，举入国子监就读。著有《乐圃集》、《旧雨堂集》留世。另外，据清代梁恭辰《北东园笔录》记载，"清连平颜惺甫先生为漕帅，其弟某又与家大人同登甲寅乡荐，本相契好。燕谈之顷，述其祖德甚详。……今先生之子鲁舆先生，由编修仕至云南巡抚，继为闽浙总督。其旁支之成进士入翰林，由县令历牧守者，踵相接。国朝二百年来，衣冠之盛，未有如连平颜氏者也。"[④] 说明当时这一支颜氏族人居官为仕者，累世相接，长期保持着兴盛。

　　综上所述，人是社会教化的产物，中国传统家训特别重视育人环境的营造，所以在醇厚浓郁的家风门风熏陶渐染下，颜氏后裔儒学传家，官宦

①　《欧阳修集》卷 140《集古录跋尾卷七》。

②　《宋史》卷 389《列传第一四八》。

③　《清史稿》卷 480《列传第二六七》。

④　《北东园笔录续编》卷 1。

继世。

> 侍郎（北齐黄门侍郎颜之推）既著是训，继而其子讳思鲁，以博学善属文，官至校书东宫学士；愍楚直内史；游奏校秘阁；再传至夔府长史赠虢州刺史讳勤礼、弘文馆学士师古、相时、司经校定经史育德，三传至侍读曹王属赠华州刺史讳昭甫，以至濠州刺史赠秘书监元孙、暨通议大夫赠国子祭酒太子少保讳惟真，遂生我鲁国公讳真卿、常山太守杲卿，与夫司丞春卿、淄川司马曜卿、胤山令旭卿、犍为司马茂曾、杭州参军缺疑，金乡男允南、富平尉乔卿、左清道兵曹幼舆、荆南行军允臧；其后复生彭州司马威明昆季，佐父破土门，同时为逆胡所害者八人。建中改元，鲁国迁秩之际，子侄同封男者亦八人。又其后鲁国五世孙讳翃，为台州招讨使，诩为永新令，是皆奕叶重光，联芳并美，颜氏于斯为盛。谓非家训所自，不可也。①

如果分析颜氏家族优良家风门风之所以历经千年长传不衰，自有其独特的根源。其一，颜氏家族英才辈出，历代都有可资尊奉的典范。颜氏一族从颜回尚德好学而获称复圣美誉以来，到颜盛兄弟德艺传家；从颜师古注《汉书》，到颜勤礼参校经史；从颜元孙硕儒以木石画，到颜真卿创立颜体书法；从颜峻忠孝显称，到颜杲卿满门忠烈；从颜斐哀矜折狱，到颜之仪处世为官、谅直无私等。典范累世相接，楷模代不乏人，因为这样极具继承性的典范近在身边，对颜氏子孙更有范导性和说服力，所以造就了如此众多的名垂青史之德性人格。其二，颜氏族人注意制作和传承家训。通过有文字记载的文献资料查证，颜氏家族从颜含立"静侯成规"、颜延之为《庭诰》之文，到颜之推撰写《颜氏家训》、颜光敏作《颜氏家诫》教训子孙，我们看到的是颜氏族长对后世子孙的舐犊深情和殷切期望，同时还明显地感受到颜氏家族那些有识之士持守家训思想的智慧，不同时代的家长制作或重修家训，绝非照抄前辈原训，而是坚持与时俱进，在紧密结合时代特征和自己对世事的练达基础上的大胆发展，所以保持着祖训家风永葆青春而不坠于世。其三，颜氏族人力行家训规范，教育子孙德艺兴

---

① （明）程荣纂辑：《汉魏丛书（颜氏家训）》卷2《颜氏家训序》，吉林大学出版社1992年版。

家。以家训为代表的家庭教育，不仅注意培养子孙后代的德性，而且往往致力于教授子弟才学，因而在中国古代社会成为培养有出息和有才干子弟的主要阵地。一方面，颜氏普遍要求子孙必须牢记祖训和遵守遗训，否则再好的训诫也没有价值，以此整齐门风，培养子孙后代德性；另一方面，颜氏出于经世致用的现实考虑，坚持儒学传家，并教育子弟掌握安身立命所需的才艺，因而成就了德艺世家。①

第四节 家法惩戒警示

家法②，也称族规，是用来调整家族或者家庭内部成员人身及财产关系的一种制度规范。它作为人类文明与进步程度的一种表现形式，最早是以习惯法的形式出现并发挥规范和约束族人行为的作用的。人们通常认为，在漫长的历史进程中，早期的人类社会是最先形成氏族，氏族内部因婚姻关系的确定和分化而产生家庭，之后若干家庭再因血缘关系的亲疏区分而形成家族，集一定区域内的所有家族为一体，最后才建立起国家。与此同时，在社会管理制度方面，当人类繁衍发展到不得不需要"把每天

---

① 复圣公颜回第七十九代嫡孙、现代颜氏宗主颜秉刚，在 2010 年 10 月 10 日召开的第十一届世界颜氏宗亲联谊大会上讲话说："幸而我辈颜子后裔，继承了先祖的崇高思想和高尚品德，秉承祖先的德行智慧，却并没有囿于祖先的修身治学，且颜氏后人七十多代至今，始终保持亲和修睦，共尚祖德，千百年来四海一家。如今颜子后人遍布全世界，并且在各行各业取得了不菲的成绩，为世界创造了丰厚的政治、经济和文化财富。让我们携手并肩，同舟共进，共同为传承祖德、弘扬文化、互通商好、修睦宗谊而努力！"足见今天的颜氏后裔对颜氏德艺世家门风家风有着很高的认同，各地支系纷纷续族谱、修祠堂、刊家训，并注意用世传美德教诫子孙和族人。

② 家法的含义主要有四个方面：一是调整家族或者家庭内部成员人身以及财产关系的一种规范。明代著名思想家吕坤的话深刻揭示了家法的含义和作用："齐以刀切物，使参差者就于一致也。家人恩胜之地，情多而义少，私易而公难，若人人遂其欲，势将无极。故古人以父母为严君，而家法要威如，盖对症之治也。"（吕坤《呻吟语》卷 1《内篇·礼集》）二是我国古代家长责打子女和奴仆的传统用具。三是家学师法的别称，因为汉代以来家学比较发达，所谓"汉学之盛，盛于家法也"，而且各家儒者传授经学都由口授，数传之后，句读义训互有歧异，当时的家学规矩又甚严，师所传授，弟子一字不能改变，各家界限明晰，称为家法。所以，儒有一家之学，为《诗》者谓之《诗》家，《礼》者谓之《礼》家，故称家法，又谓之师法。如《后汉书》载："于是立《五经》博士，各以家法教授，《易》有施、孟、梁丘、京氏，《尚书》欧阳、大小夏侯，《诗》齐、鲁、韩，《礼》大小戴，《春秋》严、颜，凡十四博士，太常差次总领焉。"这一治学家法至唐代已基本消亡。四是学术艺术流派。如史称孔子学术为"孔门家法"、颜真卿创立的书法为"颜氏家法"等等。此后两种含义的家法不在本书中讨论。

重复着的生产、分配和交换产品的行为用一种共同的规则概括出来，设法使个人服从生产和交换的一般要求。这个规则首先表现为习惯，后来就变成了法律。"① 由于古代中国人没有像西方人那样形成国家和社会的理念，中国古代社会在现实生活当中构建起来的便是家、国、天下三位一体的社会政治结构，所以最早出现的中国古代习惯法也自然是先有基于治理家庭或家族的家法或族规，后来才逐步推延扩展及国而成为国法，也正是在这个意义上来讲，家法实际上还是古代家训的一种高级发展形态。

家训培育个体品德的教诫实践活动，必然要涉及教诫手段的宽严尺度如何把握问题。无论从治家礼法的家法训教性质看，还是从实施家法惩戒族人的诫勉用意看，家法实质上仍然是家训的表现和实践方式。之所以动用家法对有过族人课以重罚，除了直接责罚犯者外，还在于通过鸣鼓共攻的方式，让每个族人都来参与裁断和见证处罚，给广大族众以最直观、最难忘的家训警示。对此，出于望子成龙之良苦用心的中国古代家训，无不坚持严慈相济、尤其注重严教的原则。正如《颜氏家训》所说："凡庶纵不能尔，当及婴稚，识人颜色，知人喜怒，便加教诲，使为则为，使止则止。比及数岁，可省笞罚。父母威严而有慈，则子女畏慎而生孝矣。"② 可见，对于不能按照家训要求做的子弟则要对他进行必要的惩罚，以保障教育目的的实现，这是中国古代家长们普遍持有的观点。颜之推曾严肃指出："笞怒废于家，则竖子之过立见；刑罚不中，则民无所措手足。"③ 对于极为严重的犯过亦即"天之凶民"，还主张用刑戮之极刑，因为"夫风化者，自上而行于下者也，自先而施于后者也。是以父不慈则子不孝，兄不友则弟不恭，夫不义则妇不顺矣。父慈而子逆，兄友而弟傲，夫义而妇凌，则天之凶民，乃刑戮之所摄，非训导之所移也。"④ 当然，对于曾普遍存在于我国古代家庭、频繁使用于传统宗法制家长责罚家人的家法，以及与此相应的家训强制手段，在当今社会是必须严加批判和祛除的。但是，先民们坚持严慈相济、注重严教的家训立意与家教实践，确实值得我们省思。

---

① 马克思、恩格斯：《马克思恩格斯选集》（第 2 卷），人民出版社 1972 年版，第 538—539 页。

② 《颜氏家训》卷 1《教子》。

③ 同上。

④ 《颜氏家训》卷 1《治家》。

一 家法作为治家的礼法，是中国古代社会强制性家训的表现形式

根据历史学有关研究，夏商周是中国古代国家制度形成初期，家和国在实质意义上还没有完全区别开来，自"夏传子，家天下"以来，那时"家是国的缩微，国是家的放大"，① 当时的社会以家国同构、家国一体为基本特征。"家族实为政治、法律的单位，政治、法律组织只是这些单位的组合而已。这是家族本位政治理论的前提，也是齐家治国一套理论的基础，每一个家族能维持其单位内之秩序而对国家负责，整个社会的秩序自可维持。"② 正是这一齐家治国平天下的朴素法制理念，成为古代中国人固有的社会控制制度设计的价值取向，引导着先民们在说教不能完全奏效的情况下，通过践行强制性家训范式即借助于家法来治家教子，至此，这种适用于全族的家训或族规就自然变成了中国古代社会的强制性家法。

首先，家法制作的目的与家训完全相同。在家国一体的社会政治制度架构下，中国古代先民制作家法或国法，是鉴于"凡人之性，爪牙不足以自守卫，肌肤不足以捍寒暑，筋骨不足以从利辟害，勇敢不足以却猛禁悍，然且犹裁万物，制禽兽，服狡虫，寒暑燥湿弗能害，不惟先有其备，而以群聚邪"③ 之人性本质特征，为了治理好一个成员较多的家庭，将"少者使长，长者畏壮，有力者贤，暴傲者尊，日夜相残，无时休息，以尽其类"④ 等不良现象控制在秩序状态之下，不至于让人类将自身长期置于混乱甚至自相毁灭的境地，"圣人深见此患也，故为天下长虑，莫如置天子也；为一国长虑，莫如置君也。"⑤ 故而黄帝最早着手作礼，继而周公制礼作乐，创制礼法以治天下，"夫礼者，所以定亲疏、决嫌疑、别同异、明是非也。礼不妄说人、不辞费；礼不逾节、不侵侮、不好狎。修身践言，谓之善行；行修言道，礼之质也。……道德仁义，非礼不成；教训正俗，非礼不备；分争辨讼，非礼不决；君臣、上下、父子、兄弟，非礼不定；宦学事师，非礼不亲；班朝治军，莅官行法，非礼威严不行；祷

---

① 张晋藩：《中国法律的传统与近代转型》，中国法律出版社 2005 年版，第 116 页。
② 瞿同祖：《中国法律与中国社会》，中华书局 1981 年版，第 26—27 页。
③ 《吕氏春秋·恃君》。
④ 同上。
⑤ 同上。

祠、祭祀、供给鬼神，非礼不诚不庄。是以君子恭敬撙节，退让以明礼。"① 如此制礼序民实为一家长虑之计，故而古代先民纷纷置家长、作家训之法以齐家也。对此，明朝晚期著名思想家、哲学家吕坤在其所著的探讨人生哲理之著作《呻吟语》中讲得十分透彻："齐以刀切物，使参差者就于一致也。家人恩胜之地，情多而义少，私易而公难，若人人遂其欲，势将无极。故古人以父母为严君，而家法要威如，盖对症之治也。"② 此与"整齐门内，提撕子孙"的家训目的完全一致。

其次，家法和家训规范所及的内容基本一致。中国古代的家法作为治家规范之一，涉及的内容很多，几乎包括了居家处世的全部。所谓"国法、家法、身法、心法，天下之人凡百行事，悉当准之为法。"③ 讲的就是传统家法涉及的范围，这样的家法，其实还是家训，此时的家训之所以以家法的形式出现，除了强调家训应有的强制性外，很大程度上是对应着国法的称谓而来的，这一点从郑板桥家书所述的家法要旨中可以看得很明显。

　　　　十月二十六日得家书，知新置田获秋稼五百斛，甚喜。……我辈读书人，入则孝，出则悌，守先待后，得志泽加于民，不得志修身见于世，所以又高于农夫一等。今则不然，一捧书本，便想中举、中进士、作官，如何攫取金钱、造大房屋、置多田产。起手便错走了路头，后来越做越坏，总没有个好结果。其不能发达者，乡里作恶，小头锐面，更不可当。夫束修自好者，岂无其人；经济自期，抗怀千古者，亦所在多有。而好人为坏人所累，遂令我辈开不得口；一开口，人便笑曰：汝辈书生，总是会说，他日居官，便不如此说了。所以忍气吞声，只得捱人笑骂。工人制器利用，贾人搬有运无，皆有便民之处。而士独于民大不便，无怪乎居四民之末也！且求居四民之末而亦不可得也！愚兄平生最重农夫，新招佃地人，必须待之以礼。彼称我为主人，我称彼为客户，主客原是对待之义，我何贵而彼何贱乎？要体貌他，要怜悯他；有所借贷，要周全他；不能偿还，要宽让他。尝

---

① 《礼记·曲礼上》。
② 《呻吟语》卷 1 《内篇·礼集》。
③ （宋）郑思肖撰，陈福康校点：《郑思肖集》，上海古籍出版社 1991 年版，第 125 页。

笑唐人《七夕》诗，咏牛郎织女，皆作会别可怜之语，殊失命名本旨。织女，衣之源也；牵牛，食之本也，在天星为最贵。天顾重之，而人反不重乎？其务本勤民，呈象昭昭可鉴矣。吾邑妇人，不能织绸织布，然而主中馈，习针线，犹不失为勤谨。近日颇有听鼓儿词，以斗叶为戏者，风俗荡轶，亟宜戒之。吾家业地虽有三百亩，总是典产，不可久恃。将来须买田二百亩，予兄弟二人，各得百亩足矣，亦古者一夫受田百亩之义也。若再求多，便是占人产业，莫大罪过。天下无田无业者多矣，我独何人，贪求无厌，穷民将何所措足乎！或曰：世上连阡越陌，数百顷有余者，子将奈何？应之曰：他自做他家事，我自做我家事，世道盛则一德遵王，风俗偷则不同为恶，亦板桥之家法也。①

再如清代郑兼才撰《六亭文选》，以杂著的形式述及自身治家礼法："有事远出，归必先诣新居问高祖安，而后敢就家。盖高祖享年多，公以获事其祖为幸，而愈以不及养其亲为痛。……家之人卜将归，豫洁厅宇、正几席；谆戒子弟无游戏，以循公家法。公入，礼如出时，必肃揖祖父前；越日将事，尤恪恭，盖无往非孝思也。"②曾国藩也曾经反复强调和提醒子侄："昔吾祖星冈公最讲求治家之法，第一起早，第二打扫洁净，第三诚修祭祀，第四善待亲族邻里。凡亲族邻里来家，无不恭敬款接，有急必周济之，有讼必排解之，有喜必庆贺之，有疾必问，有丧必吊。此四事之外，于读书、种菜等事尤为刻刻留心，故余近写家信，常常提及书、蔬、鱼、猪四端者，盖祖父相传之家法也。……惟书、蔬、鱼、猪及扫屋、种竹等事，系祖父以来相传家法，无论世界之兴衰，此数事不可不尽心。"③上述所及，名为家法，其家训特征更是显露无遗，而且家法和家训所教诫规范的主要内容高度一致。

最后，家法是带有强制性的家训形式。严格地讲，家法并不完全等同于家训，而且由于家法和国法的同源性，导致在古代中国进入王朝时代的相当长一段时期内，家法和国法（法律）始终没有分开，这一时期家法

---

① 郑板桥：《郑板桥集·书信卷》。
② （清）郑兼才撰：《六亭文选·杂著》卷2。
③ 《曾国藩文集·家教篇》。

和国法的性质实为宗族法，其禁罚和约束人们行为的效力指向，主要表现在教化规范人的德行和家庭伦理秩序等方面。即使到了封建王朝比较完善的近古，家法国法也没有完全分离，只是随着宗法家长制度的加强，家法较之过去的家训而言，更多地增加了一些强制的意味。但是，坚守宗子旧制的家族，一般都相当重视对宗子的伦理教育，因为只有代表一族的宗子德行高尚，足为一族楷模，才能令族人信服地实施家法，"宗子上承宗祀，下表宗族，大家不可不立。"① 只有宗子堪称楷模，其范导教化族人的家庭德育自然有效。宋代理学家邵雍指出，"管摄天下人心，收宗族，厚风俗，使人不忘本，须是明谱系，收世族，立宗子法。宗子法坏，则人不自知来处，以至流转四方，往往亲未绝不相识。……骨肉日疏者，只为不相见，情不相接尔。"② 如果从现代法的意义上去理解，传统家法决不是法律。但从广义规范层次上讲，家法作为一种家族自治规范，其产生却与法律是同源的，二者都是源于原始社会的习惯规范，直到后来社会大家庭即国家出现以后，二者才开始逐渐分离，各自发展。即便如此，中国古代的家法仍然大量的保留着家训的传统。如清代钮琇撰写的《觚剩续编》指出："新城王氏自参议公而后，累世显秩。家法甚严，凡遇吉凶之事，与岁时伏腊祀庙祭墓，各服其应得之服，然后行礼。子弟各入泮宫，其妇始易银笄练裙，否则终身荆布而已。膺爵者缨绂辉华，伏牖者襜褕偃蹇，贵贱相形，惭惶交至。以是父诫其子，妻勉其夫，人人勤学以自奋于功名。故新城之文藻贻芳，衣冠接武，号为宇内名家。"③ 说明中国古代的祖宗家法虽然始终以训储为第一义，但这种习惯法即所谓宗法（族规），是通过将越来越多的强制性规定纳入家训，并在保证家训传统的权威前提下采取了越来越多的责罚手段而形成的。所以，家法与家训不论在制作目的方面，还是对家人规范训诫的内容上，都是统一的，作为带有强制性的家训形式，家法突出强调三纲五常、子女教育及其家庭成员的个人修养。说明家法与家训一样，都是以血缘关系为基础，通过尊祖穆族、确立族众伦序和约束族人言行等，来确定家庭乃至民间社会秩序、调节家庭或家族成员之间权利义务关系的一种行为规范。

---

① 《余姚江南徐氏宗范》。
② 《近思录》卷9《制度》。
③ 《觚剩续编》卷3《事觚》。

二　家法作为家长责罚家人的用具，是中国古代强制性家训的物化形态

世所公认："国有国法，家有家法，行有行规。"无论庙堂之高，也不论江湖之远，没有规矩，是不成方圆的。据传，孔子及其后世子孙治家责罚子孙以甘蔗为"家法"，责罚其他家人则用刑杖（如下图所示），寓意用甘蔗责打犯过子弟，期冀浪子回头而尝到家法"甜头"。通常人们听到或见到的"家法伺候"或"请家法"场景，对犯过者的震慑作用和对其他家人的威慑力远胜过家训苦口婆心地劝诫。如《醒世恒言》等文学著作中："叫左右快取家法来，吊起贱婢打一百皮鞭"，如此惩罚，哪个仆婢不胆寒！"请家法，待我赏他个下马威。"这样肃杀，哪个子孙敢轻犯！所以，家法不仅体现着强制性家训的威慑力和警示性，也表明家法至此已经演变成了封建社会家长责罚家人或族人、奴仆的刑具。当然，其发展演化经历了由温和的训家范储说教到强令训诫，由处罚过错的纠偏惩戒最后演变成为强制性家训的物化形态这样一个漫长的发展历程。

山东曲阜孔府"家法"

在中国古代历史上，家法可以说是最早的家庭或家族训家治理模式，夏商周三代时期，因为刚刚脱离原始氏族社会状态不久，人们对家的观念显然要强于国的观念，所以此一时期的国君并没有将大量存在的封邑诸侯国视为威胁和异己，而诸侯国也认同天下属于一家的理念，因而三代国君治国其实就是在治家，那时的社会"大道之行也，天下为公，选贤与能，讲信修睦。故人不独亲其亲，不独子其子；使老有所终，壮有所用，幼有所长，矜寡孤独废疾者，皆有所养；男有分，女有归。货恶其弃于地也，不必藏于己；力恶其不出于身也，不必为己。是故谋闭而不兴，盗窃乱贼而不作，故外户而不闭，是谓大同。"① 在这样一个大道流行的大同社会，除了以家训的方式训导子民提高德行水平外，显然很少需要强制措施。

秦王朝统一天下之后，随着分封制的废除，国与家开始被作为不同的政治经济组织单元而被人们分开理解和治理。在家族中，为了使本族成员得以长久把持国家要职或永守家业，士族门阀不仅需要在国家的法律中作出对自己绝对有利的规定，而且需要制定家族规范确立家长地位以更有效地培养约束本族子弟，"宗者，何谓也？宗尊也，为先祖主也，宗人之所尊也。《礼》曰：'宗人将有事，族人皆侍。'圣者所以必有宗何也？所以长和睦也。大宗能率小宗；小宗能率群弟，通于有无，所以纪理族人者也。"② 至此宗子法开始形成，家风严整。如顾炎武在《日知录》中介绍周末风俗时写道："光武躬行勤约以化臣下，讲论经义常至夜分，一时功臣如邓禹有子十三人，各使守一艺，闺门修整，可为世法。贵戚如樊重，三世共财，子孙朝夕礼敬，常若公家。以故东汉之世，虽人才之倜傥，不及西京，而士风家法似有过于前代。"③ 此一时期的家法代表还有东汉经学家郑玄的《诫子书》、三国蜀诸葛亮的《诫子书》等，但在惩罚违反家法的子弟方面不是十分严厉，与传统家训注重劝勉没有太大的区别。"族者何也？族者，凑也，聚也，谓恩爱相流凑也。生相亲爱，死相哀痛，有会聚之道，故谓之族。"④ 随着家族或宗族人口的增加和代际血缘关系的疏远，这种状况开始改变，即使在一家之内也出现了责罚违反家法子弟的情况，为了整齐族内"以亲九族"，不得不采取一些强制或惩罚的措施。"六朝颜之推家法最正，相传最远"，其代表作《颜氏家训》中就明确表述："笞怒废于家，则

---

① 《礼记·礼运》。
② 《白虎通义》卷8《性情》。
③ 《日知录》卷17《周末风俗》。
④ 《白虎通义》卷8《性情》。

竖子之过立见"①，并以实例证之——"王大司马母魏夫人，性甚严正；王在湓城时，为三千人将，年逾四十，少不如意，犹捶挞之，故能成其勋业。"②当时的大户人家以家法惩罚来保证家训施行的权威，可见一斑。

隋唐时期，伴随着士族制度逐渐衰落，家族不再以祖先的地位为荣荫，却特别重视发挥家法的作用，"唐为国久，传世多，而诸臣亦各修其家法，务以门族相高。其材子贤孙不殒其世德，或父子相继居相位，或累数世而屡显，或终唐之世不绝。"③而要保持此种显世优势的秘诀，一是家族内部家长制的盛行，二是家训教诫的提撕养成，三是家法强制性的保障。如《隋书》记载，突厥"渠帅，其数凡五，昆季争长，父叔相猜，外示弥缝，内乖心腹，世行暴虐，家法残忍。"④唐代则以法律的形式确认了家长制度，规定"凡是同居之内，必有尊长。"《旧唐书》记载穆宁家法"以家行人材为缙绅所仰。赞官达，父母尚无恙，家法清严。赞兄弟奉指使，笞责如僮仆，赞最孝谨。……近代士大夫言家法者，以穆氏为高。"⑤整个隋唐时期以柳公绰的家法最为著名，但其家法的家训性质依然明显，"公绰理家甚严，子弟克禀诫训，言家法者，世称柳氏云。"⑥柳公绰之孙柳玭曾著书诫其子弟曰："予幼闻先训，讲论家法。立身以孝悌为基，以恭默为本，以畏怯为务，以勤俭为法，以交结为末事，以气义为凶人。肥家以忍顺，保交以简敬。百行备，疑身之未周，三缄密，虑言之或失，广记如不及，求名知偿来。去奢与骄，庶几减过。苟官则洁己省事，而后可以言守法，守法而后可以言养人。直不近祸，廉不沽名。禀禄虽微，不可易黎氓之膏血；榎楚虽用，不可恣褊狭之胸襟。忧与福不偕，洁与富不并。比见门家子孙，其先正直当官，耿介特立，不畏强御；及其衰也，唯好犯上，更无他能。如其先逊顺处己，和柔保身，以远悔尤；及其衰也，但有暗劣，莫知所宗。此际几微，非贤不达。"⑦说明此时家法虽严，但还是带有强制性特征的家训，而不是特指某些手段。

①　《颜氏家训》卷1《教子》。

②　同上。

③　《新唐书》卷71上《表第一一上》。

④　《隋书》卷84《列传第四九》。

⑤　《旧唐书》卷155《列传第一〇五·穆宁》。

⑥　《旧唐书》卷165《柳公绰传》。

⑦　《旧唐书》卷165《列传第一一五》。

　　唐宋之际，由于朝代更替的农民战争摧毁了士族制度，原先的大家族分化为中小规模的新家族，使平民之家在社会上有了一席之地。实力和规模相当的家族为了能够培养出贤子孙以振兴门户，导致宋朝以来的家庭礼治不断得到加强，"自唐开元以来，民兵法坏，戍守战攻，尽募长征兵士，民间何尝习兵？……事既草创，调发无法，比户骚扰，不遗一家。又巡检、指使，按行乡村，往来如织；保正、保长，依倚弄权，从索供给，多责赂遗，小不副意，妄加鞭挞，蚕食行伍，不知纪极。"说明强制责罚那些违反家法的子弟逐渐为家常便饭。"薛举，河东汾阴人也。其妻性又酷暴，好鞭挞其下，见人不胜痛而宛转于地，则埋其足，才露腹背而捶之。"①而且家族中以家法的名义责罚族众的现象，也越来越普遍。"唐柳氏家法，居官不奏祥瑞，不度僧道，不贷赃吏。此今日士大夫居官者之法也。宋包拯戒子孙，有犯赃者，不得归本家，死不得葬大莹。此今日士大夫教子孙者之法也。"②《宋史》记载，陆九韶家族家长即拥有广泛的惩罚权，如遇子弟不遵家训或犯有过错，"家长令诸弟责而训之；不改，则鞭挞之；终不改，度不容，则言之官府，屏之远方焉。"③再如宋时"（王）弘明敏有思致，既以民望所宗，造次必存礼法，凡动止施为，及书翰仪体，后人皆依仿之，谓为王太保家法。"④辅助明万历帝处理朝政达十年之久的首辅张居正，对家人仆辈管教甚严，当时家人游七颇受信任，一些官员则见机纷纷与之交结，其中有一都给事李选其至通过娶游七妾妹为侧室的办法，来与张居正修僚婿之好。张居正知道后，立即"呼七挞数十，呼给事至面数斥之，不许再见"⑤，并多次关照地方官吏，对于往来家人的请托，"无问于理可否，悉从停阁；家人往来有妄意干泽者，即为擒治"⑥。由于严格管教，张居正子弟家人弄权武断乡曲的事大为减少。元代继承旧制，家法依然严谨，"大和方正，不奉浮屠、老子教，冠昏丧葬，必稽朱熹《家礼》而行执。虽尝仕宦，不敢一毫有违家法。诸妇唯事女工，不使预家政。宗族里间，皆怀之以恩。家畜两马，一出，则一为

---

①　《旧唐书》卷 55《列传第五》。

②　《日知录》卷 17《周末风俗》。

③　《宋史·儒林传·陆九韶》。

④　《宋书》卷 42《列传第二·王弘》。

⑤　乾隆三十六年九月乙巳函，《御制土尔店特全部归顺记》（见了高亲实录）。

⑥　乾隆三十六年六月丙戌，《清高宗实录》。

之不食，人以为孝义所感。"① 又如董俊"文炳孝友，居母丧，哀毁骨立，教诸弟如严师。文用、文忠虽贵显，休沐还家，不敢先至私室，侍立终日，不问不敢对，诸弟有过受笞退，无怨言。当世言家法者，比之汉万石君云。"② 明初文学家"宋濂大明日历序，言后妃居中，不预一发之政，外戚亦循理畏法，无敢恃宠以病民。寺人之徒，惟给事扫除之役，其家法之严五也。"③ 此时的封建大家族一般都制定有成文的家法或族规，一些中小家族即使没有成文的家法族规，也有许多不成文的传统禁例存在于家族组织的习惯或惯例之中。"汉称万石君家法，唐则穆质、柳公权二家，为世所崇尚，至宋则不胜书矣。我朝文物威仪之盛，则来江南，而纯厚谨严，西北士夫家居多，风气使然也。"④ 不仅如此，随着宗族制度的不断强化，一家一族也在不断加强着惩治犯过违规子弟奴仆的力度。

到了清代，伴随着家训制度的日臻完善，面对社会上复杂而突出的民族矛盾，清政府为了维护其政治统治，官府对家法族规也采取了一系列的支持和强化措施，其中最主要的是确立并强化了族长、房长、祠堂、族田、族谱等联结而成的族权制度，不仅促进了家法族规的快速发展，而且也加强了家法与国家制定法之间的联系。在官府的认可与支持下，族长对违犯家法的族人以及家族组织中的佃户和奴仆，可以实行罚物、除籍、杖责甚至处死等强制制裁。虽然这些制裁手段的实施一般是先教后罚，而且每个家族都有定时宣讲家法族规和教育族人的惯例，对于不听教化者，才给予惩罚；但是明清以来的家法族规，实际上已经成为封建法律体系的一个主要组成部分，成为封建统治者用以治理百姓之家和民间社会的一种大众法律武器。频繁使用处罚和对于处罚手段、处罚用具、处罚场所的家长偏好，使得同类过错在处罚选择方面逐渐统一于诸如训斥、鞭挞、杖责、出族、处死等家法的固定适用模式，即便不是家长、族长和宗长的其他家族长辈也能据情处断和使用家法处罚犯过族人，这种普遍适用于相对固定

---

① 《元史》卷197《列传第八四》。

② 《新元史》卷141《列传第三八》。据《汉书卷四六·列传第一六·石奋》记载："万石君家以孝谨闻乎郡国，虽齐鲁诸儒质行，皆自以为不及也。……子孙有过失，不谯让，为便坐，对案不食。然后诸子相责，因长老肉袒固谢罪，改之，乃许。子孙胜冠者在侧，虽燕必冠，申申如也。僮仆欣欣如也，唯谨。"

③ 《日知录》卷13《部刺史》。

④ 《五杂俎》卷14《事部二》。

的犯过行为的家法处罚用具以及与之相应的处罚方法，就在宗法制家长的反复施为过程中被历史地确定下来，并异化为中国古代强制性家训的物化形态。

三　动用家法，是家训惩戒过错和警示家人的一种强制教育方式

中国人骨子里对待家事的态度，往往沉积为一种心结——"家丑不可外扬"。这是在我国传统家庭主义文化背景下，中国人对待族人一般违反法纪言行的态度，也是中国古代先民息讼耻讼的朴素情怀，诚所谓"国与法无二理也，治国与治家无二法也，有国法而后家法之准以立，有家法而后国法之用以通"。① 所以江西徐氏族谱中的戒词讼一节便提出："天下词讼之结，多起于争，一忿未惩，而相与斗狠不已，致鸣于官，纠缠日久，奔走道路，甸甸公庭，辱身荡家，往往致贻后悔。族间稍有不平之事，念属同宗，经报尊长，无不可以劝释，至乡邻外侮，亦须酌量事势，不得任一时之气，致两造之穷。语云：讼则终凶。是诚居家之切诫也。"② 以此告诫族人打官司败家受辱之害，教育族人还是听从族尊劝诫为好。在中国古代社会，有这样内容的族谱家训其实是很多的。再如清江杨氏宗谱也主张族人息争讼："甸甸公庭，原非美事，倘万难获已，不得不鸣之官。若口角细务，须听人排释，如欲终讼，恐贻凶占，至于好勇斗狠，尤非善类，更宜禁阻。"③ 既然违规行为是家丑，所以中国古代大多数家族立规禁止族人直接告官，甚至禁止将刑事案件告官查办；历代封建官府也尽量鼓励百姓在出现纠纷时首先采取调息和解的办法私了，只要不涉及人命大案或不是"十恶不赦"的严重罪行，一般都不必闹到官府衙门去。既然家族不许族人直接告官，宗族必然自有其处治族人此类事件的办法。《颜氏家训》提出"笞怒废于家，则竖子之过立见"，"当及婴稚，识人颜色，知人喜怒，便加教诲，使为则为，使止则止。比及数岁，可省笞罚。"否则"骄慢已习，方复制之，捶挞至死而无威。"④ 所以，与治国一理的家法就承担起了惩罚族人违规越轨行为的责任。而处罚犯过族人的

---

① 《安徽桐城麻溪北氏家谱》。
② 《江西徐氏族谱》。
③ 《清江杨氏宗谱》。
④ 《颜氏家训》卷1《教子》。

过程，和着昭穆威严的家法仪式，恰恰成为家训强制性诫勉和警示族众的鲜活教材。

首先，族长充当法官，宗族主事是实施家法的司法机构，训诫目标直接指向纠正错失和整齐门内。实施家法来处置族人的不良行为，以期警示家人和族众的这一宗族习惯，没有专门管理的人员和执法机关作保证显然是不行的，所以许多宗族的族规都规定族内设族长、家长、房长等宗族机构，配备相应的人员，并明确他们拥有监督族人和处理族内纠纷的权利。如安徽环山《余氏家规》规定："家规议立家长一人，以昭穆名分有德者为之；家佐三人，以齿德众所推者为之。"① 同时，为了有效管理宗族与家族事务，那些较大的家族还要求每一宗族与家支都要推举负责人，按照清代家族惯例，大的宗族一般设总管一人，族长一人或多人，管理日常事务。"族长齿分居尊，统率一族子姓，评论一族事情，公平正直，遇事辄言，乃其职也。……族中支派繁衍，似不可以一二人主之。每房各立房长，以听一房斗殴、争讼之事。"② 由于族长一般是德高望重的长者，是一家或一族之长，自然握有本家本族的管理、训诫和惩罚之权，特别是在家内、族内处理裁断纠纷方面尤为突出。事实上，许多宗族的族规都规定，族内出现斗殴、淫乱、赌博、田土等一般争讼，都由族长或房长解决，不许擅上官府。"族有争忿，告知族长，随传唤该户户长、房长，谕令调处。"③ 山西尉迟氏族谱规定："有公案，有钤记，凡族中事，皆听其一言以进止，无敢违。"④ 另外，有的宗族仪规干脆设专门的监察、审理机构，配备专门的人员负责裁断纠纷，"立通纠二人，以察一族之是非，必选刚方正直、遇事能干者为之。凡族人有过，通纠举鸣于家长"，⑤ 通纠、"监视，纠正一家之是非"⑥，以惩罚过错，警示族人。由于宗族习惯法与国家法律的基本精神一致，且两者在内容上相互补充与配合，因此中

---

① 《安徽环山余氏家规》。

② 《余姚江南徐氏宗范》，载费成康主编《中国的家法族规》，上海社会科学院出版社1998年版，第286—290页。

③ 《江苏江都卞氏族谱》。

④ 《山西尉迟氏族谱》。

⑤ 《浙江萧山管氏族规》。

⑥ 《浦江郑氏义门规范》，载费成康主编《中国的家法族规》，上海社会科学院出版社1998年版，第268—284页。

国古代的国家政权一直默许或公开承认宗族的司法权，使得宗族具有初级裁判权和一般惩罚权，由宗族族长等主持的审判是解决纠纷的必经程序，族人不许不经宗族，径自向官府投诉，宗族司法实际上成为了司法审判第一审级。① 一般来讲，一个家族内部的嫡长子世代为宗子，也是该家族的"族长"、"族正"或"宗长"，对外代表家族参与社会活动，维护家族集体利益；对内以家长的名义和身份管理家族事务，统率族人和监督族众，组织族人立宗庙、修祠堂、祭祀祖先以强化家族的凝聚力，帮助和组织家族中的不同家庭之间有无相通和患难相恤，制定本族家法以约束和限制族人言行。其中，最能体现宗长权威和身份的，莫过于他实施家法惩治犯过族人和其他危害家族利益的族内子弟，并以家法适用的威严仪式达到警示族人的家训德育目的。正如《颜氏家训》所说"诚不得已也"。

其次，祠堂②或家庙是公堂，家法的实施主要通过祠堂公质裁断，这种活动对外传递的其实是家族的德育信息。古代家族祠堂除了用来供奉和祭祀祖先、举办家族集会外，还是族长行使族权、教育家人和处罚犯过族人的地方。凡有族人违反族规，往往选择在祠堂接受教育和动用家法进行处置，所以祠堂也可以说是封建家庭运用道德和法律制裁族人违规过错行为的法庭。按照惯例，如果族内有较大的事端发生，族长一般会鸣鼓聚众到宗祠，"众告祠堂，鸣鼓声罪"，等众人到齐后，族长居于上位，其余族众分列于祠堂两旁，此时的祠堂俨然是一个公堂，成为族长"设公案，听断一族之事"③ 的审判场所。当然，作为民间传统习惯，家法的实施一般不像国法那样有严格的程序，但为了体现宗族家法的尊严，以及出于公断是非和警示族人的目的，许多族规都倾向于制定通过祠堂公质审理裁断的家法程序。如湘乡七星谭氏祠规对祠堂公质这一家法裁断的典型程序就

---

① 陈柯云：《明清徽州宗族对乡村统治的加强》，《中国史研究》1995 年第 3 期。

② 在中国古代封建社会里，家族观念相当深厚，利用祠堂进行有组织的祭祖活动，能够使人产生生命的归属感和对家族、对国家的责任心。所以祠堂主要是族人祭祀祖先或先贤的场所，族亲们有时为了商议族内的重要事务，也利用祠堂作为会聚所在，平时各房子孙有办理婚、丧、寿、喜等大事时，也可以利用这些宽大的祠堂作为活动场所。"祠堂"这个名称最早出现于汉代，当时的祠堂均建于墓所，称为墓祠；唐朝时官府允许品官和士族建立家庙，庶人则祭于寝室之南；宋仁宗庆历元年始许文武官员建立家庙，南宋朱熹《家礼》立祠堂之制，从此称家庙为祠堂；民间建祠堂在明代才被朝廷允许，这种家庙便被普遍称作"祠堂"，祠堂有宗祠、支祠和家祠之分。一般地，但凡做过皇帝或封过侯的姓氏或人家称为"家庙"，其余家族均称"宗祠"。

③ 《苏州范氏族规》。

作了详尽的描述："祠堂公质,礼法必严。族长、房长、族尊坐于上之中偏,族中兄弟子侄,序以昭穆,东西两列坐,人多两层、三层,公众静听。原告、被告跪着陈述,不得抢白。凡处断,但听族长、房长、族尊吩示,无论原告、被告及列坐的族众均不得喧哗咆哮。……或有末言可参者,须俟族长等吩示后方可徐进一说,不许众口啸啸,违者将予以处罚。"① 这与常见的公堂审判实无二致,对于如何处罚,安徽黟县南屏叶氏宗族家法规定:"有不孝支丁,族长、房长和缙绅集体即开祠堂大门,将犯者唤至祠堂,轻者教育、训斥,重者杖责惩处;杖责不改,即书白纸字条,横贴祠堂门外,《支丁名册》除名,革除族籍。"② 被朱元璋赐以"江南第一家"美称并在此后屡受旌表的郑氏家族,在其传世家训《郑氏规范》中明确规定:族人如违犯家规,家长则聚众到祠堂,罚其跪拜,只要比他大一岁,就要拜 30 次以羞辱之;如不悔改,就打板子,再不悔过,则开除出族,宗图上除名,同时送官府惩治;如果悔改了,三年后复归家族。如此威严整肃的家法祠堂处断仪式,众举于伦理至上的血亲家族之内,通过将犯过者的言行大白于族众,将适用家法惩戒犯过者的事实昭告于祖先,对犯过者本人的教训自然不用多说;然而对于其他族人,他们每经见一次这样的家法仪式,无疑都是对其情感倾向和价值判断的一次自我审视。

最后,改过与加勉双收,通过旁听审判和见证处罚,包括犯过者在内的每个族人都深受强制性家训的惩戒和教育。家训的根本目的在于教育子孙成人成德,在所有的家训教诲方式中,通过动用家法惩处家人或族人的过错言行,无疑是最有效的,这种效力就来自于鸣鼓共攻、德行审判和严刑苦罚的强制力。关于家法处罚的方式和种类,《颜氏家训》没有明确,费成康在其主编的《中国的家法族规》一书(上海社会科学院出版社1998 年出版)中,将宗族的处罚分为警戒类、羞辱类、财产类、身体类、资格类、自由类和生命类等七类;高其才在其所著《中国习惯法论》一书(中国法制出版社 2008 年出版)中,将宗族习惯法的处罚方式分为训斥、罚站罚跪、罚款或扣发"分赡"、责打、出族、鸣官、处死和其他处罚如记过、禁锁等八类。笔者主张将家法处罚简单分为财产罚、攻心罚、

---

① 《湘乡七星谭氏祠规》,载高其才:《中国习惯法论》,法律出版社 2008 年版,第 40—41页。

② 《安徽黟县南屏叶氏宗族族规》。

清末家法惩戒图（古代家法之一：打板子）

身体罚和资格罚四类。其中财产罚主要包括罚钱（物）、罚祭、罚宴、赔偿、没收族田、拆屋等；攻心罚主要包括训斥、警告、发誓、面壁思过、示众共攻等；身体罚主要包括罚跪、责打、枷号、处死；资格罚主要包括出族、革胙、革谱、不许入祠等。以宗族家法的这些强制惩戒手段，集族众共攻之群力制裁过错行为，其所能达到的警示教诫作用，实际要比国法审判更加深刻而有效。因为通过家法处断，"临以祖宗，教其子孙，其情较切。以视法堂之威邢，官衙之劝诫，更有大事化小、小事化无之实效。"① 另外，对于一些族内难于处断的违规行为，或对于一些引起族人众愤的恶劣行迹，家长或族长可以将其送官究治，即"鸣官"，并可对官府如何处断提出建议，交由官府惩办。所以，颜之推提出："父慈而子逆，兄友而弟傲，夫义而妇凌，则天之凶民，乃刑戮之所摄，非训呆之所移也。"② 古代官府出于对传统大家族家法的认可与扶持惯例，鸣官后的这些族人一般都会受到国法的严惩，这不仅表明官府对家法的认可，也意味着家法这一强制性家训的社会普及效力是何等的广泛。

当前，我国的家庭制度和文化建设问题较为突出，家庭的社会基础地位不很明确，家庭道德建设滑坡，家庭或家族少有家法，于是乎，在家里晚辈欺侮虐待长辈之事屡有发生，父母在家打伤、打死子女之事也时有见

① （清）陈宏谋：《寄杨朴园景素书》，《清经世文编》卷 58，第 1482 页。
② 《颜氏家训》卷 1《治家》。

闻，虽出自家庭内部，但也是不容忽视的社会问题。批判地吸收传统家法精神，做到居家文明，教子有方，切实建设好自己的现代小家庭，我们确实做得还很不够。

第六章　古代家训培育个体品德的当代启示

　　古代家训作为我国传统文化的重要方面，包含着非常丰富的家庭道德教育思想，承担着对社会个体的德行启蒙教育，尤其对众多没有资格和能力进入官方教育系统当中接受教化的个体，这些家训实际上就成为他们终其一生用以理解和打开外部世界的观念标本，其生活化、常态化的家训活动所具有的渐染诱导作用，便直接塑造出了古代个体的德性人格。这一没有被古代官方正式教育系统纳入，却对个体品德培育具有直接影响和渗透作用的非正式教育制度，通过家庭教育实践环节将社会普遍的道德规范和价值原则内化为个体道德品质，亦即将社会普遍的道德要求内化为个体的道德行为习惯，使其在面临道德选择的时候，能够自觉地按照道德基本要求去行动，从而塑造出子弟的理想人格，在这些方面确实起到了比官方正式教育机制更直接有效、更深刻长久的作用。虽然这些家训包含着许多封建性糟粕，并且所要培养的是封建专制体制之下的有德顺民，但其促使社会普遍价值原则和道德规范具体化、生活化以培育个体品德的理路设计和实践范式，无疑对当今社会的个体品德培育乃至整个思想政治教育具有借鉴价值。

第一节　弘扬中华家训文化 创新现代家训模式

　　古代家训是家长或家族长辈对子孙后代修身处世和持家立业的训家教诲，它包含着丰富深刻的人生哲理及中国人固有的尊德崇礼、孝亲友爱等人文精神。中国古代社会的封建结构形态，决定了当时的社会大众是无法接受官学（学校）教育的，社会教育因其导向性不足而显得既十分繁杂又相对隔膜，那么教育庶民的重任就自然落在了家庭教育的肩上，中国人固有的血亲和家庭（家族）观念、鲜明的儒家人文情怀和强烈的历史使命感，无不来自于家训文化的熏陶渐染。同时，中国古代家训文化首先关注的是家庭的稳定与人伦关系的和谐，因而不论家训文本还是家训实践活动都自然从"父子有亲、君臣有义、夫妇有别、长幼有序、朋友有信"①的儒学伦理着手，突出强调仁、义、礼、智、信等个体道德，为家庭父子、兄弟、夫妇以及主仆之间确立严格的道德规范和家庭秩序，并以富有情感色彩的日常训诫方式，变家长的耳提面命等教育灌输为子弟个体的自觉磨砺修养，使个体的言行逐渐符合传统道德规范的要求，让每个家人成长为内具传统美德而外显传统文化精神的理想人格。因此，家训作为我国传统文化的重要组成部分，实际上是古代贤哲人生履历的总结和长期社会实践中积累起来的子弟教育思想精华，也是中国古代家庭教育思想发展历史的真实写照，其内容精深宏富，弥足珍贵。

家训或家庭教育是传统文化传承的重要范式，传统家训的文化力量，体现在家训的教育职能当中，"弘扬中华文化，建设中华民族共有的精神家园"②，批判地继承古代家训文化，剔除其封建性糟粕，吸收其科学性精华，把古代家训中科学合理的个体品德培育理念和方法，继承到我们今天的家庭教育当中，并借鉴推广到整个思想政治教育领域，必然会丰富和发展我们的教育思想。在现代社会背景下，中国人的人格塑造及其个体品德培育出现了严重的问题，其根源在于中国文化和教育现代化过程中忽视了传统文化（特别是家训教诫）对中国人人格养成的意义。③ 当前，进行社会主义核心价值体系建设，改进和加强思想政治教育，关键在于做好公民个体品德的培育。如何将社会主义核心价值观念内化为个体的道德品质，消除社会上出现的道德失范，是非、善恶与美丑不分，拜金主义、享乐主义、极端个人主义滋长，见利忘义、损公肥私行为以及欺诈与不讲诚信、以权谋私及腐化堕落等现象，是思想政治教育工作必须解决的现实课题。十分可喜的是，随着近些年中国传统文化热的日渐升温，重视家庭教育，制作和践行现代家训的活动蔚然成风（见附录五）。这种情况，虽不易为一般人所察觉，但应当受到思想政治教育工作者、伦理学家和中国传统文化与道德研究者的重视。正确处理好对传统家训文化的继承与创新关

---

① 《孟子》卷5《滕文公章句上》。

② 胡锦涛：《高举中国特色社会主义伟大旗帜，为夺取全面建设小康社会新胜利而奋斗——在中国共产党第十七次全国代表大会上的报告》，参见 http：//www. sina. com. cn。

③ 郭兴举：《中国传统文化与人格教育》，《江苏教育研究》2008 年第 5 期。

系，坚持与时俱进，推广和实施符合现代家庭教育实际、能够体现时代特色且合理可行的家训或家庭教育活动范式，开启现代家庭教育和家训活动新篇章，是每一个中国人不可推卸的责任。

中国目前正处于社会转型时期，市场经济的浪潮冲击着社会生活的方方面面，物欲膨胀致使市场失范，价值多元引发道德失衡，通式教育造成德育失灵。加之伴随着社会转型和社会主义市场经济发展所引发的社会结构和家庭关系的重大变革，在家训或家庭道德教育领域更是问题重重。思考和解决这些历史与现实问题，坚持"古为今用"原则，理性对待中国古代家训文化的德育价值，取其精华，去其糟粕，批判地继承和吸收古代家训及其训家实践中有利于个体品德培育方面的精华部分，为当代家庭德育和思想政治教育提供有益的启示，是本课题研究和我们著述的立意所在。

第二节　继承家训优良传统 纠正防范家教偏颇

中国人深信，给儿女留金钱，不如给儿女留良言。因为金钱的价值是有限的；而良言，既是精神财富，又能创造物质财富，是千金难买的传世家宝，其价值是无限的。好的家训其实就是一本最好的教科书，它既能教会后世子孙如何做事，又能教会后世子孙如何做人，给其指明人生的方向；好的家训犹如一剂良药处方，在漫长的人生长河中，能帮助后世子孙健康成长。今天，随着我国社会主义市场经济的深入发展，不仅使国家日渐富强，而且丰富了每一个人的思想和认识，更为孩子们的成长提供了更加广阔的空间；随着教育体制机制的日益完善和教育方法、途径、手段的丰富多样，对少年儿童的教育几乎无所不包，各种功课补习和所谓素质拓展、特长训练、爱好培养等，让孩子们成了天下最辛苦的人。但众多的家长只注重加强孩子的知识学习与技能训练，却放弃了对子女道德品质的修养，或对孩子进行世俗化的潜规则训练，这无疑是非常错误的。有的父母，笼孩子于心窝，含孩子于口中，凡事有求必应，对子女百依百顺，把孩子养成了懒虫和傻瓜。有的家庭关系没大没小，看似平等，其实是界限不清，缺失由此及彼的思想交流空间。古代"君子远其子"和易子而教、适当保持父（母）子（女）之间不责善的家庭教育关系张力以利教诚施为，我们的祖先确实走出了一条家训成功之路，对我们今天的家庭教育和家庭关系处理等方面提供了宝贵的经验。其实，目前普遍存在的家庭父母子女代际关系紧张的局面，其主要原因就是家长过于溺爱子女，而有恨铁不成钢的存心，不论是倾情关爱，还是望子成龙的急切，很大程度上都是由于距离过近而消解了关系张力所致，强迫孩子听话而易导致互相责善①，所以狠心训导而使父子反目成仇，以至于导致家法滥用和家庭暴力。如果不能有效地解决这些问题，丢弃我国家庭教育中业已形成的优良训家传统，不仅无法抵制和消除市场经济带来的不利因素，还必将造成家庭教育的严重偏误。

　　家庭是社会的细胞，家庭教育的成功不仅意味着施教者全家及其后世子孙的幸福，也是国家强盛的基础。只有以优质的家庭教育做铺垫，才能保证国民素质的整体提高，保证社会的安宁和稳定。众所周知，重视家庭教育，可以说是贯穿五千年古今中华家庭文明史的显著特征，其中家训就是历代家庭教育的最主要表现形式，包含着丰富的治家教子思想。自先秦至元明清，从孔子到孙中山，无论是风云帝王，还是朝政群臣，也不论是贤哲名儒，还是士农工商，尽管因时代变迁和家训制作者各异，决定了家训载体和训诫方式的不同，而且每一家训都可能有自己的偏好与针对性，但所有传统家训的基本目标却是共通的，这种共通性表现在这些家训的主旨无一例外均指向儒家所设计的内圣外王的人格价值目标。所以，励志勉学、修身养性、孝亲交友、涉世从政、治生理财等便都是先辈们在家庭教育（家训）中常论不弃的话题；在对子女和其他家庭成员的谆谆教诲与殷殷劝勉中，都无一例外地凝聚着施教者丰富而深刻的人生体验、对社会现实的理性认识以及对人格塑造的孜孜追求；而且通过这些家训所透视出来的除了长辈勉子成才的殷切期望和对家庭幸福的执著追求外，还有对社

---

①　2010 年 5 月 3 日，新华网报道了河北省石家庄市东风西路小学三年级一班的 40 多名小学生集体给家长们的一封信。透过这封信，我们不难看出这些稚嫩的孩子他们对当前家庭教育的看法和建议："亲爱的爸爸妈妈们，我们有好多好多的话想说。不敢不能不好意思当面说，只能希望您们看了这封信后能更多了解我们的心声。……请让我们把话讲完您再说，要先知而后行，不要武断；您的有些错误得允许让我们纠正；不要动不动就发脾气；希望能让我们自己选择业余爱好；在我们写作业时不要打扰；不要让我们学成书呆子，给我们一点娱乐的时间；不要经常拿我们跟别人比；不要吵架，家庭要和睦；不要用粗暴的语言对我们；要多换位思考，我们考不好时需要更多谅解；不要说话不算数，做出的承诺要兑现；我们大胆给你们提出错误的时候，请尽量接受。"做家长的一定要平等对待孩子，倾听他们的心声，重视他们的想法，这样才能有助于他们健康成长。

会安定的温情关注和忧国忧民的社会责任感与历史使命感。

家训的实质和理想，说到底是期冀在普通百姓人家建立一种民间道德秩序。面对当代家庭教育偏颇，需要继承和发扬家训德育传统。受各种不利因素的影响，过去相当长的一段时期，很少有人再去刻意编撰系统的家训了。但是，我们也应该清醒地看到，市场经济的负面影响正在不知不觉地冲击着家庭生活，使当今的家庭教育面临着许多新情况、新问题，人们普遍感受到当今家庭的道德海示反而比以往任何时候都显得重要。批判地继承千年中华民族传统家教思想，剔除其封建性糟粕，吸收其科学性精华，把漫长家训史上一些科学合理和行之有效的家庭教育观念和方法，借鉴推延到我们今天的家庭教育中，将会进一步丰富和发展我们的教育思想。当然，作为传统文化的一种实践与存在形式，古代家训不可避免地要受到封建社会严格的等级制度和尊卑观念的影响，受到维护封建家庭或家族延续所需的狭隘思想的局限，也深受封建社会"尊祖忠君"和"男尊女卑"等落后思想的影响。特别是宋明以后，随着封建纲常礼教制度的日渐强化，"君为臣纲、父为子纲、夫为妻纲"以及"愚忠愚孝"、"三从四德"等观念和制度的绝对化、教条化，使传统家训及家训文化难免含有消极腐败因素，与当今时代的家庭教育和个体品德培育要求存在明显差距，也充分说明了传统家训中既有其积极的方面，又有消极因素；既有精华，又有糟粕，需要我们继承和扬弃。如能持之以恒地把那些合理有效的传统家庭教育活动贯彻到对后代子孙的教育中，必将培育出为社会所需要和受人尊重的有理想、有道德、有文化、有纪律的德性人才。

第三节　发挥家庭德育功能 治家教子塑造人格

中国古代社会漫长的自然经济条件，决定了家庭是个体修身立己的学校。在中国古代经济条件下，当时的社会大众是无法接受官学（学校）教育的，教育庶众的重任就自然落在了家庭教育的肩上，加之中国古代家国一体的社会政治制度，使中国古代先民们朴素地认为，家或家庭实际上就是每个人最早认识和接触到的生存环境，也是人们最贴近的社会和人际关系共同体，在这个既定的社会关系网中，父母兄弟姐妹等家人便是自己最亲近的人，一个人从出生之时起，便是从认识自己身边的亲人和家庭关系开始向外逐步扩展而认识自然和认识社会的。与此相适应，中国古代的家训文化首先关注家庭的稳定与人伦关系的和谐，因而不论是家训文本还是家训德育实践活动，都自然从"父子有亲、君臣有义、夫妇有别、长幼有序、朋友有信"① 的儒学伦理着手，突出强调个体德性人格的塑造和培养，以富有感情色彩的日常训诫方式，变家长的耳提面命等教育灌输为子弟个体的自觉磨砺修养，使个体的言行逐渐符合传统道德规范的要求，让每个家人成长为内具传统美德而外显传统文化精神的理想人格。于是，在"天子失官，学在四夷"② 的古代中国，家或家庭无疑便成为一个人修身立己乃至认识世界万物的最好学校。

修身齐家以塑造子弟德性人格，是中国古代家庭培育个体品德的价值目标。中国传统哲学的思维理路和认识事物的方法，实际上是"由近及远"和"推己及人"这样一种自然人际关系与社会活动方式的逻辑推延，表现在人的一切认知自然要从本人从事生命实践活动的家开始，推及族，推及国，再推及天下，最后推及宇宙万物。难怪《周易》开篇即说："有天地，然后万物生焉。"并以此为始，接下来"有天地，然后有万物；有万物，然后有男女；有男女，然后有夫妇；有夫妇，然后有父子；有父子，然后有君臣；有君臣，然后有上下；有上下，然后礼义有所措。"③ 正因为"天地感，而万物化生。"④ 且"天地之生万物也以养人，故其可适者，以养身体。"⑤ 然而，人自从摆脱荒蛮进入文明时代起，家或家庭就成为人类生存繁衍的基本社会单位，"夫有人民而后有夫妇，有夫妇而后有父子，有父子而后有兄弟：一家之亲，此三而已矣。自兹以往，至于九族，皆本于三亲焉。"⑥ 所以孟子曰："人有恒言，皆曰'天下国家'。天下之本在国，国之本在家，家之本在身。"⑦ 正是看到了这一点，所以古代先贤们无不致力于治家教子的家训实践，"所谓治国必先齐其家者，其家不可教而能教人者，无之。故君子不出家而成教于国。"⑧ 而要实现

---

① 《孟子》卷5《滕文公章句上》。
② 《春秋左氏传·昭公》。
③ 《周易·序卦》。
④ 《周易·第三十一卦咸泽山咸兑上艮下》。
⑤ 《春秋繁露》卷6《服制像第十四》。
⑥ 《颜氏家训》卷1《兄弟》。
⑦ 《孟子》卷7《离娄章句上》。
⑧ 《四书章句集注·传十章》。

修齐治平政治理想的基础在于修身和养德，在于是否能够造就出"内圣外王"的德性人格，这是中国古代家庭德育功能发挥的思想基础，也是古代家训培育个体品德的价值目标。

发挥好家庭德育功能，塑造孩子德性人格。今天的中国同世界一道进入了信息时代，然而，家或家庭作为人类自身生产生活不可或缺的单位之一，依然是当代中国社会构造的基本单元，仍旧是人们生产生活的依托和温情的港湾，表明家庭在今天仍然存在，而且也必须存在。这不仅是因为，家或家庭的存续如恩格斯所说："生产本身有两种，一方面是生活资料即食物、衣服、住房以及为此所必需的工具的生产；另一方面是人类自身的生产，即种的繁衍。"[①] 表明家庭的功能和内部关系首先是人类自身的生产，即人类自然生命的生产，并因之决定了家或家庭继续存在的必要性；与此同时，人类自身的生产还不仅仅指人的自然生命的生产，而且更重要的在于人的知识、技能和品德以及与之相适应的社会关系等社会属性的生成。因而家或家庭的意义绝不仅仅在于生产出了人的自然生命，使得人类得以延续，还在于它能够造就出具备德性的人格。因为人格是人作为社会道德存在体的根本，是主体践履德行的良心和支柱，如果没有健康的人格作基础，再完善的道德规范和法律体系也难以实现公平与正义，也只有这时，每个个体才能作为一个真正意义上的"人"而被生产出来。从今天我国社会的实际来看，一方面，家或家庭仍然是中国广大农村地区普遍存在的生产生活单位，反映着当今农业经济生活中的特殊社会关系；另一方面，在城市，即使是我国境内市场经济高度发达的地区，家或家庭依然是人们最主要的生产生活单位。而且现代家庭的父母非常好地继承了中国的父母自古以来最为重视子女教育的传统，伴随着今天市场经济大潮的冲击和就业压力的作用，望子成龙、望女成凤更成为时下家长们的共同企愿。弘扬中华家训传统，重视治家教子和以家为根据地来塑造子女的德性人格，其合理性和积极意义不言而喻。

第四节　借鉴传统家训经验　优化思想政治教育

生活化、常态化的家教门风熏染是家训培育个体品德的价值所在，个

---

① 马克思、恩格斯：《马克思恩格斯选集》第4卷，人民出版社1973年版，第2页。

体品德培育只有落实和渗透到人们的日常生活，才容易被现实生活中的个体接受。从这个维度来看，我们的祖先以家训践履的形式构建起了将一般道德规范和价值原则渡向个体内在品性的逻辑中介与实践环节，开辟了培育子弟良好品德和塑造其德性人格的一条成功之路，为我们留下了如此丰厚的文化遗产。以古代家训培育个体品德的成功经验，反观眼下比较通行的思想政治教育，我们可以获得诸多的启示。

一　创设民间化德育范式

古代家训作为我国传统文化的重要组成部分，实际上是古代贤哲人生阅历的提炼总结和在长期社会实践中积累起来的子弟教育思想精华，也是中国古代家庭道德教育及德育民间化发展历史的真实写照，它包含着丰富深刻的人生哲理及中国人固有的尊德崇礼、孝亲友爱等人文精神。现时社会的思想政治教育缺乏永久性扎根民间的个体品德培育机制，因而这种自上而下发动的公民道德教育阵风，远未能让德育内容进入普通百姓的头脑和心田。"弘扬中华文化，建设中华民族共有的精神家园"[①]，把以《颜氏家训》为代表的古代家训中民间化培育个体品德的理念和方法，批判性地吸收继承到我们今天的思想政治教育中，开创现代民间化德育工作新局面，必然会丰富和发展我们的德育思想和方法。

纵观我国古代家训文化发展的历史，就其家训制作者原初的本义来讲，虽然以《颜氏家训》为代表的古代家训是对本家族的子孙后代进行家庭道德教育的教材，但事实上它的作用却远不止此，它还对社会大众产生了重大的影响，在《颜氏家训》的推广带动下，我国传统文献家训自宋代以降逐渐走出了由社会上层少数人垄断的时代，即由贵族家训时代转向了社会家训时代。家训的训导劝化范围逐渐超出家庭，进而发展成为族规，再推延普遍化为乡约，进而渗透到社会各个角落，实现了个体品德培育的民间化。具体表现在：一方面，封建统治者的家训内容更加重视对有关治理天下的社会问题的编写，如唐太宗的《戒皇叔》、金世宗的《诫太子》、明仁孝皇后的《内训》等，其中以清世宗委托蒋廷锡编著的《家范典》为最，家训内容涉及面非常宽，而清康熙皇帝做《庭训格言》并颁

---

① 胡锦涛：《高举中国特色社会主义伟大旗帜，为夺取全面建设小康社会新胜利而奋斗——在中国共产党第十七次全国代表大会上的报告》，参见新华网 http：//www．sina．com．cn。

行天下，使家训训俗的作用范围及于全社会。另一方面，社会上一般的官僚士大夫们也开始重视撰写具有训俗价值的家训，如宋人袁采的《袁氏世范》、元代郑太和的《郑氏规范》等均是作者在地方任官吏期间为正人伦、厚风俗而制作的训俗家训。由此可见，同样是社会上层的官府士大夫由训家而及于训俗的普世推延，同样是自上而下发动的个体品德培育活动，因为有了家训这一植根民间的德育机制和与之相应的亲情诱导方式①，所以在将一般的社会价值原则具体化和个体化以培育个体品德方面，发挥着民间自发的渗透延展与推广普及作用，最终实现了古代个体品德培育活动的民间化。

（一）家训的出现和训家是古代个体品德培育民间化的原始范型。首先，家训作为古代家庭内部的意志信条和道德行为准则，在将古代社会普遍价值原则渡向民间和渗透到社会底层的同时，还将中国古代"尊祖宗、重人伦、崇道德、尚礼仪"②和仁义礼智、忠孝节义等基本的道德规范与文化精神，通过家训文本和训诫范式得以生动、形象地展现于一家之内。古代一些著名的家训如《颜氏家训》、《袁氏世范》、《朱子家礼》等已经成为经典的传世文本，有的甚至被纳入官学教育体系而成为德育教科书，说明一方面这些家训不折不扣地贯彻着古代社会普遍的价值原则；另一方面它已经成为古代社会民间化培育个体品德之普遍道德规范体系的有机组成部分。

其次，从个体品德培育的内在机制来看，个体品德的培育实质上是社会普遍价值原则内化为个体的道德意识、道德素质，进而外化为惯常道德行为的双向统一过程。这一过程的实现，表现在每日每时都在进行着的家庭生活中，通过寓教于现实、寓教于生活的形式，使原本深刻、严密、深奥的价值原则潜移默化、润物无声地影响着每一个家庭成员，使其道德品质得到培育，人格修养得到提升。这正是家训通过将古代个体品德培育基本道德规范渡向民间、融入人们的生活实践、穿透到个体心灵世界，从而最终实现个体品德培育民间化的根本所在。

----

① 颜之推在《颜氏家训》开篇即明确指出："夫同言而信，信其所亲；同命而行，行其所服。禁童子之暴谑，则师友之诫，不如傅婢之指挥；止凡人之斗阋，则尧、舜之道，不如寡妻之诲谕。"并希望以这种亲情诱导的特殊方式，以取信于子弟，收效于后世。

② 司马云杰：《文化社会学》，山东人民出版社 2001 年版，第 398 页。

再次，中国古代以家为单位的社会构造模式，决定了普及家训就意味着对个体品德培育活动的社会化和民间化。古代中国长期处于典型的自然经济社会，在这种经济社会条件下，个体被分割和限制在相对狭小的范围和空间内活动，家庭往往成为其最基本的生产和生活单位，以家训为代表的家庭德育也就自然成为他们人生历程中最初也是最重要的学校，是对人进行教化和实现人的社会化的重要环节。这是家训的普及，以及由此所带来的个体品德培育活动民间化的社会基础。

最后，古代家训本身包含着大量的社会基本道德规范，通过家训活动的一些程式化要求，比如家庭成员惯常的诵读规条、长上日常训诫、家会定期劝勉等，使每个个体在这些活动中受到道德品质熏染的同时，无疑是将家训内含的道德规范通透过渡到了那些社会民众。另外，古代家训的续订和修葺都有明确的规定和严格的程式，每个家庭成员包括那些因分家或迁徙而相距遥远的家庭成员，在参加这些程式的过程中，会感受到家训中道德信条的尊严，这种活动的频繁举行还往往通过左邻右舍的评判比对而声名远扬，在一定程度上也起到了将古代个体品德培育活动民间化的传播作用。

（二）家训拓展为族规开启了古代个体品德培育活动的民间化进程。首先，族规是传统家训向民间化迈出的第一步。众所周知，中国古代是以家庭为本位的社会，同时也是以家族为本位的社会。由于家庭是家族的基础，家族是家庭的放大，所以家训与族规便有着天然的联系，族规的出现更大程度上讲不是为了"治国、平天下"，而是为了使本族子孙们能世世代代"修身、齐家"，不至于在艰难的世道中沉沦甚至灭绝，并能在维持香火的基础上兴盛发达，光耀祖宗。[①]可见，族规就是传统家训走向民间的起步环节，因为个人撰写家训只是少数有知识、有身份、有地位的人（世家、士族）的家庭之事，一般与庶人无缘，而家族制定家训（族规）则具有了超身份、超地位、超个体家庭而多点成面的社会普及性。从这个意义上讲，古代族规实际上就是家训向家族自然延展的结果，是古代个体品德培育活动走出家门的第一步。

其次，族规教诫族人的范围与德育范式初具社会性。族规是同姓家族为了维护本宗族的生存和发展所制定的公约，性质相当于我国古代宗法制

---

① 费成康：《中国的家法族规》，上海社会科学院出版社 1998 年版，第 205 页。

度下的家族法规，它是用宗族组织的强制力来约束本家族成员，旨在建立家族血缘关系的尊卑伦序，并通过确定每个家族成员的社会化角色来维护家族内部长期和平共处、聚族而居的习惯性和自律性社会秩序。同时，族规作为一种家族自治的道德规范，明确并调整着家族与国家、家族与家族、家族与家庭、家族与族人、族人与族人之间的社会关系，稳固与强化着家族宗法结构；族规还致力于协同标准规范，力图将族人塑造成一个个与社会通行的道德规范要求相符合的"正统"社会角色；族规通过规范个体的道德行为，维持着家族的和睦与兴旺；族规通过规定落实族人对家族公共利益的义务和权利，加强着家族的向心力和凝聚力；族规也通过规定和调节家族与外族、家族与官府的关系，在建立与维系民间社会秩序的同时，还将家族内部用以调整相互关系和培育个体品德的道德规范，推广延伸到社会或民间的各个领域。

再次，族规隐含的伦理政治色彩表征着古代个体品德培育的民间化痕迹。中国古代政治制度的特点是政治与伦理紧密结合，政治伦理化、伦理政治化，所以许多原本属于家庭的伦理道德范畴如"礼义"、"忠孝"、"勤俭"等都具有政治法律意义，许多命题如"礼不下庶人，刑不上大夫"等都是伦理与政治的直接结合。中国古代政治伦理的这一特点反映在族规与现实社会的普遍价值原则的关系当中，族规就成为反映当时社会政治法律制度和普遍价值原则的一种民间制度形态。由于中国自进入阶级社会之日起，就建立起了以血缘关系为纽带的家族①社会，那些等级森严的天子、诸侯、卿大夫之间既有政治上的君臣关系，又有血缘上的大小宗族关系，而作为被统治阶级的"子民"都紧紧地依附在这些大小不同的血缘关系网上，家庭家族结构、社会组织和政治制度等，都无一不与宗法血缘关系紧密结合。在这种家国同构的政治和社会条件下，族规作为族内家训，就成为维护封建统治，齐家、治国、平天下的通行规则，如司马光的《家范》、袁采的《袁氏世范》、朱熹的《朱子家礼》等，无不贯彻着古代社会的普遍道德原则和礼制精神，自然随着族规的逐步普及而将古代个体品德培育活动推向了民间化。

最后，族规具有的社会调节功能促进了古代个体品德培育活动的民间

---

① 因为从政治社会结构的角度讲，家国同构的社会政治制度中，与国相对应的家，在中国古代更多的当指同姓家族。

化。相比较而言，家训主要是劝诚性规范，重在言教，少有强制措施；族规则是禁止性规范，重在穆族，有明文的惩罚规定，① 在个人教化方面呈现出更多的强制性和约束性。从族规内容来看，它不仅涉及家庭事务如职业选择、修身标准、婚姻要求、立继规定、丧葬规范等，也包括宗族事务如敦人伦、敬祖宗、睦宗党、勤职业、崇节俭、忍小忿、恤贫苦、禁争讼等，还包括与他族、地方官府、社会以及国家等相关的一些事务如和睦乡邻、捍卫宗族、严惩盗贼、保护环境、及时纳税、抵御外侮等等。同时，出于兴族旺宗的目的，族规中往往立有劝谕和奖赏族人的规定，重点奖励读书仕进、孝悌忠信、节妇烈女、恪尽职守、有功于族和举报恶行等上善之举，对族人的日常生活和为人处世提供了更为广泛的参照和标准。从族规的以上特点，我们不难看出其所具有的社会调节和管理职能，在个体品德培育方面，族规以管为主，以教为辅，通过管教结合的方式和途径，族规不仅实现着对宗族成员个体的道德培育和人格提升，也推动了古代个体品德培育活动的民间化和社会化。

（三）源于《颜氏家训》的乡约完成了古代个体品德培育活动的民间化。乡约即乡规民约，是我国古代先民为了实现人与人之间能够"德业相劝，过失相规，礼俗相交，患难相恤"② 这样的社会和治世理想，由乡民自主自发地制订出来，处理众人生活中面临的诸如治安、礼俗和教育等问题的行为规范。与家训和族规偏重教诚训化本家子弟不同，乡约是通过乡民受约、自约和互约来维护社会秩序，用儒家礼教"化民成俗"，以保障约众的共同生活和提升民众的个体道德品质的。可见，乡约是乡民自治的一种体现，目的在于建立和维护公正良好的民间社会秩序，因而在人们长期的生产生活实践中自然形成并世代相传。它比国家法律所企望建立社会秩序的意愿更得民心、更贴近生活、也更符合当地的风俗习惯，是教民化俗和培育个体品德的民间化形式之一。如王阳明推广传布的《南赣乡约》开篇即指出："昔人有言，蓬蒿生麻中，不扶而直；白沙在泥，不染

---

① 古代人制定族规是为了调节家族成员间的关系。我国汉王朝建立以来相对稳定的社会秩序和相对宽松的儒教环境，给宗族的强大注入了活力，出现了"连栋数百，膏田满野，奴婢千群，徒附万计"的大户，形成"或百室合户，或千丁共籍"的局面。（房玄龄等：《晋书》卷127，中华书局1974年版，第3161页）在家族人口众多、辈分与血缘关系已疏的情况下，要管理这样一个超级大户，没有规矩和权威是不可能的。

② 吕大钧等：《蓝田吕氏乡约》，光绪甲辰武昌吕氏刊刻，新悔盦校刊本。

而黑。展俗之善恶，岂不由积习使然哉；……故今特为乡约，以协和尔
民。自今凡尔等同约之民，皆宜孝尔父母，敬尔兄长，教训尔子孙，和顺
尔乡里。死丧相助，患难相恤，善相劝勉，恶相告诫，息讼罢争，讲信修
睦。务为良善之民，共成仁厚之俗。"① 充分表明乡约制定的目的是为了
"移风易俗"来优化社会风尚，进而使每个社会成员的个体道德素质得到
提高，个体品德得到培育。所以，乡约是中国古代富有特色的一种德育形
式，也从一个侧面成功地实现着个体品德培育的民间化。

其实，乡约强调通过改变社会风气，形成良好社会风尚以培养个体品
德的立意，与中国传统家训精神一脉相承。因为在中国古代家国同构政治
和社会条件下，一个村落往往就是一个家族，或者某个同姓家族分布在较
大的一个生活区域，倡导移风易俗和讲信修睦等其实说到底还在训家，更
何况中国传统文化的特点是注重教化，我国古代的思想家大都主张要通过
学习、接受教育和自我修养来培养人的德性，这些思想反映在教育实践当
中，都坚持人格养成应该在人伦关系中进行，因而表现在育人社会环境的
建设方面，认为人是环境与教育的产物，通过修身行为化性起伪，人就可
以"积善成德"。所以，一方面，传统文化中所蕴涵的古代个体品德培育
基本道德规范和文化精神，通过在乡约中的具体化、生活化而在民间得以
广泛传播、延续；另一方面，通过同居一地各家让渡权利而建立的乡约等
民间道德规范与传统教化的相互作用，便形成了中国古代较为成功的全民
个体品德培育机制，造就出了一代代能够自觉遵守社会道德规范的国民人
格，也维护了社会的和谐与稳定。

二　推行生活化德育方式

（一）古代家训的目的在于塑造子女的德性人格，生活化和常态化是
家训培育个体品德之所以有效的价值所在。个体品德培育只有落实和渗透
到人们的日常生活中，才容易被现实生活中的个体所接受。同颜之推一
样，历代贤哲制作家训，均希望能够造就子弟的理想人格，其中固然不乏
迂腐之谈和过时之语，但更多的是精警之言和善益之论。如果说古代家训
通过搭建儒家文化走下圣坛而广被民间的桥梁，使得家长意在整齐门内和
提撕子孙而制作的家训，成为集中反映中国人固有的崇德遵礼、孝亲友爱

---

① 牛铭实：《中国历代乡约》，中国社会出版社 2005 年版，第 3 页。

伦理道德思想与塑造德性人格的个体品德培育教科书；那么，以家庭尊长日常教诫的反复施为而将家训理念生活化和常态化，并通过世传醇厚浓郁的家训门风熏陶渐染，以及接受其他个体德行的比照监督和家法的惩戒警示等家训实践，便是家训在日常生活习作状态下塑造个体人格的生动活体，也是家训成功培育个体品德的有效方式和途径。从这个维度来看，我们的祖先以家训践履的形式构建起了将一般道德规范和价值原则渡向个体内在品性的逻辑中介与实践环节，开辟了培育子弟良好品德和塑造其德性人格的一条成功之路，为我们留下了丰厚的文化遗产。

（二）继承和弘扬传统家训文化精神，纠正和防止目前德育工作中存在的偏误。首先，生活化的德育工作要切合实际贴近生活。生活化与常态化是个体品德培育作用发挥切实有效的关键，而现时社会的思想政治教育大多停留在舆论导向、政治宣传、理论灌输与知识说教层面，即便是理论说教也是假大空者多而真平实者少，根本没有进入受教个体的生活乃至生命世界。如果我们总是以这种高高在上的姿态坐而论道，以喊口号的方式和业已掌控话语权的强势一味地进行正面灌输，不论是仁义道德之内省还是善恶美丑之外加，最终都会变得虚无缥缈和若有若无，这样的思想政治教育因为与人们的实际生活很隔膜，与个体道德修养需要存在的距离很明显，因而无法深入个体的心灵，当然难以征服人心，也难以收到理想的习染和社会教化功效。其次，作为主阵地的学校德育工作，也要实现生活化和常态化。系统化、渐进式和科学性是学校个体品德培育的优势所在，在知识经济社会条件下，人们对包括品德培育在内的人才培养，则更多的依赖于学校教育。然而，理应发挥个体品德培育主渠道作用的学校，对学生的品德培育也是颇让人挠头，效果不能如愿以偿。以目前小学普遍开设的"品德与生活"课教育为例，不仅学校和老师对该门课程的重视程度不足，即使是勉强开课，授课教师往往只是给学生们讲书本，没有就学生日常生活与待人接物等常态言行进行有针对性的教育，并能给出相应的德行示范，启发和诱导孩子们自觉审视自己的一举一动，同时还能够正确看待和理解自己身边的生活世界。而是继续过去惯常使用的思想政治教育照本宣科老办法，那么，再好的德育课程内容设计也必然会显得单一枯燥，品德课的实际效果自然受到影响。许多家长质疑学校品德课形同虚设，孩子甚至不知什么叫品德，有记者调查也发现有些"品德与生活"课上成了语文或数学课，不少学生对"品德与生活"课没什么概念。① 最后，生活化的德育工作必须选择现实性的施教内容。当前，我国思想政治教育的效果不尽如人意，其主要原因之一就是教育内容选择不当，至少是施教内容的难易程度不完全适合教育对象。长期以来，中国的学校德育从教育内容的确定方面看是设计的起点太高，一般对小学生进行的是共产主义理想教育，对中学生进行的是社会主义道德教育，而高校面对学生基础德行培养缺失的实际，往往不得不对大学生进行诸如不随地吐痰、不攀折花木、节约用水和爱护公物等最基本的社会公德和文明行为教育。造成这种尴尬与错失的原因就在于我们的启蒙教育或义务教育中，仅仅简单地把思想政治教育当做一门课程看待，只注重得成绩或拿学分，却完全背离了道德教育本身的主旨，更谈不上关注孩子们的生活与生命世界。古代家训作为传统家庭的意志信条和行为准则，是古代社会普遍价值原则具体化、生动化、形象化、生活化的反映，它首先关注和不弃不离的教化内容，始终体现着中国古代"尊祖宗、重人伦、崇道德、尚礼仪"② 和仁义礼智、忠孝节义等基本的价值原则与文化精神，这些恰恰都是古代社会人之为人的最基本要素和其立身处世的人格要件，古代家训在个体品德培育内容的选择上，确实有助于启迪我们认真省思。

（三）个体品德培育是思想政治教育的重要内容，培育个体品德必须遵循教育规律。个体品德培育是塑造理想人格的教育活动，同样是主客体互动，教学相长的认知过程。作为人的社会化，个体品德培育同样存在着主体客体化和客体主体化的双向运动，而且正是这一矛盾运动的统一，显示着思想政治教育的强大生命力。主体客体化就是教育主体教育感染能力的对象化和外化，具体表现为"教育者以一定的品德规范要求受教育者，同受教育者原有的品德基础发生矛盾"，而"这个矛盾的解决，就是教育者将品德规范要求转化为受教育者的品德"③ 这一德育过程的实现，要求教育者通过信息交流这个中介，调动受教育者反身内求的处己修身自觉能动性，变受教育者被动的适应道德规范为主动的道德践履，从而实现个体

---

① 赵倩：《家长质疑学校品德课形同虚设》，参见中国新闻网 http://www. chinanews. com. cn。

② 司马云杰：《文化社会学》，山东人民出版社 2001 年版，第 398 页。

③ 华中师范大学教育系等合编：《德育学》，陕西人民出版社 1986 年版，第 42 页。

修养德性的自我认识、自我控制和自我塑造，达到君子慎独状态。客体主体化则是教育者通过选择接收教育对象的思想状况，不断提高充实和完善自身的教育实践能力既德行的内化过程。这一过程强调，要教育别人，必须首先教育和修养好自己的德性，要想使受教育者的思想实现转化，教育者本人的思想必须首先提升境界。古代家训虽然具有自上而下发动教育的权威性，但家教良好的家庭必然有德行昭著的家长，以及来自于日常不厌其烦的耳提面命和因人而异、因势而动的教育施为。这种生活化的个体品德培育活动，在不断的重复强化和与其他家庭成员的言行比照过程中使各种诱导信息得到增强，有利于实现道德教育的客体主体化。如判断某个体的德行是否达标时，能直接从其日常的视听言动当中迅速透视出来，对其言行失范的矫正也更为及时和便捷，教育效果当然明显。这种教育主客体双向运动的矛盾统一，在思想政治教育中具体表现为教育者与受教育者思想教育与思想交流的统一，一个人有德人格的形成，必须经过一个漫长而重复强化的道德熏陶习染与思想碰撞交流的过程，而绝非一味地单向强制灌输。

（四）借鉴传统家训经验，努力实现德育方式的生活化。思想政治教育或思想政治工作是我们党的传家宝和政治优势，在我国的革命和建设史上曾经凭其真理和人格力量创造了历史的辉煌。然而，在过去一个相当长的历史时期，我们只片面强调了正面或理论"灌输"的重要性，过分强调思想政治工作的思想教育功能，注重思想政治教育的舆论导向、政策宣传和理论说教功能发挥。受此观念的影响，学校的思想政治教育也基本上采取宣传或理论灌输的方法，高校的"两课"也基本沿用着照本宣科的老套路，因而收效不佳。近年来，党和国家对思想政治工作的重视程度日益强化，改进和加强思想政治教育的社会呼声也空前高涨，但目前的思想政治教育却仍然没有多少起色，尤其面对当前青少年身处日益复杂的生活与社会环境，面对快速多变的社会风尚大潮、现代传媒导向和成人示范的人际交往等环境影响，我们的思想政治教育总是显得应对乏力，化解问题的办法不够多，施教手段不够新，使得这种正式的或官方的道德教育一时间难以进入受教个体的生活和生命世界，思想政治教育的实际效果当然不够理想。我们有感于《颜氏家训》培育古代个体品德的方法自然天成，原因就在于家训作为我国道德文化的重要方面，不仅是随着家庭的产生而出现的一种重要的家庭道德教育形式，而且在于其拉家常式的生活化个体品德培育方法。更为重要的是，古代家训还能够根据每个受教个体的生存处境和精神诉求适时调整教育方法，容易突破官方正式教育制度下那些空洞玄虚的抽象而固定的说教形式，而且在教育实践过程中主张"听其言而观其行"，讲求言行合一，表现在施教实践中则是古代家训培育个体品德并没有停留在用僵化的道德信条去说教，而是展现于一系列活生生的德行教化实践当中，每个个体正是在日常的生活起居和洒扫庭除等这些看似平淡的现实生活当中无意间塑造出了自己的德性人格。古代家训的这一生活化德育方式，确实值得我们这些继承了祖先文化遗产的中国人深思。

三　具体化核心价值体系

（一）古代家训培育个体品德成功有效的前提，在于对社会普遍价值原则的具体化。中国古代用以培育个体品德的基本道德规范，隶属于社会一般的价值体系，这些一般的道德原则只有经过一系列的中间环节和逻辑中介而具体化、生活化、形象化、生动化、个体化，让其回归并融入人们的日常生活，才能够被现实生活中的个体所接受，才可能内化为受教个体的道德信念和生活信条。从这个视角来看，以《颜氏家训》为代表的古代家训恰恰构成了将一般道德原则向个体品德过渡所要求的逻辑中介，表现在这些家训的文本形式上，都是以"正欲其浅而易知，简而易能，故语多朴直。使愚夫赤子，皆晓然无疑"[1] 为原则；在家训内容的确定上，"虽辞质义直，然皆本之孝悌，推以事君上，处朋友乡党之间，其归要不悖六经，而旁贯百氏。至辨析援证，咸有根据；自当启悟来世，不但可训思鲁、愍楚辈而已。"[2] 说明古代家训培育个体品德的有效，得益于其对基本道德规范的具体化，以《颜氏家训》为代表的古代家训，正是通过采取与人们的日常生活密切关联且通俗易懂的语言表达方式，实现了对以儒家思想为核心的社会普遍价值原则和道德规范的具体化，才保证了个体品德培育的成功和有效。

（二）社会主义核心价值体系，是当前培育公民道德的基本社会规范。党的十六届六中全会最早提出了建设社会主义核心价值体系的战略任

---

[1]　庞尚鹏：《庞氏家训》，上海古籍出版社 1985 年版，第 1 页。

[2]　王利器：《颜氏家训集解》卷 7。思鲁（颜思鲁）、愍楚（颜愍楚）为《颜氏家训》作者颜之推之子。

务，会议指出："马克思主义指导思想、中国特色社会主义共同理想、以爱国主义为核心的民族精神和以改革创新为核心的时代精神、社会主义荣辱观，构成社会主义核心价值体系的基本内容。"① 提出要切实把社会主义核心价值体系融入国民教育和精神文明建设全过程，积极探索用社会主义核心价值体系引领社会思潮的有效途径，增强社会主义意识形态的吸引力和凝聚力。这表明社会主义核心价值体系作为社会主义意识形态的本质体现，是我们用以培育公民道德的基本社会道德规范。

（三）继承古代家训传统，实现对社会主义核心价值体系的具体化。进行社会主义核心价值体系建设，改进和加强思想政治教育，关键在于做好公民个体品德的培育。如何将社会主义核心价值观念内化为个体的道德品质，消除社会上出现的道德失范，是非、善恶与美丑不分，拜金主义、享乐主义、极端个人主义滋长，见利忘义、损公肥私行为以及欺诈与不讲诚信、以权谋私与腐化堕落等不良现象，是思想政治教育工作必须解决的现实课题。然而，社会主义核心价值体系是现阶段我国广大人民群众所要树立的世界观、人生观、价值观等道德观念的有机整体，它是作为社会普遍的理想信念和道德规范而存在并成为引领当前思想政治教育的精神动力的。如何将这一表征社会主义意识形态本质的核心价值体系，具体化为现实生活中让全体社会成员必须遵循的思想观念、道德原则、价值标准和行为规范，从而把对国民的道德教育转化为人们自觉追求品德修养和人格完善的人生践履，是思想政治教育和公民道德建设获得成效的关键。

四　营造良好的育人环境

人是社会教化的产物，社会环境作为人类赖以生存和发展的各种外部条件的总和，它通过个体的人际交往与群体活动的习染等社会实践环节，能够逐步地将一定社会的普遍道德规范和价值原则渗透移植到人的意识和行为当中，并以知行合一的道德践履，通过反复强化和历史积淀，最终沉积为一个人相对稳定的心理倾向和惯常的行为习惯，从而塑造成为受教个体的既定人格。所以，环境之于思想政治教育，其实具有非常重要的决定性意义。孔子提出的"性相近也，习相远也"②，荀子主张的"化性起

---

① 参见人民网《加强社会主义核心价值体系建设》http//：www. people. com. cn。

② 《论语》卷9《阳货第十七》。

伪"，都是看到了环境对于个体品德培育的重要性。对此，极具品德培育活动实践价值的《颜氏家训》，对此论述得更为清楚："人在年少，神情未定，所与款狎，熏渍陶染，言笑举动，无心于学，潜移暗化，自然似之；何况操履艺能，较明易习者也？是以与善人居，如入芝兰之室，久而自芳也；与恶人居，如入鲍鱼之肆，久而自臭也。墨子悲于染丝，是之谓矣。"① 古代家训之所以坚持蒙以养正、德教为先理念，重视和强调家庭、社会环境和人际交往影响子女品德形成的这一重要家训思想，分明在告诫我们要做好思想政治教育，必须营造良好的育人环境，创造一个有利于个体品德培育的良好社会和家庭德育氛围，这对于塑造遵守社会主义价值原则和道德规范的健全人格有着非常重要的意义。当然，德育环境的营造是一项系统工程，不仅需要真善美统一的社会价值导向与精神诉求，更需要建立合理有序的社会政治结构，还得构建起体现公正良俗的社会道德规范和法律体系，并有能适当弥补和消解受教个体在遗传、思维等方面可能存在偏颇的心理和生理防范机制。在具体的思想政治教育实践中，合理利用这些环境因素，防止和消除已有环境可能产生的消极影响，发挥环境道德化育的积极作用，使受教个体始终能够朝着社会所需要的健康人格方向发展。

---

① 《颜氏家训》卷2《慕贤》。

附录

附录一　家训(《颜氏家训》)文化调研访谈提纲

非常感谢您能接受我们唐突的造访！

为了弘扬中国传统文化，对传统家庭道德教育特别是家训德育有比较深入的了解，我们特进行此类调查，您的支持和参与是对我们最大的鼓舞！

一　个人信息

1. 您的年龄、职业、教育背景怎样？（年龄段即可，无须准确数据；简单描述）

2. 您与颜氏家族的关系是什么？（若是宗亲，是第几代宗亲？是否任家族内部职位？在家族的地位？）

3. 您的婚姻情况、基本家庭成员情况如何？（是否有孩子？父母是否健在？从事什么工作等）

4. 您对社会阶层自我认同的主观评价？（您处于上层，中上层，中层，中下层，下层）

二　家训文本

1. 您是否了解《颜氏家训》是从何时、何地、什么人因为什么原因，写成了本家族的家训？它是如何被记录流传下来的？（书面？碑刻？口头相传？）

2. 《颜氏家训》目前的存在和表现形式有哪些？怎样获取这些文本？（成书？碑刻？口头形式？电子版？）

3. 请您描述一下颜氏家族家训的发展演变过程。（有疑问可能追问）

4. 您了解《颜氏家训》在其形成发展过程中有哪些重大事件？重要影响人物是谁？重大事件发生的时间是什么？这些重要影响人物在其中做

了哪些事情？

5. 自古以来造成家训发生变化的原因有哪些？都有哪些方面的变化？

6. 您了解"颜氏家训"在传承过程中遇到哪些大的困难？（战乱、特殊历史时期等）这些困难是怎样被克服的？

7. 关于家训文本，您还了解哪些有关的信息？

三　家训运行（方式、仪式、过程、效果）

1. 平时，家训在家族内外是怎样发挥作用的？一般都有哪些作用，其表现形式有哪些？

2. 一年当中，家族内有哪些重要的家训仪式？（如家训集会、年节、祭祖等）有哪些特殊的家训仪式？（如孩子出生、满月，老人祝寿、过生日，娶媳妇、嫁姑娘，丧礼、扫墓，孩子过继、女儿招婿等）家训在这些仪式中是如何起作用的？

3. 您或您所了解的人是怎样学习理解家训精神的？是如何接受家训的？①最早是什么时候了解的，是因为什么事接触到的，是以什么形式接触到的？②您或您所了解的人在成长过程中是如何不断理解领会家训精神的？是否会有困难、疑惑、反对等情况？如果有，是在何时、为什么会产生这样的情况？又是如何解决的？

4. 在您的成长过程中，您认为有哪些与家训有关的事件（如成人仪式、家训格言、训诫改过）对您的影响最大或最深？您怎么看待这些影响事件的？

5. 您是怎样利用家训教育您的子女的？①使用什么方式进行教育的？（可例举某一事件说明）②教育的成效怎样？（有没有用？起多大作用？）

6. 关照眼下的思想品德教育，您认为问题出在哪里？尤其是家庭教育的问题存在哪些？您认为应对措施可能有哪些？

7. 《颜氏家训》对社区其他成员的思想品德、言行举止、为人处世、待人接物等产生了哪些影响？请您评价一下家训的这些社会普遍价值？

四　家训的生命力

1. 在现代社会，《颜氏家训》的价值表现在哪些方面？面对家庭教育的诸多困境，家训应当发挥什么作用？如何发挥作用？（以什么方式、途径、手段和机制）

2. 目前，家训传承和发展方面是否遇到了困难？有哪些困难？面对这些，传统家训做出了什么样的适应性调整？您认为这些困难是否能够被解决？如何解决？对家训的生命力是否产生了影响？对此您有怎样的预期？

3. 家族内部是否有人做家训方面的研究？（出著作、写文章等）对这些人的书和文章、影视作品您是怎么看的？

附录二　传统家庭道德教育调查问卷

尊敬的朋友：

您好！为了对传统家庭道德教育有比较详尽的了解，我们特进行此次调查，您的参与是对我们最大的鼓励和支持！本调查仅用于科学研究，所有个人信息遵循保密原则，请您如实填写。您只需按照题目要求在自己认可的选项下画"√"即可。非常感谢您的配合！

2010 年 11 月

1. 您的性别？

（1）男　　　　（2）女

2. 您的年龄？

（1）18—40 岁（2）41—65 岁（3）66 岁以上

3. 您的文化程度？

（1）高中及其以下（2）大专（3）本科（4）硕士以上

4. 您的常住地是？

（1）农村（2）城市

5. 您有孩子吗？

（1）有（2）没有（若选此项，请跳到第 14 题继续作答）

6. 您有几个孩子？

（1）1 个（2）2 个（3）3 个以上

7. 您的职业？

（1）科技或教育工作者（2）党政机关工作人员（3）企业职工（4）商人及个体经营者（5）农民及自由职业者（6）学生

8. 您的家庭月收入大约是多少元（人民币）？

（1）1000 元以下（2）1001—3000 元（3）3001—5000 元（4）5001元以上

9. 您对子女在道德教育方面的重视程度如何？

（1）非常重视 （2）比较重视 （3）一般 （4）不重视 （5）非常不重视

10. 对于孩子在德育方面所取得的进步，您通常的做法是？

（1）给予物质奖励 （2）给予口头表扬 （3）带他（她）外出旅游等 （4）允许他（她）适当上网、玩游戏 （5）不闻不问 （6）其他

11. 如果孩子犯了错误，您通常的教育方法是？

（1）打骂 （2）口头批评 （3）耐心说教 （4）置之不理 （5）让他（她）自我反省 （6）其他

12. 围绕如何做人，您平均每周能与孩子沟通交流几次？

（1）无 （2）1次以下 （3）1次到2次 （4）2次到3次 （5）3次到4次 （6）4次以上

13. 假如孩子在心理方面出现了什么问题，您通常的做法是？

（1）与孩子多沟通，帮助排解 （2）找老师、孩子的同学、伙伴帮助 （3）找心理咨询师 （4）先观察一段时间，看孩子能否自己解决 （5）置之不理 （6）其他

14. 您家里有没有组织或参加过一些启发孩子智力、寓教于乐的活动？

（1）经常组织或参加 （2）偶尔组织或参加 （3）从不组织或参加

15. 您认为家庭对孩子的品德教育所起的作用？

（1）非常重要 （2）比较重要 （3）一般 （4）不重要 （5）非常不重要

16. 请您按照对个人品德培养所起的作用由大到小给下列各项排个序（标出序号即可）［ ］［ ］［ ］［ ］［ ］

（1）学校 （2）家庭 （3）工作单位 （4）网络或影视、书籍、报刊 （5）同龄群体

17. 您赞同"从娃娃抓起"的早教思想吗？

（1）非常赞同 （2）比较赞同 （3）一般 （4）不赞同 （5）非常不赞同 （6）不知道

18. 您认为"跟着好人易学好，跟着坏人易学坏"这句话有道理吗？

（1）非常有道理 （2）有道理 （3）一般 （4）没道理 （5）非常没道理

19. 您认为一个人事业的成功与他个人品德修养的关系重大吗？

（1）非常大 （2）比较大 （3）一般 （4）不太大 （5）二者没有关系

20. 您是否会经常反思自己言行的对或错？

（1）是（2）不是

21. 您对"父母是子女的第一任老师"这句话的态度是？

（1）非常赞同（2）比较赞同（3）一般（4）不赞同（5）非常不赞同

22. 对于父母对您的教导和要求，您通常的做法是？

（1）完全听从（2）自己认为对的听从，错的反对（3）不听从，依个人的意志和想法行事（4）根据父母的态度决定如何行事

23. 您家有没有家训（家长用来教育子女的材料）？

（1）有（2）没有

24. 您认为家里是否应该有家训？

（1）应该有（2）可有可无（3）没必要有（4）说不清楚

25. 您所了解的家训常以怎样的形式存在？

（1）口头告诫的形式（2）文本的形式（3）其他

26. 您认为家训的主要用途是？

（1）对子孙后代进行道德教育（2）教子孙后代学习文化（3）在家里教训孩子（4）惩罚有破坏家规行为的子女（5）记载家族的历史和一些杰出人物的事迹

27. 您认为家训在您的祖辈家庭道德教育里作用发挥得怎么样？

（1）非常大（2）比较大（3）一般（4）比较小（5）非常小

28. 在您的成长过程中有没有受到过家训的惩戒或教育？

（1）有（2）没有

29. 您是否听说过他人受家训教育的事？

（1）听说过（2）没有听说

30. 您认为家训对一个人小时候的品德养成所起的作用如何？

（1）非常大（2）比较大（3）一般（4）比较小（5）非常小

31. 您听说过我国古代的颜回（渊）、颜之推或颜真卿的故事吗？

（1）听说过（2）没有听说

32. 您是否听说过《颜氏家训》？

（1）听说过（2）没听说过

33. 您认为像家训这样的传统文化能不能被现代的教育部门认可或接受？

（1）能（2）不能（3）说不清

34. 假如您的家人或邻里之间发生了矛盾纠纷，您通常的解决方式

是？

（1）请周围德高望重的人评理劝解（2）找居委会（村委会）或请政府有关部门出面调解（3）找共同熟悉的朋友化解（4）等双方冷静下来后自行和解（5）不做任何补救，以后见面也不再搭理（6）其他

35. 见到别人的不道德行为，您的做法是？

（1）在内心鄙视（2）当面制止（3）试图用自己的言行感化他

（4）与己无关，不闻不问（5）其他

36. 您对我国目前的家庭道德教育情况的总体评价是？

（1）非常好（2）比较好（3）一般（4）比较差（5）非常差

37. 您认为下列哪一项是目前家庭道德教育中最缺失的？

（1）诚信（2）礼貌（3）责任感（4）吃苦耐劳精神

38. 您认为祖辈们曾经沿用过的家训在今天有无可用之处？如果有，应该怎样用？

附录三 《颜氏家训》调查问卷（颜氏宗亲卷）

尊敬的颜氏宗亲：

您好！为了帮助我们了解颜氏家训和颜子文化，特进行此次调查。您的支持和参与是对我们最大的支持和鼓励！本调查仅用于科学研究，所有个人信息遵循保密原则，请您如实填写。您只需按照题目要求在自己认可的选项下画"√"即可。感谢您的配合！

2010 年 10 月

1. 您是颜氏家族的第多少代后裔？＿＿＿＿＿

2. 您的性别？（1）男（2）女

3. 您的年龄？＿＿＿＿＿

4. 您的常住地？＿＿＿＿＿国＿＿＿＿＿省（市、自治区）＿＿＿＿＿县（区、市）

5. 您的职业？＿＿＿＿＿＿＿＿＿

6. 您的文化程度？

（1）高中及其以下（2）大专（3）本科（4）硕士以上

7. 您的月收入是多少元（人民币）？

（1）1000 元以下（2）1001—3000 元（3）3001—5000 元（4）5001 元以上

8. 您认为自己目前处于哪个社会阶层？

（1）下层（2）中下层（3）中层（4）中上层（5）上层

9. 您与外地颜氏宗亲是否有联系？

（1）是（2）否（若选此项，请跳到 12 题继续作答）

10. 您与外地颜氏宗亲联系的频率是？

（1）1 个月一次（2）半年一次（3）1 年一次（4）1 年以上一次

11. 你们通常是以什么方式进行联系的？

（1）电话（2）书信（3）电子邮件（4）网络聊天工具（5）其他

12. 您对颜氏家族历史的了解程度是？

（1）非常了解（2）比较了解（3）一般（4）不太了解（5）根本不了解

13. 作为颜氏后裔，您是否有一种自豪感和优越感？

（1）有（2）没有（3）没考虑过这个问题

14. 您认为宗主的权威来自？（可多选）

（1）复圣公嫡长孙的血统和地位（2）德高望重、学识渊博

（3）遵从先祖的惯例而自愿服从（4）政府有关部门的认可

（5）其他

15. 对颜氏家族各个时期的名人，您的了解情况是？

（1）非常了解（2）比较了解（3）一般（4）不太了解（5）根本不了解

16. 您对颜氏后裔在个人修养和为人处世等方面的总体评价是？

（1）非常好（2）比较好（3）一般（4）比较差（5）非常差

17. 您认为一个人事业的成功与个人品德修养的关系重大吗？

（1）非常大（2）比较大（3）一般（4）不太大（5）二者没有关系

18. 假如发现有极个别颜氏后裔的言行给颜氏祖先和宗亲丢脸了，您会怎样做？

（1）远离他（她），不闻不问（2）耐心帮助，教育劝导

（3）联合族人进行惩戒（4）忍气吞声，听凭社会舆论指责

19. 对于做人（品德）与做事（事业），您更看重在哪个方面的成功？

（1）做人（2）做事（3）二者同等重要

20. 您认为学校、家庭、社会对于个人品德培养所起的作用由大到小的排序依次是（标出答案序号）［　］［　］［　］

（1）学校（2）家庭（3）社会

21. 您认为传统美德在现代社会所起的作用如何？

（1）非常大（2）比较大（3）一般（4）比较小（5）不起任何作用

22. 在弘扬颜子美德方面，您认为颜氏后裔是否起到了模范或榜样作用？

（1）起到了模范榜样作用（2）没有起到模范榜样作用

23. 在弘扬颜子美德方面，您认为颜氏后裔所做努力是否卓有成效？

（1）非常好（2）比较好（3）一般（4）比较差（5）非常差

24. 您是第几次参加颜氏宗亲联谊大会？　_____

25. 您认为颜氏宗亲大会的召开对于加强颜氏后裔的感情联络和促进宗亲间的团结互助合作所起的作用如何？

（1）非常重要（2）比较重要（3）一般（4）不太重要（5）根本不重要

26. 您认为颜氏宗亲联谊对颜子美德的弘扬所起的作用是？

（1）非常重要（2）比较重要（3）一般（4）不太重要（5）根本不重要

27. 您认为颜氏优秀人物评选活动对颜氏后裔的道德教育所起的作用如何？

（1）非常大（2）比较大（3）一般（4）比较小（5）非常小

28. 对颜氏宗主、与会发言人的号召、意见、决定，您的态度是？

（1）非常赞同和支持（2）比较赞同和支持（3）一般

（4）不太赞同和支持（5）很不赞同和支持

29. 据您所知，除颜氏宗亲大会外，颜氏家族宗亲间还有其他大型集会或仪式吗？

（1）有，我知道（2）有，但我不清楚（3）没有（4）不知道

30. 您了解《颜氏家训》吗？

（1）非常了解（2）比较了解（3）一般（4）不太了解（若选此项，请跳到39题继续作答）（5）根本不了解（若选此项，请跳到39题继续作答）

31. 您是如何了解到《颜氏家训》的？

（1）从祖辈那里了解（2）自己看书学习了解

（3）从媒体报道了解（4）从其他社会成员处了解

（5）其他_____

32. 您对《颜氏家训》形成过程的了解情况是？

（1）非常了解（2）比较了解（3）一般（4）不太了解（5）根本不了解

33. 您认为《颜氏家训》在当前宗亲成员个体品德培养过程中所起的作用？

（1）非常大（2）比较大（3）一般（4）不太大（5）不起任何作用

34. 您认为是什么原因导致了越来越多的颜氏宗亲对《颜氏家训》了解程度的淡化？（可多选）

（1）历史久远（2）祖辈和家族不重视（3）忙于生计、赚钱、家庭、事业等日常生活无暇顾及（4）缺乏了解的渠道、媒介、工具（5）家族历史、家训在现代社会已经时过境迁，没有什么实用价值，不值得再去了解和关注（6）其他_____

35. 您所知道的《颜氏家训》的存在形式有哪些？（可多选）

（1）口头形式（2）碑刻（3）纸质形式（4）电子版

（5）其他_____

36. 您是否详细阅读过至少一种版本的《颜氏家训》？

（1）阅读过（2）没有阅读过

37. 您认为《颜氏家训》的古版本好还是做了注释的新版本好？为什么？

（1）古版本好，因为它最本源、最能反映家训制定者意图，而且在历史上曾经起过重要作用，语言文字凝练（2）新版本好，因为它简明、通俗易懂，适合现代人阅读，便于复制、携带，而且排版新颖，往往穿插故事情节、图片，寓教于乐，观赏性强

38. 您认为从古到今《颜氏家训》变化不大的原因是什么？（可多选）

（1）为了恪守古训、尊重先祖（2）当时的家训在体例、内容、语言等各方面都已尽善尽美，无需改变（3）后人对家训的重要性认识逐渐淡化，学习、研究者减少，创新者更少（4）后人多停留在翻译、注释、学习的层次，没有能力超越前人而加以修改、完善和创新

（5）其他_____

39. 您是否听说过祖辈因违反家训而受到处罚的事例？

（1）听说过（2）没听说

40. 您的祖父、父亲等长辈有没有通过家训教育过你？

（1）有（2）没有

41. 对于家训不适应现代教育的部分，您是否会加以改变？

（1）会（2）不会

42. 在您的人生历程中是否有重大的事件受到了家训的影响？

（1）有（2）没有

43. 您有没有考虑用家训去教育已有或将来有的子孙后代？

（1）有（2）没有

44. 您认为《颜氏家训》对颜氏宗族外的人的教育方面产生的影响怎样？

（1）非常大（2）比较大（3）一般（4）比较小（5）没有影响

45. 对非颜姓作者发表的关于《颜氏家训》的著述，您的了解情况是？

（1）非常了解（2）比较了解（3）一般了解（4）不太了解（5）根本不了解

46.《颜氏家训》目前有无遇到传承方面的困难？

（1）有（2）没有（若选此项，请跳到49题继续作答）

47.《颜氏家训》传承过程当中遇到的困难主要有哪些？（可多选）

（1）家训不受重视、无人继承（2）家训已不适应现代家庭教育，自动退出历史舞台（3）学习、研究家训的人越来越少，一些版本的家训已经失传（4）教育学科、教育机构、教育工作者不认同家训在现代社会的作用和意义（5）其他_____

48. 您认为如何解决这些困难？（可多选）

（1）加大学习、宣传家训的力度（2）对古版家训进行注释、整理、保护（3）继续用家训中的典范教育子孙后代，重树家训在现代家庭教育中的地位（4）与时俱进，用现代教育理念、教育方式对家训进行必要的修改和变通，使之与现代家庭教育相适应

49. 您认为《颜氏家训》对古代家庭教育做出的贡献如何？

（1）非常重要（2）比较重要（3）一般（4）不太重要（5）根本不重要

50. 您是否看过其他家族的家训？

（1）看过（2）没看过

51. 您认为颜氏后裔的优秀品格是否源自于先辈或颜氏家训的教导？

（1）是（2）不是（3）不清楚

52. 您认为颜氏名人是否在德行、事业方面达到了一致？

（1）是（2）不是

53. 您对《颜氏家训》的认同度？

（1）非常高（2）比较高（3）一般（4）比较低（5）非常低

54. 您认为现代社会是否还应该运用《颜氏家训》来教育人？

（1）是（2）不是

55. 您对《颜氏家训》的未来发展有怎样的预期？

（1）家训将与时俱进，继续发挥在家庭教育方面的重要职能（2）家训只能停留在少数学者学习、研究的层面（3）家训作为祖辈留下来的文化遗产只能放进文史资料展馆、博物馆等地方供人们参观，而无须再去学习、继承（4）家训的作用、价值会随着时代的变迁走向没落，无人问津

（答题完毕，再次感谢您的配合！）

附录四 Questionnaire on *Yanshi Jiaxun*[①]

Dear Sir or Madam:

The present questionnaire will only be used in scientific study. The aim is to help people know better *Yanshi Jiaxun* and the culture he created. All your personal information will be definitely confidential. Thus, please answer the questions below as they are. Please mark the choice you agree with a tick [√]. Thank you very much for your precious time and generous support.

October, 2010

1. How many generations are there between you and Master Yan Hui?

_____

2. Your gender: A. Male   B. Female

3. How old are you? _____ years old.

4. Where is your permanent residence?

_____ [Street] _____ [Town] _____ [City] _____ [State / Province] _____ [Country]

5. What is your occupation? _____

6. Your educational level:

A. High school or blow   B. Junior college

C. Undergraduate college   D. Post – graduate or above

7. How much is your monthly salary [in RMB Yuan]?

---

① The Family Instructions of Master Yan, a privately written book on a lot of philosophical topics. The seven juan ("scrolls") and 20 chapters long book was written by Yan Zhitui [颜之推（531—595）] with the intention to have it read as an educational handbook for his sons.

A. 1000 or below　　　　　　　B. 1001—3000

C. 3001—5000　　　　　　　　D. 5001 or above

8. In your opinion, which social class do you belong to?

A. Lower class　　　　　　　　B. Middle to lower class

C. Middle class　　　　　　　　D. Middle to upper class

E. Upper class

9. Do you contact other Yan out – of – town clansmen?

A. Yes　　　　　　　　　　　　B. No（If this one, please go to Question 12 and continue.）

10. How often do you contact them?

A. Once a month　　　　　　　B. Twice a year

C. Once a year　　　　　　　　D. Once more than a year

11. Through which way do you usually contact them?

A. Telephones/ Cell phones　　　B. Letters

C. Emails　　　　　　　　　　　D. Internet　　　E. Others

12. How well do you know the Yan Family history?

A. Very well　　　　　　　　　B. Well　　　　　　　C. Just so so

D. A little bit　　　　　　　　　E. Nothing

13. As a descendant of the Yan family, do you have the sense of pride and/ or superiority?

A. Yes　　　　　　　　　　　　B. No

C. Never think about it

14. In your opinion, where should the suzerain power come from?　（You can choose more than one option）

A. The blood and status of the first born of the firstborns since Yan Hui

B. Uprightness and eruditeness

C. Obedience to the family convention and willpower handed down from the ancestors

D. The authorization from a certain governmental office

E. Others

15. How well do you know about the Yan Family celebrities from over different historical periods?

A. Very well　　　　　　　　　B. Well

C. Just so so　　　　　　　　　D. A little bit　　　　E. Not at all

16. What is your general assessment upon the individual morality and social responsibility of Yan Family?

A. Very good　　　　　　　　　B. Good　　　　　　　　C. Just so so

D. Not good　　　　　　　　　E. Very bad

17. In your opinion, is there an influential relation between achievement and morality cultivation for an individual?

A. Very influential　　　　　　　B. influential

C. Just so so　　　　　　　　　D. uninfluential

E. They have nothing to do with each other.

18. What would you do if you notice that a certain descendent from Yan Family humiliated your ancestors and / or clansmen?

A. Keep a distance and ignore the issue

B. Help and instruct him or her patiently and considerately

C. Punish him or her with other Yan clansmen

D. Swallow the humiliation and accept the public opinion

19. Between morality [to be a person] and achievement [to do things], which one do you think is more important?

A. Morality　　　　　　　　　　B. Achievement

C. They are equally important.

20. How important are the roles that school, family, and society play in individual morality cultivation? Please answer in descending order [ ] [ ] [ ].

A. School　　　　　　　　　　B. Family　　　　　　　　C. Society

21. How important is the role the traditional virtues play in contemporary society, in your opinion?

A. Very important　　　　　　　B. Important

C. Just so so　　　　　　　　　D. unimportant　　　　　E. Not at all

22. Are the Yan descendants role models in advancing and enriching the virtues of Mater Yan?

A. Yes　　　　　　　　　　　　B. No

23. In your opinion, is what the Yan descendents have done fruitful in their

advancing and enriching the virtues of Mater Yan?

    A. Very fruitful　　　　　　　　B. Fruitful

    C. Just so so　　　　　　　　　D. Not fruitful

    E. Very unfruitful

    24. This is your _____ time to attend the Yan Family Assembly.

    25. In your opinion, is it an important role that the Family Assembly play in the enhancement of the relation among the Yan descendents and development of their corporation?

    A. Very important　　　　　　　B. Important

    C. Just so so　　　　　　　　　D. Unimportant　　　E. Not at all

    26. How important is the Yan Family Assembly in advancing and enriching the virtues of Mater Yan?

    A. Very important　　　　　　　B. Important

    C. Just so so　　　　　　　　　D. not very important　　E. Not at all

    27. How influential is the selecting activities of Excellent People among Yan Family to the moral cultivation for the descendents?

    A. Very influential　　　　　　　B. influential

    C. Just so so　　　　　　　　　D. Not quite influential

    E. Almost uninfluential

    28. What is your attitude towards the calls, the opinions, and the determinations of the Yan Family suzerains and Family Assembly speakers?

    A. Very approving and supporting　　B. Approving and supporting

    C. It doesn't matter　　　　　　D. Disapproving and supporting

    E. Very disapproving and supporting

    29. Are there any other meetings besides the Yan Family Assembly?

    A. Yes, I know there are.　　　　B. Yes, there are, but I don't know the details.

    C. No, there isn't any.　　　　　D. Sorry, I have no idea.

    30. Are you familiar with Yanshi Jiaxun?

    A. Very familiar　　　　　　　B. Familiar　　　　　C. Just so so

    D. Not quite familiar （If this one, please go to Question 39 and continue.）

    E. Not at all （If this one, please go to Question 39 and continue.）

31. How have you come to know Yanshi Jiaxun?

A. From the teaching of forefathers　B. From reading it by myself

C. From the mass media　　　　　　D. From other people　E. Other ways

32. How well do you know the formative process of Yanshi Jiaxun?

A. Very well　　　　　　　　　　B. Well

C. Just so so　　　　　　　　　　D. Not well　　　　E. Not at all

33. How influential is Yanshi Jiaxun to the moral cultivation for the contemporary Yan clansmen?

A. Very influential　　　　　　　B. influential

C. Just so so　　　　　　　　　　D. Not quite influential　E. Not at all

34. What reasons lead to the fact that more and more Yan Family people know less about Yanshi Jiaxun? [You can choose more than one.]

A. Time issue　　　　　　　　B. Ignorance of forefathers and family

C. busy with making a living, etc, then be short of time to know it

D. In shortage of means and media to know it

E. It's a just a family history. Family instructions are useless at present; thus, it's unworthy to be known well

F. Other reasons ＿＿＿＿＿＿

35. Do you know how many forms of Yanshi Jiaxun there are? [You can choose more than one.]

A. Oral　　　　　　　　　B. stone carved　　　C. Paper

D. Electronic　　　　　　　E. Other forms ＿＿＿＿＿＿

36. Have you read at least one version of Yanshi Jiaxun carefully?

A. Yes　　　　　　　　　　B. No

37. Between the ancient version and the annotated modern ones, which one do you think is better? Why?

A. The ancient version is better, because it is the most original version with concise diction, it can best reveal the intention of the composer, and it has played an very influential role over the history

B. The annotated versions are better, because they are plain, portable, proper for contemporaries with favorable illustrations of stories, pictures and so forth, which can educate people within entertainment

A. Yes   B. No

51. Do you think the outstanding character and morals of the Yan descendants are originated from the Yanshi Jiaxun?

A. Yes   B. No   C. Not sure

52. Do you think the achievement of the Yan Family celebrities are in accord with their morality?

A. Yes   B. No

53. How highly or lowly do you identify with Yanshi Jiaxun?

A. Very highly   B. Highly   C. Just so so

D. Lowly   E. Very lowly

54. In your opinion, can Yanshi Jiaxun be applied to modern education?

A. Yes   B. No

55. What is your expectancy of the future of Yanshi Jiaxun?

A. The Family Instructions will advance with the times and continue to play the important role in family education

B. The Instructions will work only for the minorities to study and research

C. The Instructions will only be put into museums as cultural heritage and is not essential to be inherited

D. The value and significance of The Instructions will alter with the changes of time. It will decline, even be neglected one day

[The end of the questionnaire. Thank you!]

附录五 现代家训的表现与走势

传统家训作为个体品德培育的世俗化范式，是我国古代个体品德培育体系的重要组成部分，在我国古代个体道德品质的培育过程中发挥了极为重要的作用，虽然存在封建性糟粕，但毋庸置疑的是，其对现代社会条件下利用家训培育个体品德、加强和改进思想政治教育的启示和借鉴意义十分重大。

当然，作为一种培养人的模式，教育从来就是有目的的社会活动。受这种目的性影响，家训的制作意图便始终沿袭训俗和训家两种不同的初衷和设计，决定了家训这种特殊教育活动的发起与实施自古以来就存在着官方的推广传布和民间的自发成风两种途径。今天的中国，是昨日中国的延续，我们调查后发现，随着近年来传统文化热的升温，现代家训文化的兴起与家训活动的恢复，照样存在政府的倡导推广和民间的积极尝试两种主要的途径与方式。

政府倡导的家训表现形式之一：政府主导，市场参与，媒体中介推广传播家训

链接－1：南京市举办"现代家训"有奖征集活动①

《南京日报》于 2010 年 9 月 21 日在文明南京版刊发公告，举办"现代家训"有奖征集活动，该活动由南京市委宣传部主办、《南京日报》等媒体承办，活动一直持续到 2010 年 11 月 20 日。家训的征集内容包括世代传承的家训及自己几年来总结创作的家训，涉及修身、励志、孝道、诚信、勤劳、节俭等各方面，要求家训要富有时代特色，语言精练，富有内涵，易于传诵。主办方特别提醒参与者要结合家训内容，提供 500 字左右的小故事。此次活动评选优秀奖 20 名，每名奖金 300 元（或等值物品）；

---

① 许琴：《"现代家训"有奖征集方式》，《南京日报》2010 年 9 月 21 日。

入围奖 100 名，每名奖金 50 元（或等值物品）。

链接-2：娘家人的新年礼物——经典家训迎进门①

"敬长辈孝心有加，做夫妻信任有加，育子女鼓励有加……"这是 2007 年 2 月 13 日上午在常州市人民公园进行的"常州市春晖杯经典家训进万家"活动中赠送的家训中的一条，接受赠送的米市河社区居民代表徐阿姨高兴得合不拢嘴。自常州市委宣传部和市妇联联合发起的"现代版"文明家训征集活动开展以来，南大街街道妇联积极组织社区居民根据自己家庭情况收集、创作家训，并从中选送优秀家训报送市妇联。市委宣传部、市妇联、市文明委员会还特地邀请该市书法界知名人士及书法爱好者，将全市评选出的 10 条经典家训书写装裱后，赠送给部分创业女性和居民群众，使古老的家训能在新时代中增添新的元素，焕发新的生机，成为一个家庭的精神力量。同时，来自该市某街道红星新村社区"狄静乱针绣工作室"的老板也上台领取了赠送的家训，使家训不仅对家庭成员有一种警示力、约束力；而且对于一个企业，也成为一种企业文化，主动以家训作为企业职工的行为标准。

链接-3：鄂州市评选百条优秀文明家训②

鄂州市政府门户网站报道，由中共鄂州市委宣传部、市文明办、市妇联、市烟草局、鄂州日报社联合举办的文明家训征集评选活动得到了市内外爱好者的热情响应和大力支持。本次活动共征集家训 835 条，其中摘录推荐作品 424 条，自我创作作品 411 条。经组委会聘请专家对征集的自我创作作品进行了认真评审，评选出了优秀文明家训 10 条：

1. 修身养性，铸做人之魂；勤奋博学，培事业之根；孝悌亲善，兴家庭之道；乐施好德和社会之本。

2. 心气可高，但忌浮躁，要认认真真把身边的每一件事做好；志向可远，但忌急躁，要踏踏实实把脚下的每一步路走好。

3. 希望拥有，先准备放弃；求得关切，先练习独立。

4. 欣赏一篇佳作，获得的是美感；欣赏一个人，获得的是友情；欣

---

① 常州市政府网站：《娘家人的新年礼物——经典家训迎进门》，参见 http：//www. czhd. gov. cn. 2007 年 3 月 1 日。

② 《我市评选百条优秀文明家训》，参见中国鄂州政府门户网站 http：//www. ezhou. gov. cn. 2008 年 4 月 2 日。

赏一切美好的事物，获得的是生命的快乐。珍视欣赏，珍藏快乐。

5. 保持家里面的清洁代表好习惯，保持家门口的清洁代表好心态，保持家以外的清洁代表好品德。

6. 文明家训，谨记在心；爱党爱国，赤子之情；孝悌亲善，真诚为本；"八荣八耻"，是非分明；夫妻相处，贵在忠贞；言传身教，正己育人；莫贪莫占，不赌不淫；奉行"三德"，国强家兴；文明家训，世代传承。

7. 一脉子孙，耕读传家。

8. 沟通是家和之桥，勤奋是家和之锹，健康是家和之源，孝道是家和之疆。

9. 祖国、荣誉和家庭捍卫；情绪、语言和行为控制；罪恶、无知和背叛摒弃；圣洁、和平和快乐向往；坚毅、自尊和仁慈奉行；理想、谦恭和好学培养。

10. 不比吃穿比成绩，不慕富贵慕人品……

政府倡导的家训表现形式之二：家训活动下村镇、进社区，推动家训文化世俗化

链接-1：践行家规家训　弘扬文明礼仪①

2010 年 5 月 15 日是世界家庭日，永红街道清潭五社区举行"践行家规家训，弘扬文明礼仪"交流活动。活动现场，清五社区的居民们分享了 9 个家庭的家训，这些家训被收录在《常州市文明家训》一书中。这 9 个家庭的家训分别如下：

杨氏家训：助人、仁爱、快乐、和谐。

刘氏家训：无私无畏能高寿，有志有为可延年。

陈氏家训：家有万贯钱财，不如几橱好书。家有田地房屋，不敌一书传世。

钱氏家训：全家同心其利断金，各人各心无钱买真。

王氏家训：待祖国似母亲，为民众全力尽，守信用忌欺诈，居内洁室外净，公众利众维护，爱公物护环境。

游氏家训：乐心助人真善美，虚怀若谷恭谦让。

---

① 钟静朵、王淑君等：《践行家规家训 弘扬文明礼仪》，《常州日报》2005 年 5 月 16 日。

郭氏家训：与好人为友只是缘分，与好书为友才是福分。

奚氏家训：持家讲平等，家事共讨论，和睦共相处，家和万事兴，夫妻互敬爱，相待应真诚，苦乐相与共，家庭有温馨，尊老且爱幼，体贴情更深，长慈而幼孝，欢乐享天伦。

章氏家训：饮水思源不能忘本，子女善听和乐相安，尊老爱幼言行得体，勤俭持家善理有条，知书达理自知之明，谦虚谨慎学会做人，以人之长补己之短，教育后代从小抓起，人生命运全靠自己，勤劳致富立志奋进。

链接–2：北京东四街道过清明忆家训[①]

据《北京晚报》2009年4月1日热点新闻报道，清明将至，人们是扫墓祭祖？是网上追思？还是踏青插柳？东四街道的居民选择加入"家训堂"，交流家训，共缅先人。今天上午，"忆家训，谈家风"主题活动在东四奥林匹克社区文化中心举办，200余条征集来的治家格言让社区居民受益匪浅。

活动现场，民俗专家还向居民讲述了清明节的来历和风俗习惯，抗战时期参加革命的新四军老战士和北京"四大恒"之一的恒利号钱庄后人等东四居民声情并茂地讲述了自己的家训家风。记者了解到，东四街道准备将征集的治家格言编辑成册，作为社区居民的教育读本。

民间尝试的家训表现形式之一：订家规，范言行，治家教子女

链接：家长版家规现身网络引发热议[②]

日前，杭州一名一年级学生家长在网上晒家规的帖子引起了网友热议。和一般的家规不同，这个版本的家规有两个版本：既有孩子定给自己的"孩子版"，也有体现爸爸妈妈对孩子承诺的"家长版"。

儿子给自己列的8条规矩：1. 作息时间：早上起床不迟于6：30，晚上睡觉不迟于9：00。2. 电视电脑：周一至周五，不看电视不玩电脑，周末两天限时合计1小时。3. 作业时间：每天尽量在校完成作业或18：00前完成。4. 看书阅读：每天阅读不少于1小时。5. 书包整理：每天晚上

---

① 叶晓彦、郝飞：《北京东四街道过清明忆家训》，《北京晚报》2009年4月1日。

② 伍彻：《家长版家规现身网络引发热议》，参见山西新闻网 http：//www. sina. com. cn. 2010 年 9 月 28 日。

自己整理书包（含铅笔准备、作业本摆放等）。6. 兴趣爱好：自己选择适当的兴趣班，一旦选定，将坚持到底。7. 诚实守信：每天及时交流在校情况，父母与孩子都应坦诚交谈。8. 每日反省：每天对上述各项表现进行反馈，每周总结、表扬。

父母给自己列的 8 条规矩：1. 作息时间：妈妈要在儿子起床前准备好早餐，爸爸要督促帮助儿子起床及睡觉。21：00 前主要关注儿子学习及阅读情况。2. 电视电脑：周一至周五不看电视不玩电脑游戏，可以用电脑办公，周末可以看电视新闻。3. 工作时间：每天尽量在单位完成工作，或 21：00 后加班。4. 看书阅读：每天阅读不少于 1 小时，尤其要阅读家庭教育的书籍。5. 联系老师：主动跟老师交流儿子在家的生活和学习情况（每月至少一次）。6. 关爱陪伴：每天抽时间陪伴儿子，每天晚饭后陪儿子散步半小时。7. 批评奖励：以正面教育为主，晓之以理，动之以情，不轻易体罚。及时奖励。8. 平等和谐：尊重儿子本人的意见，民主、平等、自主。爸爸妈妈和睦相处，提供和谐的家庭生活环境。

民间尝试的家训表现形式之二：续传统，作家训，训俗树新风

链接－1：大谢集镇家训文化助推新农村建设[①]

菏泽大众网巨野讯："一劝儿女孝为本，有钱难买父母恩；二劝儿女勤耕耘，勤俭持家才是本；三劝儿女成家后，文明生育有保证；……九劝儿女长成后，倘若做官要廉政。"目前，一种别有情趣的家训文化，正在山东省巨野县大谢集镇悄然兴起，成为助推新农村建设的一道亮丽风景。

大谢集镇，是 2006 年被中央文明委命名的全国文明镇。历史上曾出现了像彭越、凉茂、满宠和谢庆云等文武大将和革命志士。璀璨的古代文明，留下了昌邑王国遗址和脍炙人口的杨震辞金佳话。深厚的文化底蕴，陶冶净化了一方百姓的灵魂。先人治国理家的美德遗风，得到了传承和光大，家庭联产承包责任制后，特别是随着市场经济的深入发展，许多农民盼子成龙望女成凤的愿望越来越迫切。于是受传统观念的影响，一种用家

---

① 刘谓磊、曹战义：《大谢集镇家训文化助推新农村建设》，参见菏泽大众网 http：//www. heze. dzwww. com. 2008 年 11 月 10 日。

训形式约束自己子女的现象应运而生。民间家训文化的兴起，给大谢集镇这块热土注入了文明滋润剂。该镇已把总结推广家训文化，建设文明富裕新农村，列入了精神文明建设的一项新内容。

链接－2：赵巷农民"家训上墙"①

中共上海市委机关报《解放日报》2007年2月20日发表黄勇娣撰写的"居室美化了品位提高了，赵巷农民家训上墙"的新闻报道："舍小为大天地宽"、"和气生财、福满人间"……春节来临之际，记者走进青浦赵巷镇农户家，发现这里几乎家家户户都挂上了崭新的"家训词"，和谐新风扑面而来。

赵巷镇有关人士介绍，随着城市化水平的提高，赵巷镇许多农民搬进了楼房或是住进了别墅。生活水平改善了，传统美德可不能丢啊！为了把新时代的文明风吹进农民家里，以前大户人家的"家训词"，被赋予了移风易俗的新使命，走进了赵巷镇的一个个农户家。据透露，目前赵巷镇已有3000多户居民"家训上墙"，占全部居民家庭的80%左右。

民间尝试的家训表现形式之三：续家谱，睦宗亲，传承家训文化活动

链接：继承祖德，与时俱进，颜氏后裔召开颜氏宗亲联谊大会②

2010年10月9日，秋高气爽，艳阳高照。"第十一届世界颜氏文化联谊大会暨国学传承与东亚经济学术论坛"在四川成都召开，来自全国27个省市（区）和香港、台湾地区，以及美国、印尼、新加坡、菲律宾、马来西亚等地颜氏宗亲，特邀专家学者等700多人参加了会议。10月10日，大会隆重开幕，议程顺利进行。本次大会确定的主题有：①传承国学，弘扬中华文化精髓；②遵循科学发展观，深入进行颜子文化研究；③面对国际复杂的经济环境，探讨东亚经济发展思路；④加强亲情联谊，增进友情交往，为中华民族的伟大复兴，构建和谐社会、和谐世界做贡献。

据悉，颜氏后裔宗亲大会每两年举办一次，分别由各地颜氏出资举

---

① 黄勇娣：《居室美化了品位提高了 赵巷农民家训上墙》，《解放日报》2007年2月20日。

② 颜晓亚：《六载为了这一天》，参见巴蜀颜氏文化网http：//www. bsysw. cn. 2010年10月11日。

办，旨在联系各地颜氏后裔，加深了解，增进亲情。根据颜氏学人考证，颜无二姓，目前全世界的颜氏子孙人数虽已近千万，但他们都是复圣颜回的后裔，都有共同值得骄傲的祖先。与会代表也都是社会各界的精英人物，他们中既有来自美国、新加坡、马来西亚、菲律宾、印度尼西亚，中国香港、中国台湾等地的代表，也有全国 27 个省、自治区、直辖市的代表，虽然国籍不同，居住地不同，职业和社会地位也不同，但共同的祖先、共同的血缘、共同的文化传承把他们紧紧地联系在了一起。

我们有幸参加了"第十一届世界颜氏文化联谊大会暨国学传承与东亚经济学术论坛"，该会议以"宗亲联谊和东亚经济论坛"为主题，紧紧抓住了颜氏文化联谊和经济发展这两个关键点。前者以血缘关系为纽带，围绕复圣公颜回、至圣孔子及其儒学的讨论贯穿着会议的始终，有助于海内外各地颜氏宗亲加强联系和对家族的认同感，增进感情和彼此间交流互动；后者则是为颜氏家族的兴旺发达做更好、更长远的规划，使得颜氏宗亲有机会欢聚一堂，共商家族发展大计，意义重大，影响深远。

从会议主题的确立以及会间氛围可以明显地感受到，颜氏家族对于祖上的荣誉无比珍惜，对于子孙的道德教育十分重视，对于未来发展有较高的预期，这在现代其他家族已不多见。虽然与会代表从事的职业各不相同，社会地位、经济收入参差不齐，但就是因为他们的身体里流着共同的血液，有着同一个令人骄傲的贵姓——"颜"而走到了一起，坐在了一起，一同交流，共话昔日感情、共商发展大计。他们家族意识很强，一些人为会议的召开慷慨解囊、出资出物，一些人为会议的召开默默奉献、无怨无悔。各地设立的宗亲联谊分会还通过诸如调解家庭邻里纠纷、对高龄老人发放补助金、为老人庆祝生日、颜氏企业间互惠互利等形式体现颜氏大家庭的温暖和对于宗亲的关爱。无论在会场、餐桌还是客房，到处都洋溢着亲情气氛。毋庸置疑，这是一次大规模、高级别的家族会议，也是一次"收族"的大会、睦亲的大会。

会上，还进行了四川省颜子文化研究会为贫困学子发放助学金的仪式，令人感动。

下引《关于为"5·12"汶川特大地震灾区特困家庭学生发放"颜子奖助学金"的决定》的文件作为例证。

四 川 省 颜 子 文 化 研 究 会
第十一届颜氏文化联谊大会组委会　文件

川颜研发〔2010〕11 号

关于为"5·12"汶川特大地震灾区
特困家庭学生发放"颜子奖助学金"的决定

四川省各有关学校：

　　消除贫困是全人类的共同任务，是中国特色社会主义的本质要求。四川是人口大省，虽然经济繁荣、社会安定，但扶贫任务仍然相当繁重，特别是"5·12"汶川特大地震发生后，使已经走出贫困线的群众开始返贫，特别是一些特困家庭的学生上学难、读书难。为了帮助他们重新走出贫困，大会组委会决定，为四川地震灾区特困家庭的颜庆容、颜梅、颜春蓉等 11 名在校大、中学生发放"颜子奖助学金"，每人1000 元，以体现颜子文化"以德为首"的核心价值，进一步弘扬中华民族的传统美德。

　　希望获得"颜子奖助学金"的同学记住颜真卿"黑发不知勤学早，白首方恨读书迟"的话，珍惜学习机会；要像颜回那样修身立德，做一个品德高尚的人；要刻苦学习，能"闻一以知十"，成为国家栋梁。同时也希望颜氏企业家们，要进一步弘扬中华民族的传统美德，主动帮助灾区群众重建家园，积极支持四川经济社会的发展和建设。

　　附：特困家庭学生"颜子奖助学金"名单。

二〇一〇年十月八日

主题词：扶贫济困　奖助学金　决定
抄　送：获"颜子奖助学金"学生家庭所在地政府
　　四川颜子研究会秘书处　2010 年 10 月 10 日印发

（共印 30 份）

民间尝试的家训表现形式之四：重私利，反传统，另类家训警醒世人

链接-1：2000 年江苏省建设厅厅长徐其耀因贪污受贿 2 千余万元，被当地检察机关批捕后，侦查人员发现其写给儿子的一封信，信中有对孩子的几条训诫，属于另类家训：

第一，不要追求真理，不要探询事物的本来面目。上级领导提倡的就是正确的。第二，不但要学会说假话，更要善于说假话。要把说假话当成一个习惯，不，当成事业，说到自己也相信的程度。妓女和做官是最相似的职业，只不过做官出卖的是嘴。记住，做官以后你的嘴不仅仅属于你自己的，说什么要根据需要。第三，要有文凭，但不要真有知识，真有知识会害了你。有了知识你就会独立思考，而独立思考是从政的大忌。别看现在的领导都是硕士博士，那都是假的。第四，做官的目的是什么？是利益。要不知疲倦地攫取各种利益。有人现在把这叫腐败。你不但要明确地把攫取各种利益作为当官的目的，而且要作为唯一的目的。你的领导提拔你，是因为你能给他带来利益；你的下属服从你，是因为你能给他带来利益；你周围的同僚朋友关照你，是因为你能给他带来利益。你自己可以不要，但别人的你必须给。记住，攫取利益这个目的一模糊，你就离失败不远了。第六，所有的法律法规、政策制度都不是必须严格遵守的，确切地说，执行起来都是可以变通的……

链接-2：男子强奸弟媳欺负乡邻 母亲动用家法将其处死①

30 多岁的秀山男子刘军，在当地村民眼中可谓是个"土霸王"，他强奸弟媳、打骂母亲、欺负乡邻，无恶不作。他年过六旬的老母陈云忍无可忍，和另两个儿子"大义灭亲"，动用"家法"将刘军处死。近日，陈云和两个儿子被逮捕，案件已移交至市检察院四分院。

如此"大义灭亲"难逃刑责。重庆志同律师事务所律师接受记者采访时说，"大义灭亲"历来受到社会舆论的同情和支持，但在法制健全的今天，这一做法已不合时宜。我国《婚姻法》规定：父母对儿女负有教育、抚养的法定责任和义务，但没有剥夺其生命的权利。正确做法是，在发现儿子的确犯罪后，立即向公安部门报案，请公安司法部门处理，陈云

① 董娟：《男子强奸弟媳欺负乡邻 母亲动用家法将其处死》，《重庆商报》2009 年 7 月 1 日。

为制止儿子刘军对他人的不法侵害，使用过激防卫行动致人死亡，其已超过必要限度，并造成了严重的后果，应负刑事责任。

民间尝试的家训表现形式之五：察事变，究原委，有识之士当作为

链接－1：吴小谦汇编《温岭市宗谱族训家训汇集》①

继汇编《温岭宗谱序选集》一、二集后，今年79岁的原《温岭县志》总纂、市府办退休干部吴小谦退而不休，最近又在市图书馆地方文献室丁攀华协助下整理汇编了《温岭市宗谱族训家训汇集》书稿，由市档案局（馆）付印。

该报道称，族训家训是宗法制度的产物，是先世祖宗在立身处世为学为业等方面对子孙的教诲，北齐时颜之推所撰的《颜氏家训》，即是比较完整意义上的家训。温岭历史上各姓氏宗谱家谱中留下了大量的族训家训，《温岭市宗谱族训家训汇集》书稿，即从各姓氏宗谱中收集汇编了《晋山毛氏家训》、《湖亭王氏族规》、《楼山朱氏家训》、《云浦陈氏家训》、《长山李氏祖训》、《高桥李氏遗训》、《虞溪邵氏祖训》、《泽国钟氏家训》、《塘头南鉴郭氏族训》、《南山蔡氏族规》、《淋头潘氏家训》等共计31篇族训家训，涉及17个姓。这些家训对于我们了解研究温岭历史都具有相当的价值。

链接－2：80后家长会生不会养？1200个家庭列家规②

针对系列具体社会（家庭）问题和困境，2008年年底，杭州市江干区妇女联合会找到浙江理工大学心理系，希望在家庭妇女儿童心理领域有所研究的教授能够解决"70后和80后小夫妻生了孩子，却不知道怎么教的问题"，建议为年轻父母制定一个考量家庭教育的评价体系，于是《杭州市家庭教育状况评价体系研究》课题在2009年2月获得立项。

目前，该课题已经完成评估体系量表，调研了1200户家庭，列出了考量教育孩子应该做到的"101条军规"。这101条军规分成8个大类：劳动技能、社会技能、道德情操、文化修养、性教育、心理健康、行为习

①　黄晓慧、吴小谦汇编：《温岭市宗谱族训家训汇集》，参见温岭新闻网 http：//www. wl-news. zjol. com. cn. 2009 年 6 月 17 日。

②　杭州网：《80 后家长会生不会养？1200 个家庭列家规》，参见 http：//www. hangzhou. com. cn. 2010 年 6 月 19 日。

惯和教育方式。这 8 个大类，每大类下面都包括若干条子项目，子项目上所写的内容，家长如果都做到位了，那么可以说明该方面的家庭教育是到位的。课题研究人员认为，家庭教育的许多内容是私密的、个性化的，老师在课堂上说不了，只有家长是最合适的。而教会家长掌握家庭教育的技巧，正是他们接下来要做的事情。

参考文献

一　著作类

（1）檀作文译注：《颜氏家训》，中华书局 2007 年版。

（2）翟博主编：《中国人的教育智慧：家训版》，教育科学出版社 2007 年版。

（3）袁采、朱用纯等撰：《增广贤文　朱子家训　袁氏世范》，余淮生注，黄山书社 2007 年版。

（4）翟博：《中国家训经典》，海南出版社 2002 年版。

（5）王利器：《颜氏家训集解》，中华书局 1993 年版。

（6）曾国藩：《曾国藩家训》，中国纺织出版社 2004 年版。

（7）［日］井上徹：《中国的宗族与国家礼制》，钱杭译，上海书店出版社 2008 年版。

（8）［美］Corrine giesne，*Becoming Qualitative Researchers an Introduction*，Beijing Post & telecom press，2008。

（9）Sumner，William Graham，*Folkways：A Study of the Sociological Importance of Usages，Manners，Customs，Mores and Morals*，The Athenaum Press，Ginny and Company，1906。

（10）Charles A. Moore，*The Chinese Mind：Essentials of Chinese Philosophy and Culture*，Honolu，East－West Center Press，1967。

（11）［美］贝纳德编著：《哈佛家训：一位哈佛博士的教子课本》，张玉译，中国妇女出版社 2007 年版。

（12）费孝通：《乡土中国》，上海世纪出版集团 2008 年版。

（13）顾士敏：《中国儒学导论》，云南大学出版社 2007 年修订版。

（14）牟宗三撰：《中国哲学的特质》，罗义俊编，上海古籍出版社 2008 年版。

（15）李湘、李军、李方泽：《儒教中国》，中国社会科学出版社

2005 年版。

（16）张军主编：《大师说儒》，汕头大学出版社 2008 年版。

（17）费成康：《中国的家法族规》，上海社会科学院出版社 1998 年版。

（18）冯契：《冯契文集》，《人的自由和真善美》（第三卷），华东师范大学出版社 1996 年版。

（19）章太炎：《国学大师说儒学》，云南人民出版社 2009 年版。

（20）蒙文通：《儒学五论》，广西师范大学出版社 2007 年版。

（21）汤一介：《儒学十论及外五篇》，北京大学出版社 2009 年版。

（22）徐少锦、陈延斌：《中国家训史》，陕西人民出版社 2003 年版。

（23）崔大华：《哲学史家文库——儒学引论》，人民出版社 2001 年版。

（24）朱义禄：《儒家理想人格与中国文化》，复旦大学出版社 2006 年版。

（25）冯尔康等：《中国宗族史》，上海人民出版社 2009 年版。

（26）周桂钿：《中国儒学讲稿》，中华书局 2008 年版。

（27）袁桂林：《当代西方道德教育理论——德育理论丛书》，福建教育出版社 2005 年版。

（28）孙彩平：《道德教育的伦理谱系》，人民出版社 2005 年版。

（29）杨韶钢：《道德教育心理学》，上海教育出版社 2007 年版。

（30）张燕婴译注：《论语》，中华书局 2006 年版。

（31）万丽华、蓝旭译注：《孟子》，中华书局 2006 年版。

（32）王秀梅译注：《诗经》，中华书局 2006 年版。

（33）饶尚宽译注：《老子》，中华书局 2006 年版。

（34）孙通海译注：《庄子》，中华书局 2007 年版。

（35）文强译注：《三国志》，中华书局 2007 年版。

（36）刘利等译注：《左传》，中华书局 2007 年版。

（37）景中译注：《列子》，中华书局 2007 年版。

（38）张双棣等译注：《吕氏春秋》，中华书局 2007 年版。

（39）吴小如主编、刘玉才等编著：《中国文化史纲要》，北京大学出版社 2007 年版。

（40）陈涛译注：《晏子春秋》，中华书局 2007 年版。

（41）慕平译注：《尚书》，中华书局 2009 年版。

（42）于丹：《于丹〈论语〉心得》，中华书局 2006 年版。

（43）于丹：《于丹〈论语〉感悟》，中华书局 2008 年版。

（44）张岱年、方克立：《中国文化概论》，北京师范大学出版社 1994 年版。

（45）罗国杰主编：《伦理学》，人民出版社 2001 年版。

（46）顾伟列：《中国文化通论》，华东师范大学出版社 2005 年版。

（47）冯友兰：《中国哲学史》，华东师范大学出版社 2000 年版。

（48）葛兆光：《中国思想史》，复旦大学出版社 2002 年版。

（49）［法］列维·斯特劳斯：《家庭史》，袁树仁等译，上海三联书店 1998 年版。

（50）黄济：《中国教育传统与教育现代化基本问题研究》，北京师范大学出版社 2003 年版。

（51）罗国杰：《道德建设论》，湖南人民出版社 1997 年版。

（52）商戈令：《道德价值论》，浙江人民出版社 1988 年版。

（53）夏伟东：《道德本质论》，中国人民大学出版社 1991 年版。

（54）姚新中：《道德活动论》，中国人民大学出版社 1990 年版。

（55）何建华：《道德选择论》，浙江人民出版社 2000 年版。

（56）罗国杰：《道德建设论》，湖南人民出版社 2007 年版。

（57）詹世友：《道德教化与经济时代》，江西人民出版社 2002 年版。

（58）樊浩：《伦理精神的价值生态》，中国社会科学出版社 2001 年版。

（59）冯友兰：《中国哲学简史》，新世界出版社 2004 年版。

（60）焦国成：《中国伦理通论》，山西教育出版社 1997 年版。

（61）孙光妍：《和谐：中国传统法的价值追求》，中国法制出版社 2007 年版。

（62）程颢、程颐：《二程集》，中华书局 1981 年版。

（63）朱熹：《朱子语类》，中华书局 1986 年版。

（64）朱熹：《四书章句集注》，中华书局 1988 年版。

（65）宋普：《孔子与儒学研究》，吉林教育出版社 1993 年版。

（66）王文锦：《礼记译解》，中华书局 2001 年版。

（67）杨伯峻：《孟子译著》，中华书局 2001 年版。

（68）王先谦：《荀子集解》，中华书局 1988 年版。

（69）黄钊：《中国道德文化》，湖北人民出版社 2000 年版。

（70）荆惠民主编：《中国人的美德——仁义礼智信》，中国人民大学出版社 2006 年版。

（71）高其才：《中国习惯法论》，中国法制出版社 2008 年版。

（72）耿有权：《儒家教育伦理研究》，中国社会出版社 2008 年版。

（73）朱贻庭：《中国传统伦理思想史》，华东师范大学出版社 1989 年版。

（74）程裕祯：《中国文化要略》，外语教学与研究出版社 1998 年版。

（75）张应杭：《传统文化拟论》，上海人民出版社 2000 年版。

（76）高国希：《道德哲学》，复旦大学出版社 2005 年版。

（77）韩钟文：《先秦儒家教育哲学思想研究》，齐鲁书社 2003 年版。

（78）许建良：《先秦儒家的道德世界》，中国社会科学出版社 2008 年版。

（79）樊浩：《中国伦理精神的历史建构》，江苏人民出版社 2001 年版。

（80）风笑天：《现代社会调查方法》，华中科技大学出版社 2009 年版。

（81）［英］希尔弗曼（Silverman. D.）：《如何做质性研究》，重庆大学出版社 2009 年版。

（82）雯莉编著：《美德家训——影响孩子一生的经典教子美德课》，中国长安出版社 2006 年版。

（83）章恺主编：《犹太家训》，中国戏剧出版社 2005 年版。

（84）［美］洛夫兰德等：《分析社会情境：质性观察与分析方法》，重庆大学出版社 2009 年版。

二　论文类

（1）陈晓龙：《转识成智——冯契对时代问题的哲学沉思》，《哲学研究》1999 年第 2 期。

（2）李朝东：《现代教育理念的知识学反思》，《教育研究》2004 年第 2 期。

（3）刘基：《决定思想政治教育内容的因素》，《党政论坛》2009 年第 11 月刊。

　　（4）王宗礼：《论构建社会主义和谐社会背景下的政治文明建设》，《政治学研究》2005 第 3 期。

　　（5）陈晓龙：《从广义认识论到智慧说》，《华东师范大学学报》，2005 年第 3 期。

　　（6）刘烨：《现代思想政治教育过程研究》，武汉大学，2004 年博士学位论文。

　　（7）谢雄飞：《〈颜氏家训〉家庭伦理内涵的现代阐释》，《传承》2008 年第 11 期。

　　（8）刘社锋：《〈颜氏家训〉的个体道德的培育机制论》，《重庆科技学院学报》（社会科学版）2008 年第 12 期。

　　（9）许晓静：《由〈颜氏家训〉看南北朝社会的世族风气》，《历史研究》2008 年第 2 期。

　　（10）王东生：《〈颜氏家训〉伦理思想解析》，《重庆科技学院学报》（社会科学版）2008 年第 8 期。

　　（11）郭明月：《从〈颜氏家训〉看当代中国家庭教育的弊端》，《教育广角》2008 年第 11 期。

　　（12）梁益梦：《〈颜氏家训〉对儿童教育的意义》，《当代教育论坛》2008 年第 8 期。

　　（13）程尊梅：《〈颜氏家训〉文化研究综述》，《百家论坛》2004 年第 5 期。

　　（14）丁海东、李春芳：《〈颜氏家训〉中的早期教育思想及其现代启示》，《山东师范大学学报》（人文社会科学版）2007 年第 5 期。

　　（15）陈东霞：《从〈颜氏家训〉看颜之推的思想矛盾》，《松辽学刊》（社会科学版）1999 年第 3 期。

　　（16）张学智：《〈颜氏家训〉与现代家庭伦理》，《中国哲学史》2003 年第 2 期。

　　（17）王玲莉：《〈颜氏家训〉的人生智慧及其现代价值》，《广西社会科学》2005 年第 10 期。

　　（18）李鹏辉：《〈颜氏家训〉的人文关怀及现代启示》，《山西师范大学学报》（社会科学版）2005 年第 1 期。

　　（19）李小平：《〈颜氏家训〉简缩式双字格现象及成因》，《北京教育学院学报》2008 年第 4 期。

　　（20）孙玉杰：《中国古代伦理道德教育机制初探》，《河南大学学报》（社会科学版）1999 年第 6 期。

　　（21）檀传宝：《政治信仰与道德教育——中国古代与现代的两种抉择》，《清华大学教育研究》1999 年第 1 期。

　　（22）蔡卫东：《我国古代道德教育对当今学校道德教育的启示》，《山东教育科研》1999 年第 11 期。

　　（23）李冰：《试论思想道德教育中的"个体认同"和"社会认同"》，《河北省社会主义学院学报》2002 年第 3 期。

　　（24）谢晖：《当道中国的乡民社会、乡规民约及其遭遇》，《东岳论丛》2004 年第 4 期。

　　（25）张明新：《乡规民约存在形态刍论》，《法律文化研究》2005 年第 5 期。

　　（26）董建新：《"乡约"不等于"乡规民约"》，《厦门大学学报》（哲学社会科学版）2006 年第 2 期。

　　（27）张广修：《村规民约的历史演变》，《洛阳工学院学报》（社会科学版）2000 年第 2 期。

　　（28）李朝辉：《民间秩序的重建——从乡规民约的变迁中透视民间秩序与国家的协同趋势》，《学术研究》2001 年第 12 期。

　　（29）刘笃才：《再论中国古代民间规约——以工商业规约为中心》，《中外法史研究》2003 年第 14 期。

　　（30）付林：《论传统家训的德教思想》，《吉林师范大学学报》（人文社会科学版）2005 年第 6 期。

　　（31）戴素芳：《论传统家训伦理教育的实践理念与当下价值》，《学术界》2007 年第 2 期。

　　（32）吕耀怀、卢军：《古代道德教育的内容与方法简析》，《长沙民政职业技术学院学报》2001 年第 2 期。

　　（33）张明新：《从乡规民约到村民自治章程——乡规民约的嬗变》，《江苏社会科学》2006 年第 4 期。

　　（34）范文山：《越南乡规民约的发展及其当代思考》，《当代法学》2007 年第 4 期。

　　（35）孟旭：《中国古代道德教育的途径和方法评述》，《山西大学师范学院学报》1998 年第 2 期。

（36）陈浩凯：《中国古代道德教育的特色及其启示》，《湖南社会科学》2001 年第 2 期。

（37）孙玉杰：《中国古代伦理道德教育机制初探》，《河南大学学报》（社会科学版）1999 年第 6 期。

（38）余仕麟：《中国古代道德教育的历史演变及其思想精华》，《西南民族学院学报》（哲学社会科学版）2001 年第 1 期。

（39）张雅琴：《思想道德教育与个体认知发展》，《湖北社会科学》2006 年第 30 期。

（40）项久雨：《关于中国古代思想道德教育的思考》，《理论月刊》2005 年第 2 期。

（41）魏则胜、李萍：《道德教育的文化机制》，《教育研究》2007 年第 6 期。

（42）张光辉：《中西道德教育比较》，首都师范大学硕士学位论文，2001 年。

（43）武沐、陈云峰：《清代河州穆斯林乡约制度考述》，《西北师大学报》（社会科学版）2006 年第 5 期。

（44）田水：《乡约——民间秩序的重建》，《江苏警官学院学报》2004 年第 5 期。

（45）程鹏飞：《王阳明"知行合一"与〈南赣乡约〉》，《贵州文史丛刊》第 10—14 期。

（46）杨淑鸿、冯国亮：《浅析我国村规民约的利弊得失》，《法制与社会》2008 年第 6 期。

（47）关新：《思想道德修养教育中的个体教育研究》，《创新教育科技信息》2004 年第 2 期。

（48）司有平：《德育过程不是个体的自由选择——关于道德和道德教育的几点思考》，《巢湖学院学报》2004 年第 5 期。

（49）万美容：《中国古代思想教育方法及其当代价值》，《广西教育学院学报》2008 年第 6 期。

（50）蒋海渔：《中国古代个人进行自我道德教育的方法》，《山西高等学校社会科学学报》2008 年第 6 期。

（51）安姝：《影响高校思想政治教育载体选择的因素及对策》，《山西高等学校社会科学学报》2008 年第 6 期。

　　（52）张红涛等：《论我国古代优秀道德教育思想在大学生思想政治教育中的应用》，《教育与职业》2006 年第 3 期。

　　（53）门里牟：《中国古代道德教育思想的精髓》，《内蒙古师范大学学报》（教育科学版）2007 年第 3 期。

　　（54）蓝江：《中国古代思想教育社会化思想的发展》，《思想政治工作研究》2005 年第 12 期。

　　（55）马翼红：《从敦煌遗书〈谨案二十吴等人图〉看中国古代的道德教育》，《敦煌研究》2005 年第 5 期。

　　（56）由剑锋、肖培苗：《论中国古代的道德教育及当代价值》，《长春大学学报》2005 年第 3 期。

　　（57）邹强、王松：《中国古代儒家与道德教育思想之比较》，《咸宁学院学报》2004 年第 5 期。

　　（58）陈利民：《论中国古代儒家道德教育思想的现代价值》，《广西大学学报》（哲学社科版），2004 年第 10 期。

　　（59）陈华：《青少年道德教育个体适应性的科学内涵》，《科技信息》2008 年第 31 期。

　　（60）胡金木：《从依附到彰显：道德教育中的个体遭遇》，《教育学术月刊》2008 年第 10 期。

　　（61）牟世晶：《道德教育中个体道德能力的培养》，《思想政治工作》2003 年第 2 期。

　　（62）靳涌韬：《个体道德成长的教育启示》，《中国教育》2008 年第 3 期。

　　（63）韦京利：《关注个体生命体验的道德教育》，《沈阳教育学院学报》2001 年第 2 期。

　　（64）黄真：《个体行为的选择与青少年道德教育》，《视野》2007 年第 1 期。

　　（65）张永恒：《对“因材施教”的深入理解》，《视野》第 6 期。

　　（66）邓达、易连云：《个体道德叙事——儿童道德教育的可能方式》，《学前教育研究》2007 年第 1 期。

　　（67）邱哲：《生态道德教育及个体生态道德需要的生成》，《天津教育》2007 年第 1 期。

（68）孔维民：《关注个体幸福，重建以人为本的道德教育目标》，《教育科学》2006 年第 1 期。

（69）张雅琴：《思想道德教育与个体认知发展》，《湖北社会科学教育论丛》第 152—155 页。

（70）薛晓萍、董慧：《强化道德教育的渗透性 个体性 实践性》，《辽宁教育研究》2005 年第 7 期。

（71）刘慧、朱小蔓：《多元社会中学校道德教育：世界关注学生个体的生命世界》，《教育研究》2001 年第 9 期。

（72）王丽荣：《浅谈道德教育的社会性和个体性》，《探求》2001 年第 2 期。

（73）龚浩：《道德教育：从泛政治化走向社会性功能与个体性功能的有机结合》，《教书育人》2003 年第 6 期。

（74）李桂英：《人世后的高校道德教育》，《教书育人》2003 年第 6 期。

（75）张冬秀：《试论中国古代小学道德教育》，《沈阳教育学院学报》2004 年第 2 期。

（76）崔志刚：《德育为刚心育为本——我国古代道德教育研究》，《班主任之友》2002 年第 9 期。

（77）张锐：《德事六艺》，《班主任之友》2002 年第 9 期。

（78）吴潜涛、杨峻岭等：《论耻感的基本涵义、本质属性及其主要特征》、《哲学研究》2010 年第 8 期。

（79）伍雄武：《家——中华传统道德之根》，《伦理学研究》2006 年第 3 期。

（80）肖川：《主体性道德人格教育刍议》，《现代教育论丛》1998 年第 2 期。

（81）欧阳彬：《论近代中国传统价值体系的解体及其影响》，《长沙大学学报》2004 年第 3 期。

三　家训专书

由于家训类文化作品很多，从家训、家诫、家书，到诫子书、遗言遗训、专书家训，以至于族规、族谱、族训等，都属于家训类作品，笔者才疏力薄，无法一一研读，仅以主要参阅与借鉴之家训专书整理列表于下：

朝代/时间	制作者	家训名称	备 注
东汉	蔡邕	《女训》	
东汉	郑玄	《诫子书》	
蜀汉	刘备	《遗诏敕太子书》	
蜀汉	诸葛亮	《诫子书》	
西晋	颜含	《靖侯成规》	《颜氏家训》
东晋	颜延之	《庭诰》	《颜氏家训》
南北朝	颜之推	《颜氏家训》	《颜氏家训》
唐	姚崇	《遗命诫子孙》	
唐	李世民	《帝范》	
宋	朱熹	《与长子书》	
宋	范仲淹	《告诸子及弟侄》	
宋	司马光	《训俭示康》	
宋	陆游	《放翁家训》	
宋	赵鼎	《家训笔录》	
宋	袁采	《袁氏世范》	
明	朱柏庐	《朱子治家格言》	
明	王夫之	《示子侄》	
明	张居正	《示季子懋修书》	
明	杨继盛	《杨忠愍公遗笔》	
明	吕得胜	《小儿语》	
明	庞尚鹏	《庞氏家训》	
明	袁黄	《训子言》	
清	颜光敏	《颜氏家诫》	《颜氏家训》
清	曾国藩	《曾国藩家书（训）》	
清	孙奇逢	《孝友堂家规》	
清	张伯行	《课子随笔抄》	
1980 年	王利器	《颜氏家训集解》	《颜氏家训》

四　网络类

（1）百度网（http：//www. baidu. com）百度百科·家训。

（2）中国孔子网（http：//www. chinakongzi. org）。

（3）中青网（http：//www. youth. cn）。

（4）曲阜市情网（http：//www. qufu. gov. cn）。

（5）颜氏宗亲网（http：//www. yanshi. org）。

（6）颜氏文化网（http：//www. njyans. com）。

（7）巴蜀颜氏文化网（http：//www. bsysw. cn）。

（8）中国鄂州政府门户网站（http：//www. ezhou. gov. cn）。

（9）常州市政府网站（http：//www. czhd. gov. cn）。

（10）菏泽大众网（http：//www. heze. dzwww. com）。

（11）巴蜀颜氏文化网（http：//www. bsysw. cn）。

（12）温岭新闻网（http：//www. wlnews. zjol. com. cn）。

（13）山西新闻网（http：//www. sina. com. cn）。

后　记

　　本书是在符得团博士论文的基础上略加修改而成的，论文从选题到撰写的全部过程，得到了导师陈晓龙教授的悉心指导，作为一名从事高教管理而撂荒专业的老学生，问学传统德育，虽不能至，心向往之；非曰能之，唯愿学焉。数年的研修与贯注，虽受天资所限不能深通其道，却也在与师长交游的耳濡目染间得无穷收获。导师学识渊博、思维敏捷、视野开阔、治学严谨，对学生本人在学业上严格要求、悉心指导，在做人上身教言传、适时点化，这些都将使我们终身铭记并永远激励我们。

　　三年的研修和学习，学生有幸再一次得到母校诸位师长的教诲，聆听了很多老师的专题讲座与学术报告，收获颇多。刘基教授的儒雅广博，教给学生高瞻远瞩的问题视界；李朝东教授的睿智思辨，提升了学生解决问题的理智德性；王宗礼教授的强识博闻，培养了学生思虑善辩的问学意识，所有这些都将使学生受益终生。另外，在学习、工作和论文撰写中还得到了万明钢教授、赵逵夫教授、许信胜教授、贾应生教授、张文礼教授、杨立勋教授、雷恩海教授和李怀教授等先生有益的帮助，在此一并表示诚挚的谢意！

　　分析古代家训如何将一般的社会价值原则具体化、生活化、个体化来培育个体品德的过程，解析古代家训培育个体品德的作用机制，为现代思想政治教育提供有益的启示和借鉴，是本题研究和我们著述的主要内容。作为以古代民间非正式制度培育个体品德作用研究的主要方面，本书的撰写得到了①2010年度国家社会科学基金项目"中国古代家训与个体品德培育问题研究"（项目编号：10XZX009）、②2008年度国家社会科学基金项目"中国古代个体品德培育机制研究——基于非正式制度的分析"（项目编号：08BZX053）的资助，在此对国家社科基金项目的立项支持与鞭策也表示谢意！

　　在写作的过程中，我们参阅了大量的书籍文献与学术论文，借鉴和吸收了诸多专家学者近年来在思想政治教育学、人类学、民俗学和伦理学等领域已有的研究成果，书中对所引部分均详细作了标注，在此也一并表示谢忱！由于学养水平所限，其中难免存在不妥甚或错误之处，恳请方家批评指正。